"十三五"普通高等教育建筑类学科立体化系列规划教材

Practice for 3D Representations by SketchUp+V-Ray

SketchUp+V-Ray 空间表现实例教程

程俊 郑彦洁 曲值 **编著** 古大治 **主审**

WUHAN UNIVERSITY PRESS
武汉大学出版社

图书在版编目(CIP)数据

SketchUp+V-Ray 空间表现实例教程/程俊,郑彦洁,曲值编著.—武汉:武汉大学出版社,2019.6

“十三五”普通高等教育建筑类学科立体化系列规划教材

ISBN 978-7-307-20839-1

Ⅰ.S… Ⅱ.①程… ②郑… ③曲… Ⅲ.建筑设计—计算机辅助设计—应用软件—高等学校—教材 Ⅳ.TU201.4

中国版本图书馆 CIP 数据核字(2019)第 065620 号

责任编辑:杨赛君　　责任校对:路亚妮　　装帧设计:李玲彬

出版发行:**武汉大学出版社**　(430072　武昌　珞珈山)

(电子邮箱:whu_publish@163.com　网址:www.stmpress.cn)

印刷:武汉市金港彩印有限公司

开本:880×1230　1/16　印张:12.75　字数:389 千字

版次:2019 年 6 月第 1 版　　2019 年 6 月第 1 次印刷

ISBN 978-7-307-20839-1　　定价:65.00 元

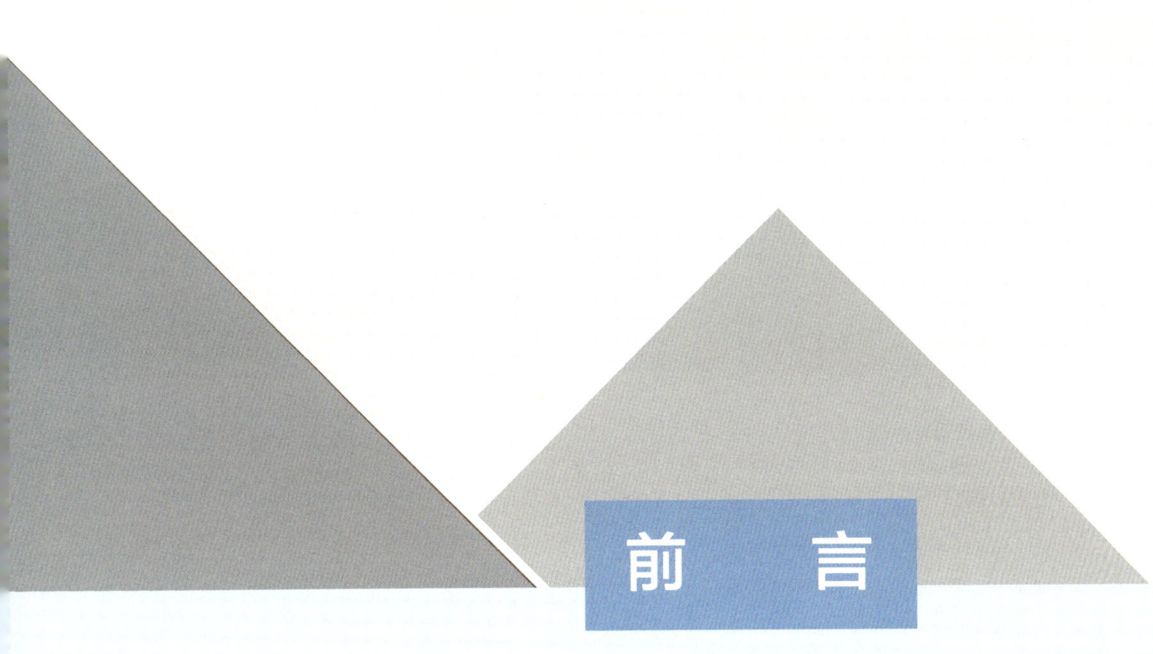

前　言

本书全面介绍了 SketchUp 基本功能，列举了运用该软件进行不同类型、不同风格空间设计的案例。书中案例结构严谨，内容翔实，深入浅出，易于掌握，适合普通高等院校室内设计、环境艺术设计、展示艺术设计相关专业学生及相关领域工作人员学习使用，也可供房地产开发策划人员、效果图与动画制作公司的从业人员以及零基础图形图像爱好者使用 SketchUp 时参考。

本书从 SketchUp 的基本操作入手，结合真实项目案例，帮助读者全面掌握 SketchUp 的图形绘制与编辑、模型管理、截面 / 场景 / 相机、文件导入 / 导出、常用插件等室内空间表现必备的建模技巧。模型完成后，使用渲染插件 V-Ray for SketchUp 对模型场景进行渲染和后期处理，通过贴图、材质和灯光的引入，无须依赖其他软件即可制作出成熟的商业级效果图。

本书附带配套素材，内容包括本书所有实例文件、场景文件、贴图文件等，以方便读者学习。扫描下方二维码可以获得本书配套素材的下载方法。

本书由成都艺术职业大学程俊、郑彦洁、曲值编著。全书共 7 章，其中第 3 章，第 5 章 5.2 节、5.3 节、5.4 节，第 6 章 6.2 节、6.3 节、6.4 节，第 7 章，附录由程俊编写；第 1 章、第 2 章、第 4 章由郑彦洁编写；第 5 章 5.1 节、第 6 章 6.1 节由曲值编写。

限于编著者的水平，书中难免有疏漏和谬误之处，恳请广大读者批评和指正。希望本书能帮助读者快速掌握建模技巧，让 SketchUp 成为读者学习和工作的好帮手。

编著者

2019 年 1 月

建规景交流圈

本书配套素材

目 录

1

SketchUp 快速入门

1.1 SketchUp 简介

1.1.1 SketchUp 发展历史

2000 年，@Last Software 公司成立，这家公司虽然很小，但却因为开发出 SketchUp 这款软件并相继推出了 5 个版本（SketchUp 1~SketchUp 5）而闻名于世。6 年后，互联网巨头 Google 宣布收购 @Last Software 公司，并将 Google Earth 植入了 SketchUp 中，用户可以将在 SketchUp 中创建的 3D 模型放入 Google Earth 中具体的坐标点上，模拟真实的虚拟世界。另外，Google 还将一个叫作 3D Warehouse 的网站（图 1-1）与工具栏图标进行一键链接，使用者只需点击图标，便可以与全球的 SketchUp 用户相互交流，上传或下载模型，使得这款 3D 建模软件具有很强的互联网特征。在 Google 运维 SketchUp 的 6 年中，推出了 SketchUp 6~SketchUp 8 共 3 个版本。

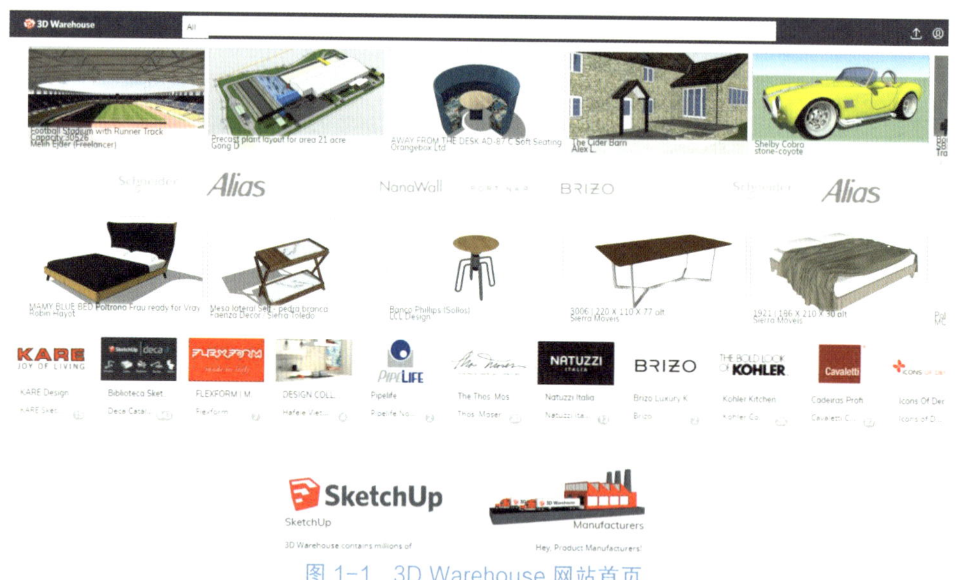

图 1-1　3D Warehouse 网站首页

2012 年，专注于建筑、海上导航等设备定位技术的 Trimble Navigation 公司宣布收购 SketchUp，并连续推出 SketchUp 2013、SketchUp 2014、SketchUp 2015、SketchUp 2016、SketchUp 2017、SketchUp 2018 等 6 个版本，将 SketchUp 带向更专业、更广阔的发展前景。

1.1.2 SketchUp 的显著特点

SketchUp 作为一款三维建模软件，最大的特点就是使用简便，人人都可以快速上手，官方网站介绍中将其比喻为电子设计中的“铅笔”。目前市面上比较流行的三维建模软件，如 3ds Max、Rhino、UG、Maya

等，都需要使用者花费较长的时间来练习才能掌握和熟练使用，而且建模速度较慢，渲染耗时较长。相比而言，SketchUp 就显得轻巧而灵活，它直接面向设计师的操作思路，使得建模的过程轻松而快速，完全满足与客户即时交流的需要。

在我国，已经有越来越多的设计机构和设计公司使用 SketchUp 软件作为主要的建模和设计表现工具，高校中建筑、环境相关的设计专业基本普及了 SketchUp 建模课程，这一切都与 SketchUp 的显著特点有关。

1.2 SketchUp 工作界面

1. 文件菜单栏

除了打开、保存等绘图软件的常规内容，SketchUp 独有的一个选项为“另存为模板”（图 1–2），可以将现有的页面布局、场景效果等设置保存下来，设定好模板名称和文件名，勾选“设为预设模板”，可以在打开软件时，以此预设模板来显示。

“导入”命令可以将 3ds Max、CAD、Photoshop 等软件制作的文件导入进来。

“导出”命令可以将 SketchUp 的模型和场景导出为其他格式的三维模型、二维图片、剖面和动画。

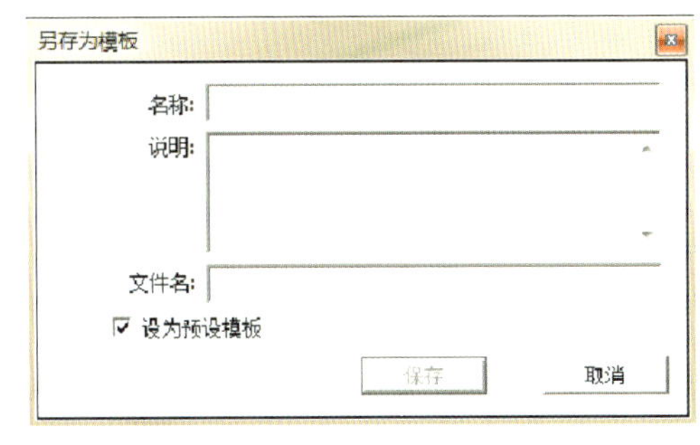

图 1–2 “另存为模板”对话框

2. 编辑菜单栏

除常规的软件通用命令外，“隐藏”命令可以隐藏场景中的模型，“取消隐藏”命令可以将隐藏的模型按“选定项”最后“一次隐藏项”和“全部”取消隐藏。

3. 视图菜单栏（图 1–3）

（1）工具栏：单击工具栏菜单弹出工具栏对话框（图 1–4），勾选的工具栏将显示在操作界面顶部。

Google 工具栏：即 Google 收购 SketchUp 之后，加入的定位功能，允许使用者将自建的模型定位到 Google Earth 中，模拟真实的地面场地效果。

编辑工具栏：包括建模过程中最常用的基本工具。

标准工具栏：包含打开、保存、撤销、重做、打印等软件通用的基础命令。

仓库工具栏：包含通过 Google 3D Warehouse 网站上传和下载模型、组件的命令。

动态组件工具栏：通过参数表控制组件，参数表中的数值改变，组件尺寸也跟着改变。

分类器工具栏：分类器工具用符合行业标准的实体类型来标注几何体，借助现有的分类体系，打开一个文本编辑器来创建自己的实体类别。

图 1-3　视图菜单栏

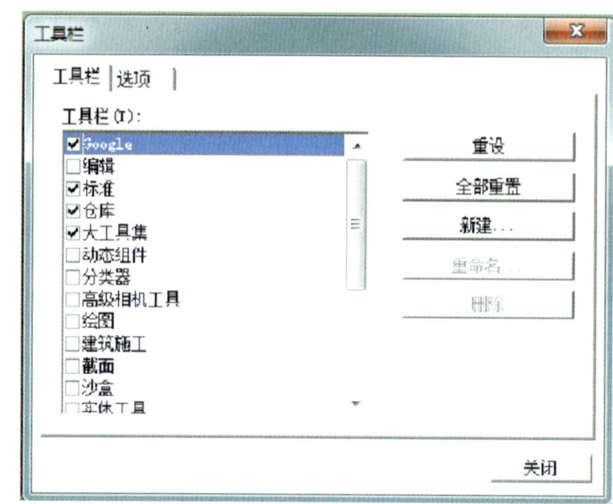

图 1-4　工具栏对话框

高级相机工具栏：该工具可以模拟现实世界的摄像机，通过设置焦距、长宽比和图像的宽度，在 SketchUp 中准确地预览相机拍摄，设置精确的实时控制。

绘图工具栏：包含绘制直线、圆、矩形等最常用的基本工具。

建筑施工工具栏：包含测量、标注、坐标轴等建筑施工图常用的基本工具。

截面工具栏：截面工具可以很方便地为模型添加剖切面，用于展示内部结构或者空间内部效果。截面工具还有一个很重要的作用就是用来制作建筑生长动画，多用于房地产项目的展示。

沙盒工具栏：主要用来制作地形。制作方式有三种，第一种是依据地形等高线来制作；第二种是根据地形创建网格来制作；第三种是通过曲面拉伸、投射等辅助工具来创建。

实体工具栏：针对实体对象进行布尔运算，包括相交、联合、减去、拆分等实体间“加减法”运算。

视图工具栏：主要用于观察场景中的模型，包含前、后、左、右、俯视、等轴 6 个视角。在“相机”菜单栏中勾选“以平行投影显示”时，可以得到不带透视效果的标准三视图。

图层工具栏：类似 CAD 中的图层设置，能通过对模型设置所在的图层，实现该图层所有模型的显示、隐藏、冻结等整体管理功能。

相机工具栏：相机工具准确地说应该是手动对视图进行缩放、平移等的控制工具，方便以最合适的角度和大小来观察场景和其中的模型。

样式工具栏：控制场景中模型的显示方式，包含“X 光透视模式”“后边线”“线框显示”“消隐”“阴影”“材质贴图”“单色显示”等 7 种基本模式，其中有的模式还可以同时使用，比如带材质贴图的 X 光模式。

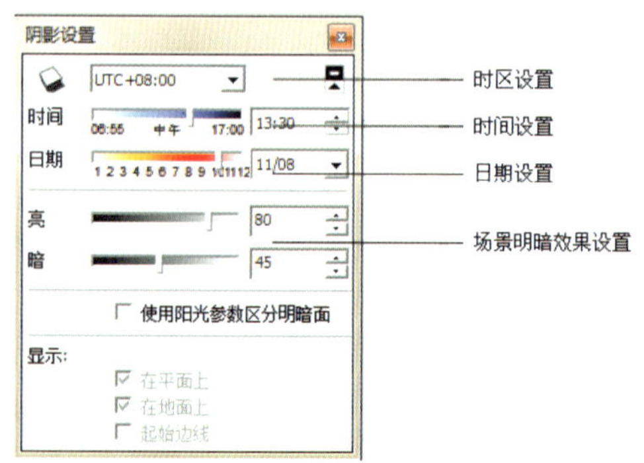

图 1-5　“阴影设置”对话框

阴影工具栏：为场景中的建筑和其他物体添加阴影，并且可以通过设置时区，模拟真实地理位置在一年中不同月份的日照及其产生的阴影效果。单击按钮，可以打开或关闭场景的阴影效果；单击阴影设置按钮，可以打开“阴影设置”对话框（图 1-5）。

主要工具栏：包含选择、制作组件、材质和橡皮擦 4 个最常用的工具。

大工具集：集合了软件中最常用的 6 组工具，建议初学者勾选该选项，保持大工具集在界面左侧显示状态，能更快地熟悉软件，提高操作效率。

表 1-1 所示为工具栏图标列表。

表 1-1　　工具栏图标列表

Google 工具栏		大工具集
编辑工具栏		
标准工具栏		
仓库工具栏		
动态组件工具栏		
分类器工具栏	类型：<undefined>	
高级相机工具栏		
绘图工具栏		
建筑施工工具栏		
截面工具栏		
沙盒工具栏		
实体工具栏		
视图工具栏		
图层工具栏	Layer0	
相机工具栏		
样式工具栏		
阴影工具栏	1 2 3 4 5 6 7 8 9 10 11 12　06:55　中午　17:00	
主要工具栏		

（2）隐藏物体：与编辑菜单中的“取消隐藏”相对应，此命令可以将场景中暂时不显示出来的模型进行隐藏。

（3）显示剖切：场景中间有剖面时，勾选将显示出剖切线所在位置和示意线，不勾选则隐藏，如图 1-6 所示。

（4）剖面切割：勾选将显示出剖切位置和剖切效果，不勾选则只显示剖切位置和剖切方向，如图 1-7 所示。

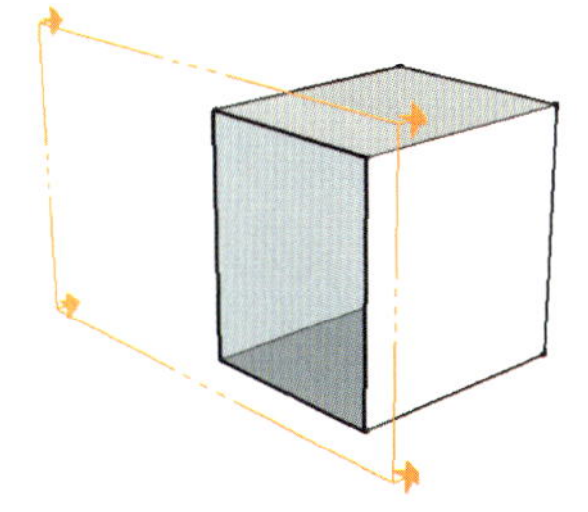
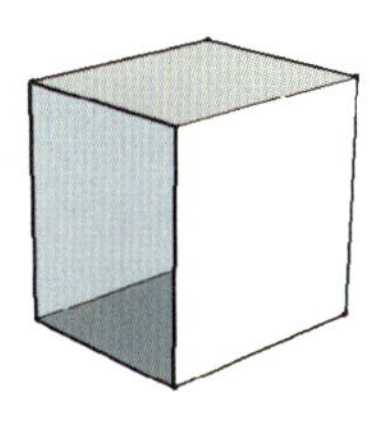

图 1-6　显示剖切和不显示剖切

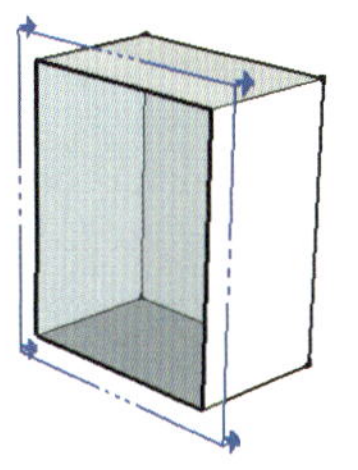
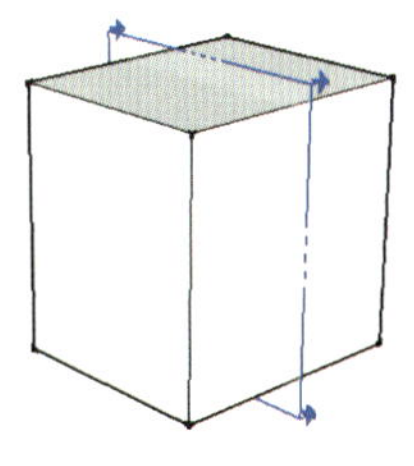

图 1-7　显示剖面和不显示剖面

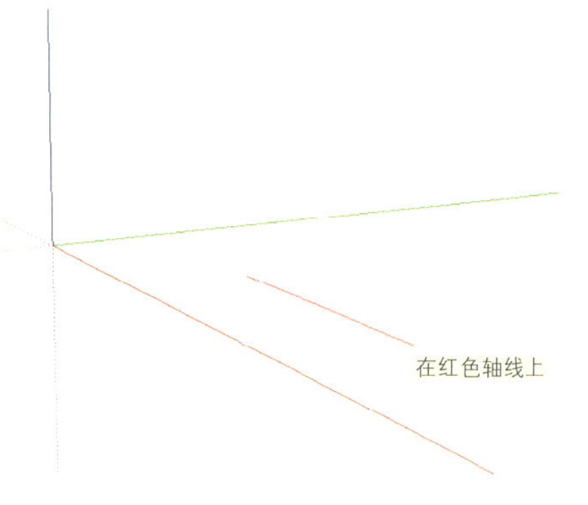

图 1-8　坐标轴和绘制线条时的提示

（5）坐标轴：坐标轴（图 1-8）是绘图的参考轴线，当绘制的线条平行于坐标轴时，引导线会显示与该方向坐标线相同的颜色，并提示在某色轴线上，有利于确认线条的相互垂直关系。一般情况下，建议保持坐标轴的显示状态。

（6）阴影：勾选则在场景中显示阴影效果，效果同阴影工具栏。

（7）雾化：用于打开和关闭场景中的雾化效果。雾化的具体调节方法将在后文“窗口”菜单栏中的“雾化”工具中讲解。

（8）边线样式：这是对边线显示的快捷操作，详细设置见后文“窗口”→“样式”→“边线设置”。

（9）显示模式：以不同的材质和色彩效果显示模型，如图 1-9 所示。

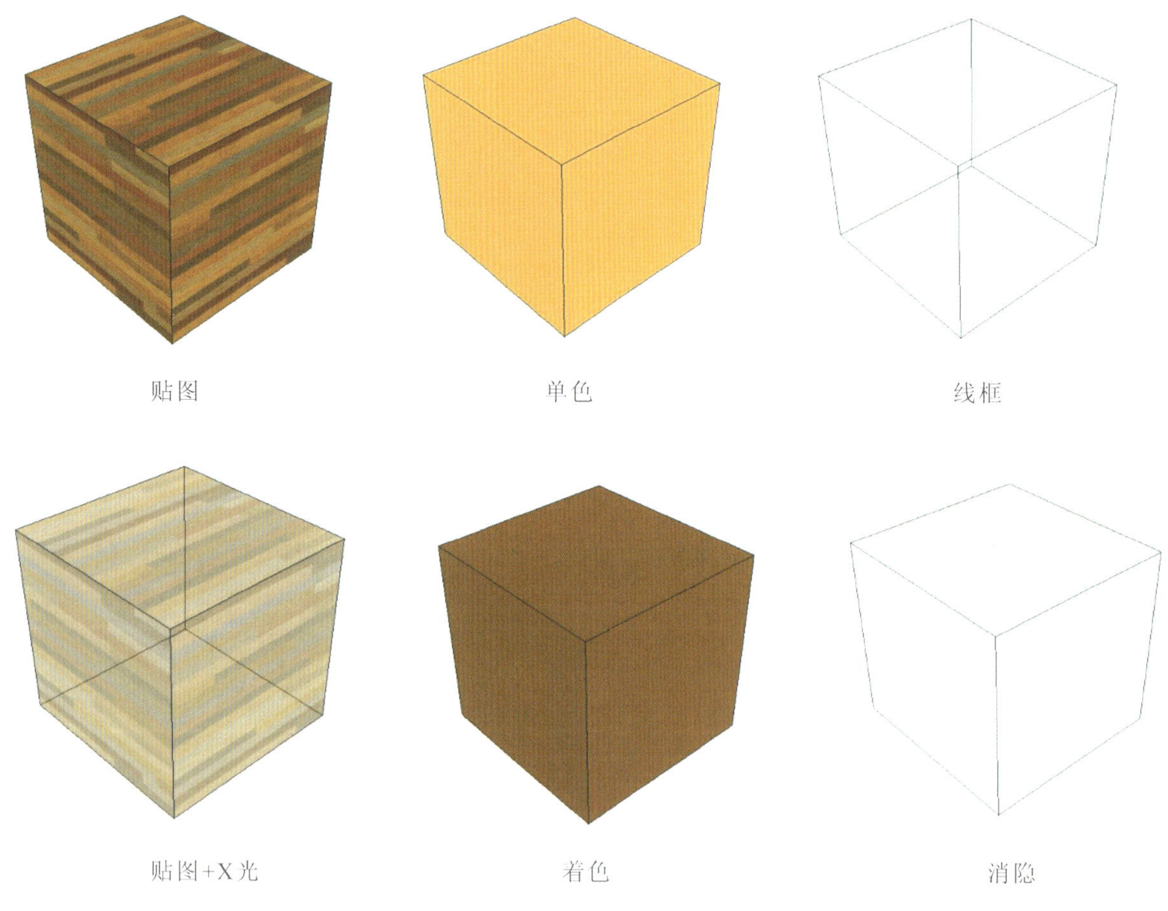

图 1-9　显示模式示意

（10）组件编辑：包含“隐藏模型的其余部分”和“隐藏类似的组件”，前者是进入当前组件编辑时，是否隐藏其他模型；后者是当组件在场景中有“关联复制”的其他副本时，编辑时是否显示，此显示状态消隐（淡化）程度在模型信息面板里有调整滑块。

（11）动画：在本书建模的相关命令中，“添加场景”是作为固定观察视角来使用的，添加的场景会在界面顶部以标签形式显示（图 1-10），当场景视角发生缩放、平移、旋转等变化时，单击标签，便可以回到事先设定的固定观察位置。

4. 相机菜单栏

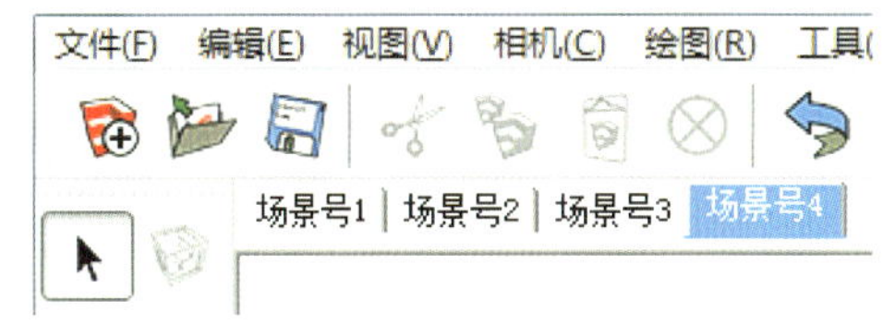

图 1-10 添加场景的标签

（1）上一个、下一个：用于向前或向后翻看曾使用过的观察视角。

（2）标准视图：与前面介绍过的 6 个视图图标一一对应。

（3）平行投影、透视图、两点透视图：用于选择是否显示透视效果，或以何种方式显示透视效果。

（4）新建照片匹配、编辑匹配照片：用于导入照片作为建模参考，匹配照片的效果建模。

（5）环绕观察、平移、缩放、视角、缩放窗口、缩放范围：与大工具集图标一一对应，将在后文进行详细介绍。

（6）定位相机、漫游、观察：与大工具集图标一一对应，将在后文进行详细介绍。

5. 绘图菜单栏和工具菜单栏

绘图菜单栏和工具菜单栏与大工具集图标一一对应，将在后文进行详细介绍。

6. 窗口菜单栏

（1）模型信息：模型信息是窗口菜单栏中非常重要的一项内容，很多与系统有关的基本设置都可以在其中找到。

尺寸设置（图 1-11）：用于设置尺寸标注的样式，“文本”用于设置标注文字的大小和字体；“引线”用于设置尺寸标注线的端点样式；“尺寸”用于设置尺寸显示是根据场景显示变化还是始终沿尺寸线固定。

单位设置（图 1-12）：长度单位选项中共有 4 种单位格式，分别为工程、建筑、十进制、小数，以及英寸、英尺、毫米、厘米、米等 5 种单位。作为建筑、景观、室内设计等行业使用的图纸，一般单位都统一设置为毫米（mm），精确度设置为 0mm。勾选“启用长度捕捉”，默认设置为 1mm，绘图时将自动捕捉并显示每 1mm 的变化。角度单位除了有精度设置外，还有捕捉选项，物体进行选择时，显示的捕捉角度就由此处的设置决定。

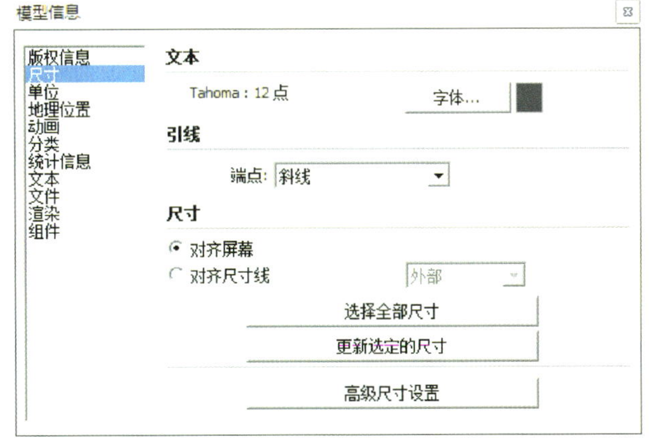

图 1-11 尺寸设置

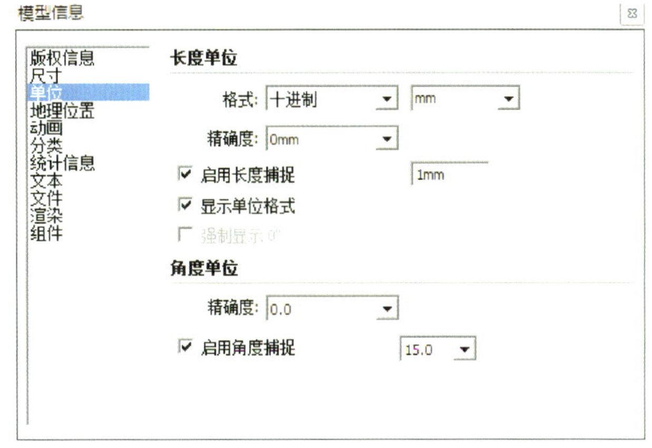

图 1-12 单位设置

动画设置（图 1-13）：用于设置场景转换的过渡时间和场景暂停时间。

统计信息（图 1-14）：用于统计场景中各种元素的名称和数量，还可以用于清理场景中的空图层和多余的组件、材质等元素，提高运算效率。

文本设置（图 1-15）：可以设置屏幕显示文本的大小和字体、引线文字的大小和字体、引线的样式。

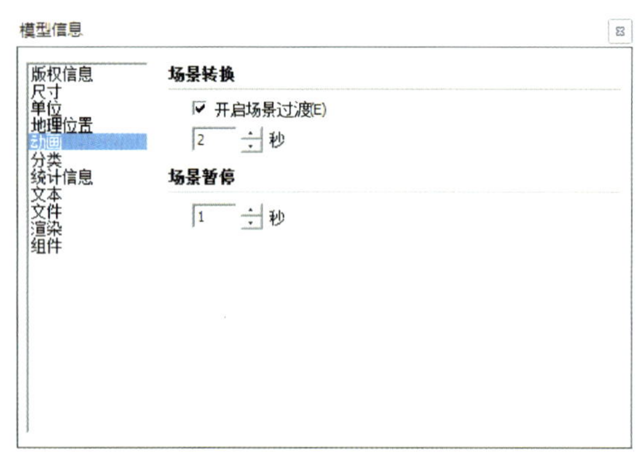

图 1-13 动画设置

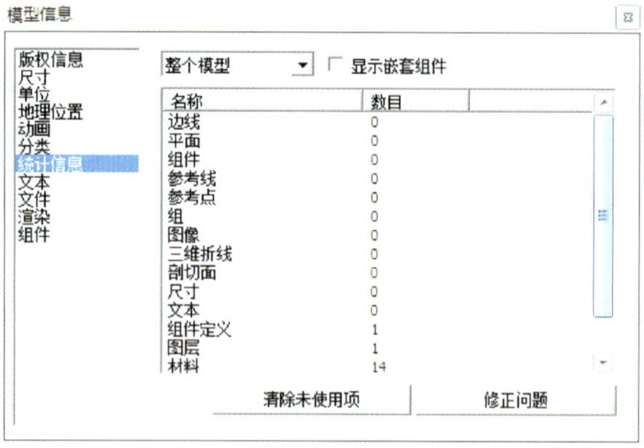

图 1-14 统计信息

组件设置（图 1-16）：可以在选中某一组件时，设置其他类似组件或其余模型的显示效果；勾选“显示组件轴线”，则显示每个组件自己的轴线系统。

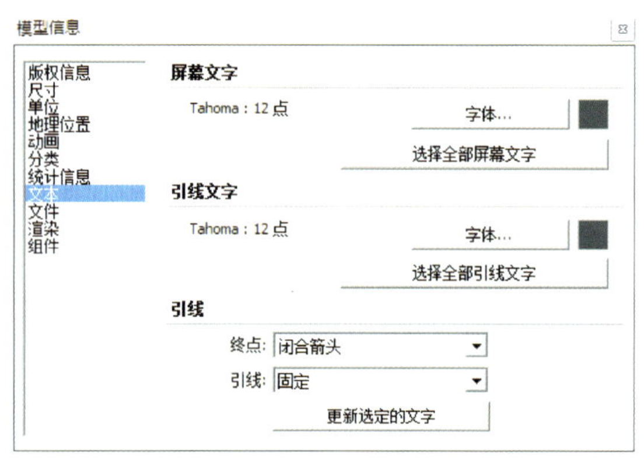

图 1-15 文本设置

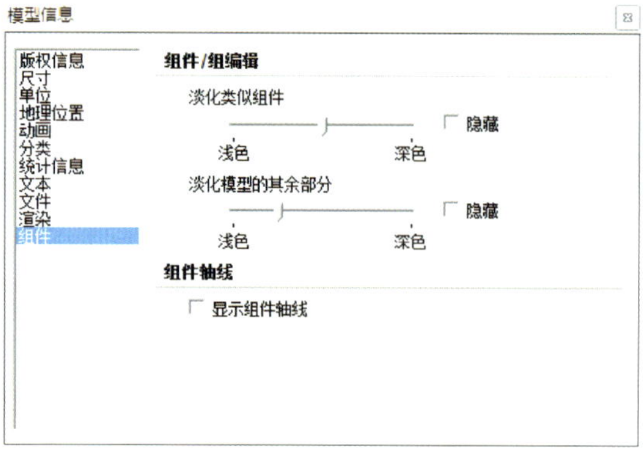

图 1-16 组件设置

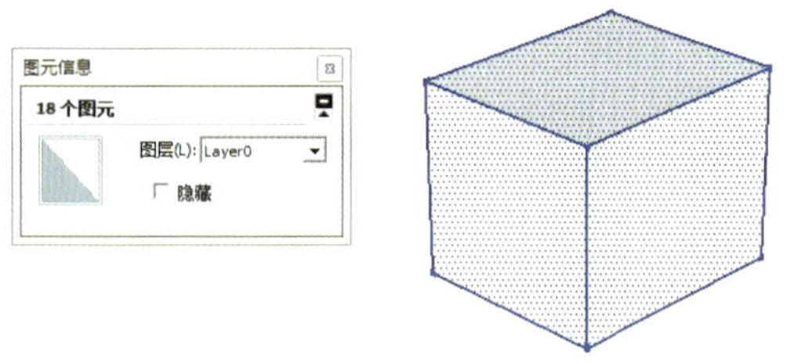

图 1-17 图元信息——选中多个线和面

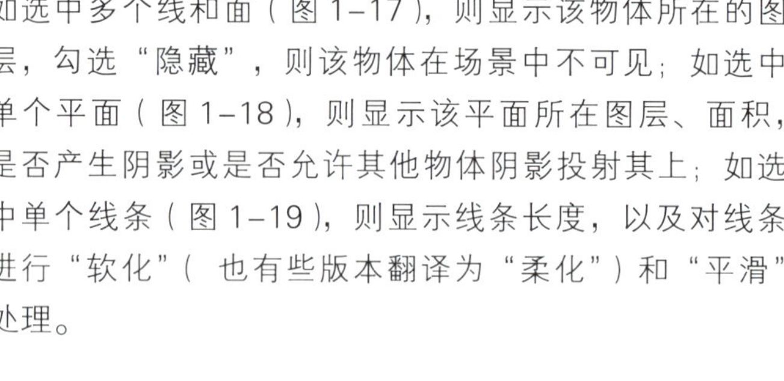

（2）图元信息：显示场景中选中物体的基本信息。如选中多个线和面（图 1-17），则显示该物体所在的图层，勾选“隐藏”，则该物体在场景中不可见；如选中单个平面（图 1-18），则显示该平面所在图层、面积，是否产生阴影或是否允许其他物体阴影投射其上；如选中单个线条（图 1-19），则显示线条长度，以及对线条进行“软化”（也有些版本翻译为“柔化”）和“平滑”处理。

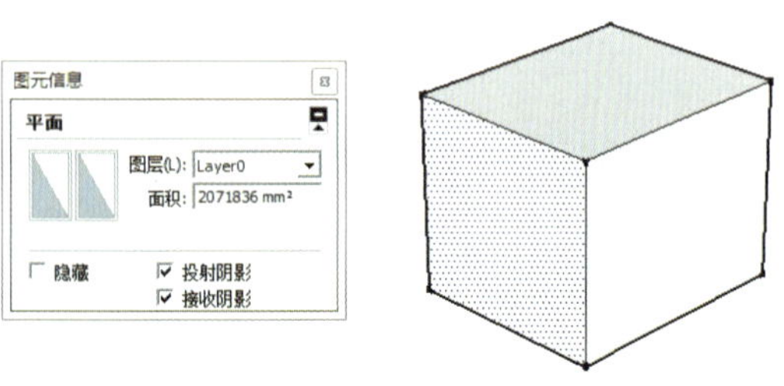

图 1-18 图元信息——选中单个平面

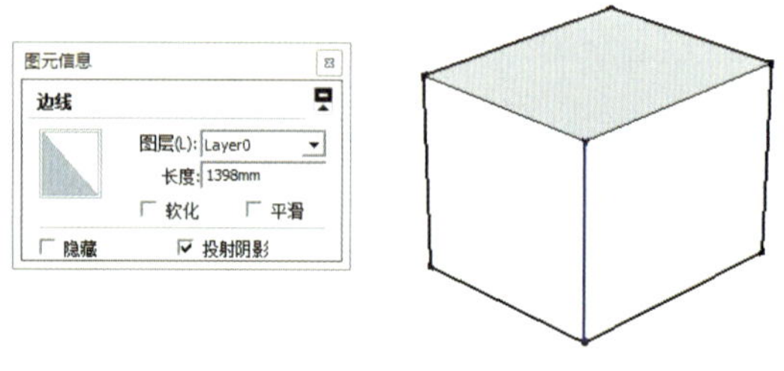

图 1-19 图元信息——选中单个线条

（3）材质：与大工具集图标一一对应，将在后文进行详细介绍。

（4）组件（图 1–20）：单击后会弹出组件管理的面板，可以通过该面板管理和编辑场景中的组件。

（5）样式（图 1–21）："样式"对话框包含对大到整个场景，小到模型中的一个面、一条线的显示设置。

在"选择"标签栏下，有 7 种预设样式，如图 1–22 所示，可以使场景呈现出不一样的风格。在建模过程中一般为了保证计算机的运算速度和建模效率，通常选择"预设样式"中的"普通样式"；而当模型创建完毕，需要输出成品效果时，可以选择一些特殊的样式效果来表现设计氛围和风格。

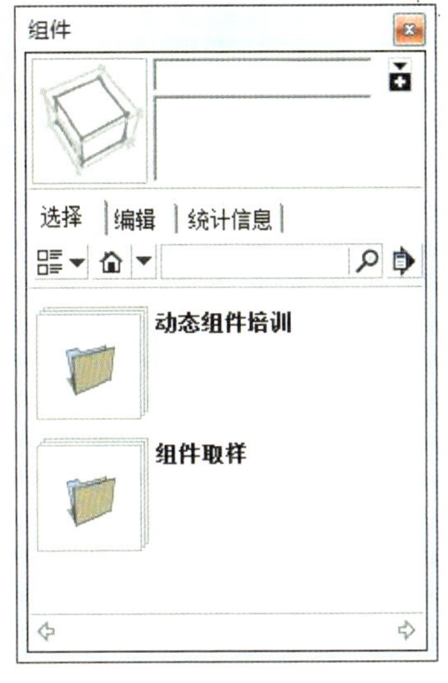

图 1–20　"组件"对话框

图 1–21　"样式"对话框

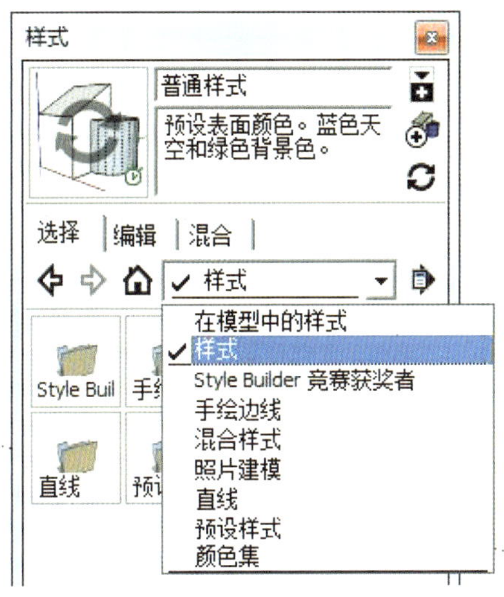

图 1–22　7 种预设样式

在"编辑"标签栏下，又包含 5 种设置图标，如图 1–23 所示。

① 边线设置：如图 1–24、图 1–25 所示，各项功能如下。

边线：以细线方式显示物体轮廓线。

后边线：以虚线方式显示不可见的被遮挡线。

轮廓线：以粗线方式显示物体轮廓线。

深粗线：以加粗线方式显示物体轮廓线。

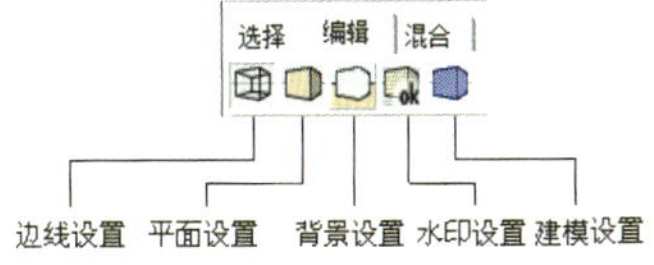

图 1–23　5 种设置图标

图 1–24　边线设置

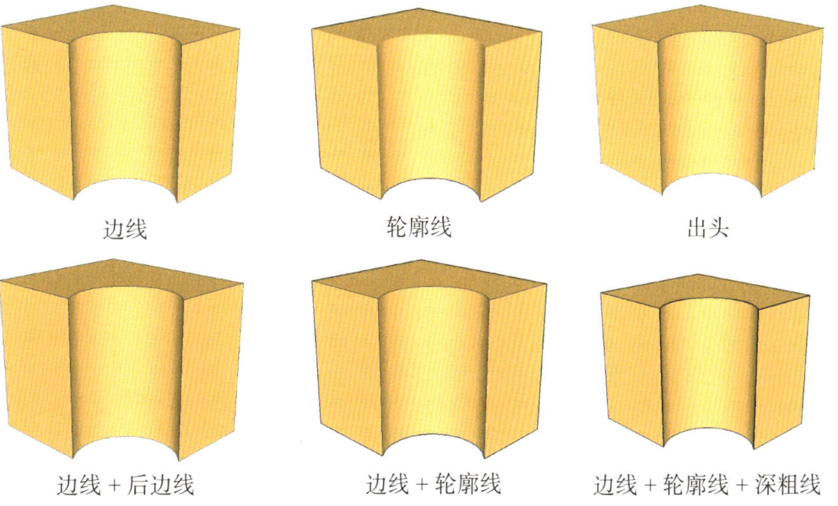

图 1–25　边线样式的显示效果

出头：线条相交位置出头的草图效果。

② 平面设置：设置正面和反面的颜色（图 1-26）。单击“正面颜色”后面的色块，弹出颜色调节的对话框，可以通过色轮、HLS、HSB、RGB 等 4 种色彩模式调整颜色，反面也一样，如图 1-27、图 1-28 所示。

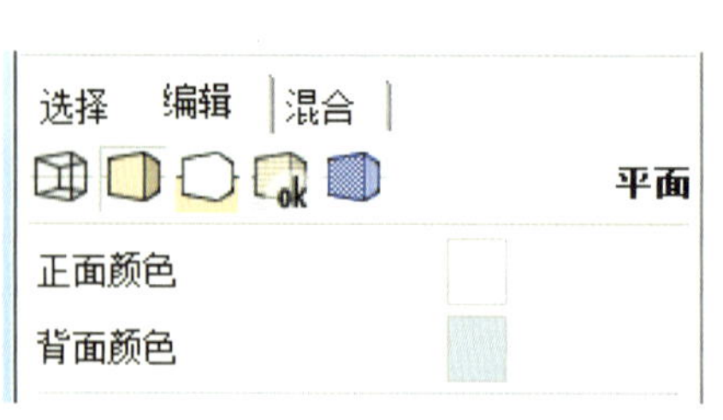

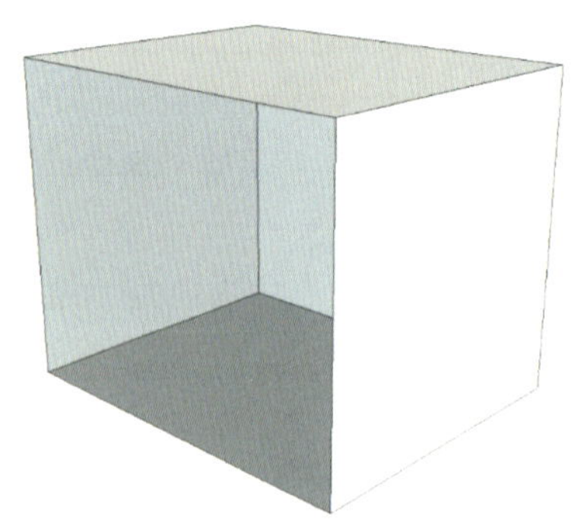

图 1-26　默认状态下模型正反面颜色

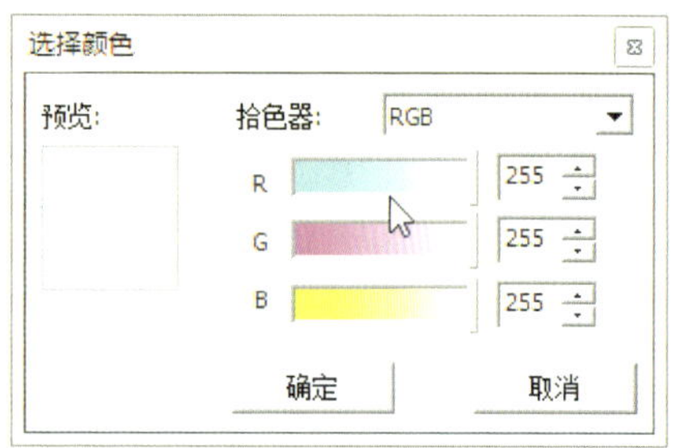

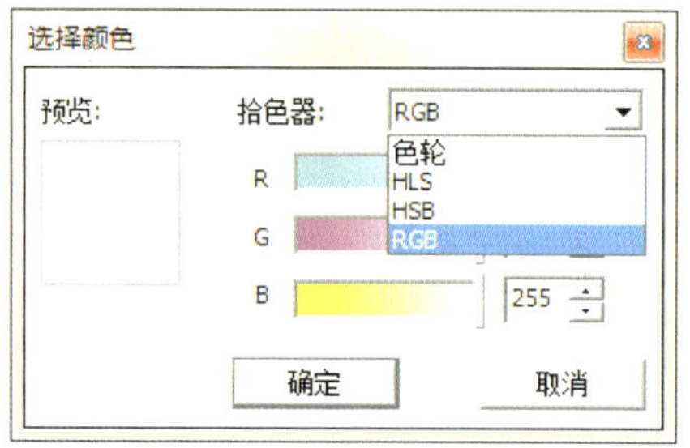

图 1-27　调节正反面颜色

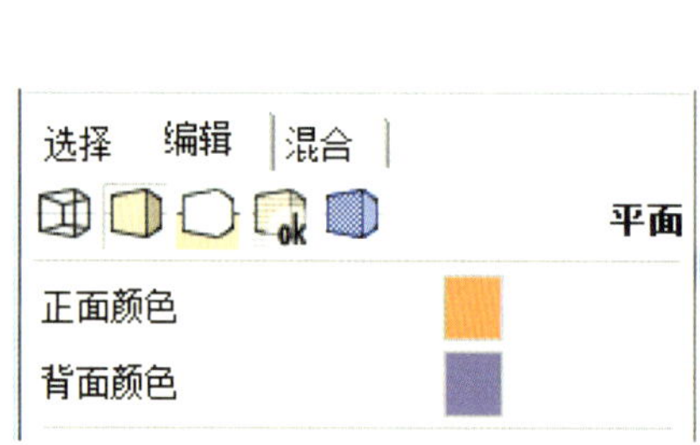

图 1-28　调节后的模型正反面颜色

③ 背景设置：设置场景中模型的背景颜色，当不勾选“天空”和“地面”选项时，场景背景显示为纯色，如图 1-29 所示；当勾选“天空”和“地面”选项时，场景显示的颜色带有渐变效果，如图 1-30 所示。

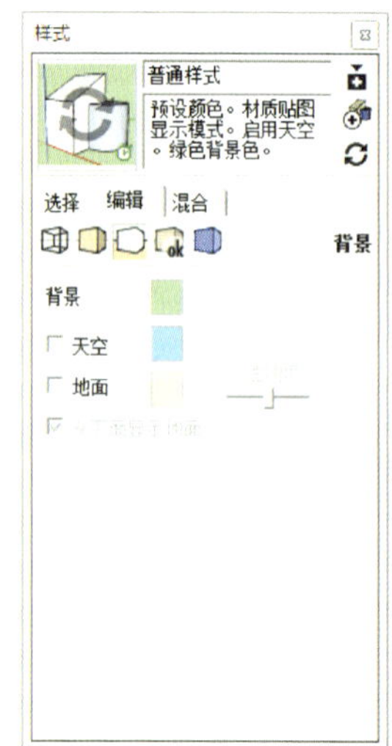

图 1-29　场景背景为纯色显示

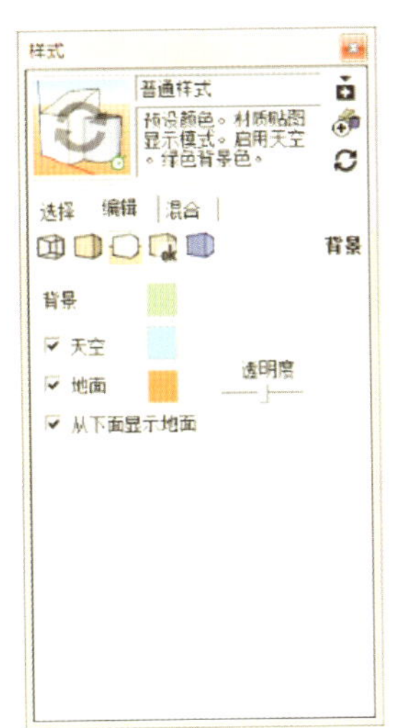

图 1-30　天空、地面为渐变颜色

④ 水印设置：水印设置允许使用者将自己的水印图片添加到模型场景中，作为标识或版权保护的信息，如图 1–31 所示。

⑤ 建模设置（图 1–32）：可调整“选定项”“未激活的剖切面”“已锁定”“激活的剖切面”“参考线”“截面切割”显示的颜色；调节“剖切线宽”的值；选择是否显示“隐藏的几何图形”“剖切面”“参考线”等；调节照片匹配建模时的照片透明度。

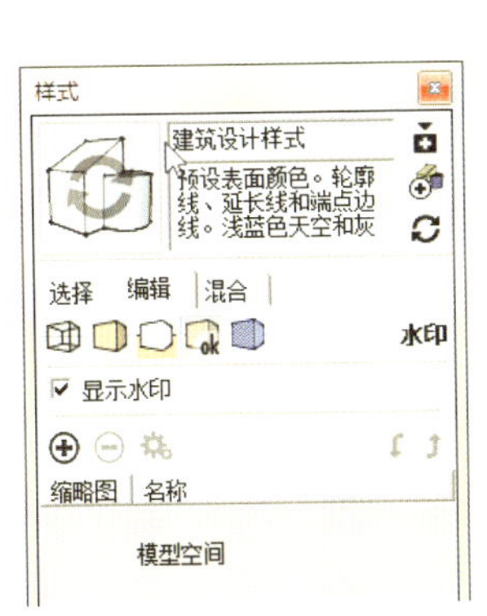
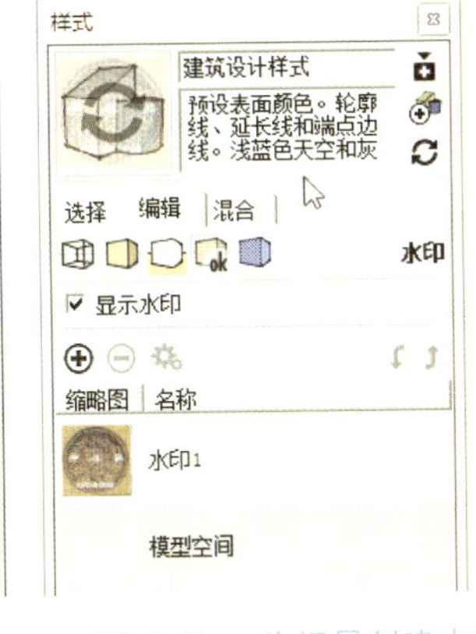
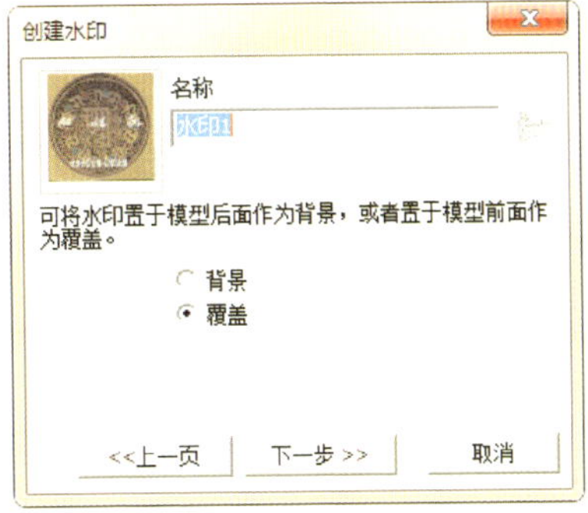

图 1–31　为场景创建水印效果

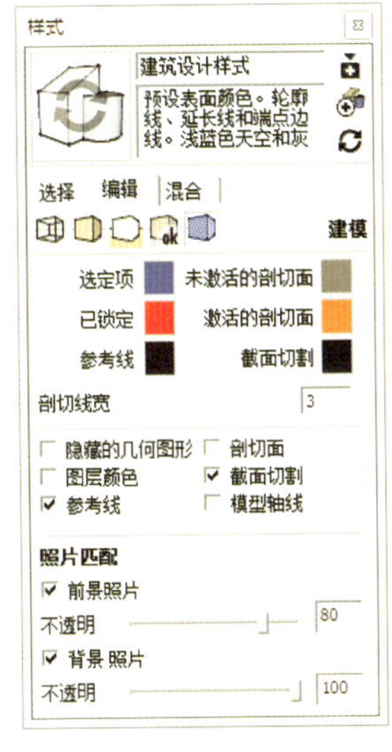

图 1–32　建模选项的设置

（6）图层：SketchUp 中的图层与 CAD 的图层有相似之处，我们可以选择将某模型放在某一图层上，还可以设置这一图层是否可见以及这个图层的颜色。例如单击“+”号，新建 4 个图层，设置 4 个图层为不同的颜色，然后单击立方体，在图层下拉菜单中选择图层，将 4 个立方体分别放置在 4 个的图层上（图 1–33)，然后单击向右的箭头打开折叠面板（图 1–34），勾选“图层颜色”，模型就按每个图层的颜色来显示，便于管理，如图 1–35 所示。

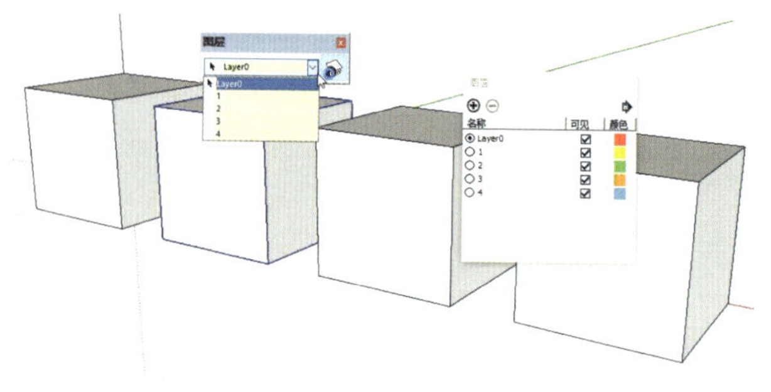

图 1-33　将 4 个立方体分别放置在 4 个图层

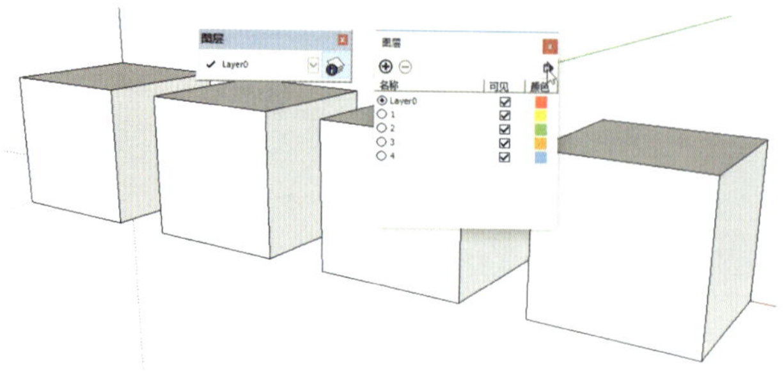

图 1-34　打开图层面板的折叠窗口

（7）柔化边线：通过调节相邻面法线之间的角度，改变模型的轮廓效果，如图 1-36 所示。

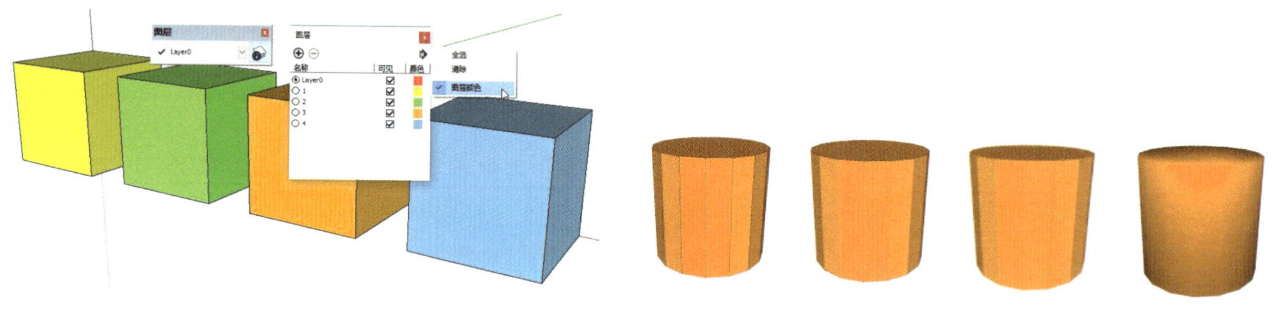

图 1-35　勾选显示图层颜色

图 1-36　柔化边线效果

（8）系统设置：包含影响计算机运行速度的一些高级设置，初学者一般使用默认设置即可。但对建模和场景输出有较高要求的使用者就必须学会系统设置，使软件使用起来更加顺畅，更加得心应手。

① OpenGL 设置（图 1-37）：设置电脑的运行方式和显示方式，一般情况下勾选“使用硬件加速”和“使用快速反馈”，显示为 18# 真色彩即可。

② 常规设置（图 1-38）：设置是否需要自动备份，以及自动保存时每次保存文件间隔的时间，时间设置越短，发生突发状况时丢失的就越少。但是，相对地，建模过程中的卡顿现象就会比较频繁，因为保存文件需要占用系统内存，所以根据文件的重要程度，设置合理的自动保存时间，才能既提高安全性又保证系统的运行能力。建模过程中，如果模型出现问题，勾选“自动检查模型的问题”和“在发现问题时自动修正”，则能利用软件的自动检测修复一些小问题。勾选“在创建场景时警告样式变化”，会在创建场景时弹出对话框，提示是否需要更新场景，还是只保存模型的变化。

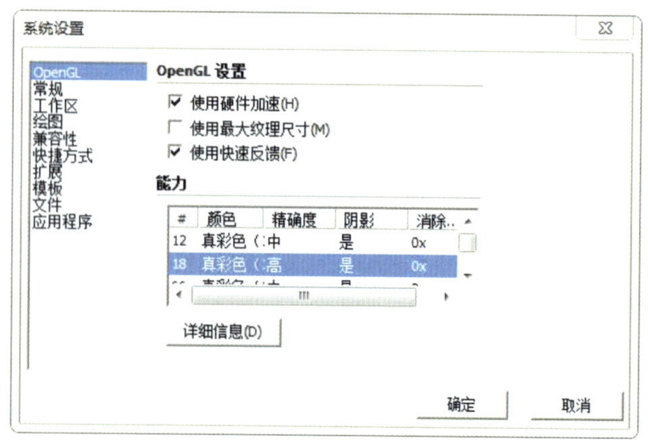

图 1-37　OpenGL 设置

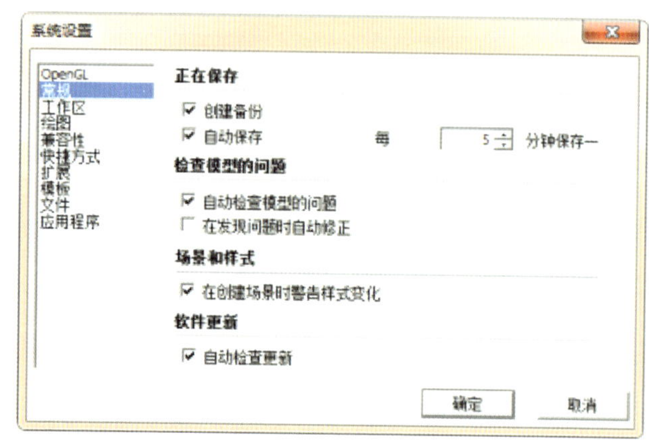

图 1-38　常规设置

③ 工作区设置（图 1–39）：设置是否使用大工具按钮以及将改动过的工作区重置。

④ 绘图设置（图 1–40）：包含“单击样式”和“杂项”两个功能选项，功能介绍如下。

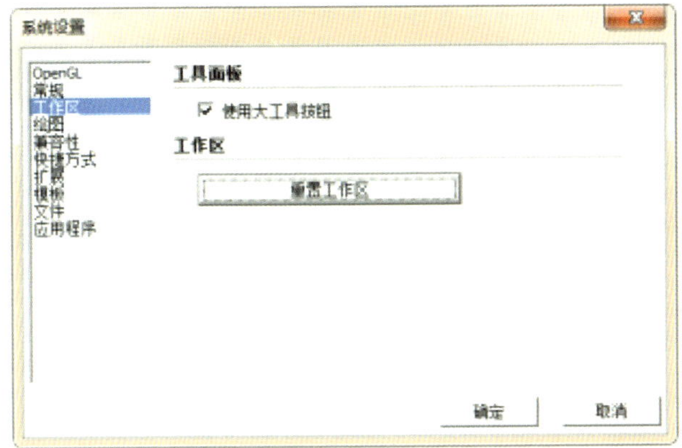

图 1–39 工作区设置

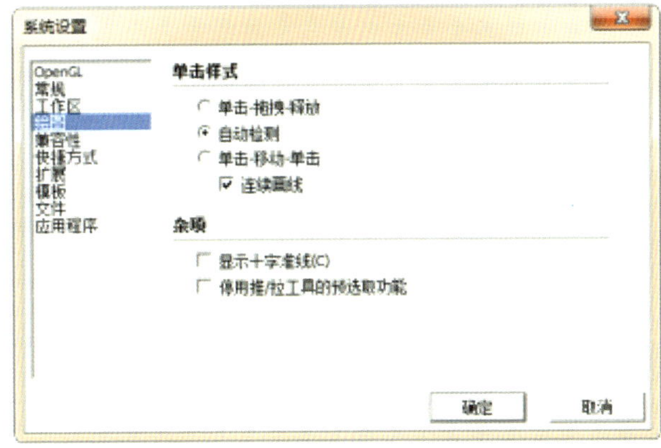

图 1–40 绘图设置

单击样式：设置鼠标单击的功能。

杂项：勾选“显示十字准线”，绘图时将在端点显示红、绿、蓝的坐标轴线，起到提示作用，如图 1–41 所示。一般情况下此功能是关闭的，如图 1–42 所示。勾选“停用推 / 拉工具的预选取功能”，则在推拉过程中，只要重复按一下快捷键 P，被预先选择并锁定的推拉平面将会取消，重新变成可以推拉任何平面。

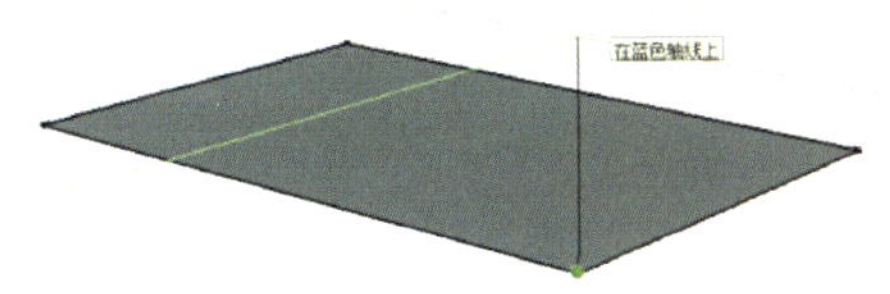

图 1–41 勾选“显示十字准线”

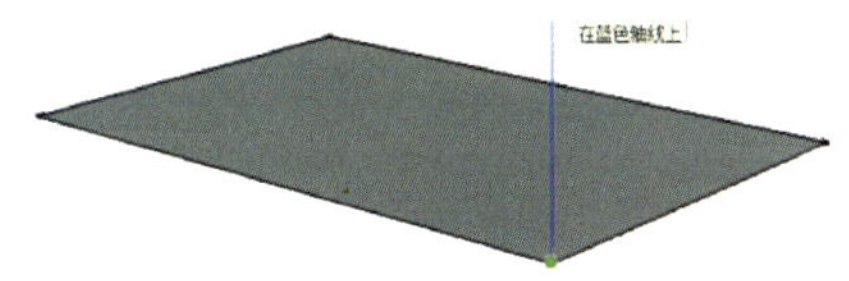

图 1–42 未勾选“显示十字准线”

⑤ 兼容性设置（图 1–43）：设置组件和组是否需要突出显示以及鼠标轮样式，该功能较少使用。

⑥ 快捷方式设置（图 1–44）：快捷方式允许使用者自行设定习惯使用的快捷键，熟记这些快捷键能极

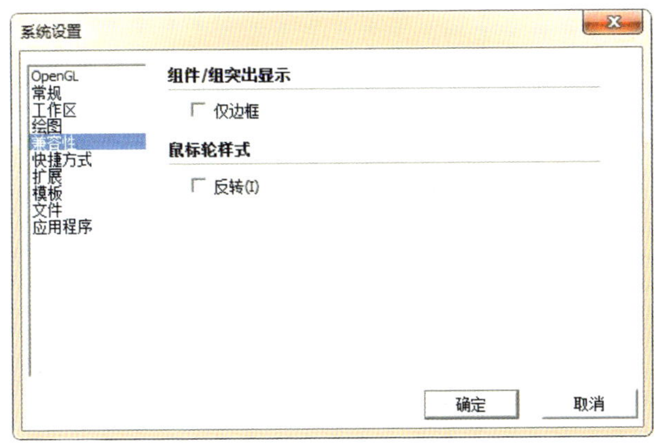

图 1–43 兼容性设置

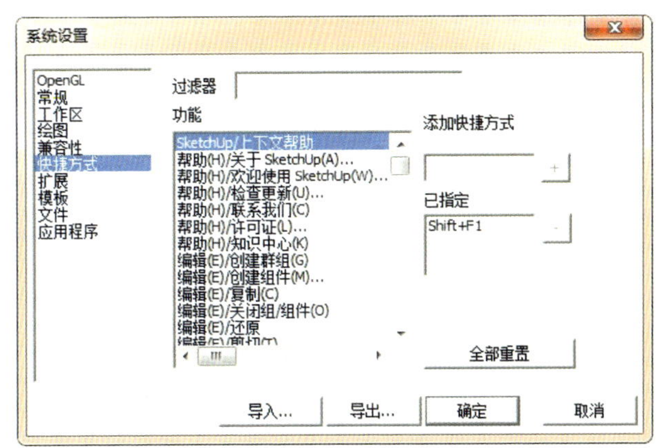

图 1–44 快捷方式设置

大地提升建模速度，这是学习 SketchUp 必须要掌握的内容。本书将在第 2 章介绍主要工具时，标注其相应的快捷键，并在本书末尾以附录形式列出常用快捷键。建议初学者单击“导入”，将本书附带的快捷键设置导入，待熟练之后再设置自己惯用的快捷键。

⑦ 扩展设置（图 1–45）：管理插件的使用。列表中已有的插件，单击时会显示其介绍以及版本、创建者和版权所有信息。SketchUp 是一款开放式的软件，允许使用者编写插件程序，因此网上有非常多可供下载的帮助提升建模效率的小插件，下载安装即可。安装时单击“安装扩展程序”，找到需要安装的插件位置单击即可。

⑧ 模板设置（图 1–46）：选择场景使用的模板。在前面介绍“文件”菜单栏时，如将设置的场景“另存为模板”，那么此时在这里就可以找到保存的模板。

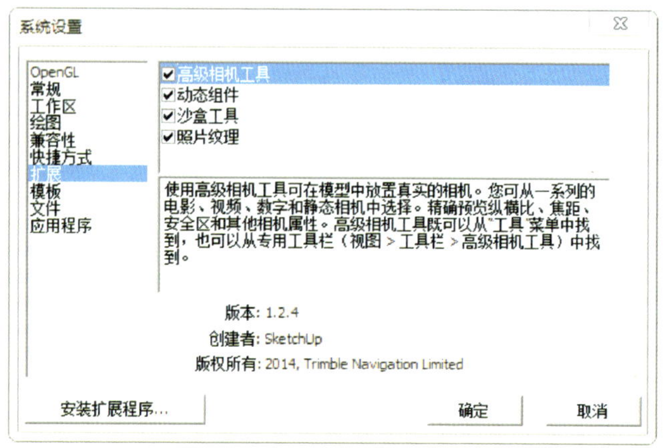

图 1–45　扩展设置

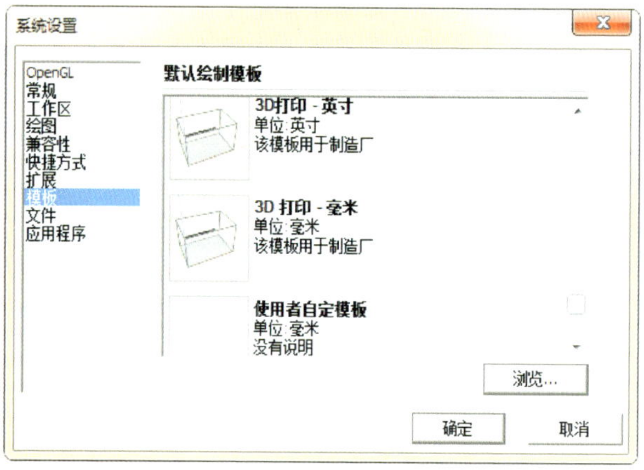

图 1–46　模板设置——使用者自定模板

⑨ 文件设置（图 1–47）：用于查看所有类型文件的保存位置以及由此导入或导出。

⑩ 应用程序设置（图 1–48）：主要用来处理贴图。

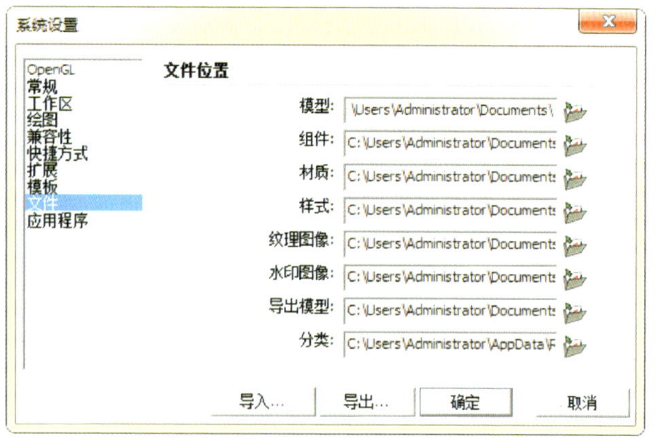

图 1–47　文件设置

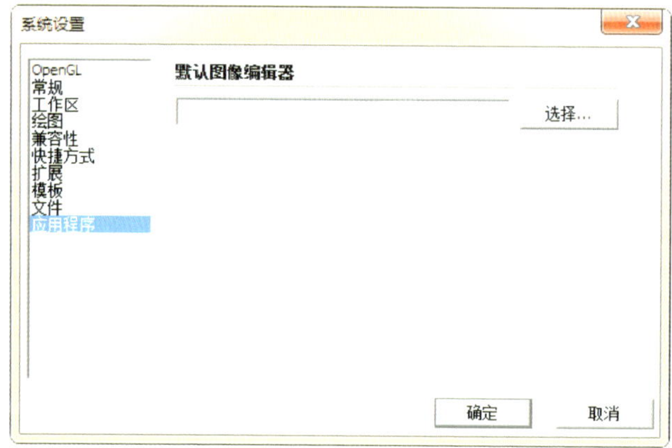

图 1–48　应用程序设置

2

基本工具使用技巧

2.1 主要工具

本章将对“大工具集”中的所有图标一一进行介绍，它们是 SketchUp 中使用最频繁，也是最基本、最重要的建模工具。深入学习和掌握这些工具的使用，是学好 SketchUp 的必要条件。

1. 选择（快捷键：空格）

（1）显示：选择工具用于选择场景中的点、线、面和组件，是使用最频繁的工具。被选中的线条以蓝色显示（图 2-1），被选中的平面以蓝色点显示（图 2-2），被选中的组件以蓝色线框显示（图 2-3）。

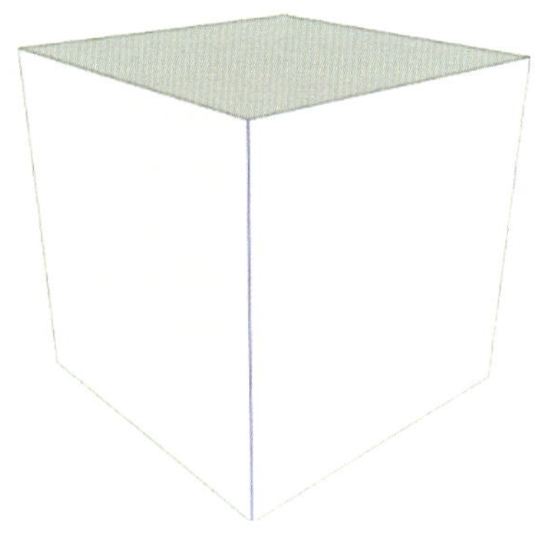

图 2-1　选中的线条以蓝色显示

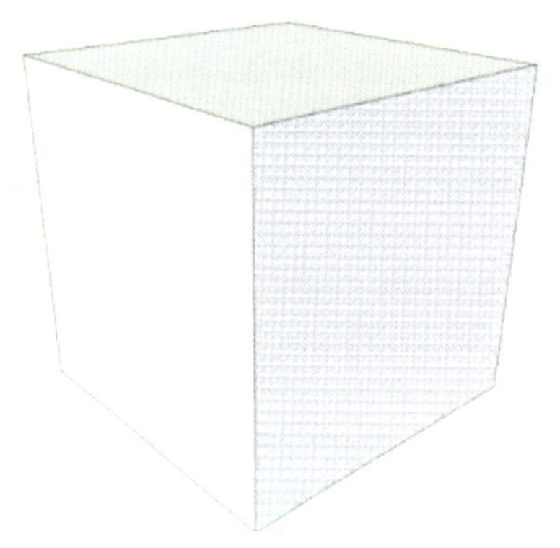

图 2-2　选中的平面以蓝色点显示

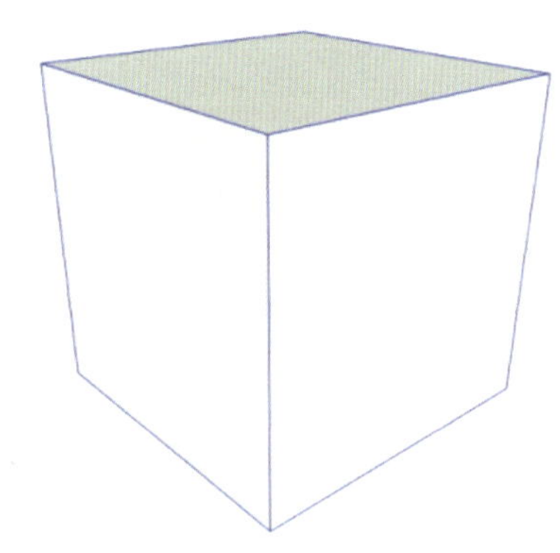

图 2-3　选中的组件以蓝色线框显示

（2）点击：在模型上单击选择工具时，选中的是点击部位的线条或平面；在模型上双击选择工具时，选中的是点击部位的平面以及组成这个平面的所有边线；在模型上三击选择工具时，选中的是模型全部相邻的线和面。

（3）配合键盘：配合 Ctrl 键时，选择工具的光标将带上一个加号，表示此时多次点击鼠标选择到的物体都将纳入选择范围中，也就是添加选择；配合 Shift 键时，选择工具的光标将带上一个加号和一个减号，表示此时点击未选中的物体，会将其加入选择范围中，而点击已经选中的物体，则会将其排除出选择范围。

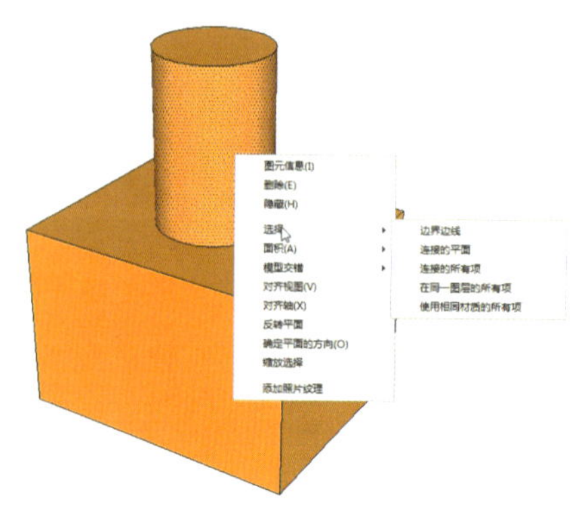

图 2-4　右键选择

（4）框选：选择工具最常用的方式还是按住鼠标左键拖曳出矩形的选框来选择模型。当鼠标从左向右拖曳时，要将所选模型完全框选在内，才能将模型选中；当鼠标从右向左拖曳时，只要模型部分被拖进矩形选框，则整体都会被选中。

（5）右键选择（图 2-4）：在模型平面上单击鼠标右键，弹出的快捷菜单中有“选择”项，其包含 5 种快速的选择方式。

（6）键盘选择：同时按 Ctrl+A 键可以选中场景中所有可见模型。

2. 制作组件（快捷键：Shift+G）

当在场景中选择任意两个或两个以上模型元素，如两条线、两个面或一条线加一个面时，该工具即被激活，单击即可将选中的物体创建为组件；也可单击鼠标右键，在弹出的对话框中选择“创建组件”（图 2-5，当然最好是使用快捷键 Shift+G）。SketchUp 中“创建组件”和另一个相似的工具“创建群组”（建议将快捷键设置为 G，为 group 的意思，和 Shift+G 都是使用非常频繁的命令，熟练使用快捷键能大大地提高建模速度）都是非常重要的命令。在模型还是平面图形时就将其制作为组件或群组，然后双击进入组的内部编辑模型，能极大地避免模型之间的相互粘连，为后期模型多且复杂的场景打下良好的基础。

当在场景中绘制一个矩形，然后双击选中这个矩形的面和 4 条边线，单击鼠标右键，弹出的菜单中有两个选项，即“创建群组”和“创建组件”，下面分别进行介绍。

（1）单击“创建群组”后，矩形被一个蓝色的框围合起来（图 2-6），单击矩形无法选择它的面或线，更无法对平面进行推拉操作。编辑群组的方法是双击该矩形，此时矩形被一个灰色虚线的线框包围（图 2-7），表示进入了群组内部，此时矩形的边线和面都可以被选中进行编辑。若要退出该群组的编辑状态，只需要在虚线框以外的位置单击鼠标左键即可，虚线框消失，变回蓝色线框。

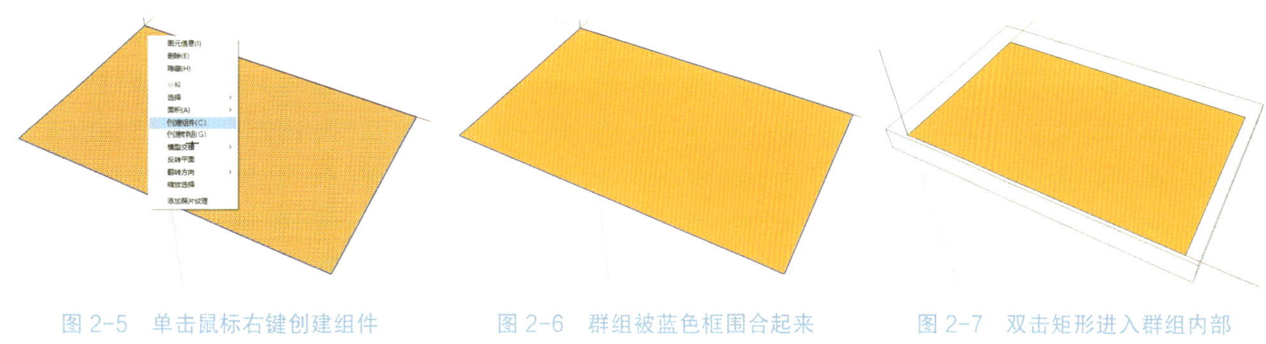

图 2-5　单击鼠标右键创建组件　　图 2-6　群组被蓝色框围合起来　　图 2-7　双击矩形进入群组内部

（2）单击“创建组件”后，与创建群组不同的是会弹出“创建组件”对话框，提示为组件命名、添加组件的描述性介绍等。

“粘接至”下拉选项表中有“无”“任意”“水平”“垂直”“倾斜”5 种选项，表示组件导入场景时的对齐位置，一般选择“任意”即可。

“设置组件轴”：在组件内部设置独立的坐标轴体系。

当组件为一个整体，与其他模型没有粘连关系时，“切割开口”选项为灰色；当组件为模型中的一部分时，“切割开口”自动激活（图 2-8）。“切割开口”常用来制作墙洞、窗洞，当建好的门框或窗框定位为切割开口的组件，复制该组件时，模型表面会复制组件的开口属性，自动开口，如图 2-9 所示。

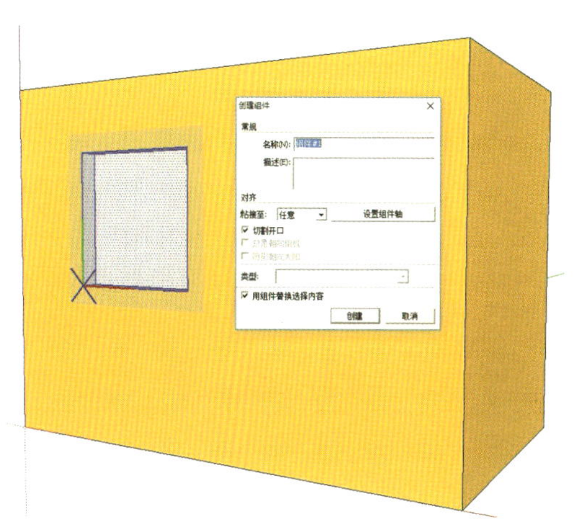

图 2-8　切割开口激活并勾选

“总是朝向相机”（图 2-10）：将需要表现的模型的某一面调整到正面面对当前视角，然后在创建组件时勾选该选项，可以使这个面始终正面面对摄像机，不受视图角度改变的影响。该功能常用在二维的植物和人物上，使其始终正面面对当前视角，而不会显示为侧面的一条直线。

“用组件替换选择内容”（图 2-11）：当勾选此选项时，场景中的线和面直接组成一个组件；当不勾选此选项时，组件

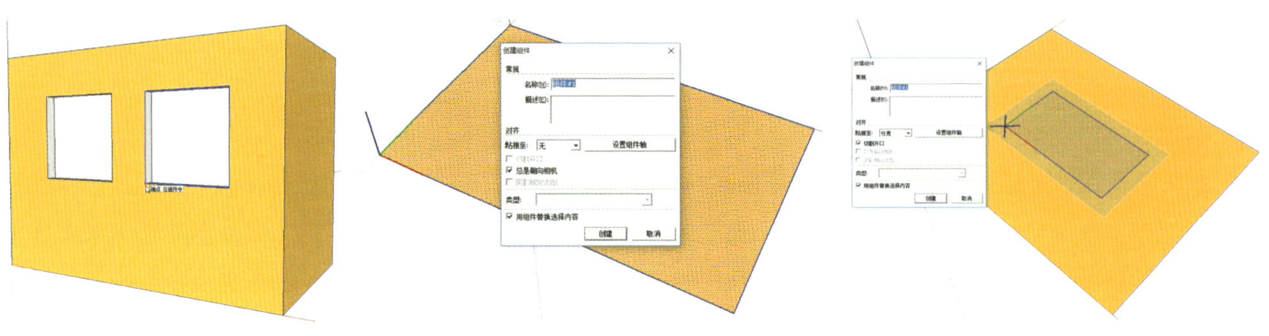

图 2-9　组件自动复制切割开口属性　　图 2-10　总是朝向相机　　图 2-11　用组件替换选择内容

只存于组件管理器中，而不显示在场景里，选中的线和面仍然保持原样。后期可以通过“窗口”→“组件”，打开组件库，调出创建的组件。

（3）组件与群组的区别：将群组的模型进行复制，复制产生的模型相互之间是没有任何关系的，双击进入群组内部对其进行修改时，其他复制出来的模型不会发生任何改变，如图 2-12 所示；而将定义为组件的模型进行复制，复制产生的组件相互之间存在关联，双击进入其中一个内部，对其进行画线、推拉、填充材质等操作时，其他一起复制的组件也会产生同样的改变，如图 2-13 所示。

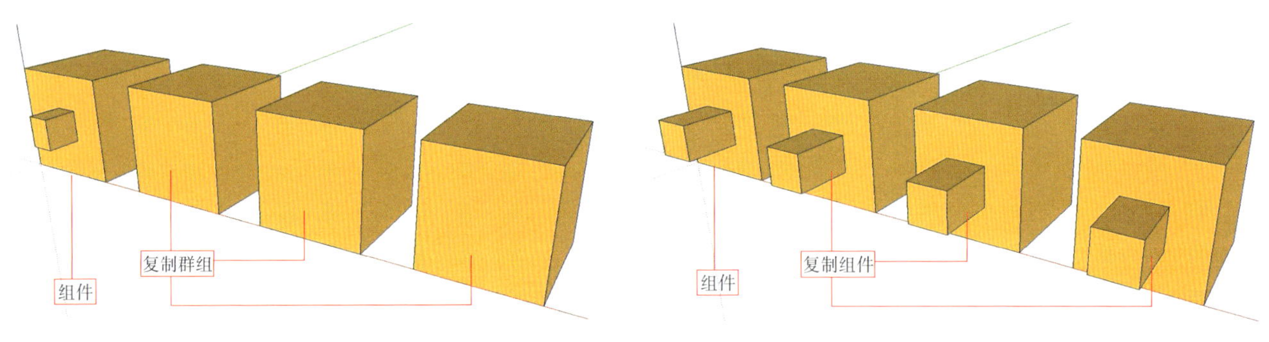

图 2-12　复制群组物体　　图 2-13　复制组件物体

图 2-14　材质面板

3. 材质（快捷键：Shift+X）

在 SketchUp 场景中任意创建一个面，都会被赋予默认的材质，一般是以两种不同的颜色来显示物体的正反面，表示 SketchUp 中任何物体的表面都是双面的，可以填充不同的材质。

（1）材质面板：执行“窗口”→“材质”菜单命令或单击“材质”工具按钮，打开材质面板，显示出来的文件夹是 SketchUp 中自带的各种材质，如图 2-14 所示。选择一个文件夹双击打开，会以缩略图的形式显示出这个文件夹中的所有材质，图 2-15 所示为水纹文件夹下所含的 6 种材质。

单击一个材质的缩略图，对话框上方会显示该材质的名称，也可修改其名称，如图 2-16 所示。

将材质赋予物体表面后，可以从“编辑”标签进入此材质的编辑面板，对材质的颜色、贴图、尺寸和透明度进行调整（图 2-17）。

（2）模型中的材质：场景中模型所使用的材质，在材质主面板的下拉面板“在模型中的样式”中可以显示出来（图 2-18），右下角的白色三角形表示该材质正在场景中使用（图 2-19）。

图 2-15　水纹文件夹下所含的 6 种材质

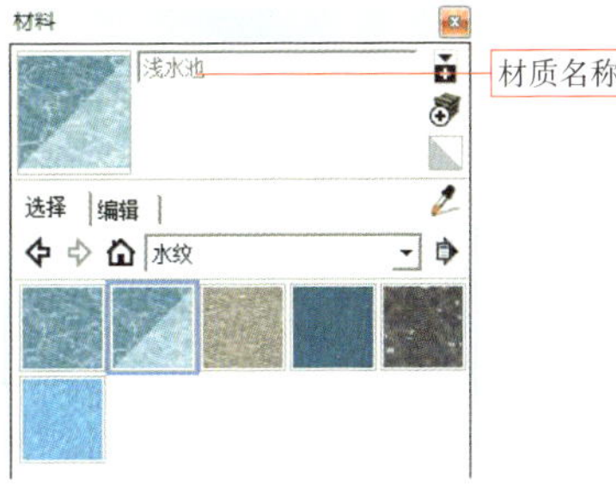

图 2-16　修改材质名称

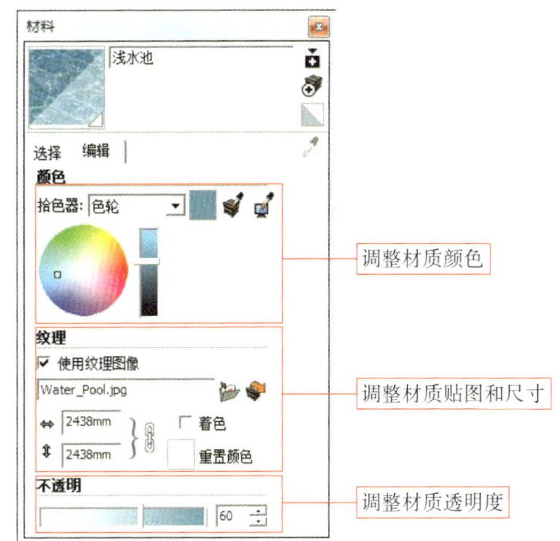

图 2-17　修改材质各项属性

（3）配合键盘填充材质。

Ctrl 键：激活材质工具的同时按住 Ctrl 键，光标由 变为 ，在赋予物体表面材质的同时，可以将此材质同时赋予其他与之相连并使用相同材质的表面材质。

Shift 键：激活材质工具的同时按住 Shift 键，光标由 变为 ，可以用当前材质替换所选表面的材质。模型中所有使用该材质的物体都会同时改变。

Ctrl+Shift 键：激活材质工具的同时按住 Ctrl+Shift 键，光标由 变为 ，可同时实现以上两种功能，即在替换物体表面材质时，与之相连的所有表面同时被替换。另外，场景中所有使用到这些材质的表面也同时被替换。

Alt 键：激活材质工具后，按住 Alt 键，光标变为吸管，此时单击任意表面就能吸取该表面的材质，光标随之变回为 ，吸取的材质可直接赋予其他表面。

（4）贴图的调整。贴在物体表面的材质可以随意更换，也可以改变大小、旋转角度、调节位置，下面以电视机画面的贴图为例进行介绍。

打开本书配套素材第 2 章“模型”→“电视机模型”（图 2-20），为壁挂式的液晶电视贴一张电视画面。

单击材质工具，弹出材质面板。单击“创建材质”按钮（图 2-21），弹出“创建材质”对话框。勾选“使用纹理图像”（图 2-22），在弹

图 2-18　选择模型中的样式

图 2-19　正在场景中使用的材质

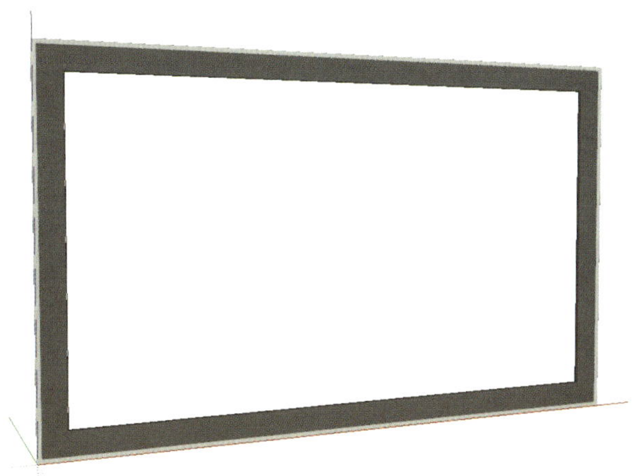

图 2-20　电视机模型

出的对话框中选择本书配套素材第 2 章“电视画面”贴图，并将画面材质的宽度改为 1120mm、高度改为 630mm（图 2-23），赋予电视机平面材质（图 2-24）。

图 2-21　创建材质

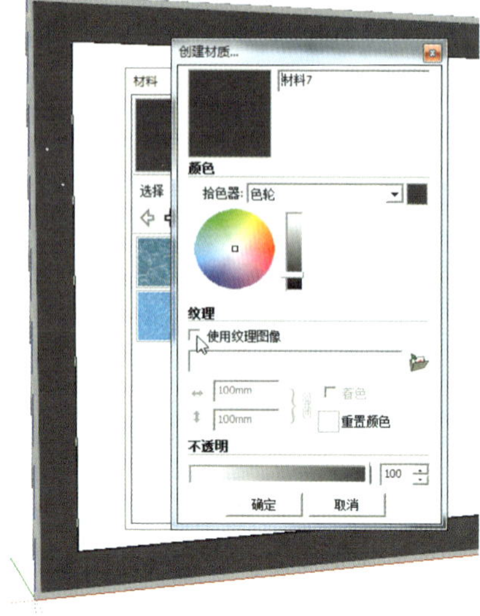

图 2-22　使用纹理图像

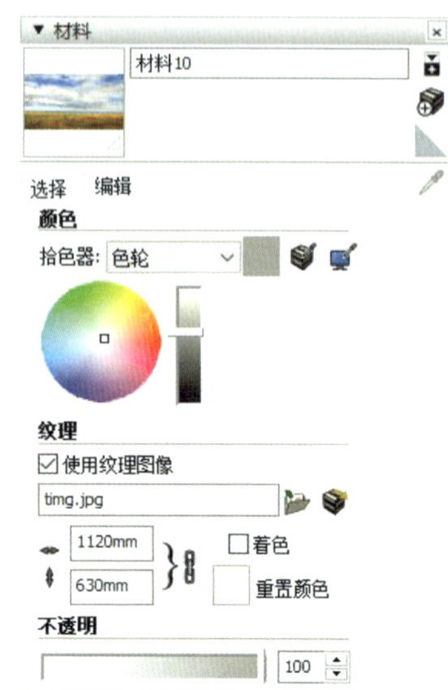

图 2-23　选择画面并调整尺寸

虽然画面尺寸符合电视机的尺寸，但是画面的位置并不是我们想要的位置，此时需要对画面的位置进行调整。在画面材质上单击鼠标右键，在弹出的对话框中选择“纹理”→“位置”，画面的四个角出现红、黄、蓝、绿四个图钉，如图 2-25 所示。

图 2-24　贴上画面的电视机屏幕

图 2-25　调整画面位置

按住蓝色图钉拖动，会让画面出现平行四边形的变形，如图 2-26 所示。

按住黄色图钉拖动，会让画面出现类似梯形的形变，如图 2-27 所示。

按住红色图钉拖动，可以移动贴图在物体表面的位置，达到用户想要的效果，如图 2-28 所示。

按住绿色图钉拖动，画面会变为带量角器的旋转，可以自由旋转画面的角度，如图 2-29 所示。

另外，还可以在四个图钉出现时，单击鼠标右键，取消“固定图钉”，然后拖动四个图钉，通过直接调整画面四个角的图钉位置，来调节画面的大小和位置。调整好后，单击鼠标右键，完成编辑。

图 2-26 调整蓝色图钉

图 2-27 调整黄色图钉

图 2-28 调整红色图钉

图 2-29 调整绿色图钉

（5）转角贴图：将贴图进行翻折，使之适应转角处的相交面。

首先绘制一个高 3000mm、宽 3800mm 的矩形，并推出 3000mm 的厚度，如图 2-30 所示。

新建材质，选择本书配套素材第 2 章“热气球”贴图，赋予正立面。可以看到贴图在矩形边缘被切割，若直接将此材质赋予相邻面，效果如图 2-31 所示，但显然这不是我们想要的。

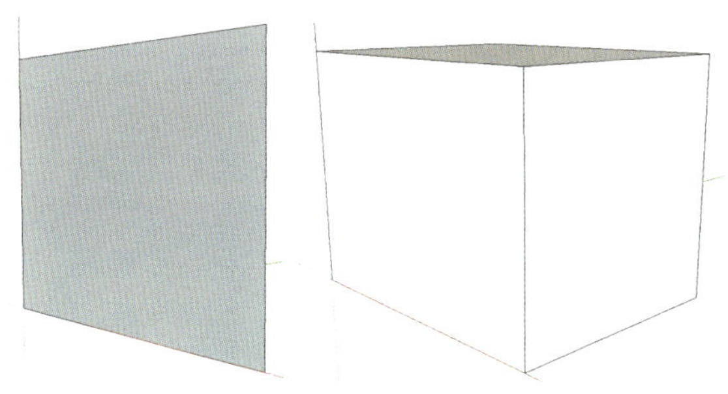

图 2-30 创建立方体

图 2-31 为相邻面贴图

撤销前面对相邻面的贴图操作，在正立面上单击鼠标右键，在弹出的菜单中选择“纹理”→“位置”，将贴图的属性设定为“位置”。然后不做任何操作，再次单击鼠标右键即完成，如图 2-32 所示。

单击材质面板的“样本颜料”按钮，或者保持颜料桶填充材质的状态，按住 Alt 键，光标会变为“样本颜料”的吸管工具，单击正立面，吸取已设定为“位置”属性的热气球贴图，光标自动变回颜料桶，单击相邻立面，赋予贴图，效果如图 2-33 所示。

图 2-32　设置贴图属性

图 2-33　完成转角贴图

4. 擦除（快捷键：E）

（1）擦除边线：擦除工具针对的对象就是“线”，选择擦除工具，在边线上单击，会删除这条线以及与这条线相连的平面。但如果直接在平面上单击，则不会产生任何效果，擦除工具对平面不起作用。如果按住鼠标左键拖曳，那么拖曳范围内的所有边线都将高亮显示，松开鼠标时将全部删除。

（2）隐藏边线：用擦除工具单击边线的同时按住 Shift 键，将隐藏这条边线，通过“编辑菜单”→“取消隐藏”可以恢复显示。

（3）柔化边线：用擦除工具单击边线的同时按住 Ctrl 键，边线将呈现柔化效果，如图 2-34 所示，通过“编辑菜单”→“取消隐藏”可以恢复显示。

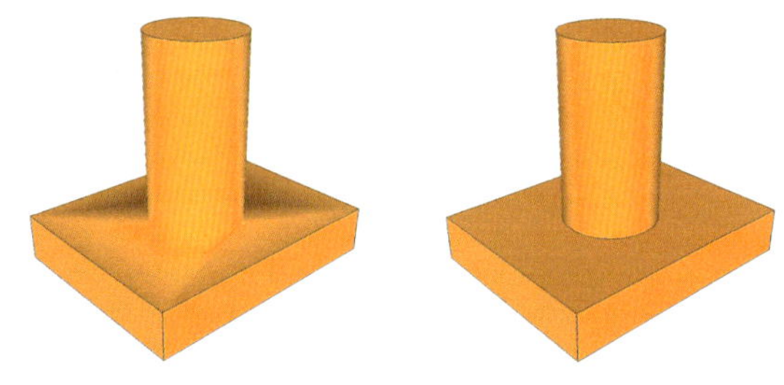

图 2-34　边线柔化效果对比

2.2 绘图工具

1. 直线（快捷键：L）

（1）起始点 + 方向：绘制直线的第一种方法。选择直线工具后，在场景中单击鼠标，确定直线的起始点，然后鼠标移动到直线延伸的方向不动，通过键盘输入长度数值，然后单击 Enter 键确定，直线绘制完毕。鼠标在移动的过程中，系统会自动提示直线与轴线的关系，通过显示与坐标轴相同的颜色告知此时绘制的直线是否平行于某一坐标轴（图 2-35）。

（2）起始点 + 终点：绘制直线的第二种方法。在场景中单击鼠标两次，分别确定直线的起始点和终点，然后直接输入长度尺寸，按 Enter 键确定即可。终点的位置会根据输入的数值自动调整。

（3）封闭 / 分割平面：除了画线，直线工具还常用来封闭开合线条形成闭合平面（图 2-36），或在闭合平面中进行二次分割。

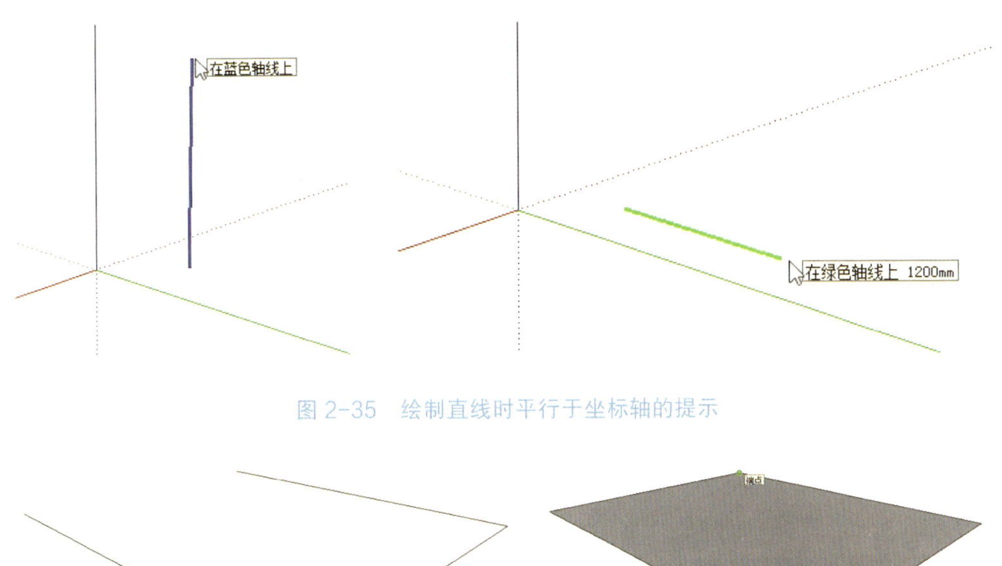

图 2-35 绘制直线时平行于坐标轴的提示

图 2-36 直线封闭形成闭合平面

2. 手绘线（快捷键：F）

手绘线工具可以绘制自由的连续线段，常用于绘制不规则的结构形态，如山地地形的等高线，室内空间中的窗帘、吊灯等。单击手绘线图标，然后按住鼠标左键在场景中拖动，放开左键时就可以画出一条不规则的手绘线（图 2-37）。如绘制的终点回到了起点位置，则可以形成一个封闭的自由平面（图 2-38）。

图 2-37 手绘自由线条

图 2-38 将线条封闭成平面

3. 矩形（快捷键：B）

在起点位置单击鼠标左键，然后输入长度和宽度的值，中间用逗号分隔开，界面右下角将显示尺寸，例如 尺寸 300,600 ，按 Enter 键确定。也可以单击鼠标左键确定矩形的初始位置，然后移动鼠标，确定矩形所在平面上的任意一点再次单击左键，此时绘制的矩形只有起始点和所在平面是确定的，长度、宽度并不确定，然后输入长度和宽度的值，确定矩形的长度和宽度。

4. 旋转矩形

旋转矩形是 SketchUp 2015 版本新增的工具，目的是通过三个点来控制矩形的尺寸以及所在的平面。与前面的矩形工具只能在红、绿、蓝三个坐标平面上画矩形不同，旋转矩形工具可以在任意平面上绘制矩形，并能精确控制与坐标轴间的夹角。

单击旋转工具后，光标变成了一个圆形的量角器，此时单击鼠标左键确定所要绘制矩形的第一个点（图 2–39）。然后移动鼠标，界面中将以红色粗线显示所要绘制矩形的第一条边（图 2–40），再次单击鼠标左键确定这条边的终点，或者输入需要的角度和长度，以逗号分隔开（角度,长度: 90, 20000mm），按 Enter 键确定。再次移动鼠标，界面中出现了以这条边为旋转轴的量角器，旋转所要的角度（图 2–41）。第三次单击鼠标左键，或者直接输入角度和宽度（角度,宽度: 0, 14251mm），按 Enter 键确定，便可以将矩形固定下来，如图 2–42 所示。

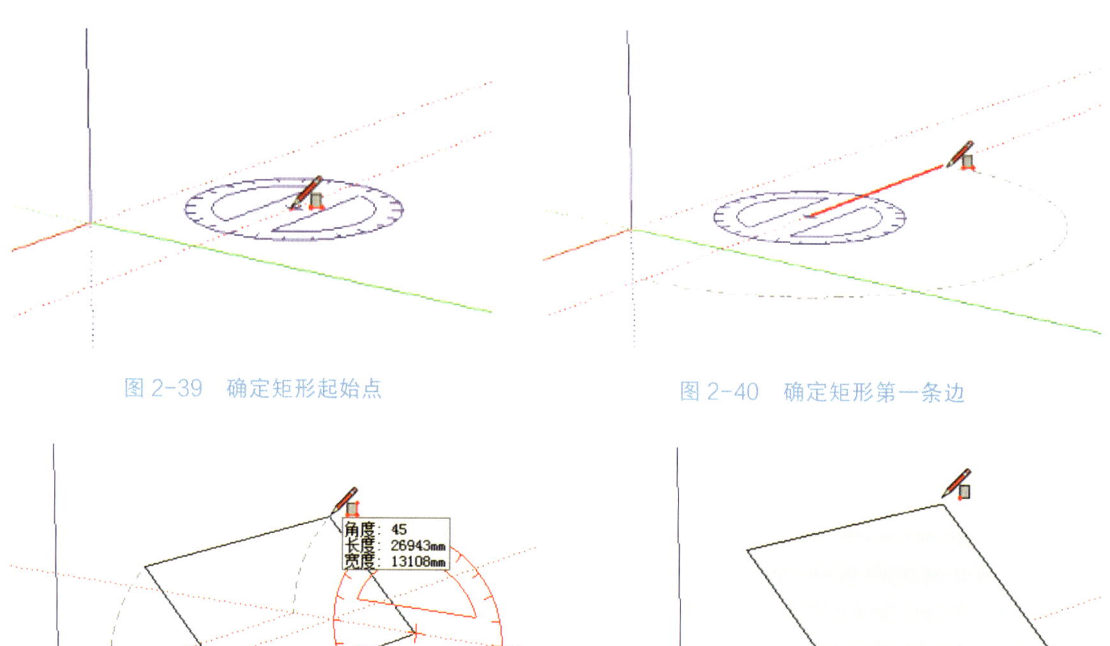

图 2–39　确定矩形起始点

图 2–40　确定矩形第一条边

图 2–41　确定矩形的倾斜角度

图 2–42　固定矩形

5. 圆（快捷键：C）

选择画圆工具，此时光标变为，单击鼠标左键，确定圆心位置，然后移动鼠标，圆的半径也随之变化，再次单击鼠标左键或者输入圆的半径数值，完成圆的绘制。默认状态下，圆的边数是 24，可以在确定圆心前输入数值改变圆的边数，也可以在画圆完成后输入“数字 s”，按 Enter 键确定。不同边数的圆的对比如图 2–43 所示。

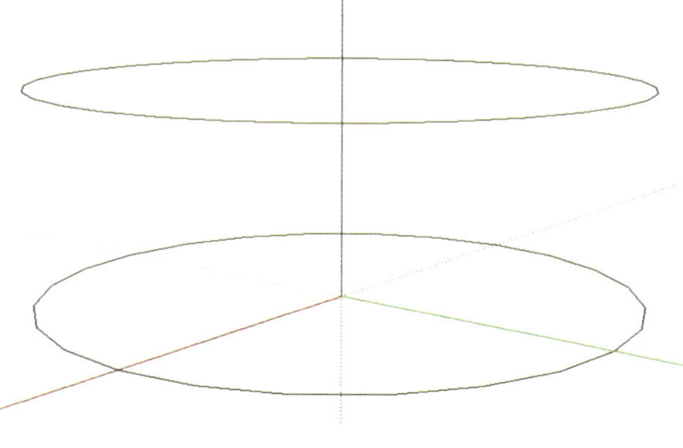

图 2–43　不同边数的圆的对比（上方边数 32，下方边数 24）

6. 多边形（快捷键：N）

选择多边形工具，此时光标变为，输入需要的边数（边数 6），按 Enter 键确定。单击鼠标左键，确定多边形中心位置，然后移动鼠标，多边形的半径也跟着变化，再次单击鼠标左键或者输入多边形的半径数值，完成绘制。多边形的边数越多，就越接近圆形。在 SketchUp 中，圆和多边形并没有本质上的区别。如图 2-44 所示为六边形和十二边形。

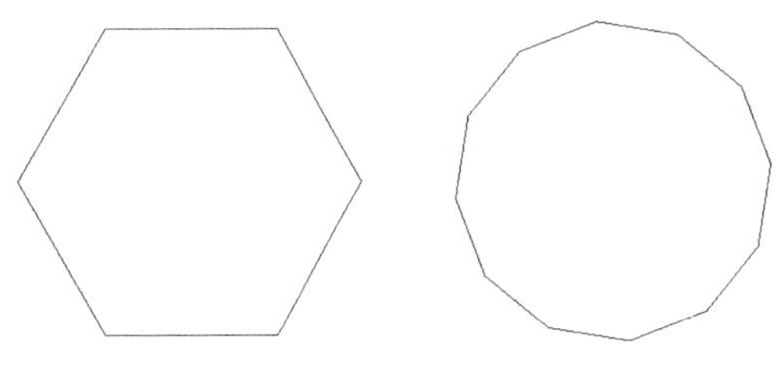

图 2-44　六边形和十二边形

7. 圆弧 1

选择圆弧 1 工具，光标变为，在屏幕中用鼠标左键单击确定圆弧的圆心位置，沿着圆弧的起始边移动鼠标，输入半径数值，按 Enter 键确定（图 2-45）。再次移动鼠标，虚线对准量角器的度数，每一格代表 15°，也可以直接输入角度数值，确定圆弧度数（图 2-46），完成圆弧的绘制（图 2-47）。

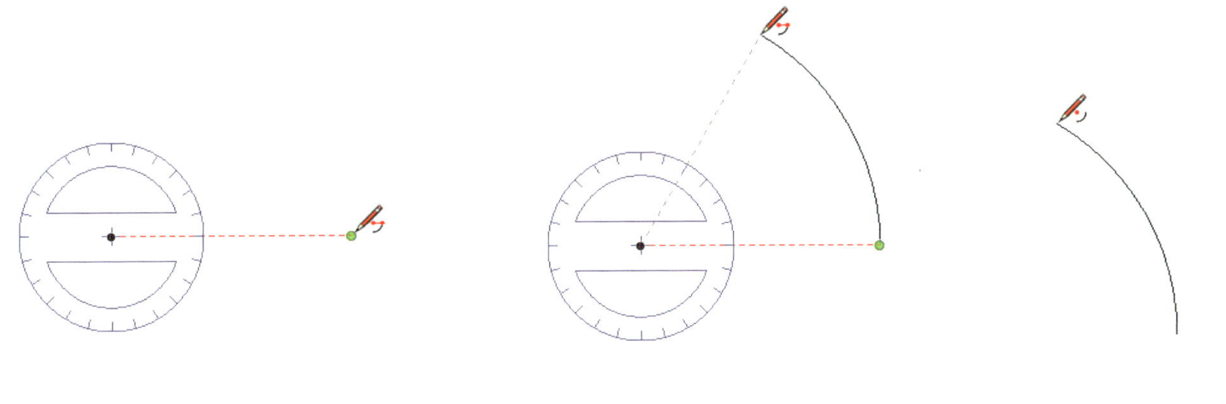

图 2-45　确定圆弧中心和半径　　图 2-46　确定圆弧度数　　图 2-47　圆弧绘制完成

8. 圆弧 2（快捷键：A）

选择圆弧 2 工具，光标变为，在屏幕中用鼠标左键单击确定圆弧的起始点，移动鼠标，再次单击鼠标左键或直接输入长度数值（长度 6000mm），确定圆弧的终点，如图 2-48 所示。确定了起点和终点，圆弧绘制还没有完成，此时还需再次移动鼠标或输入数值确定圆弧的弧高（弧高 1200），如图 2-49 所示，完成圆弧绘制。另外，沿着弧高的方向移动鼠标，系统会自动提示半圆的位置（图 2-50），此时起点和终点间的长度便是圆的直径。

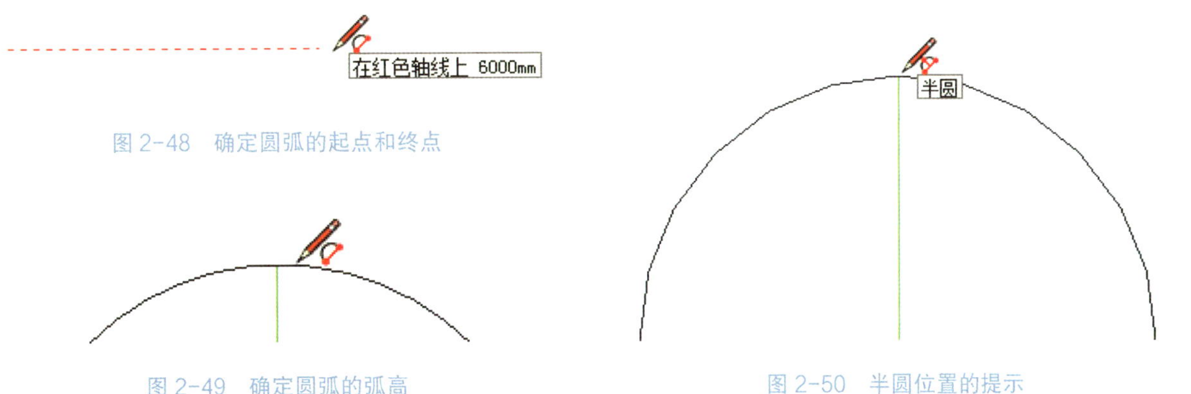

图 2-48　确定圆弧的起点和终点

图 2-49　确定圆弧的弧高

图 2-50　半圆位置的提示

9.3 点画圆弧

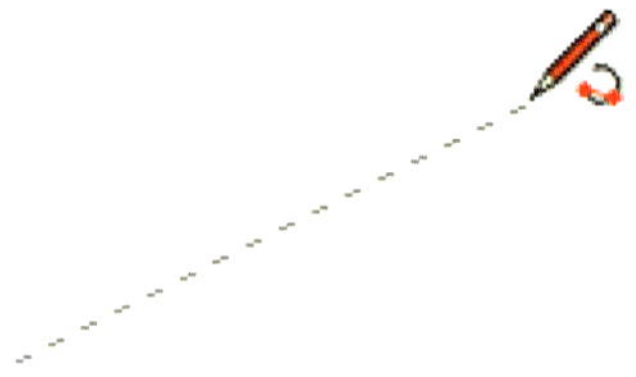

选择 3 点画圆弧工具，光标变为，在屏幕中单击鼠标左键，确定圆弧的起点。移动鼠标，会从起点形成一条虚线，单击鼠标左键，确定的虚线便是经过两点间圆弧的弦长（图 2-51）。再次移动鼠标，确定圆弧的角度（图 2-52），也可以直接输入角度数值，完成绘制。

另外，选择 3 点画圆弧工具时将起点确定在已经画好的圆弧终点，可以方便地画出相切的圆弧，系统将以高亮蓝色线条显示，如图 2-53 所示。

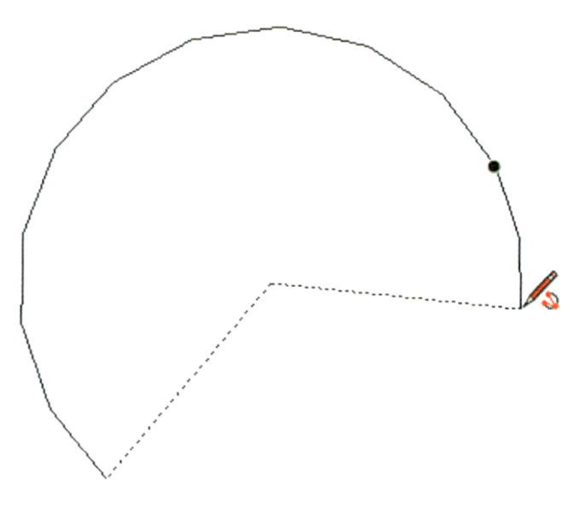

图 2-51　绘制圆弧的起点和弦长

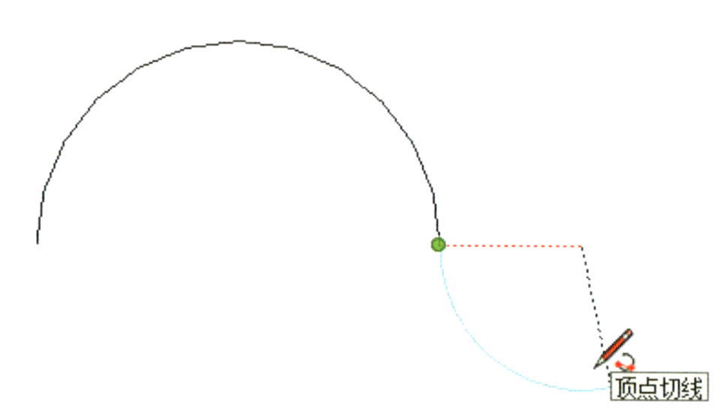

图 2-52　确定圆弧的角度

图 2-53　绘制相切圆弧

10. 扇形

扇形工具基本等同于圆弧 1 工具，绘制的方法也基本相同，只是扇形是封闭的图形，而圆弧 1 工具绘制的是一条弧线。激活扇形工具，光标变为，在屏幕中用鼠标左键单击确定扇形的圆心位置，移动鼠标，再次单击或输入数值，确定半径，如图 2-54 所示。再次移动鼠标，对准量角器的度数，也可以直接输入角度数值，确定扇形的度数（图 2-55），单击鼠标左键完成扇形的绘制。

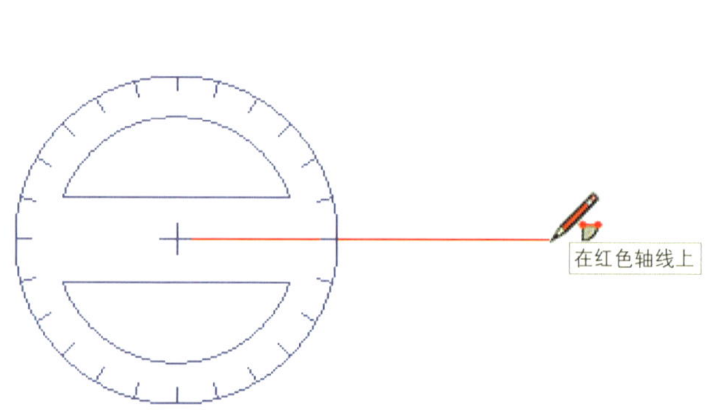

图 2-54　确定扇形的圆心和半径

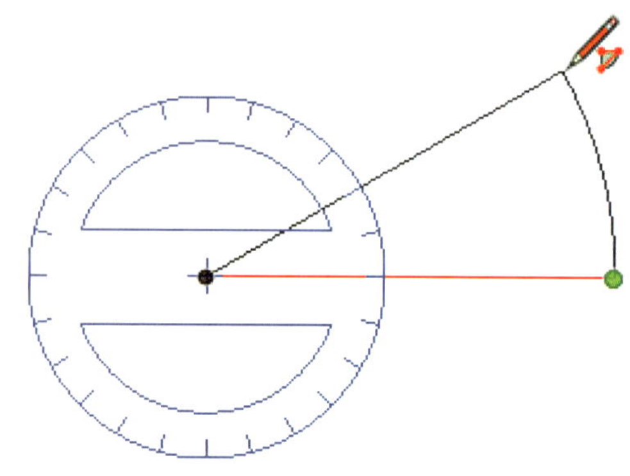

图 2-55　确定扇形的度数

2.3

编辑工具

1. 移动 （快捷键：M）

（1）移动：移动操作前，先要选中物体，再激活移动工具。单击鼠标左键确定移动的起点位置（图 2–56），移动物体到需要的位置，再次单击鼠标左键或输入要移动的距离，按 Enter 键确定移动的距离（图 2–57），完成移动操作。注意，在确定移动起点时，一定要精确点击，物体移动的距离就从这个点开始计算，一般用鼠标捕捉到物体的一个端点。

移动的过程中按住 Shift 键可以锁定移动的方向（图 2–58），此时参考线变粗，确定终点时，可以拖到其他物体的中点（图 2–59）或端点（图 2–60）对齐。

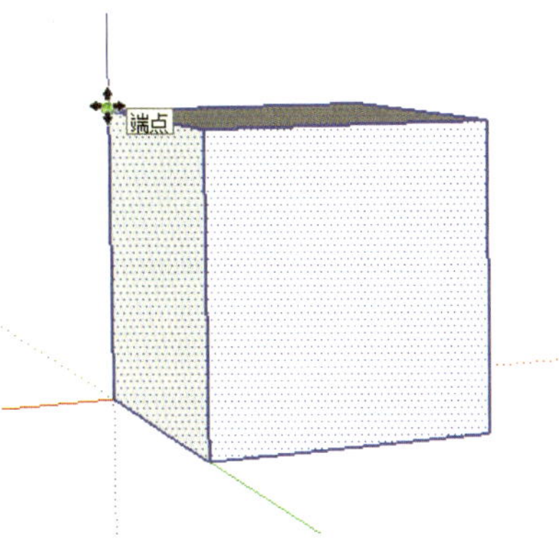

图 2–56　选择移动的起点

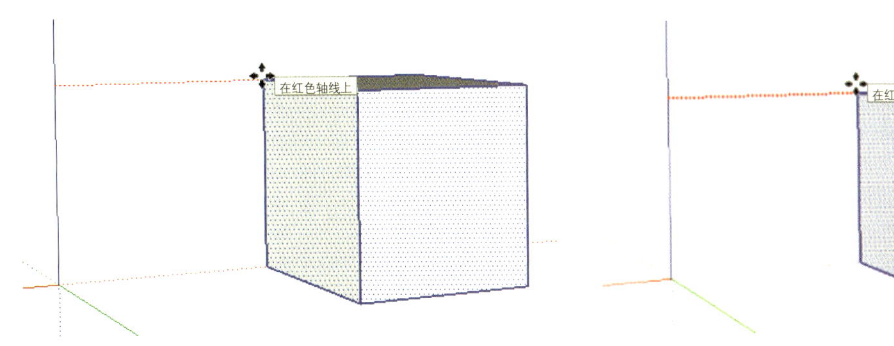

图 2–57　确定移动的距离

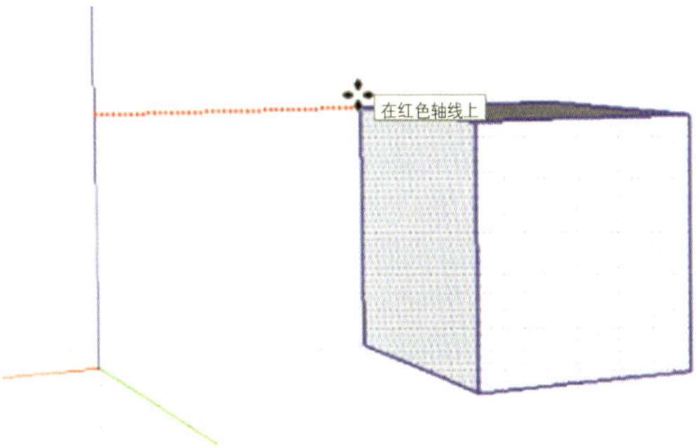

图 2–58　按住 Shift 键锁定移动方向

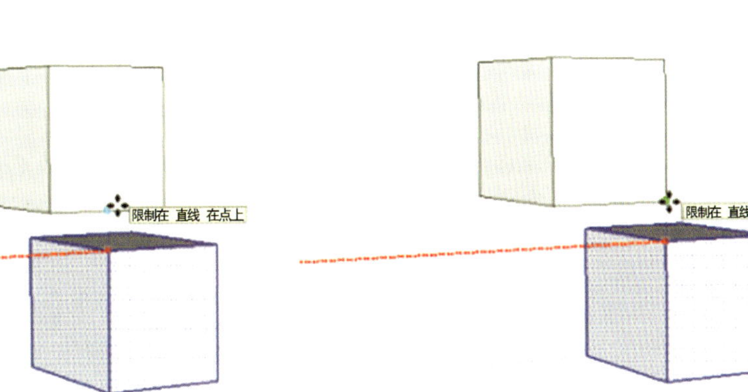

图 2–59　移动与其他物体中点对齐

图 2–60　移动与其他物体端点对齐

（2）复制：移动工具可以在移动物体的同时进行复制。激活移动工具并单击确定起点位置后，按 Ctrl 键，此时光标变为✣，移动到终点位置，单击鼠标左键确定或输入移动数值，完成移动复制。此时原物体位置不变，并在终点位置复制了一个。完成移动复制后，如需同等距离多复制 *n* 个，可直接输入“*n**”，如 长度 3* ，按 Enter 键确定，便在已经复制好的物体后再增加 3 个，如图 2-61 所示。如输入“*n*/”，则可以在原复制物体的中间再插入 *n* 个。

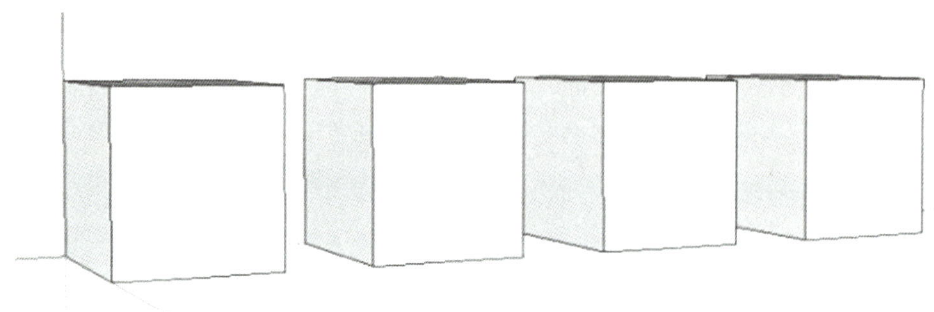

图 2-61　输入“3*”，等距离复制出 3 个物体

（3）变形：移动工具不仅仅可以移动整个物体，还可以移动物体的一条边线（图 2-62）或一个端点（图 2-63），与边线或端点相连的面和线也会被拉动变形。

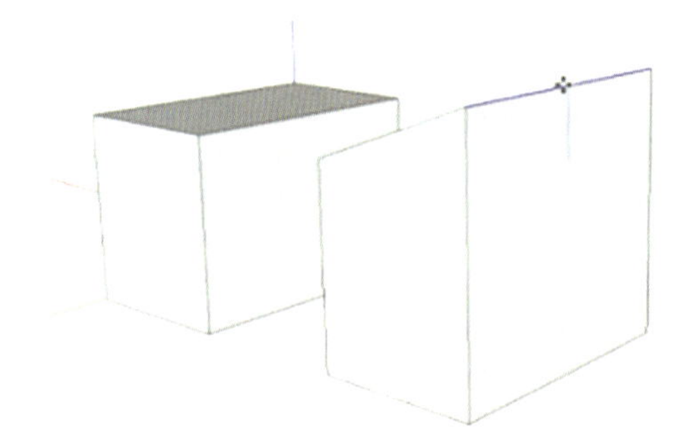

图 2-62　向上移动边线造成物体变形

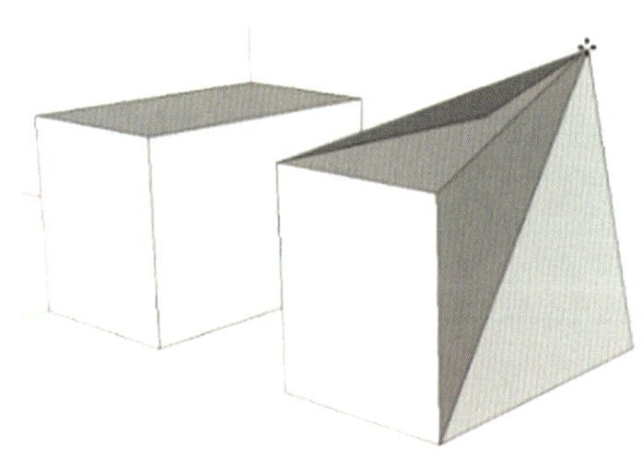

图 2-63　移动物体端点造成物体变形

2. 推拉（快捷键：P）

（1）普通推拉：推拉是 SketchUp 中独具特色的一个重要工具，能直接将二维平面转化为三维物体。激活推拉工具，光标将变为◆，将光标移动到需要推拉的平面上，平面显示为密布的蓝色圆点，表示已经捕捉到此平面。此时按住鼠标左键上下移动，平面将被推突出或被拉凹陷，松开鼠标后，输入需要推拉的数值，数值前可以用正负号来表示突出或凹陷，按 Enter 键确定。向上 / 向下推拉如图 2-64 所示。

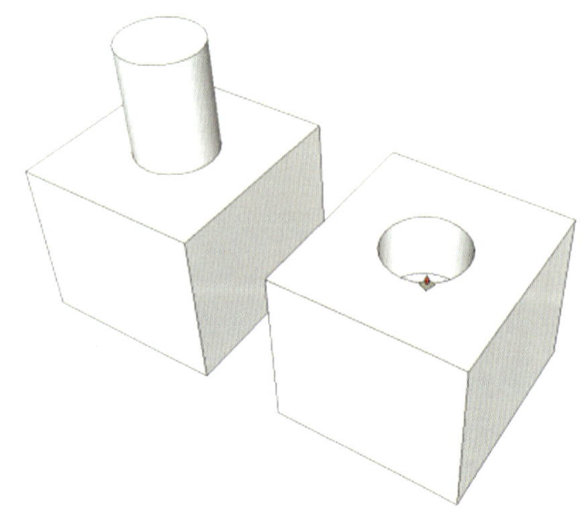

图 2-64　向上 / 向下推拉

（2）复制推拉：激活推拉工具后，按 Ctrl 键，此时光标变为◆⁺，则推拉物体时原平面的边线将保留下来，并推拉出新的平面，如图 2-65 所示。

（3）双击推拉：在使用推拉工具的过程中，如果对着某一平面双击鼠标左键，将以上一次推拉操作的数值推拉此平面，相当于重复上一次的操作。

（4）法线推拉：在使用推拉工具时，如果按住 Alt 键，则会使推拉的平面沿着该平面的法线方向移动，造成整个物体的变形。图 2-66、图 2-67 分别为直接推拉斜面和按住 Alt 键推拉斜面。

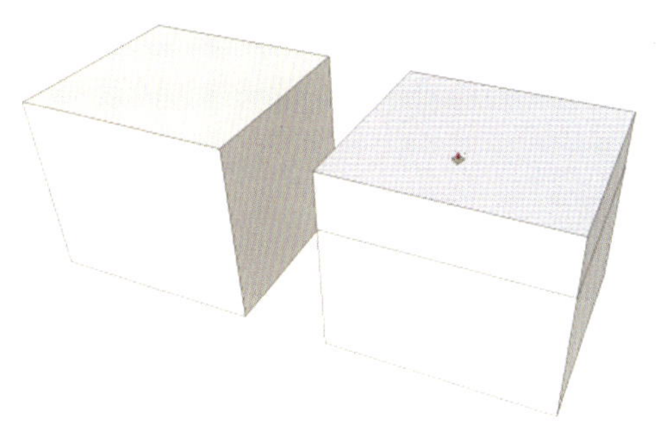

图 2-65　普通推拉和复制推拉

（a）普通推拉；（b）复制推拉

3. 旋转（快捷键：R）

（1）旋转：先选择要旋转的物体，然后激活旋转工具，光标变为，此时将光标放到物体不同的表面上会变为不同的颜色，红色代表绕红轴旋转，绿色代表绕绿轴旋转，蓝色代表绕蓝轴旋转，如图 2-68 所示。确定好旋转轴之后，单击鼠标左键固定旋转量角器在旋转的中心点，再次单击鼠标左键确定旋转的起始边，然后移动鼠标，捕捉量角器的刻度确定物体的旋转角度，也可以直接输入旋转度数。

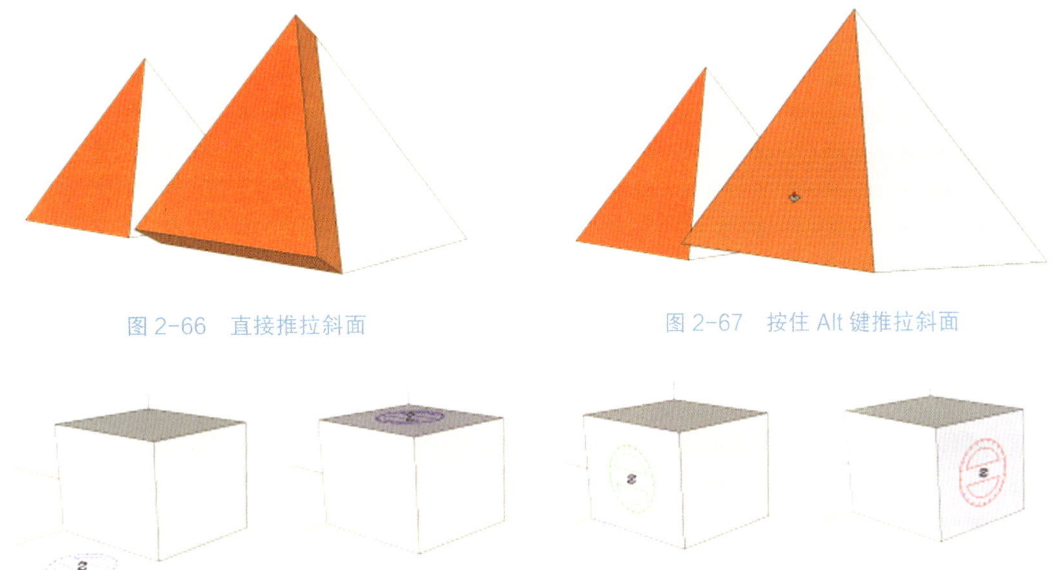

图 2-66　直接推拉斜面

图 2-67　按住 Alt 键推拉斜面

图 2-68　捕捉到不同的平面沿不同的轴线旋转

（2）旋转复制：激活旋转工具后，按 Ctrl 键，此时光标变为，表示在旋转的同时会复制物体，此后操作与普通旋转相同，如图 2-69 所示。旋转完成后，可以同“移动复制”一样操作输入“*n**”或“*n*/”，这样就能一次复制多个物体，如图 2-70 所示。

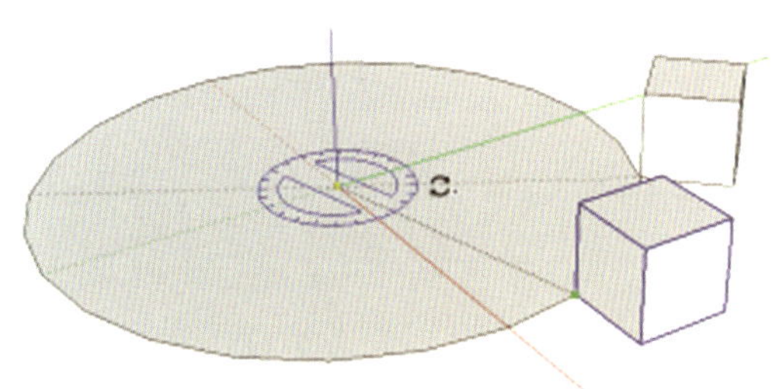

图 2-69　旋转复制

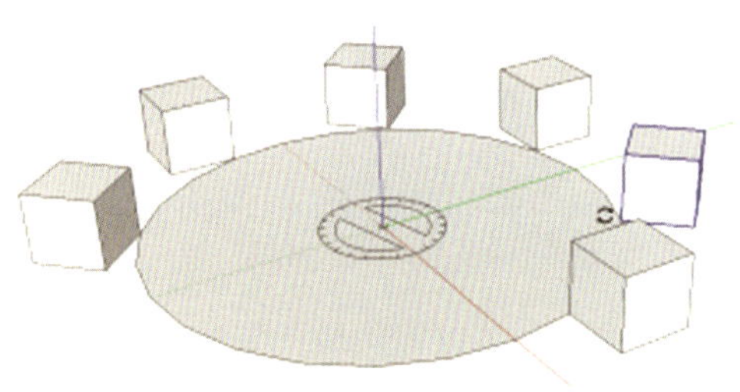

图 2-70　旋转复制完成后输入“5*”

使用旋转工具时，一定要注意是旋转的整个物体还是物体的一个平面或一条线，否则无法得到预想的效果。图 2-71 所示为旋转长方体的顶面引起的物体变形。

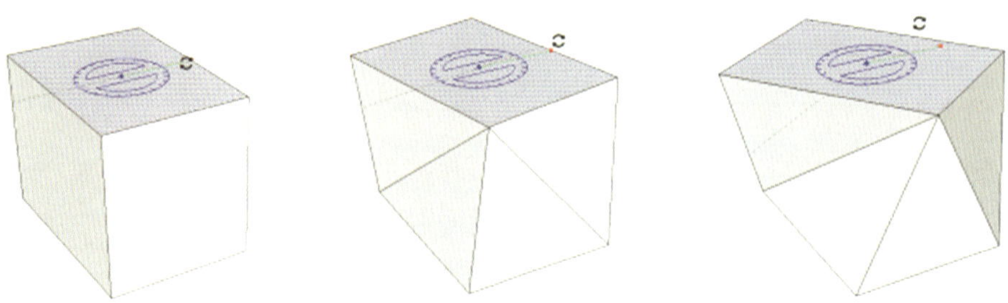

图 2-71　旋转长方体的顶面引起的物体变形

4. 路径跟随（快捷键：D）

“路径跟随”工具与 3ds Max 的“放样”工具本质是一样的，将几何平面沿着连续线条移动，移动的轨迹就是“路径跟随”创造出的新几何体。一般把用来移动的几何平面叫作“放样平面”，连续线条叫作“放样路径”。

（1）拖动放样：激活路径跟随工具，此时光标变为，将光标移动到放样平面上，按住鼠标左键不放，拖动鼠标沿放样路径移动，松开鼠标左键，完成操作，如图 2-72 所示。

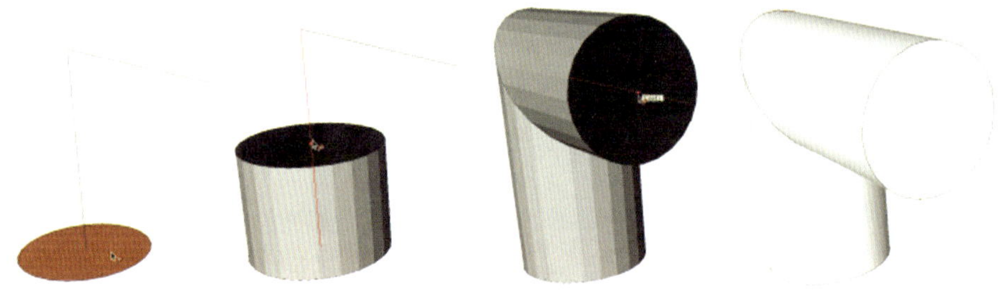

图 2-72　拖动放样过程

（2）点选放样：先选中放样路径，再激活路径跟随工具，最后单击放样平面，系统自动生成放样效果，如图 2-73 所示。

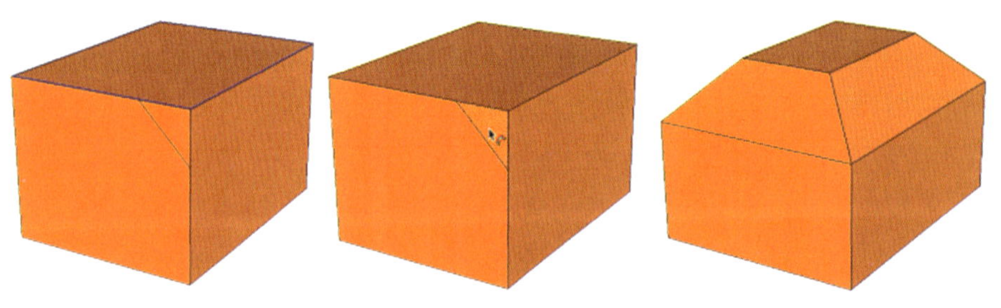

图 2-73　点选放样过程

5. 缩放（快捷键：S）

缩放工具可以使物体以等比或不等比的方式放大或缩小。缩放操作时，先选中要缩放的物体或平面，再单击缩放工具，此时光标变为，同时物体的顶点和平面中心出现绿色的控制点。用鼠标捕捉到平面中心点拖动时，物体将沿着该轴线方向进行不等比缩放，缩放大小可以通过输入数值来控制。不同轴向的不等比缩放如图 2-74 所示。用鼠标捕捉到物体顶点拖动时，物体将进行等比缩放。

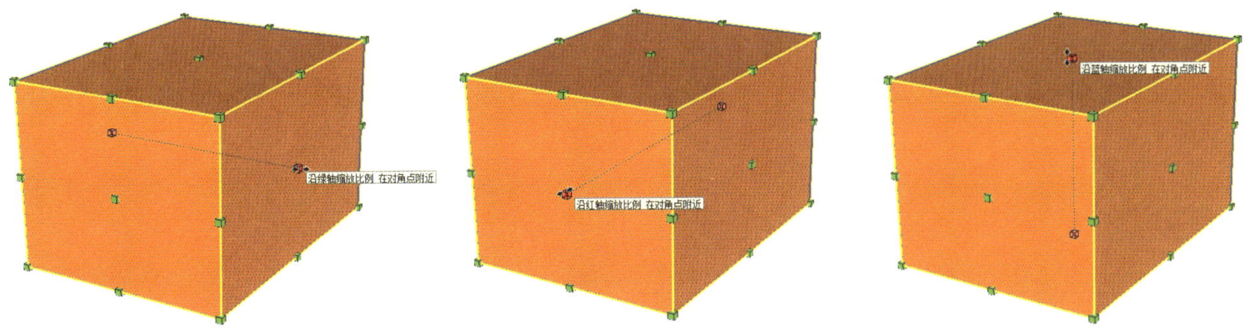

图 2-74 不同轴向的不等比缩放

缩放拖动时，按住 Ctrl 键，可以锁定物体中心点来进行缩放；按住 Shift 键，可以将等比缩放切换为非等比缩放或将非等比缩放切换为等比缩放；同时按住 Ctrl 键和 Shift 键，则可以进行中心点固定的不等比缩放，如图 2-75 所示。

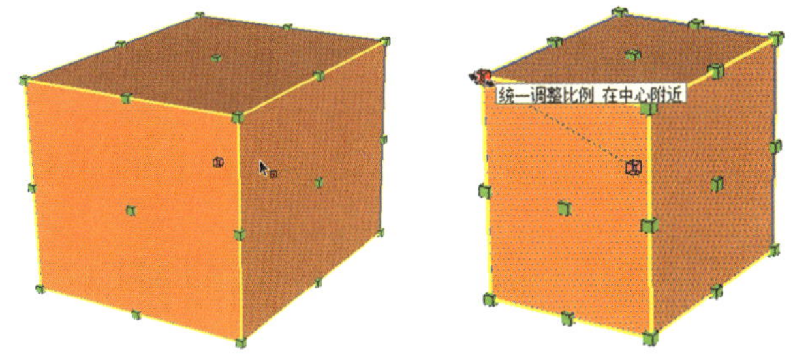

图 2-75 中心点固定的不等比缩放

缩放工具还可以对物体内部的一个平面进行缩放，造成物体的变形，如图 2-76 所示。

6. 偏移（快捷键：O）

偏移工具可以对几何平面的边线进行向内或向外的复制操作，使用时首先激活偏移工具，此时光标变为 。将鼠标移动到需要偏移的平面上，平面遍布蓝点，表示已经捕捉到，按住鼠标向内或向外拖动，就可以将平面的轮廓复制出一个，松开鼠标后，键盘输入需要偏移的尺寸，按 Enter 键确定，如图 2-77、图 2-78 所示。

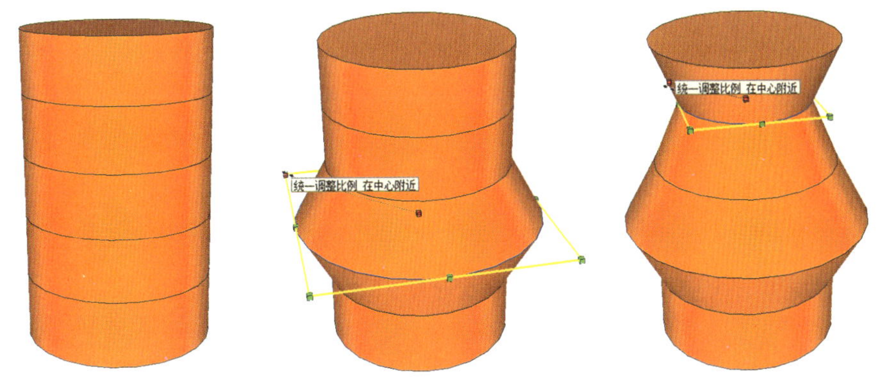

图 2-76 对物体内部的某一平面进行缩放

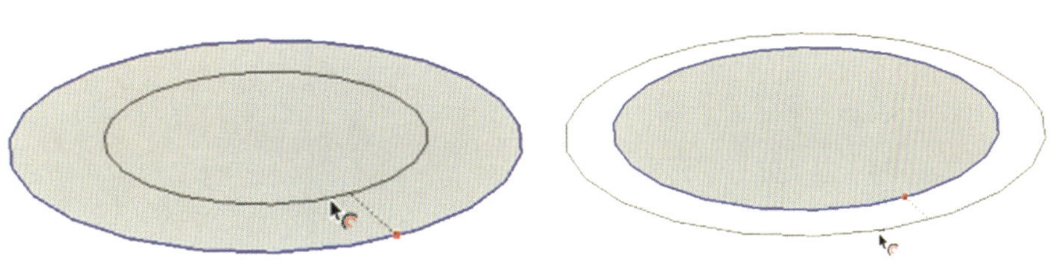

图 2-77 向内偏移

图 2-78 向外偏移

偏移工具还可以对共面折线进行偏移，在制作家具拉手时常用到。偏移时，先选中要偏移的线段（至少两段，首尾相连，且在同一平面上），再激活偏移工具，拖动偏移，如图 2-79 所示。

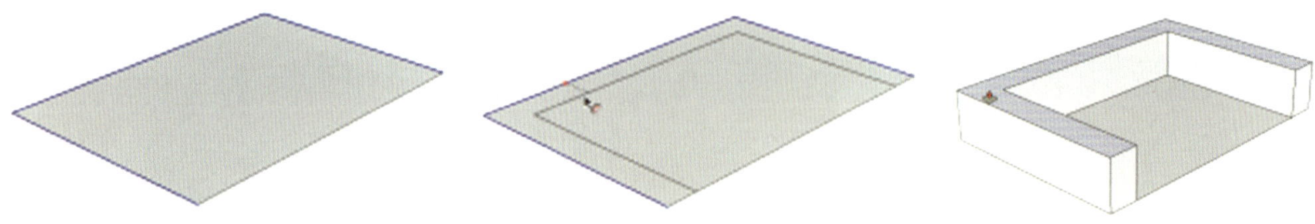

图 2-79　对矩形的三条边进行偏移复制

2.4 建筑施工工具

1. 卷尺工具（快捷键：Q）

（1）作为测量工具：激活卷尺工具，此时光标变为，鼠标左键单击测量长度的起点（图 2-80），然后移动鼠标到测量终点，单击确定后，测量的距离会在光标附近显示，如图 2-81 所示。

（2）作为缩放工具：卷尺工具可以用来准确缩放场景中所有模型的尺寸，但场景中的组件不受影响。测量时，用鼠标单击起始点，然后单击终点，不管测量出的数据如何，直接输入实际长度，然后按 Enter 键确定，在弹出的是否改变模型尺寸对话框中单击“是”，整个模型的尺寸就按此比例全部缩放了。

如图 2-82 所示，确定起点和终点后直接在键盘上输入 长度 240，按 Enter 键确定，然后在弹出的对话框中单击“是”（图 2-83）。再次测量墙体厚度，发现已经变为 240mm，其他地方也全部以此比例缩小了，如图 2-84 所示。

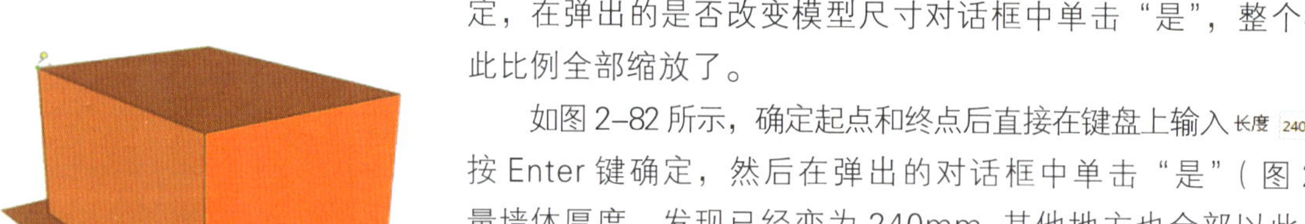

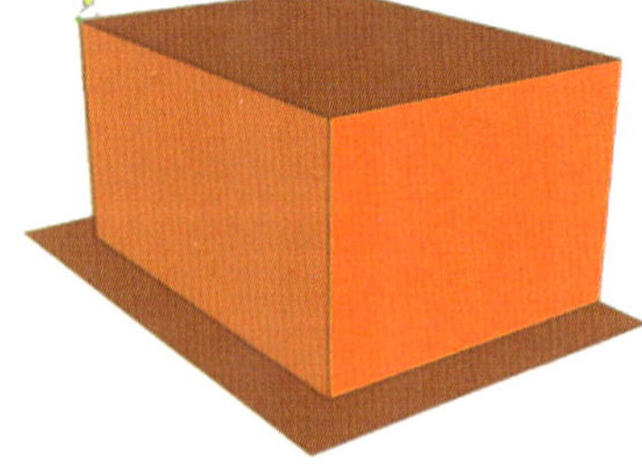

图 2-80　确定测量起点

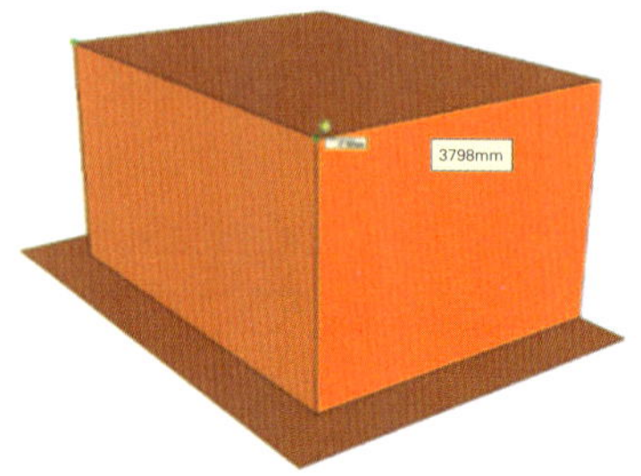

图 2-81　确定测量终点显示数值

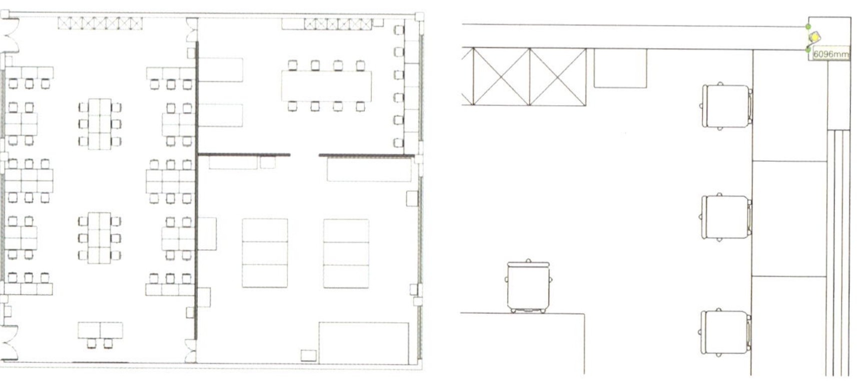

图 2-82　用卷尺测量已知厚度为 240mm 的墙体（显示尺寸为 6096mm）

图 2-83　在弹出的对话框中选择“是”

图 2-84　再次测量墙体厚度

（3）作为绘制辅助线工具：用卷尺拖出辅助线，可以帮助绘图时比较精确地定位。例如，在一个半径为 600mm 的圆形中间绘制一个边长为 600mm 的正方形，用辅助线工具就比用直线工具绘制线条更方便。用卷尺工具捕捉到绿轴并单击鼠标左键，向左拖动，输入“300”，按 Enter 键确定，然后分别向右、上、下各做一次。激活矩形工具，捕捉到辅助线相交的端点，绘制正方形，如图 2-85 所示。绘制完成后，若不再需要辅助线，可以选中辅助线，按 Delete 键删除，也可以单击菜单栏“视图”→“参考线”，一次性删除所有参考线，如图 2-86 所示。

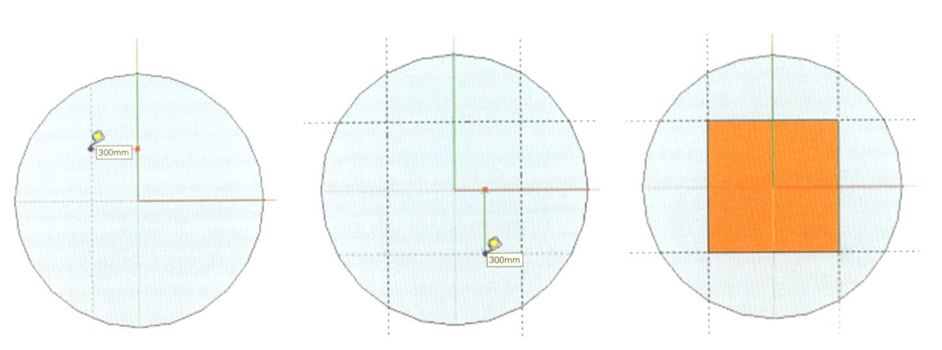

图 2-85　通过辅助线定位绘制正方形

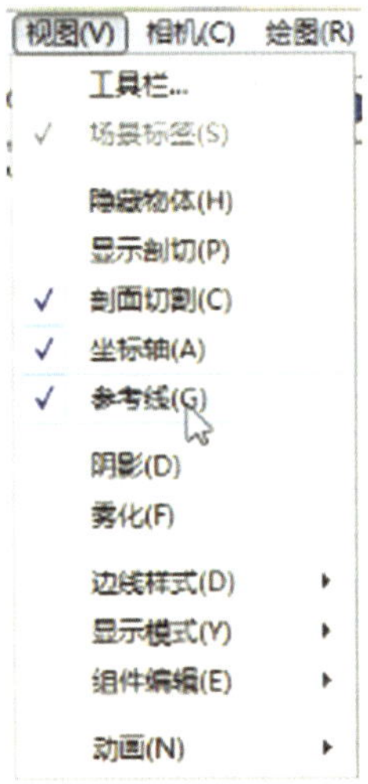

图 2-86　一次性删除所有参考线

有时不想拖出辅助线，而只要测量长度时，可以按 Ctrl 键切换，此时光标将由 变为 。

2. 尺寸（快捷键：Alt+T）

标注长度尺寸时，先激活尺寸工具，鼠标左键单击标注长度的起点，然后单击终点。确定长度后，移动鼠标选好尺寸线所在的平面，单击鼠标左键确定，如图 2-87 所示。也可以直接单击线段，然后移动鼠标标注。

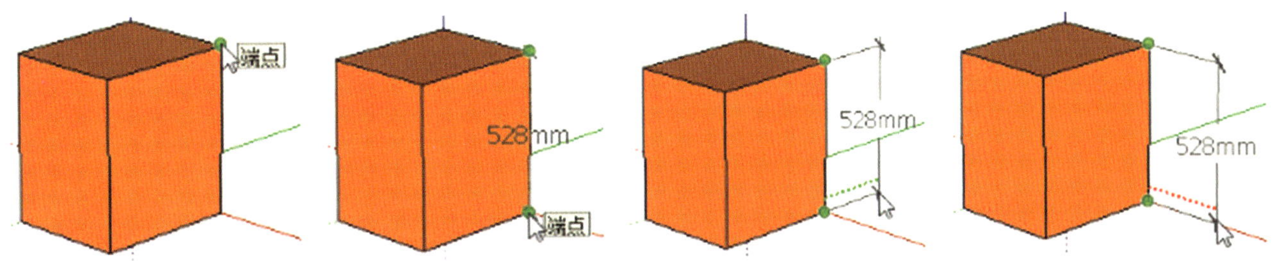

图 2-87　用尺寸工具标注长方体的高度

标注圆形直径时，将鼠标移动到圆形边线上，当边线以蓝色高亮显示时，单击鼠标左键，然后移动鼠标，旋转尺寸线要固定的位置，可以放在圆形内部，也可以放在外部，如图 2-88 所示。

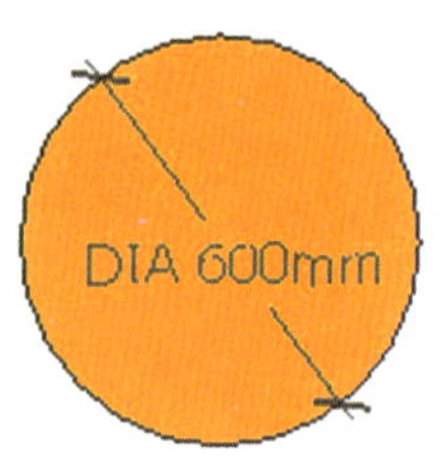

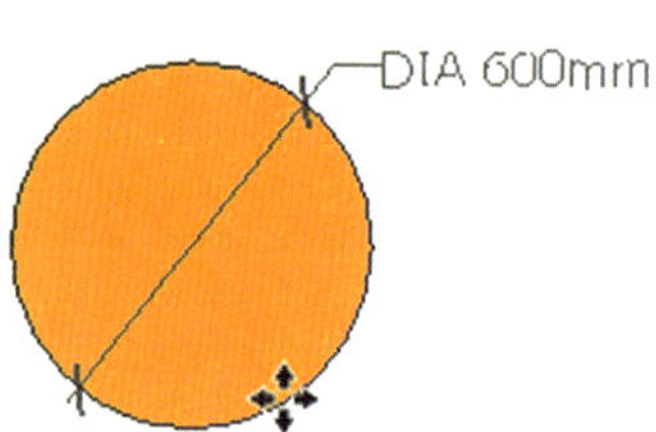

图 2-88　标注圆的直径

如果想标注圆的半径，可以在直径标注完成后，在尺寸数值位置单击鼠标右键，将直径改为半径，如图 2-89 所示。

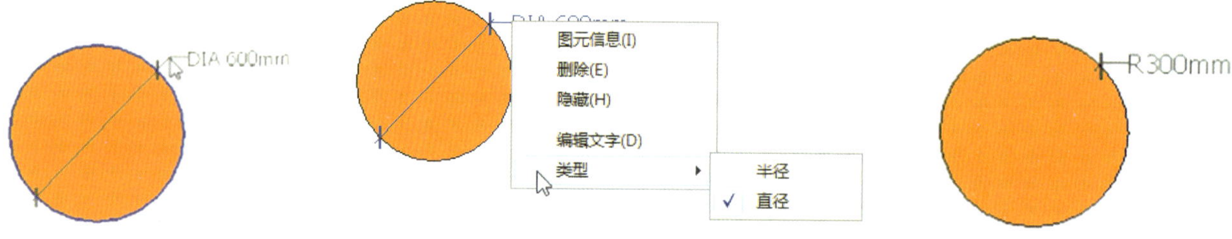

图 2-89　将标注直径改为半径

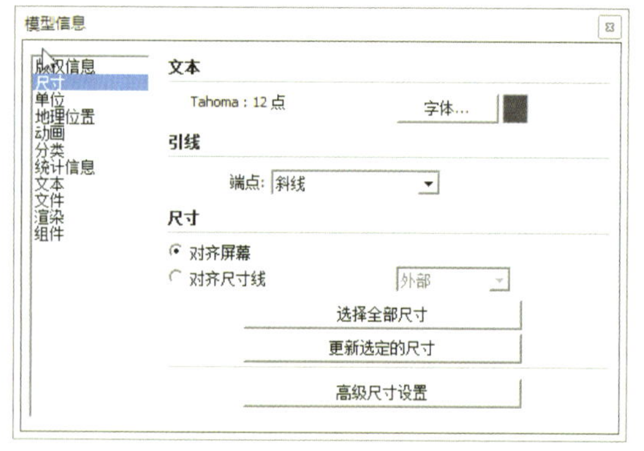

图 2-90　修改标注尺寸的格式

修改尺寸标注格式在前面介绍菜单栏时已介绍，单击“窗口”→“模型信息”，在弹出的对话框中选择“尺寸”，就可以修改标注样式的文字、箭头等，如图 2-90 所示。

3. 量角器（快捷键：Alt+P）

激活量角器工具，此时光标变为　，鼠标左键单击要测量角度的顶点，移动鼠标到其中一条边，单击确定并作为测量的起始边。然后移动鼠标到另一条边，再次单击，测量完成，此时角度栏显示测量的角度结果，如图 2-91 所示。也可以用此方法来绘制角度参考的辅助线，与卷尺工具类似。

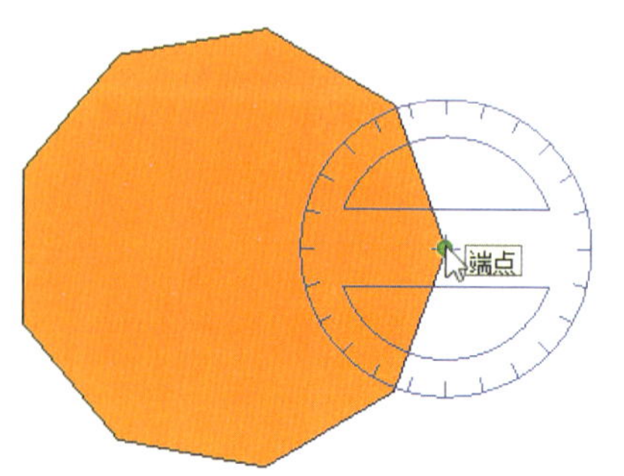

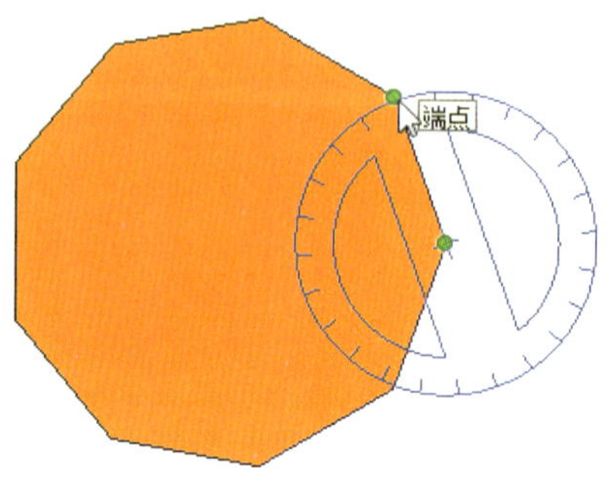

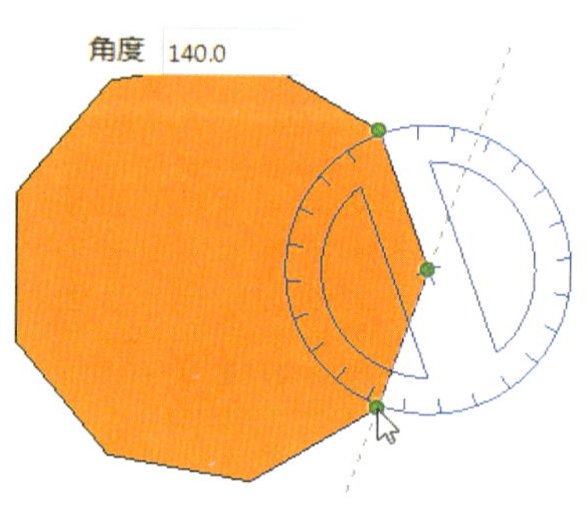

图 2-91　角度测量过程

4. 文字（快捷键：T）

文字工具用来标注说明性文字。激活文字工具，此时光标变为 ，单击需要标注的位置，然后在注释框中输入文字，单击空白处，操作完成，如图 2-92 所示。

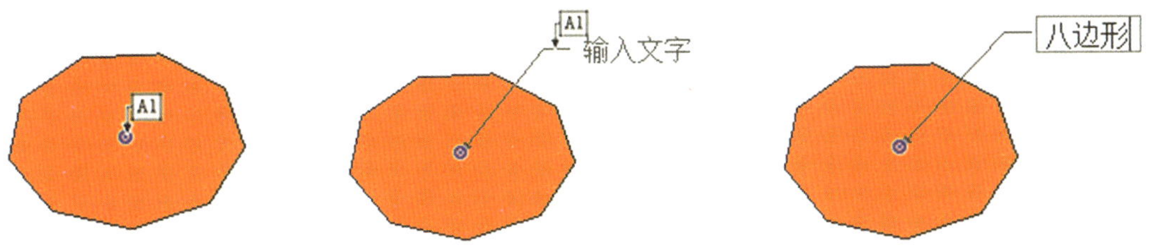

图 2-92 标注注释文字

默认状态下，如将标注点定位在平面中央，那么注释文字自动显示为该平面的面积（图 2-93）；如将标注点定位在线段上，那么注释文字自动显示为该线段的长度（图 2-94）。

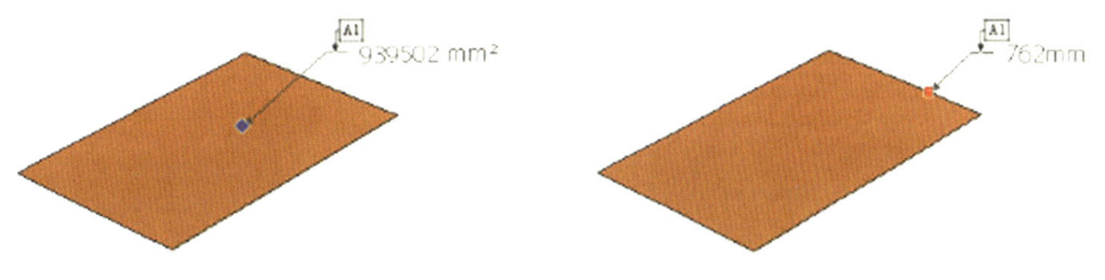

图 2-93 自动标注平面面积　　图 2-94 自动标注线段长度

5. 轴

轴工具可以用来调整场景的坐标轴，默认状态下，场景中的蓝轴代表垂直方向的 *Z* 轴，红轴和绿轴分别代表水平方向的 *X* 轴和 *Y* 轴。激活轴工具后，光标变为 ，单击鼠标左键，确定新坐标轴系统的坐标原点；然后依次单击坐标原点、*X* 轴和 *Y* 轴的位置，新坐标体系即被确定，如图 2-95 所示。如需要将坐标轴隐藏，可单击菜单栏“视图”→“坐标轴”，取消坐标轴的可视状态。

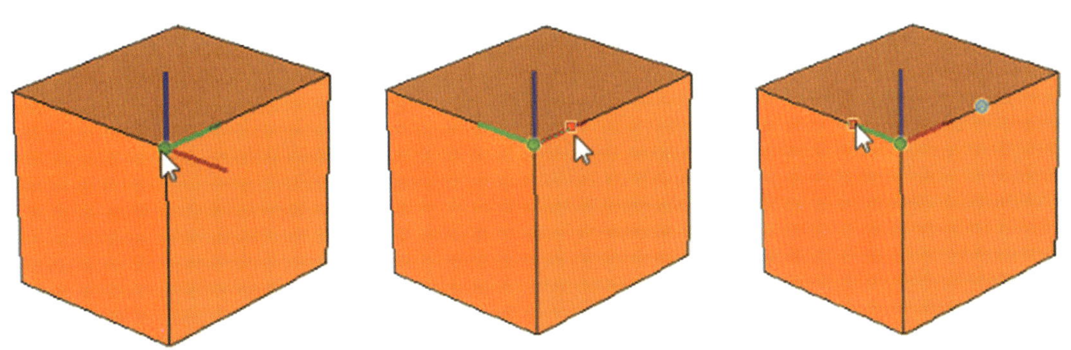

图 2-95 依次单击坐标原点、*X* 轴、*Y* 轴

6. 三维文字

单击三维文字工具，弹出放置文字的设置对话框，在“输入文字”的位置输入需要的文字，然后设置文字的字体、粗细、对齐方式、高度（文字大小）及厚度，设置好后单击“放置”，将文字放置到合适位置即可，如图 2-96 所示。

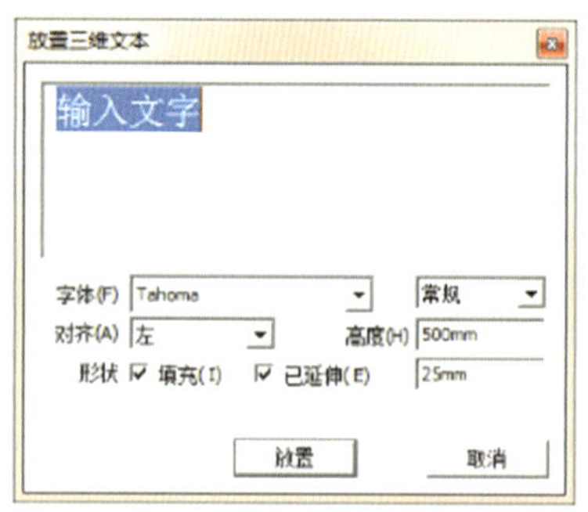

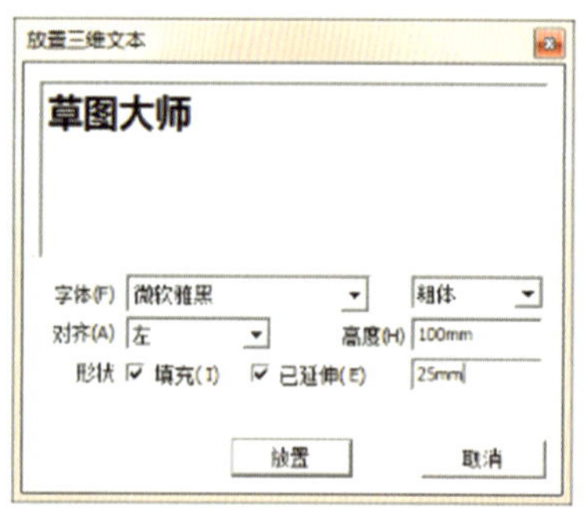

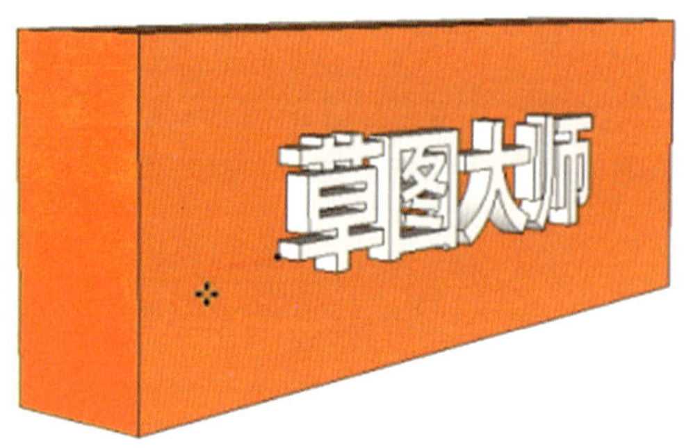

图 2-96 设置三维文字

2.5 相机工具

1. 环绕观察（快捷键：鼠标中键）

环绕观察工具主要用来旋转视角，有助于以更好的视角来建模或观察模型。激活环绕观察工具后，光标变为，按住鼠标左键不放并拖动，就可以旋转观察场景中的模型。在日常的操作中，一般很少单击环绕观察图标来旋转视图，而是直接按住鼠标中键不放并拖动，就可以实现此功能。

2. 平移（快捷键：Shift+ 鼠标中键）

平移工具也是用来移动场景视图的，帮助以更好的视角来建模或观察模型。使用时一般同时按住 Shift 键和鼠标中键，并拖动鼠标，便可以实现此功能。

3. 缩放（快捷键：Alt+Z）

缩放工具可以动态地放大和缩小场景视图，在实际操作中需要缩放视图时一般使用滚动鼠标滚轮的方式来实现。需要注意的是，缩放时鼠标光标所在的位置即为缩放的中心点，所以应先将光标放置在合适的位置再滚动鼠标滚轮。

缩放工具还有一个非常重要的功能就是模拟相机的镜头来显示场景。默认状态下激活缩放工具时，光标变为，右下角显示 视角 35.00 度 ，相当于此时的场景是由一个焦距为 35mm 的镜头拍摄的。有时需要显示更广阔一点的场景，可以在激活缩放工具后，直接用键盘输入镜头焦距，例如输入“60”，按 Enter 键确定，这时场景显示就变为一个焦距为 60mm 的镜头拍摄出来的效果了。

4. 缩放窗口

框选需要放大的区域。激活此工具后，光标变为，按住鼠标左键不放，拖曳出需要放大的范围，松开鼠标即可。

5. 充满视窗

将场景中的模型居中并最大化显示。特别适合导入 CAD 图纸后，因为比例尺度的不同，场景中一片空白什么也看不到时使用，单击该工具就可以将图纸布满视窗最大化显示出来。

6. 上一个 （快捷键：F9）

后退一步，回到前一个观察视角。

7. 定位相机

用于确定相机镜头的位置，并确定视平线高度。激活定位相机工具后，光标变为 ，输入视平线高度，例如 高度偏移 1600mm ，按 Enter 键确定。然后在场景中相机要架设的位置，或者观察者要站立的位置，完成定位。

8. 绕轴旋转

前一步相机定位设置完成时，光标由 变为 ，自动切换到绕轴旋转工具。按住鼠标左键不放并上下左右拖曳，就可以以此观察点为中心，查看四周的场景效果，就好像一个人站在空间里，转动头部查看四周一样。

9. 漫游 （快捷键：W）

漫游与绕轴旋转不同，漫游的观察点是不固定的，相当于一个人在空间中边行走边观看周围的场景。激活漫游工具，光标变为 ，输入视平线高度，如 视点高度 1800mm ，按 Enter 键确定。在场景中观看的起始位置单击鼠标，出现“+”符号，表示确定由此开始漫游观察，按住鼠标左键不放并拖曳，便可以模拟行走观看的效果。向上拖曳鼠标表示前进，向下拖曳鼠标表示后退，向左、向右拖曳鼠标表示向左、向右转弯。注意，距离符号越远，行走的速度越快。

2.6 剖切工具

1. 剖切面 （快捷键：U）

激活剖切面工具，光标将自动捕捉到模型的平面，4 个绿色的箭头指向剖切的方向（图 2–97）。单击需要创建剖切面的平面，将在此方向创建剖切面。使用移动工具，将光标移动到剖切面上，捕捉到的剖切标识变为蓝色，移动到合适的位置，单击确定即可（图 2–98）。

2. 显示 / 关闭剖切面

默认情况下，显示 / 关闭剖切面的按钮并没有显示在工具栏中，需要单击菜单栏“视图”→“工具栏”（图 2–99），勾选“截面”工具。激活此工具，剖切面显示，不激活则不显示，如图 2–100 所示。

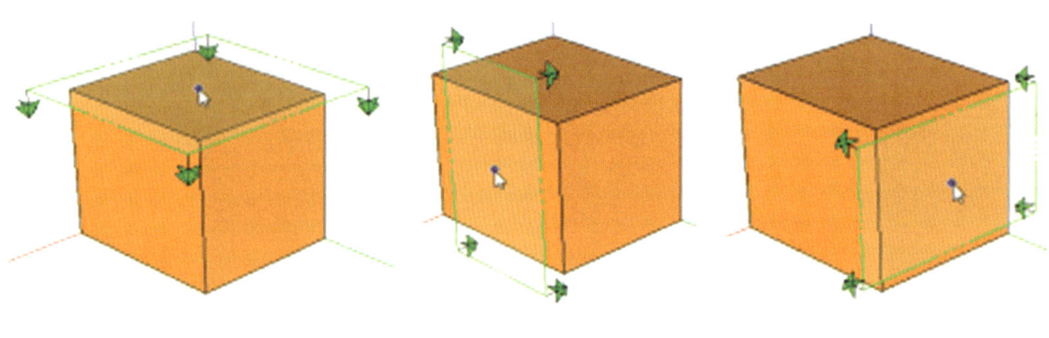

图 2-97　绿色箭头指向剖切方向

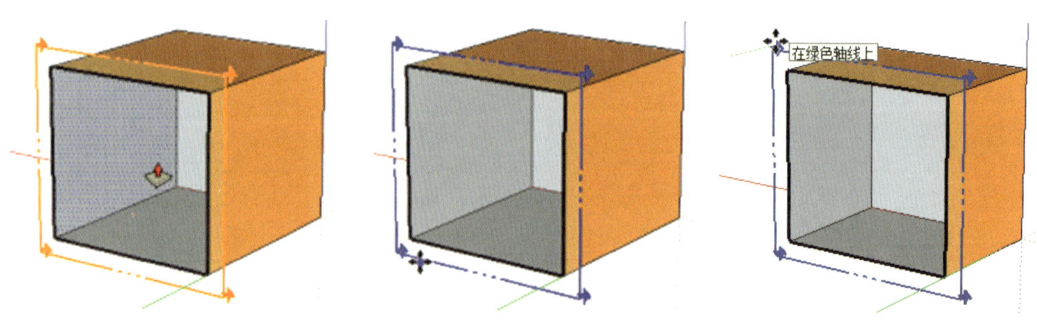

图 2-98　确定剖切平面位置

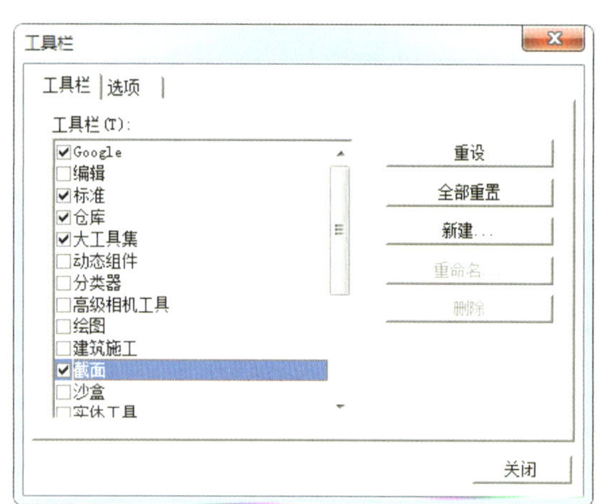

图 2-99　勾选“截面”工具

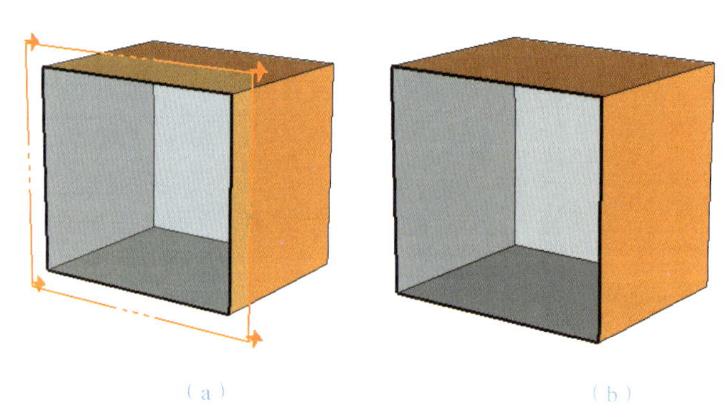

（a）　　（b）

图 2-100　显示和关闭剖切面

（a）显示剖切面；（b）关闭剖切面

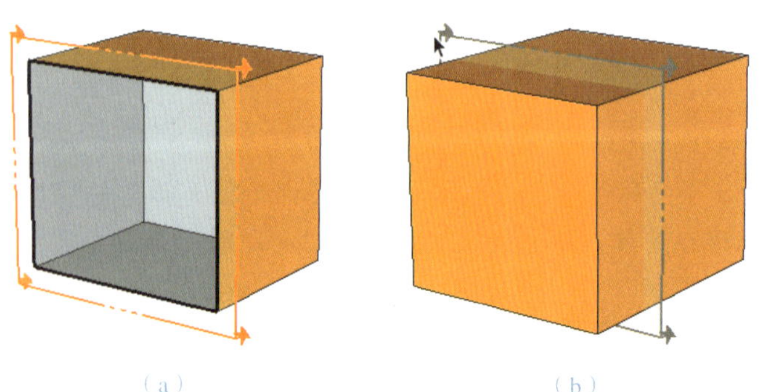

（a）　　（b）

图 2-101　显示和关闭剖面切割

（a）显示剖面切割；（b）关闭剖面切割

3. 显示 / 关闭剖面切割

激活此工具，剖面切割效果显示，不激活则不显示，如图 2-101 所示。

2.7 插件工具

SketchUp 是一个开放的软件平台，允许用户自行编写程序，以插件的方式实现一些软件自带工具无法实现的功能。现在互联网上，使用者自行编写的插件非常丰富，有免费的，也有收费的，针对一些特殊的模型，有些小插件能极大地提高建模速度。

常见的插件格式一般有两种，分别为 rb 格式和 rbz 格式。

rb 格式插件需要直接复制到“C:\Users\Administrator\AppData\Roaming\SketchUp\SketchUp 2015\SketchUp”路径下的“Plugins”文件夹内（图 2–102）。

rbz 格式插件的安装方式为：单击“窗口”→“系统设置”，在弹出的对话框中单击“扩展”，然后单击“安装扩展程序”，选择到 rbz 文件所在的文件夹，双击 rbz 文件完成安装，如图 2–103 所示。某些插件编写者可能会为插件的安装设置一些特殊的要求和方法，安装前最好先了解清楚该插件的安装条件和安装方式。

图 2–102　rb 格式插件文件夹

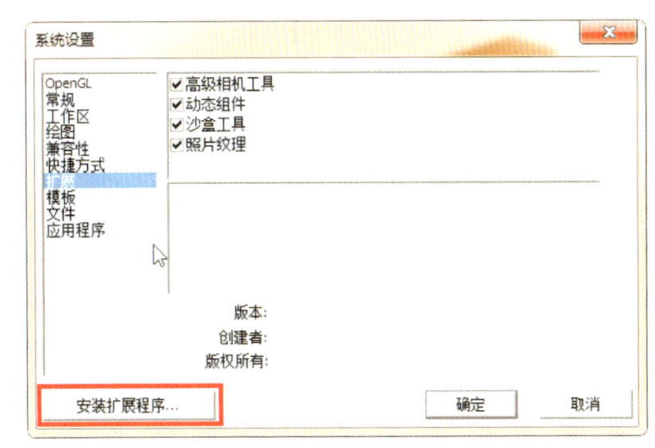

图 2–103　rbz 格式插件的安装

1. Curviloft 曲线放样插件

LibFredo 是一个插件运行平台，安装在平台下的具体插件，首先要安装这个运行平台。单击“窗口”→“系统设置”→“安装扩展程序”，然后双击“LibFredo6_v6.9b.rbz”图标，完成平台安装。再次单击“安装扩展程序”，安装该平台下的“Curviloft_v1.5a.rbz”曲线放样工具。安装好后，界面出现工具图标，如图 2–104 所示（如没有自动出现在界面中，可单击“视图”→“工具栏”，勾选 Curviloft 工具条）。

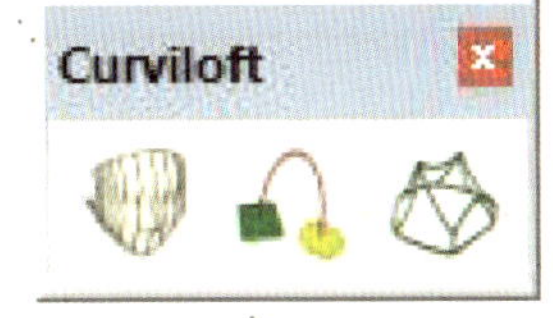

图 2–104　Curviloft 工具条

（1）Loft by Spline（曲线放样）。

Curviloft 面板第一个类似人脸的图标，可以理解成线线放样，主要是利用几条线来生成一个曲面或者几个截面来生成一个曲面，操作方法如下。

第 1 步：在场景中绘制一个矩形（图 2–105），然后复制 4 个，每个矩形之间间隔一定的距离，如图 2–106 所示。

第 2 步：使用手绘线工具，在矩形平面上分别绘制任意曲线，如图 2–107 所示。

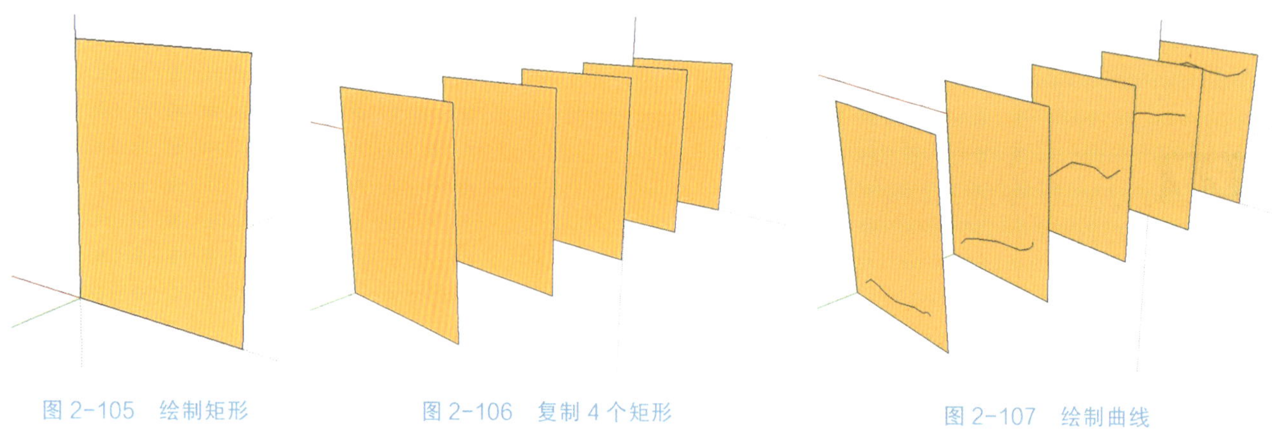

图 2-105　绘制矩形　　图 2-106　复制 4 个矩形　　图 2-107　绘制曲线

第 3 步：同时选中 5 条自由曲线（图 2-108），然后单击曲线放样的人脸图标，生成对应的不规则曲面（图 2-109）。

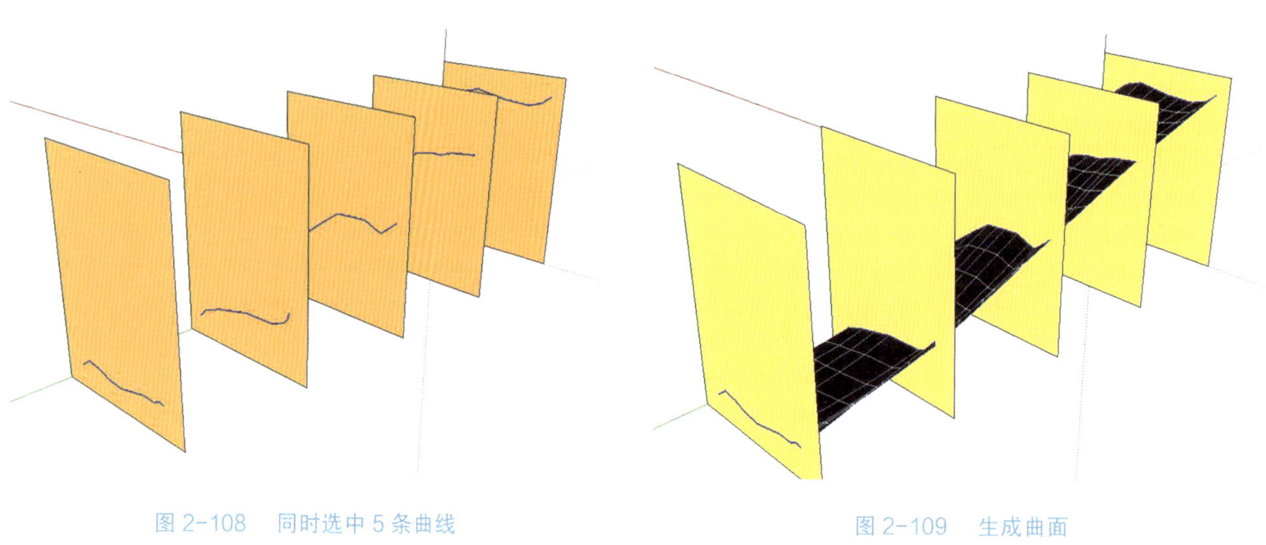

图 2-108　同时选中 5 条曲线　　图 2-109　生成曲面

第 4 步：在界面空白处光标变成一个绿色的"√"时，单击鼠标，完成建模，如图 2-110 所示。

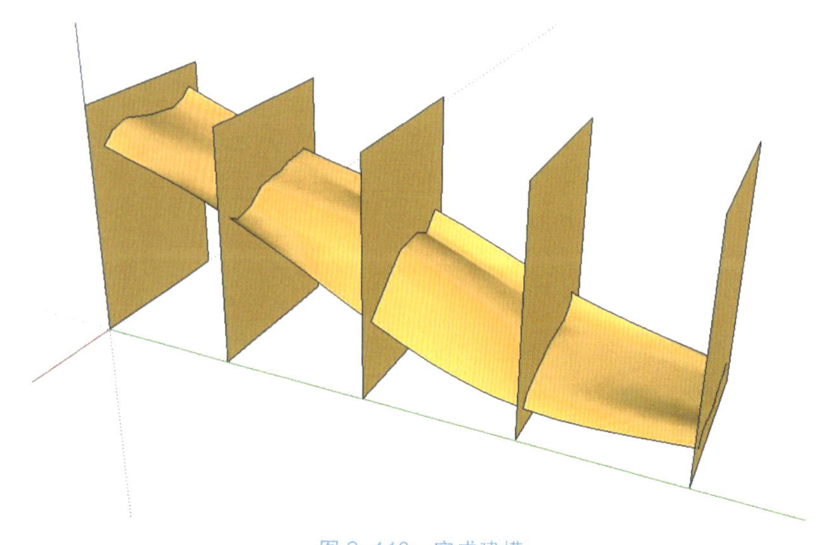

图 2-110　完成建模

（2）Loft along Path（路径放样）。

Curviloft 面板第二个图标，可以理解成是线面放样，主要是利用一个或几个路径和几个截面来生成一个曲面，操作方法如下。

第 1 步：绘制一个半圆形弧线，然后在圆弧的两个端点分别绘制一个圆形和一个矩形，如图 2–111 所示。

第 2 步：激活路径放样工具，单击圆弧线，此时圆弧线变为黄色，表示选中状态，再单击绿色的“√”，将圆弧线确定为放样路径，此时圆弧线变为红色，如图 2–112 所示。

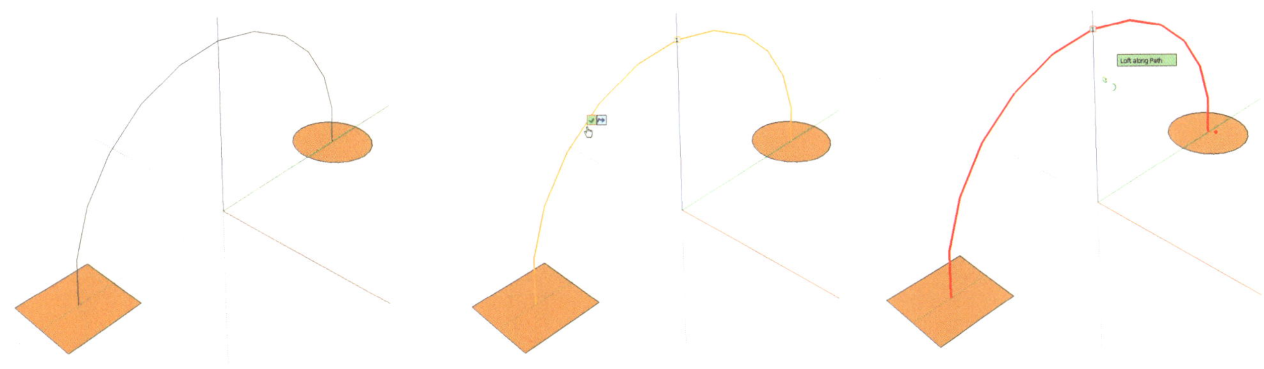

图 2–111　绘制矩形、圆形和圆弧　　　　图 2–112　选择路径和截面

第 3 步：单击圆形边线，将此圆形作为放样的第一个截面，此时圆形变为橙色；继续单击矩形边框，使其变为橙色，然后单击绿色的“√”，确定截面，生成放样立体，如图 2–113 所示。

第 4 步：在界面空白处单击，完成整个放样过程，如图 2–114 所示。

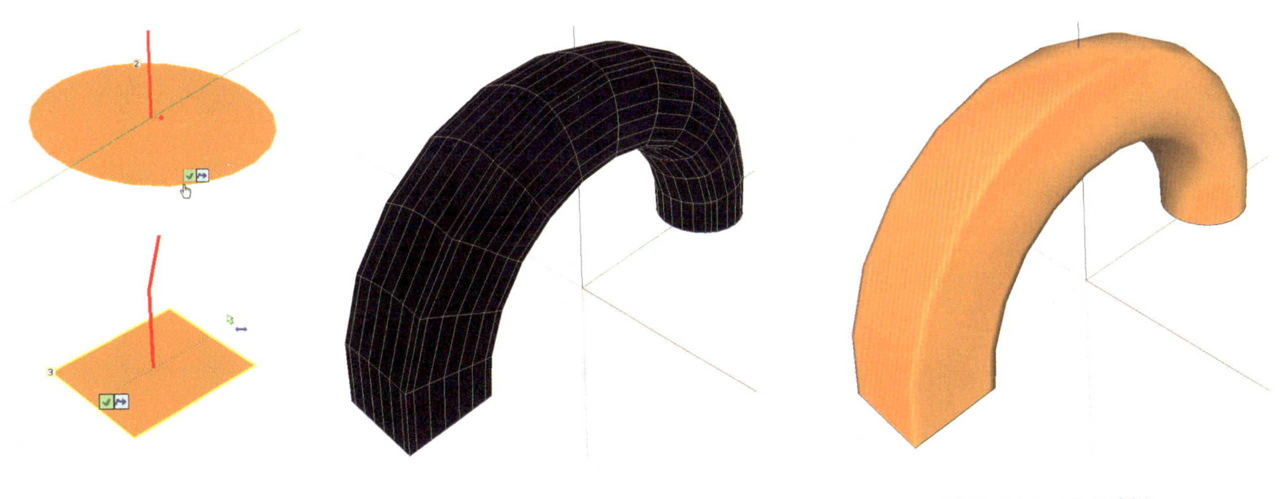

图 2–113　生成放样立体　　　　图 2–114　完成放样

2. 3pt_Window 3 点建窗插件

按上文的方法，将“3pt_Window 3 点建窗插件”文件夹中的两个文件复制到“Plugins”文件夹中，打开或重启软件，在界面顶部的工具栏中出现了“扩展程序”一项（图 2–115）。单击“扩展程序”→“3 point window”→“3 point window”，弹出窗户设置对话框（图 2–116）。

第 1 步：绘制好需要插入窗户的墙洞，如图 2–117 所示。

图 2-115 工具栏中的“扩展程序”

Window settings

Window Inset	25mm	窗框内嵌
Frame Width	50mm	窗框宽度
Frame Thickness	100mm	窗框厚度
Glass Thickness	10mm	玻璃厚度
Glass Inset	45mm	玻璃嵌入

确定 取消

图 2-116 窗户设置对话框

第 2 步：单击“扩展程序”→“3 point window”→“3 point window”激活插件，在弹出的对话框中设置尺寸，然后依次单击窗洞的 3 个端点（图 2-118），窗户绘制完成（图 2-119）。

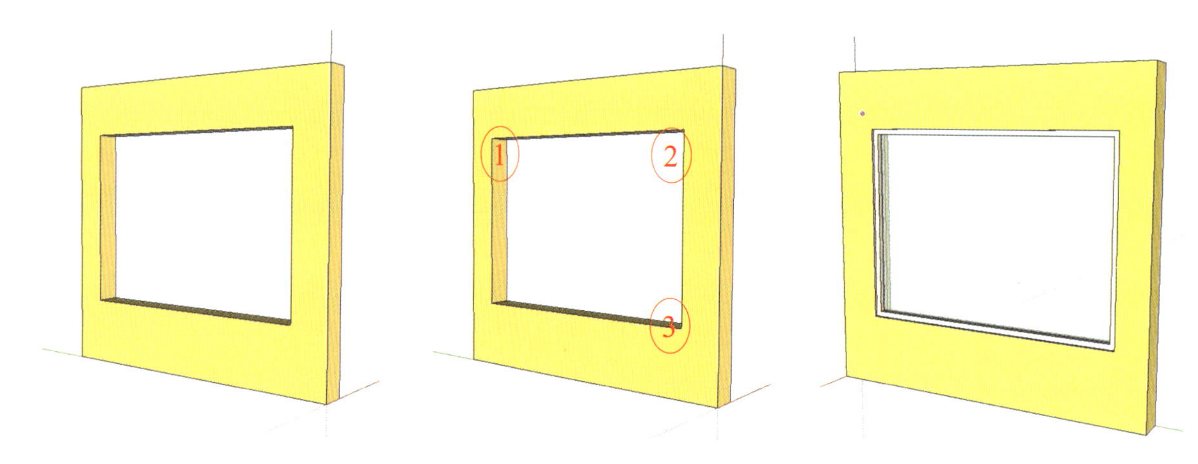

图 2-117 绘制窗洞　图 2-118 依次单击窗洞的 3 个端点　图 2-119 完成窗户绘制

3. windowizer 4 参数窗户插件

该插件相比前面的 3 点建窗，可自行设置的参数更多，能适应较为复杂和大型的窗户以及玻璃幕墙。通过扩展程序安装“windowizer 4 参数窗户 .rbz”插件，单击“扩展程序”→“参数窗户”弹出设置面板（图 2-120），根据需要进行设置。

参数设置完成后，选中需要做成窗户的平面，再单击设置面板中的“应用”按钮，该平面即按设置生成窗户，如图 2-121 所示。

设置好的样式可以命名后保存下来，供下一次加载使用。

参数窗户（HJ汉化）

垂直窗格行数	4
水平窗格行数	4
窗框宽度	50
窗框厚度	50
窗框内嵌墙体深度	60
窗框材质	Steve_Edges
竖框宽度	50
横框宽度	50
玻璃内嵌窗框深度	45
玻璃厚度	10
玻璃材质	材料1
最大墙体厚度	240mm
成组？	Yes
平面窗？	No

应用 关闭 帮助

保存样式
加载样式

图 2-120 参数窗户设置面板

图 2-121 生成窗户

3

V-Ray for SketchUp 基础命令详解

3.1 V-Ray for SketchUp 概述

3.1.1 关于 V-Ray

V-Ray 是由 Chaos Group 公司出品的一款高质量渲染软件，也是目前业界最受欢迎的渲染引擎。基于 V-Ray 内核开发的有 V-Ray for 3ds Max、V-Ray for Maya、V-Ray for SketchUp、V-Ray for Rhino 等诸多版本，为不同领域的优秀 3 维建模软件提供了高质量的图片和动画渲染。除此之外，V-Ray 也可以提供单独的渲染程序，方便使用者渲染各种图片。

V-Ray 渲染器提供了一种特殊的材质——V-RayMtl。在场景中使用该材质能够获得更加准确的物理照明（光能分布）、更快的渲染，反射和折射参数调节更方便。

3.1.2 软件的安装和汉化

V-Ray 现在使用面最广的版本是 3.4，对应可以安装的 SketchUp 为 2015~2018 版本。本书对应的软件渲染器版本即为 V-Ray 3.4，读者可以从其官方网站（www.chaosgroup.com）下载试用版，只要注册即可下载试用 30 天，或者直接安装本书配套素材里面的软件试用版（V-Ray 3.4 for SketchUp 2015~2018 渲染器试用版）。

下载安装完成之后，还可以进行汉化处理。安装本书配套素材里面提供的渲染器汉化包，汉化包由网友汉化完成。

接下来汉化材质，打开渲染器的安装目录（C:\Program Files\Chaos Group\V-Ray\V-Ray 3.4 for SketchUp\extension\materials），先删除里面的所有文件，然后将本书配套素材提供的汉化后的材质包拷贝到此文件夹即可，这样就完成了汉化工作。

3.2 渲染器的组成

安装完渲染器之后，打开 SketchUp 会多出 3 个工具集，下面分别予以介绍。

1. V-Ray 资源管理器工具条

如图 3-1 所示，V-Ray 资源管理器工具条从左至右分别为 Asset Editor（资源管理器）、Render（渐进式渲染）、Render Interactive（交互式渲染）、Batch Render（批量渲染）、Show Frame Buffer（打开缓存帧窗口）、Lock Camera Orientation（锁定相机方向）。

2. V-Ray 灯光工具条

如图 3-2 所示，V-Ray 灯光工具条从左至右分别为 Plane Light（面光源）、Sphere Light（球体光源）、Spot Light（聚光灯光源）、IES Light（光域网光源）、Omni Light（点光源）、Dome Light（穹顶光源）、Mesh Light（几何体光源）、Adjust Light Intensity（调整光源亮度）。

3. V-Ray 对象工具条

如图 3-3 所示，V-Ray 对象工具条从左至右分别为 Infinite Plane（无限平面）、Export Proxy（导出代理物体）、Inport Proxy（导入代理物体）、Fur（毛发）、Mesh Clipper（剪切模型）。

图 3-1 V-Ray 资源管理器工具条

图 3-2 V-Ray 灯光工具条

图 3-3 V-Ray 对象工具条

3.3 V-Ray 材质设置方法

材质的设置是整个渲染过程中重要的一环，现通过一个模型来详解 V-Ray 材质的设置。打开本书配套素材第 3 章文件夹里面名为“材质模型 .skp”的文件（图 3-4），我们通过这个简单的场景来学习材质的设置。

在工具栏中打开 V-Ray 资源管理器，面板上方 6 个图标分别为材质、光源、几何体、设置、渲染和打开

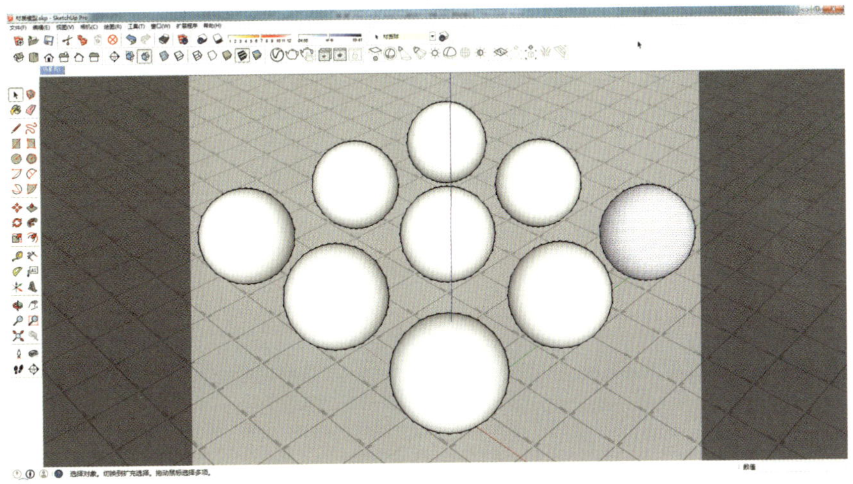

图 3-4 文件“材质模型 .skp”

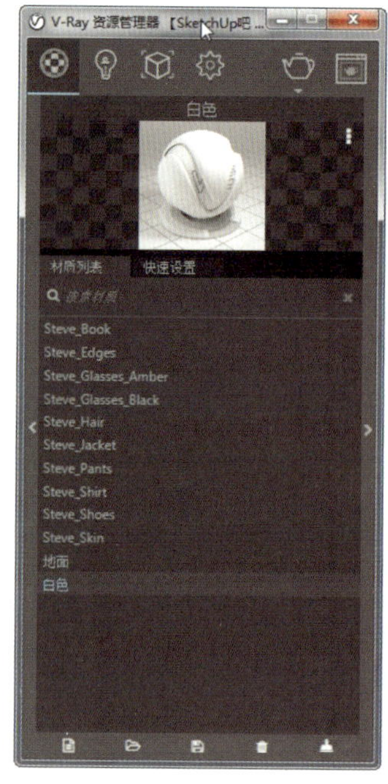

图 3-5　V-Ray 资源管理器

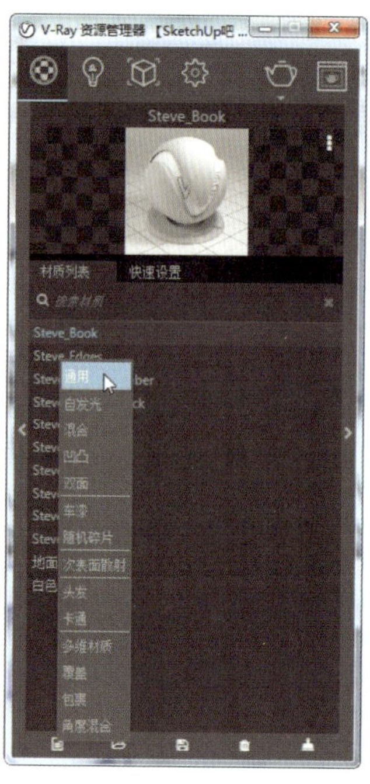

图 3-6　添加材质

缓存帧窗口（图 3-5）。面板的左、右边中部有小箭头，可以分别打开左、右侧的扩展面板。

接着介绍几个常用材质的设置。首先单击资源管理器材质面板最左下角的按钮添加材质（图 3-6），列表中即为 V-Ray 资源管理器的材质类型。

3.3.1　乳胶漆材质的设置

首先添加通用材质，改名为“乳胶漆”，如图 3-7 所示。

单击材质面板右侧中间的箭头，打开材质扩展面板，调节材质参数。漫反射即为墙面颜色，这里设置一白色墙面，单击漫反射后面的色块，调整 RGB 值都为 245，如图 3-8 所示。

图 3-7　添加通用材质并改名为“乳胶漆”

图 3-8　调整乳胶漆漫反射颜色

给乳胶漆添加反射，单击反射后面的色块按钮将 RGB 值调整为 100（此处如果调整成黑色，表示不反射任何光线；如果调成白色，表示 100% 反射光线），反射光泽为 0.6（该值越高表示物体越光滑，该值越低表示物体越粗糙），如图 3-9 所示。

在视图中选择第一个物体，资源管理器的材质面板中选择“乳胶漆”，鼠标右键单击“乳胶漆”，选择“将材质应用到选择物体”，这样就将乳胶漆指定给第 1 个材质测试物体了，如图 3-10 所示。

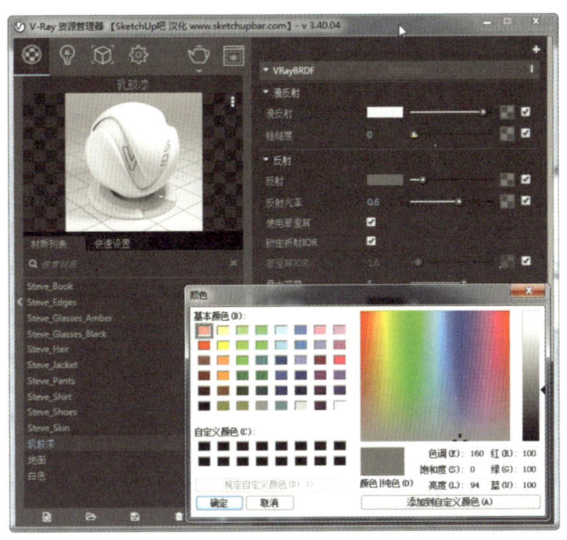

图 3-9　调整乳胶漆反射颜色

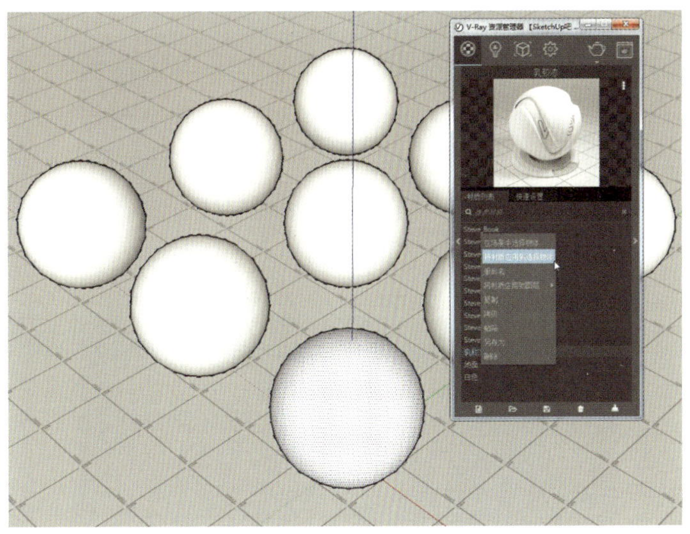

图 3-10　将乳胶漆材质指定给场景中的物体

3.3.2　木地板材质的设置

添加通用材质，改名为“木地板”，如图 3-11 所示。然后在漫反射栏中单击贴图通道（图 3-11 中鼠标箭头所示位置），在弹出的贴图列表中选择“位图”，如图 3-12 所示。

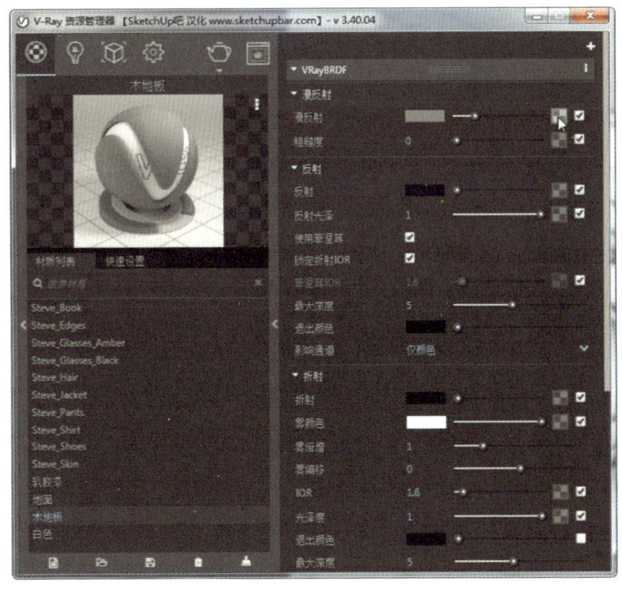

图 3-11　添加通用材质并改名为“木地板”

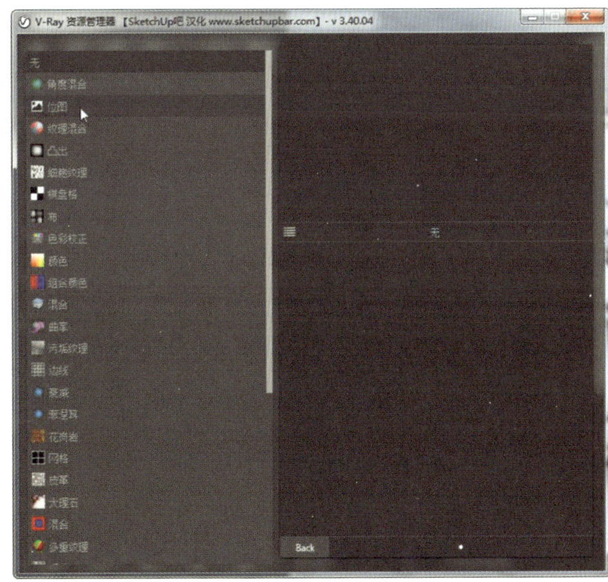

图 3-12　在漫反射通道里添加贴图

在本书配套素材里选择“3- 木地板”文件，如图 3-13 所示。接着单击底部的“Back”键返回到材质编辑界面，反射的 RGB 值均调整为 160，反射光泽为 0.8，取消“锁定折射 IOR”的勾选，如图 3-14 所示。然后将材质指定给视图中第 2 个材质测试物体。

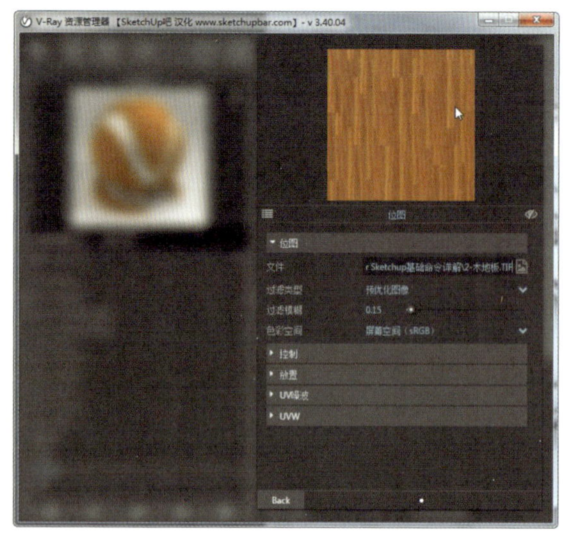

图 3-13　选择贴图

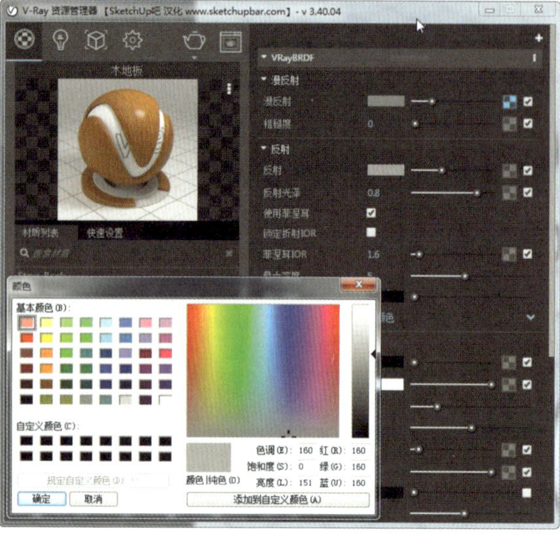

图 3-14　修改木地板的反射属性

3.3.3　地砖材质的设置

操作与前述相同，即添加通用材质，改名为“瓷砖”；在漫反射贴图通道里选择“位图”，然后贴本书配套素材里“3- 地砖”文件；返回材质编辑界面，反射的 RGB 值均调整为 210，反射光泽为 0.95，取消“锁定折射 IOR”的勾选，如图 3-15 所示；最后将材质指定给视图中第 3 个材质测试物体（与木地板材质相比，仅反射程度有区别）。

3.3.4　不锈钢材质的设置

添加通用材质，改名为“不锈钢”；在材质编辑界面将漫反射的颜色 RGB 值都调为 0，反射的 RGB 值都调为 200，反射光泽为 0.92，取消“锁定折射 IOR”的勾选，将菲涅耳 IOR 改为 30，如图 3-16 所示；最后将材质指定给视图中第 4 个材质测试物体。

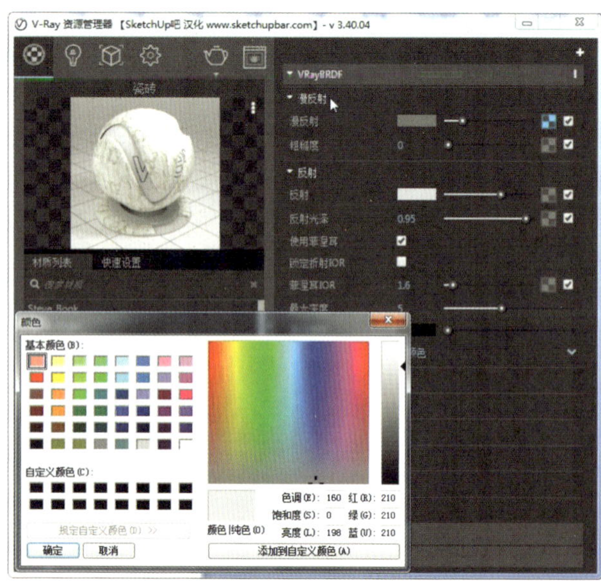

图 3-15　地砖材质的设置

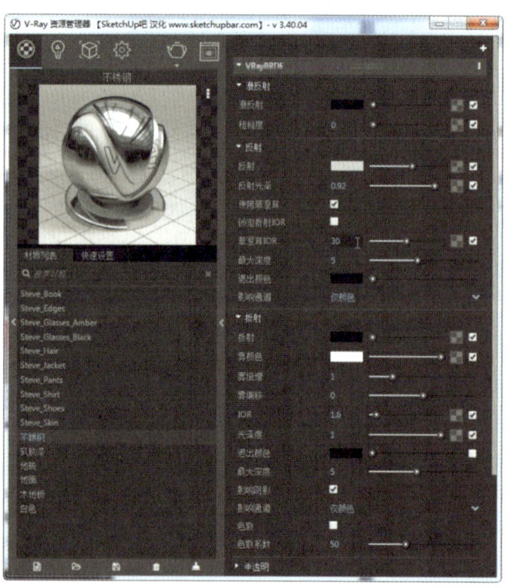

图 3-16　不锈钢材质的设置

3.3.5 黄金材质的设置

添加通用材质，改名为“黄金”；在材质编辑界面将漫反射的颜色 RGB 值都调为 0，调整反射的 RGB 值分别为 252、204、130，反射光泽为 0.98，取消“锁定折射 IOR”的勾选，将菲涅尔 IOR 改为 35，如图 3-17 所示；最后将材质指定给视图中第 5 个材质测试物体。

3.3.6 普通玻璃材质的设置

添加通用材质，改名为“普通玻璃”；在材质编辑界面将漫反射的颜色 RGB 值都调为 0，调整反射的 RGB 值都为 233，反射光泽为 1；然后调整折射，有折射才能显现透明的属性，在折射栏里将折射的颜色 RGB 值调到 245（该值越大，颜色越浅，物体越透明），雾颜色 RGB 改为极浅绿色（这个可以理解为玻璃的固有颜色），雾倍增调到 0.02，IOR 调到 1.53，光泽度调到 1，如图 3-18 所示；最后将材质指定给视图中第 6 个材质测试物体。

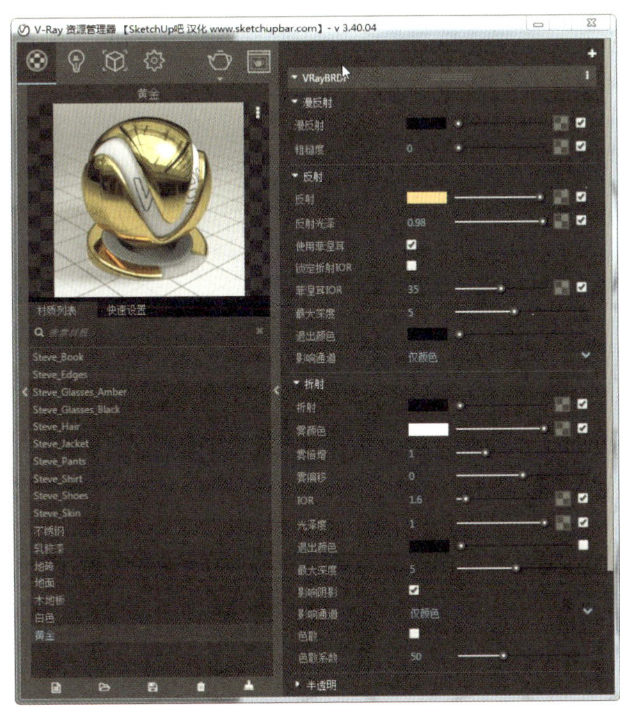

图 3-17 黄金材质的设置

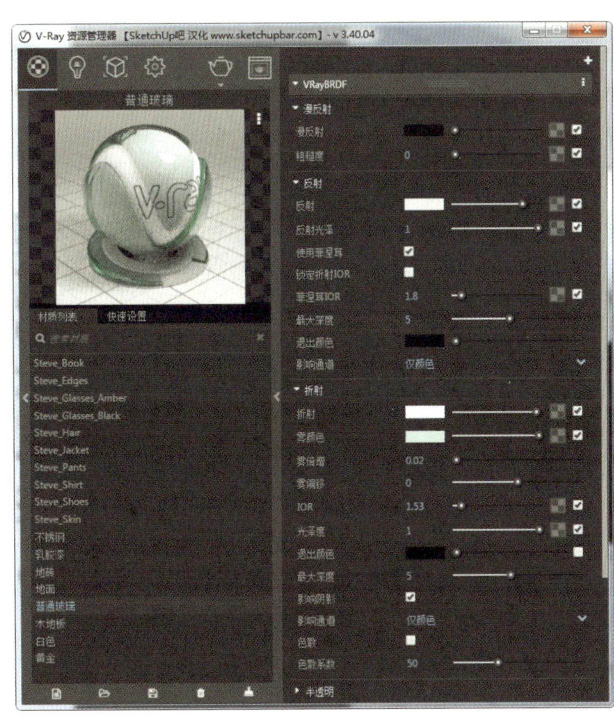

图 3-18 普通玻璃材质的设置

3.3.7 磨砂玻璃材质的设置

添加通用材质，改名为“磨砂玻璃”；在材质编辑界面将漫反射的颜色 RGB 值都调为 0，调整反射的 RGB 值都为 233，反射光泽为 1；然后调整折射，在折射栏里将折射的颜色 RGB 值调到 245，雾颜色 RGB 改为极浅绿色或者直接白色，IOR 调到 1.53，光泽度调到 0.6（这是最关键的参数，此值越低，玻璃磨砂得越厉害），如图 3-19 所示；最后将材质指定给视图中第 7 个材质测试物体。

3.3.8 灯光材质的设置

添加材质，选择通用材质下方的自发光材质，改名为“灯光”；在材质面板中，自发光颜色就是灯光的颜色，这里设置一个色温为 5500K 的灯光，将 RGB 值改为 255、242、225 即可，如图 3-20 所示；然后将材质指定给视图中第 8 个材质测试物体。

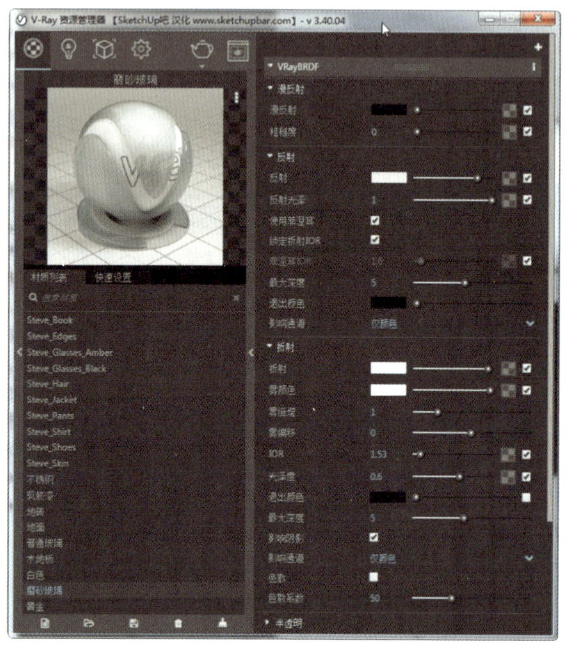

图 3-19 磨砂玻璃材质的设置

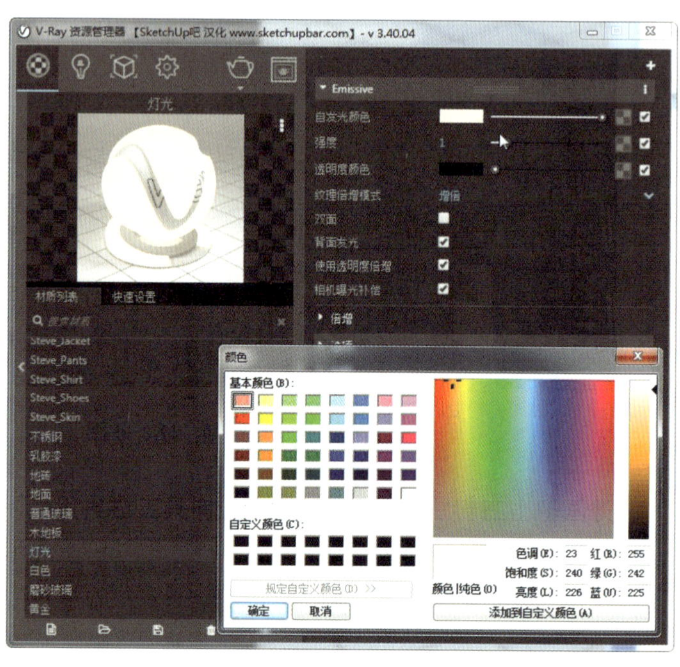

图 3-20 灯光材质的设置

图 3-21 皮革材质的设置

3.3.9 皮革材质的设置

添加通用材质，改名为“皮革”；在材质编辑界面里调整漫反射颜色，漫反射的颜色就是皮革的颜色，此处调一个黑色的皮革；然后将反射的 RGB 值都改为 233，反射光泽调为 0.6，取消“锁定折射 IOR”的勾选，如图 3-21 所示。皮革材质最重要的是在贴图栏下凹凸的纹理中贴上一张凹凸贴图，让皮革有凹凸的质感，在凹凸里贴上本书配套素材“3- 皮革”。最后将材质指定给视图中第 9 个材质测试物体。

3.3.10 小结

渲染场景，单击 V-Ray 资源管理器上的渲染按钮，得到图 3-22 所示的渲染效果图。

通过以上常用材质参数的设置了解参数的一般设置规律，掌握这些参数调整的规律之后就能够调出理想的材质。

其实在 V-Ray 渲染里自带了更多的已经设置好的材质，即在 V-Ray 资源管理器的材质面板上，打开左侧面板，里面有几百种已经预设好的材质，选中一种材质在其上单击鼠标右键可添加到材质列表中，然后赋予场景中的物体，并且可以继续调整参数，如图 3-23 所示。

图 3-22 渲染效果

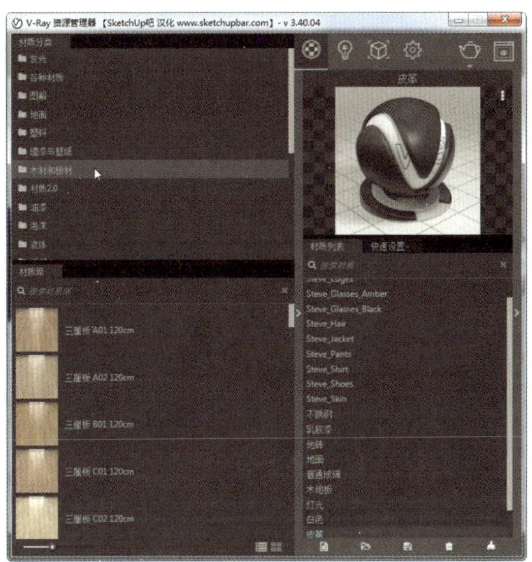

图 3-23 软件自带预设的材质

3.4 V-Ray 灯光

3.4.1 Plane Light（面光源）

打开本书配套素材第 3 章“面光源 .skp”文件，场景中已经设置一个面光源，直接渲染，如图 3-24 所示。

打开 V-Ray 资源管理器，进入灯光面板，面光源参数面板如图 3-25 所示。

灯光面板栏，即平面光的开关；“颜色 / 纹理”中，颜色即是灯光的颜色，纹理可以控制灯光是否按照纹理发射光线；“强度”即控制灯光线的强弱；“单位”即亮度单位，一般使用默认即可；“形状”有“长方形”和“椭圆形”两个选项；“方向性”是指灯光散射的程度，值为 1 时灯光直射，该值越低，光线散射越厉害；“光线入口模式”在用平面光模拟室内照明窗外进光线时使用；“不可见”开关打开后，渲染是“见光不见灯”，看得到灯发出的光线，看不到灯本身；“双面”即是否两面发光；“影响漫反射”开关即灯光是否影响物体的漫反射（可以理解为物体的固有色）；“影响高光”开关即灯光照射到物体上是否显示物体上的高光点；“影响反射”开关即灯光照射到物体上是否显示物体对灯光本身的反射；“无衰减”开关一般不开，实际的灯光强度都会随着距离的增加而减弱；“阴影”开关即该光源照射到物体上是否投射阴影，大多数情况需要打开。

图 3-24　面光源渲染效果

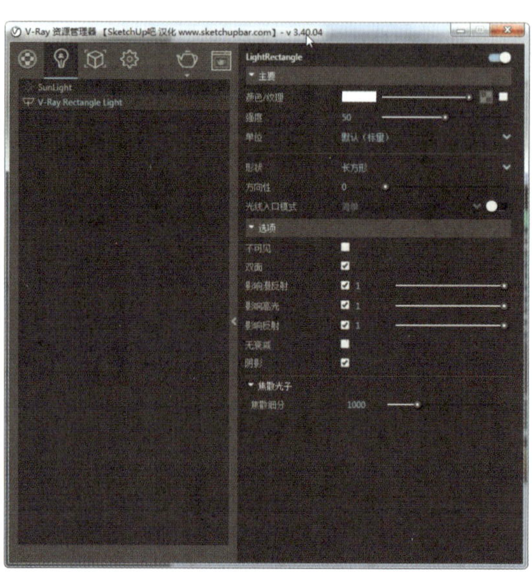

图 3-25　面光源参数面板

3.4.2　Sphere Light（球体光源）

打开本书配套素材第 3 章“球体光源 .skp”文件，场景中已经设置一个球体光源，直接渲染，如图 3-26 所示。

球体光源除了形状不一样，其他参数与面光源一致，此处不再赘述。可以试着调整一下参数，对比观察不同参数下的效果，如图 3-27 所示。

图 3-26　球体光源渲染效果

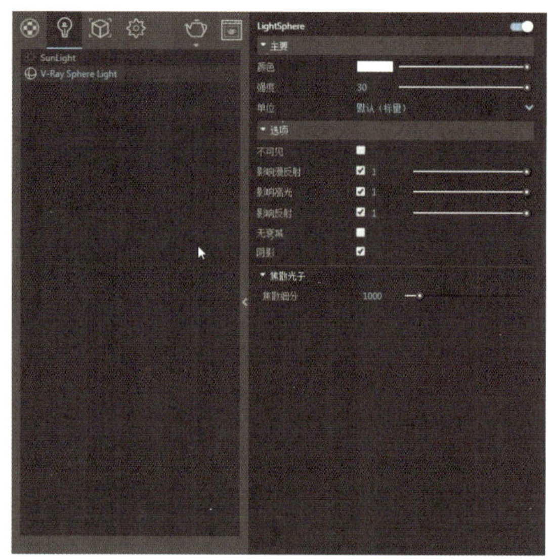

图 3-27　球体光源参数面板

3.4.3　Spot Light（聚光灯光源）

打开本书配套素材第 3 章“聚光灯 .skp”文件，场景中已经设置一个聚光灯光源，直接渲染，如图 3-28 所示。

聚光灯一般用来模拟舞台灯光效果，也可以用来模拟射灯，主要有 3 个特殊参数（图 3-29）：“锥角”，可以调整灯光照射夹角的大小，值越大照射范围越大；“半影角”，指受光区与非受光区交界处的效果，值越小边界越清晰；“阴影半径”，用来控制阴影边界的虚实，值越小边界越清晰。

图 3–28　聚光灯光源渲染效果

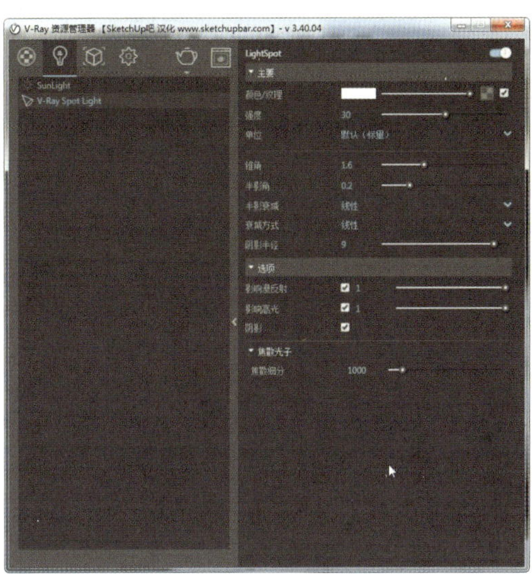

图 3–29　聚光灯参数面板

3.4.4　IES Light（光域网光源）

打开本书配套素材第 3 章“IES.skp”文件，场景中已经设置一个 IES 光源，直接渲染，如图 3–30 所示。

IES 灯光参数面板如图 3–31 所示，需要调用后缀名为 .ies 的光域网文件，其自带焦散的射灯效果，适合射灯和室内筒灯使用。

图 3–30　光域网光源渲染效果

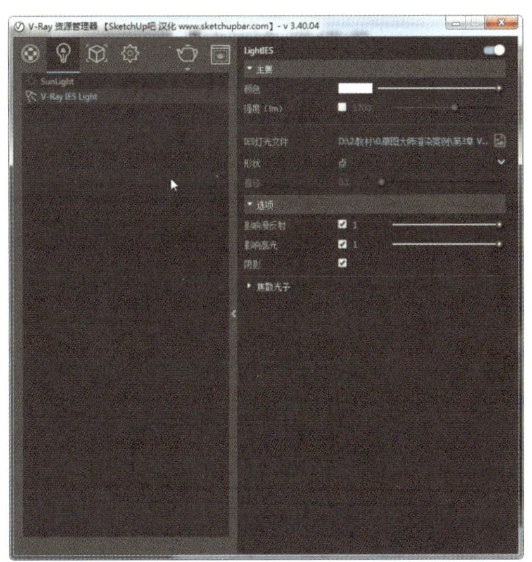

图 3–31　IES 灯光参数面板

3.4.5　Omni Light（点光源）

打开本书配套素材第 3 章“点光源 .skp”文件，场景中已经设置一个点光源，直接渲染，如图 3–32 所示。

点光源是一个没有体积的光源，有时用来模拟火把、白炽灯等照明，参数面板如图 3-33 所示。

图 3-32　点光源渲染效果

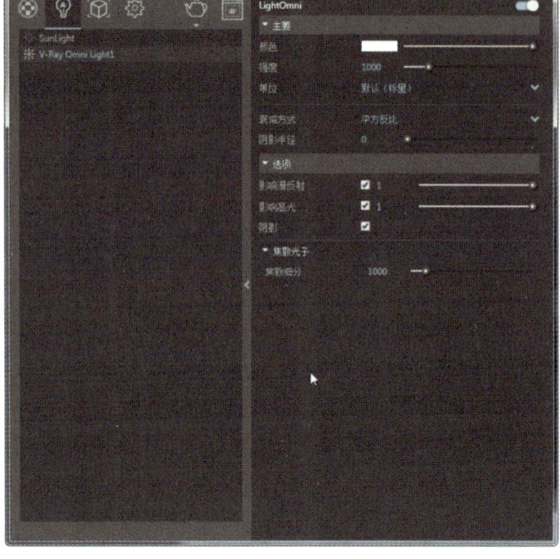

图 3-33　点光源参数面板

3.4.6　Dome Light（穹顶光源）

打开本书配套素材第 3 章 “穹顶光源 .skp” 文件，场景中已经设置一个穹顶光源，直接渲染，如图 3-34 所示。

穹顶光源用来模拟无限大的穹顶照明，参数面板如图 3-35 所示。

图 3-34　穹顶光源渲染效果

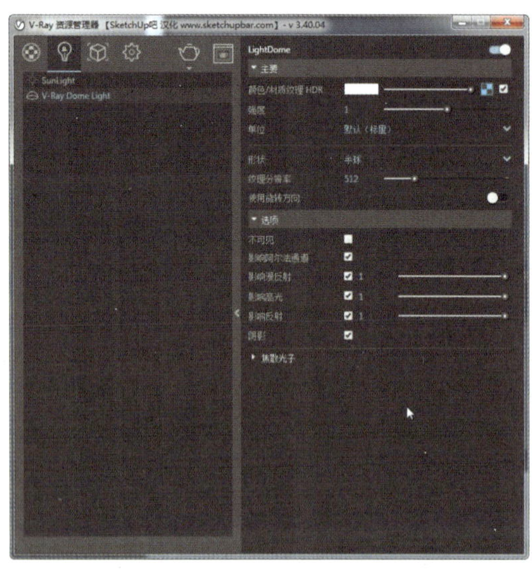

图 3-35　穹顶光源参数面板

3.4.7　Mesh Light（几何体光源）

打开本书配套素材第 3 章 “几何体光源 .skp” 文件，场景中已经将一个几何体转化为光源，直接渲染，如图 3-36 所示。

几何体光源是将 SketchUp 内部模型转化为发光体，转化的模型必须在成组后才能转化为发光源。几何体光源参数面板如图 3-37 所示。

图 3-36 几何体光源渲染效果

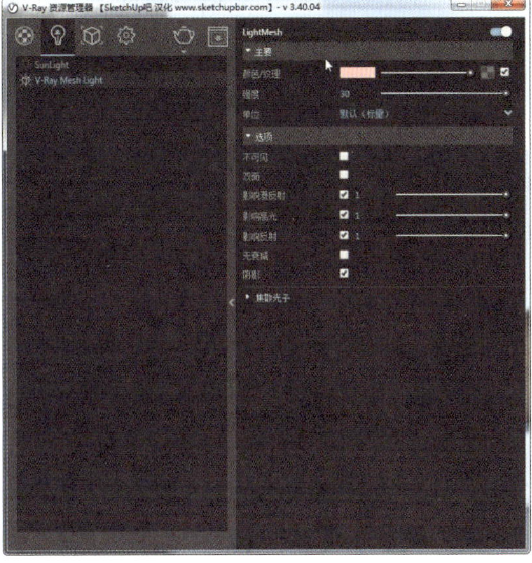

图 3-37 几何体光源参数面板

3.4.8 Adjust Light Intensity（调整光源亮度）

使用此命令可以直接在场景中调整灯光的强度，而不需要进入参数面板，如图 3-38 所示。

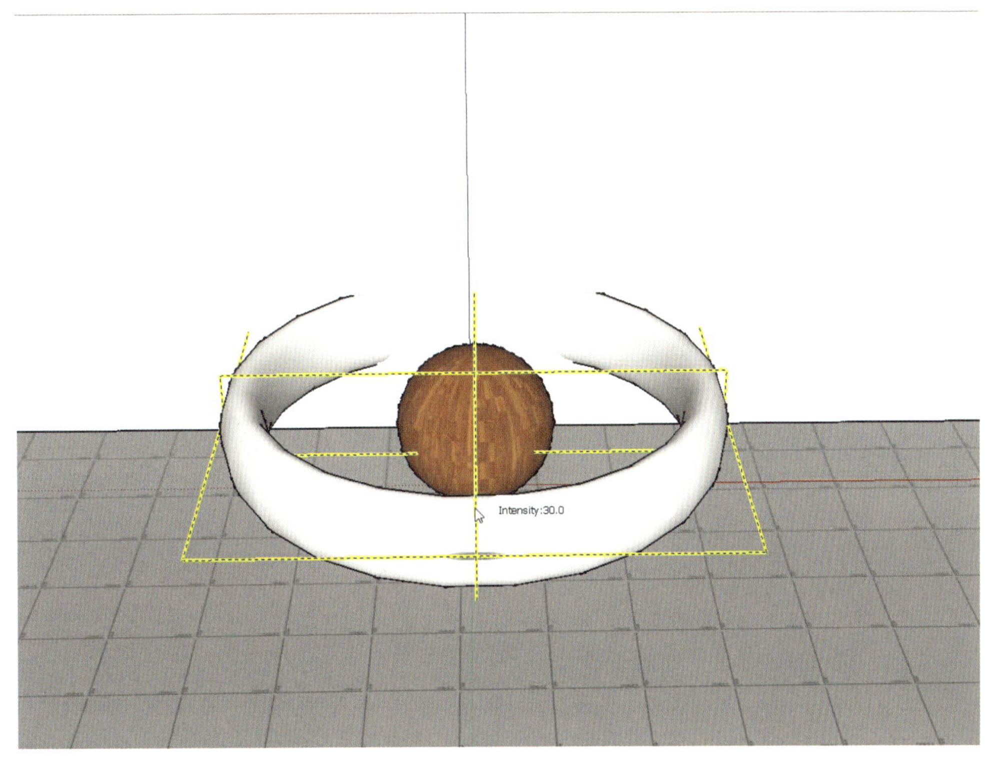

图 3-38 调整光源亮度

4

简约风格居室空间表现详解

4.1 建模

4.1.1 墙体框架建模

1. 平面图导入

将本书配套素材第 4 章“CAD”→“建模平面”的 CAD 户型平面图（图 4-1）导入新建的 SketchUp 场景中。

单击“文件”→“导入”，在弹出的对话框中将文件类型选择为“AutoCAD 文件”，单击“选项”，勾选“合并共面平面”和“平面方向一致”，单位选择“毫米”，如图 4-2 所示，单击“确定”按钮，然后选择“建模平面”文件，单击“打开”按钮，将 CAD 文件导入 SketchUp 场景中。

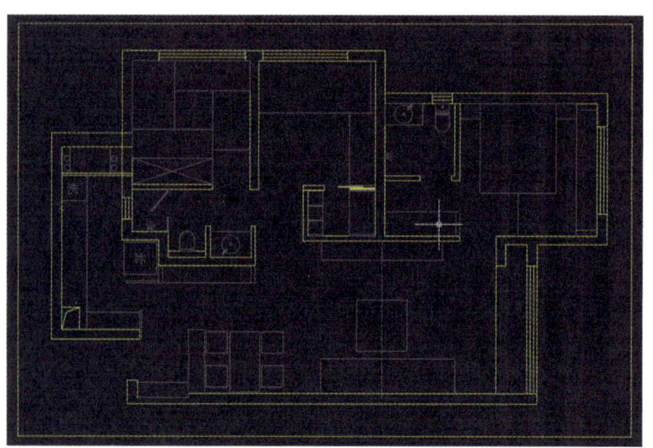

图 4-1　本书配套素材中的 CAD 户型平面图

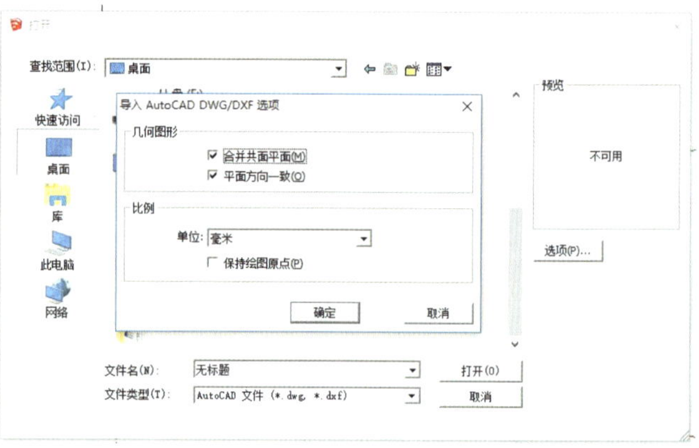

图 4-2　文件导入对话框

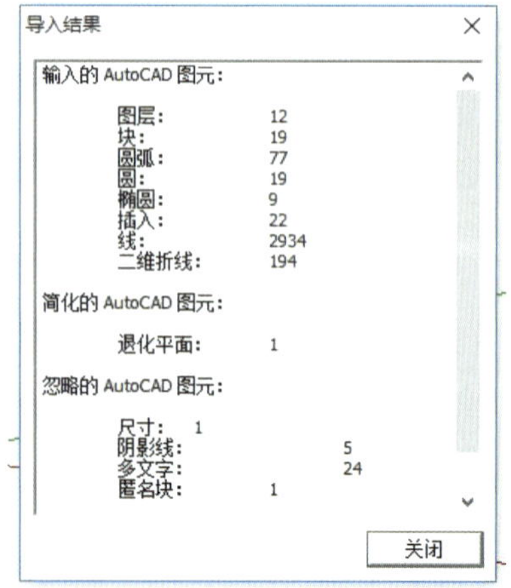

图 4-3　“导入结果”对话框

关闭“导入结果”对话框（图 4-3），可以在场景中看到平面图，如图 4-4 所示。

框选所有平面线条，将其创建为群组，如图 4-5 所示。

2. 创建墙体

用铅笔工具将所有墙体轮廓线描绘一遍，得到墙体的截平面，如图 4-6 所示。

框选所有平面，单击鼠标右键，选择“反转平面”，使墙体正面朝上，并全部推拉出 2900mm，如图 4-7 所示。

3. 创建窗框位置墙垛

用铅笔工具勾出客厅飘窗平面，并推拉出 600mm 的高度，如图 4-8、图 4-9 所示。

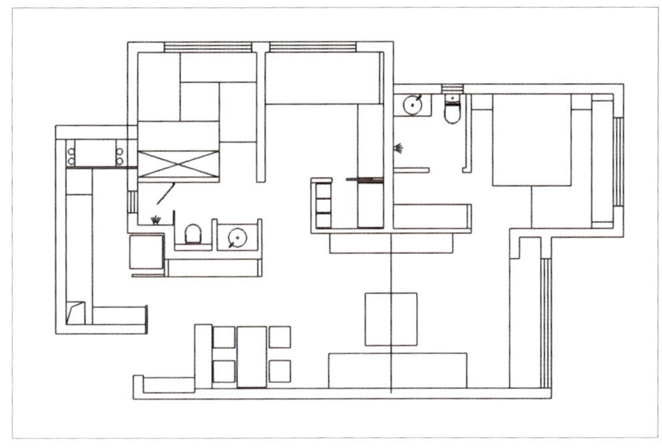

图 4-4　导入完成的平面图

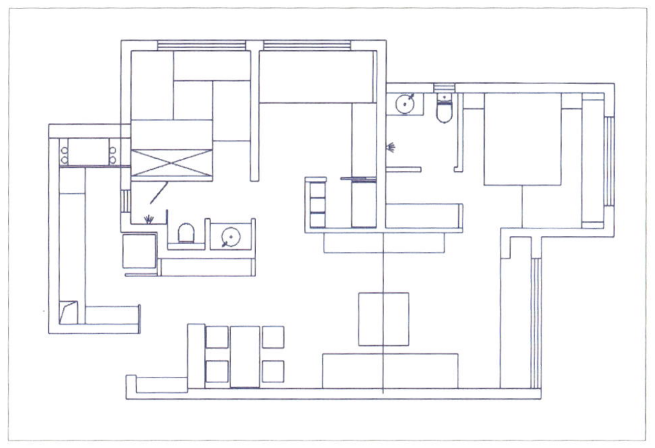

图 4-5　将平面图整体创建为群组

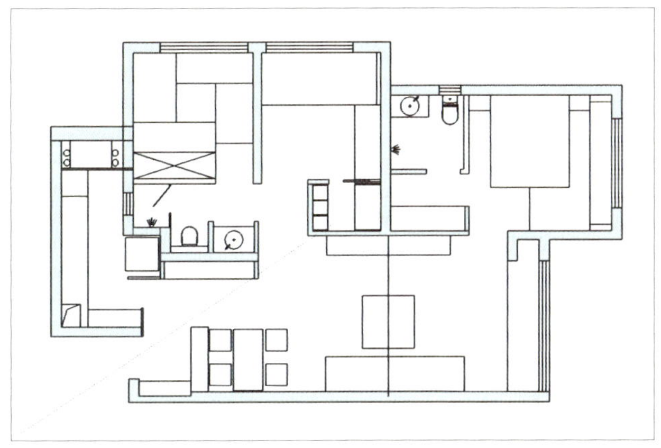

图 4-6　用铅笔工具描绘墙体轮廓线

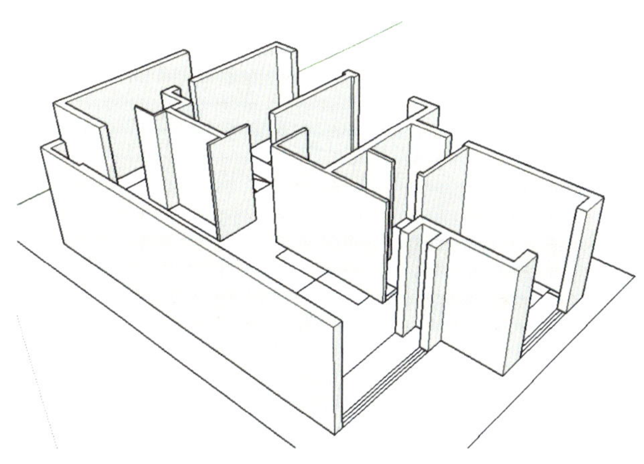

图 4-7　将墙体推拉出 2900mm

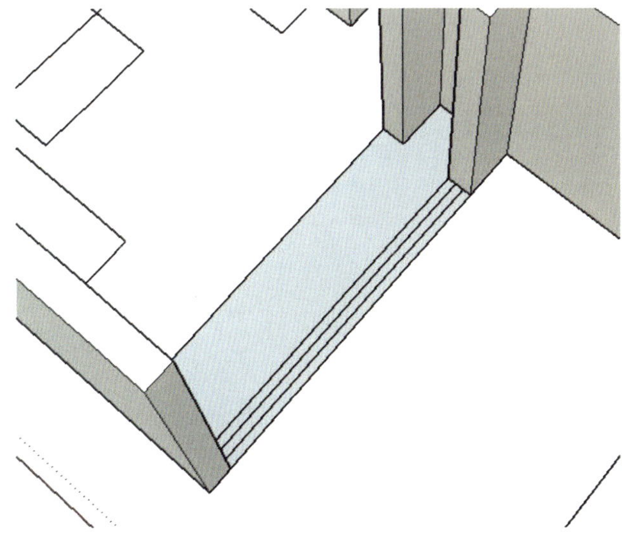

图 4-8　绘制飘窗平面

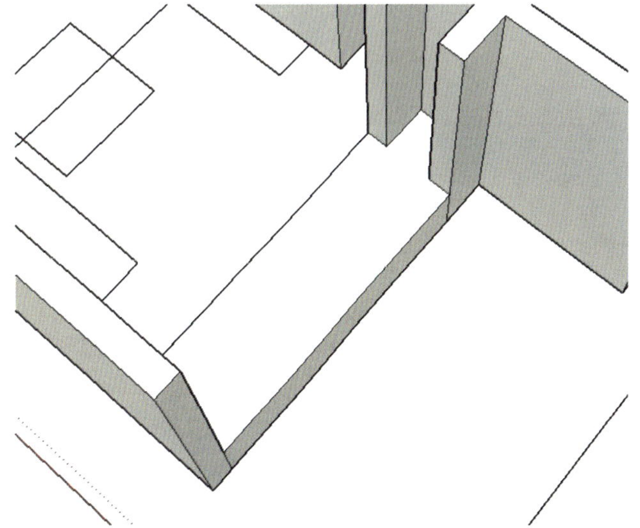

图 4-9　将飘窗平面推拉出 600mm

采用同样的办法勾出飘窗顶部平面，并向下推拉出 300mm，如图 4-10、图 4-11 所示。

其余三个卧室窗框下部墙垛高 650mm，上部墙垛高 300mm，绘制完成后如图 4-12、图 4-13 所示。

图 4-10　绘制飘窗顶部平面

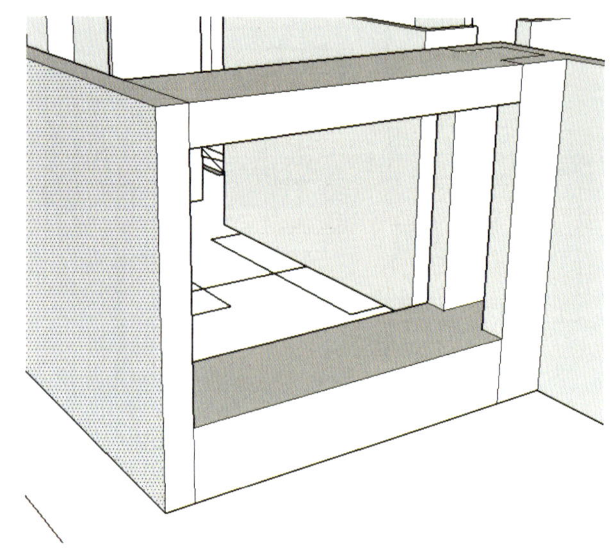

图 4-11　将飘窗顶部平面推拉出 300mm

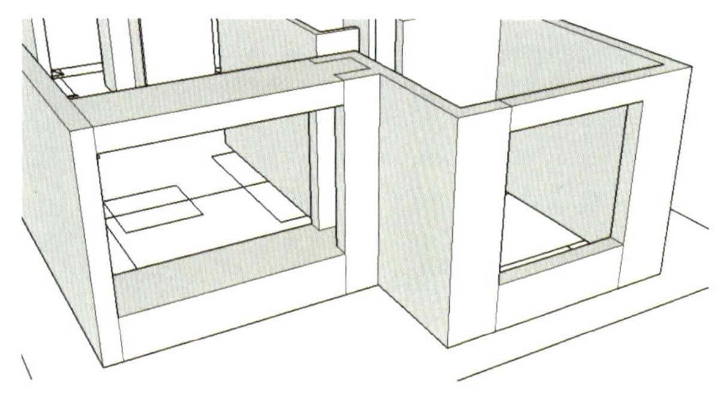

图 4-12　推拉出其他卧室的墙垛一

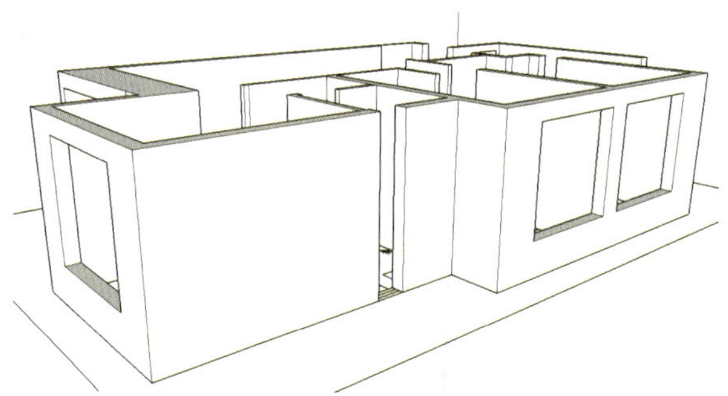

图 4-13　推拉出其他卧室的墙垛二

删除墙体上多余的分割线，继续绘制两个卫生间窗框位置的墙垛，下部高度为 1350mm，上部高度为 650mm，绘制完成后如图 4-14、图 4-15 所示。

图 4-14　推拉出卫生间的墙垛一

图 4-15　推拉出卫生间的墙垛二

4. 创建门上方的过梁

室内门的高度统一为 2100mm，则过梁高度为 800mm，绘制完成后如图 4-16 所示。

4.1.2 餐厅餐边柜建模

（1）将场景中的所有内容全选，创建群组。

（2）导入“餐边柜立面”的 CAD 文件（图 4-17），调整好观察视角，使用旋转工具，当其变为红色时代表绕红轴旋转，旋转 90°，如图 4-18、图 4-19 所示。

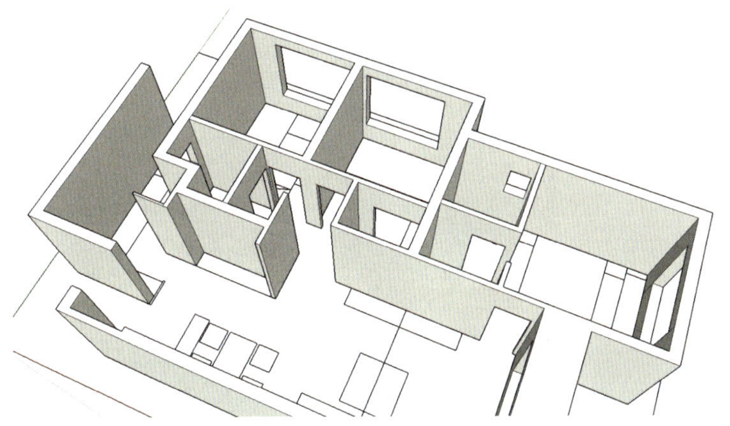

图 4-16 推拉出门上的过梁

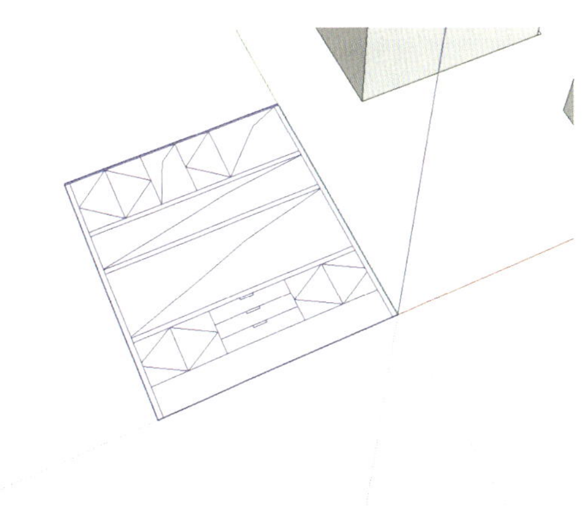

图 4-17 导入餐边柜立面图

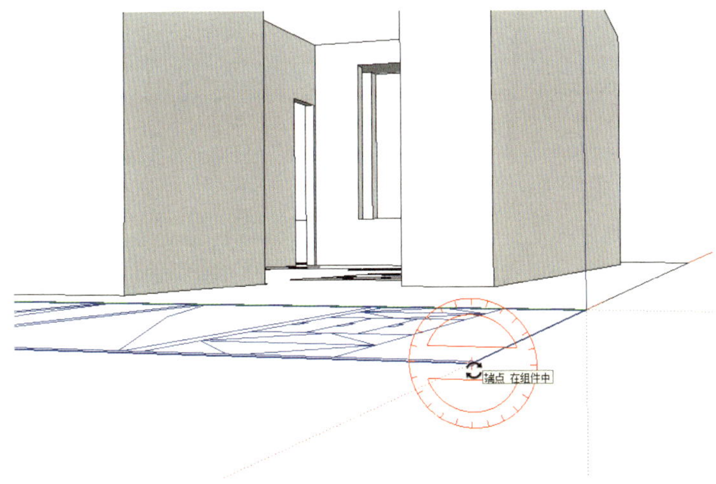

图 4-18 选择好餐边柜的旋转视角

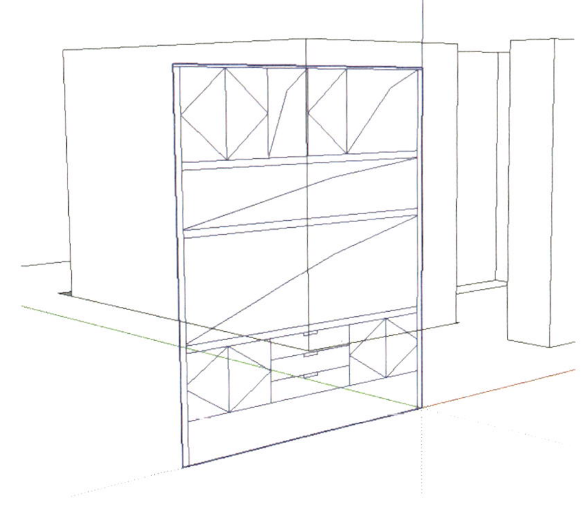

图 4-19 将餐边柜立面图旋转 90°

（3）捕捉到餐边柜立面图的左下角点，将其移动到正确的位置（图 4-20）。

（4）使用矩形工具，捕捉餐边柜的顶部板材，绘制一个矩形，然后双击，将其组建为群组（图 4-21）。双击进入群组内部，将矩形向后推出捕捉到墙壁边缘位置对齐，退出群组，如图 4-22 所示。

（5）使用矩形工具，捕捉餐边柜左侧立板，绘制矩形。双击矩形，将其创建为群组（图 4-23）。双击进入群组内部，将矩形向后推出捕捉到墙壁边缘位置对齐，退出群组，如图 4-24 所示。同时单击 M 键和 Ctrl 键，将左侧板复制到右侧对齐（图 4-25）。

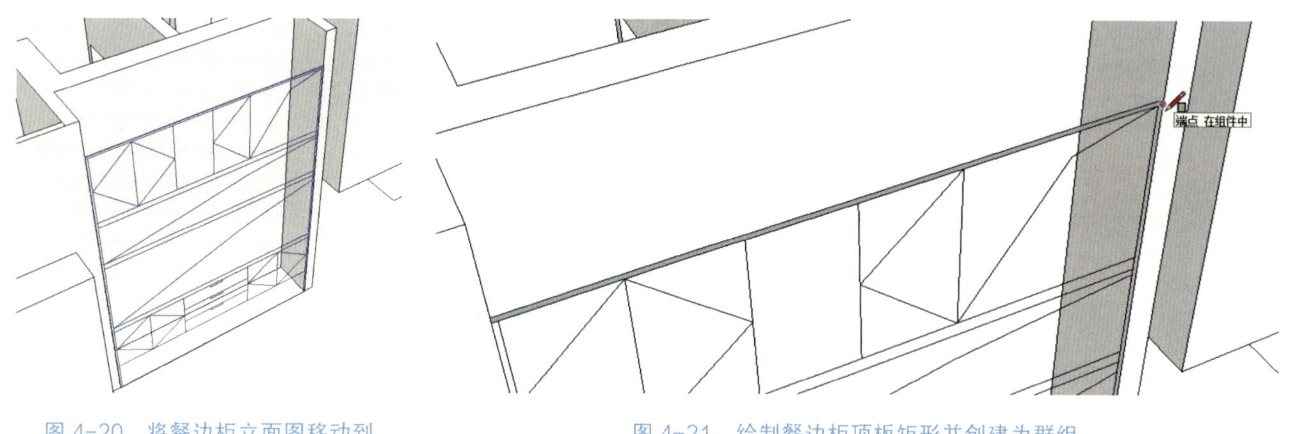

图 4-20　将餐边柜立面图移动到正确的位置

图 4-21　绘制餐边柜顶板矩形并创建为群组

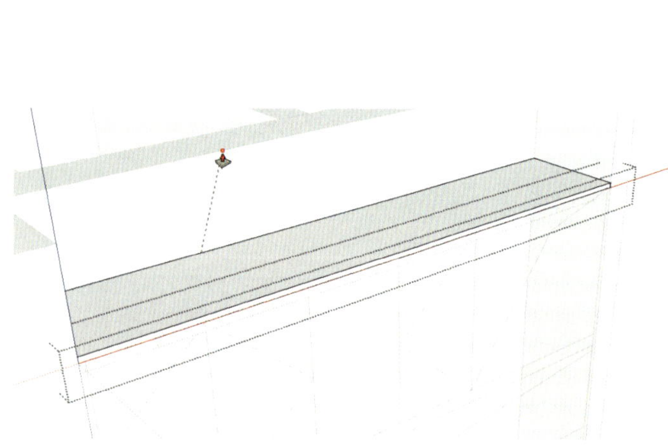

图 4-22　推拉出餐边柜顶板厚度

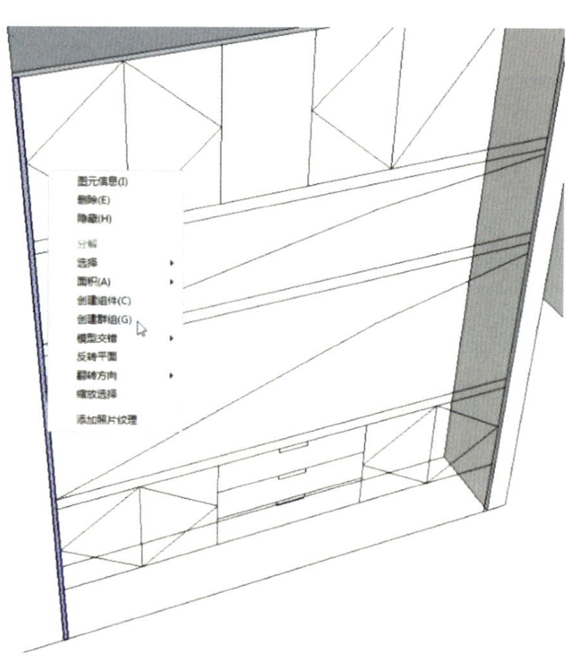

图 4-23　绘制餐边柜左侧立板矩形并创建为群组

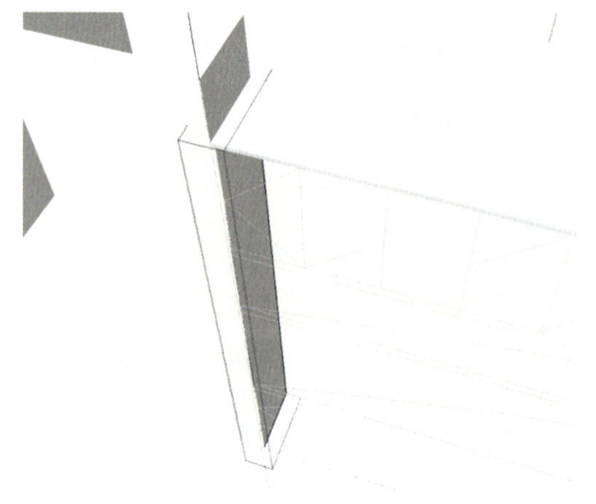

图 4-24　推拉出餐边柜侧板厚度

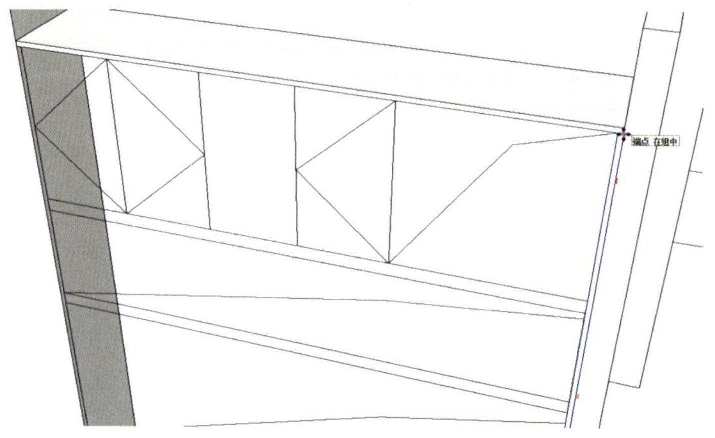

图 4-25　移动复制餐边柜左侧立板到右边

（6）将顶板向下复制一个，对齐下方平板的顶点，如图 4-26 所示。选择墙体群组，将其隐藏。双击进入平板内部，使用推拉工具，捕捉到立面图上的线条，调整平板的厚度和宽度，如图 4-27、图 4-28 所示。

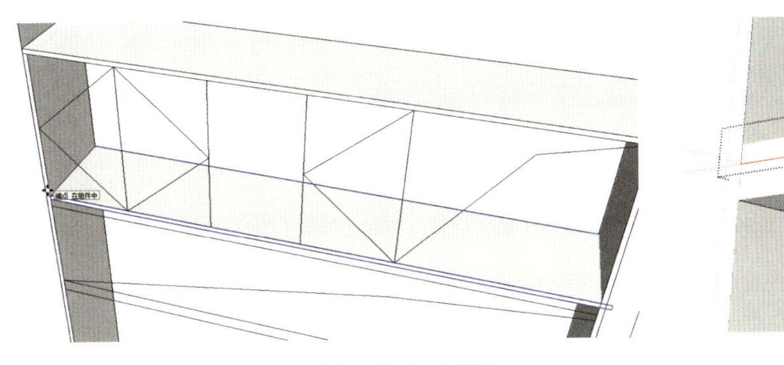

图 4-26 向下移动复制餐边柜顶板

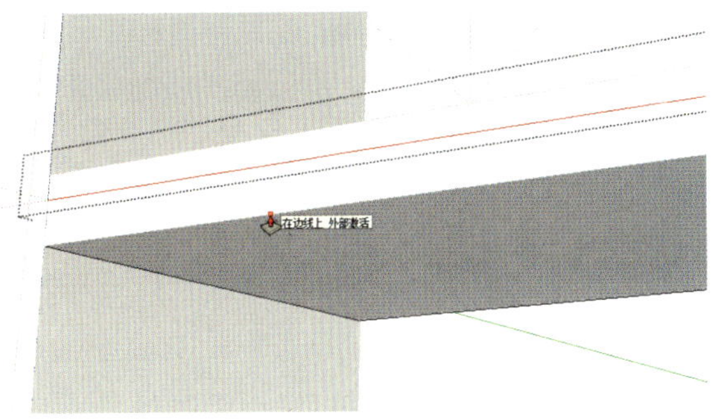

图 4-27 调整平板的厚度

将调整后的平板向下复制两个，对齐到立面图上的平板位置（图 4-29）。

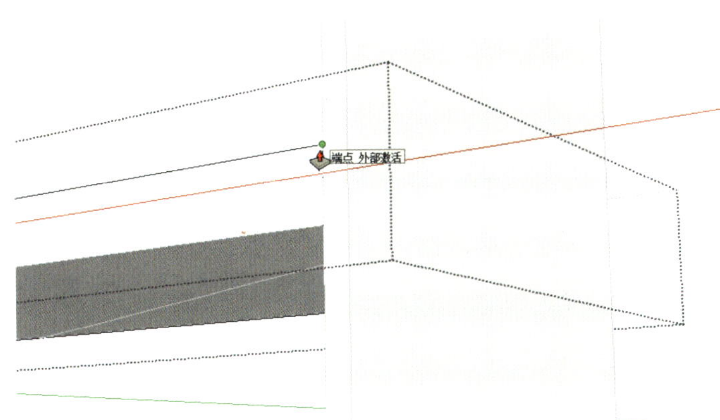

图 4-28 调整平板的宽度

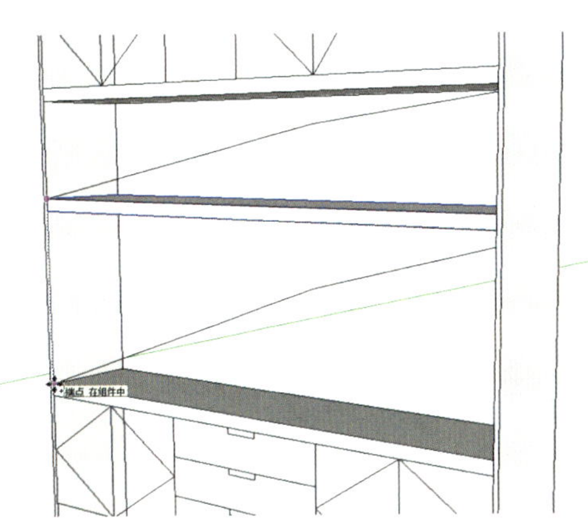

图 4-29 向下复制两块平板

（7）捕捉顶部柜体的平开门，使用矩形工具绘制矩形（图 4-30）。双击矩形，创建群组。双击进入群组内部，将其推拉到背板位置。

使用铅笔工具从中点绘制一条直线，将柜体分格，如图 4-31 所示。

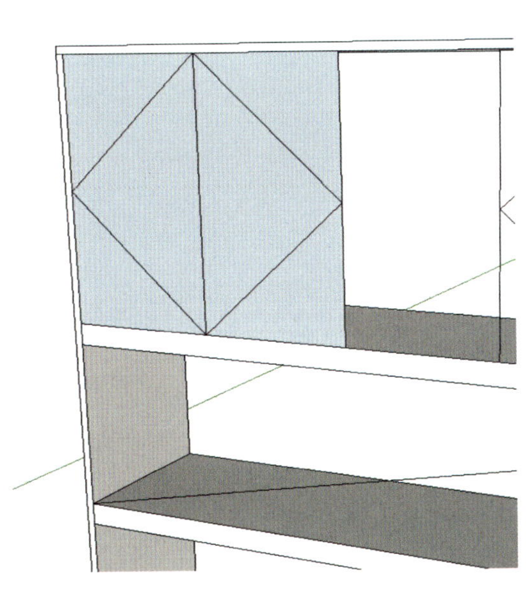

图 4-30 捕捉绘制平开门的矩形

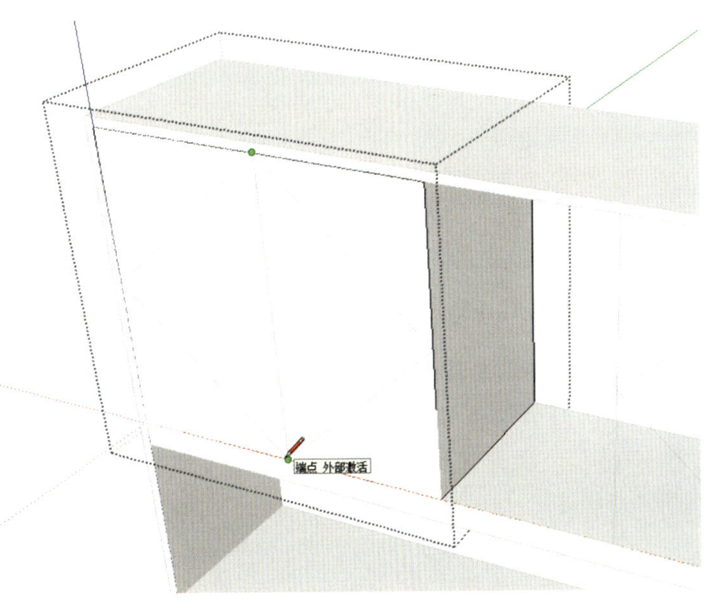

图 4-31 绘制平开门中线

（8）采用同样的办法，绘制其他三个平开门柜体，如图 4-32 所示。

（9）使用矩形工具，捕捉到抽屉的轮廓，绘制矩形（图 4-33）。双击矩形，创建群组。双击进入群组内部，将其推拉至柜体背板处。

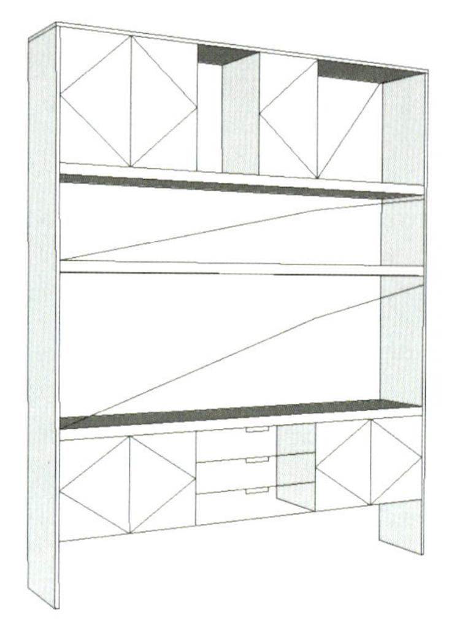
图 4-32　绘制其他平开门柜体

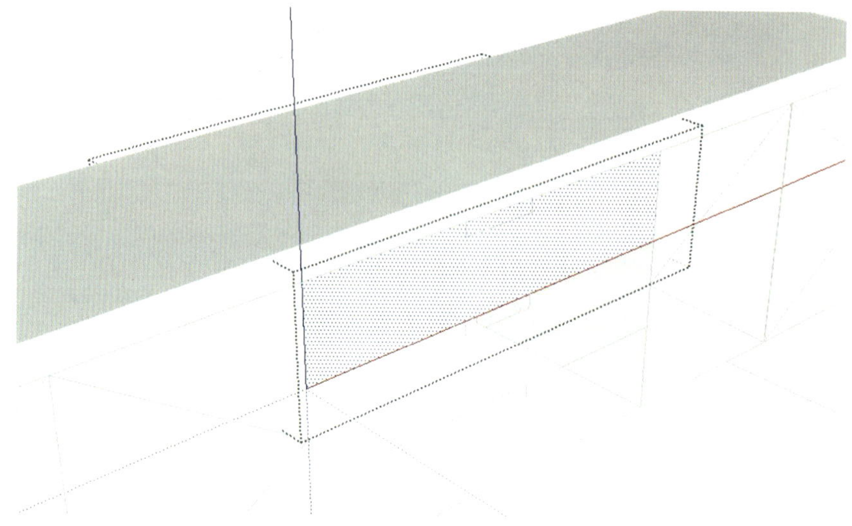
图 4-33　绘制抽屉立面

在抽屉面板上用矩形工具捕捉绘制拉手的矩形，将其向背板方向推出 20mm，如图 4-34 所示。

退出群组，用移动工具配合 Ctrl 键，将抽屉整体向下复制两个，如图 4-35 所示。

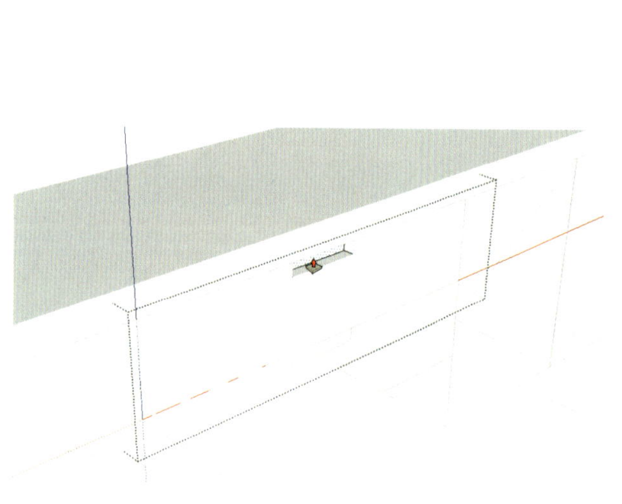
图 4-34　绘制抽屉拉手

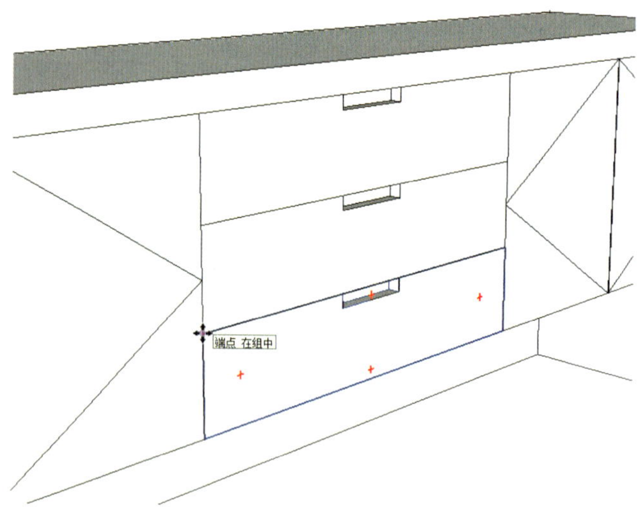

图 4-35　向下复制两个抽屉

（10）用矩形工具捕捉绘制柜体的背板（图 4-36），双击矩形，创建群组。

（11）打开材质编辑器，单击“创建材质”（图 4-37），在弹出的对话框中勾选“使用纹理图像”（图 4-38），选择本书配套素材第 4 章“贴图”→“枫木”，并将材质尺寸按图 4-39 调整，赋予背板（图 4-40）。

（12）双击进入背板群组内部，将其向正面推出 18mm，退出群组。框选整个柜体，创建群组，单击鼠标右键，选择“模型交错”（图 4-41），得到背板和隔板的相交线。删除参考的立面图，完成餐边柜建模。

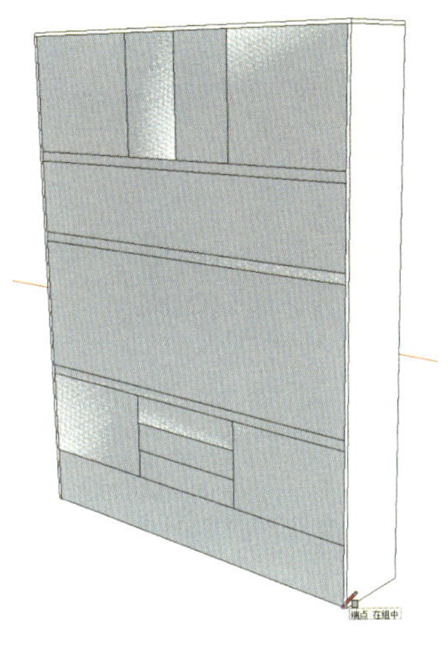

图 4-36　绘制柜体背板

图 4-37　创建背板材质

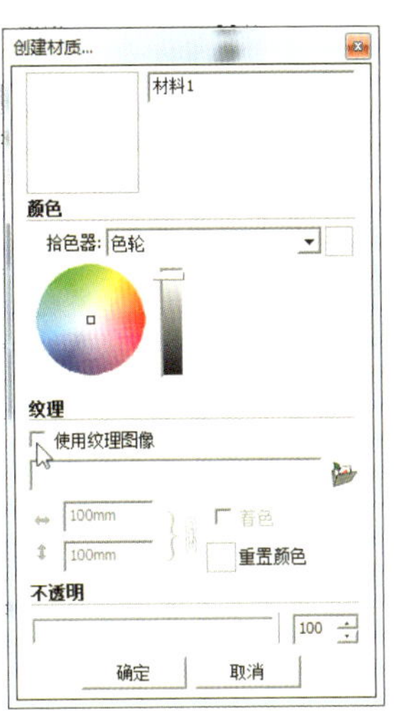

图 4-38　使用纹理图像贴图

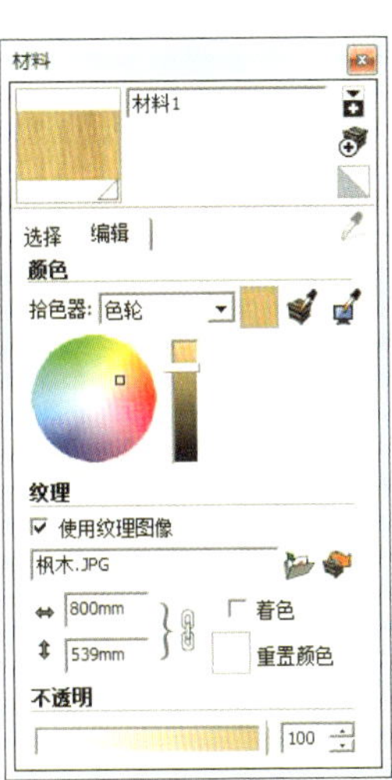

图 4-39　调整贴图参数

图 4-40　将材质赋予背板

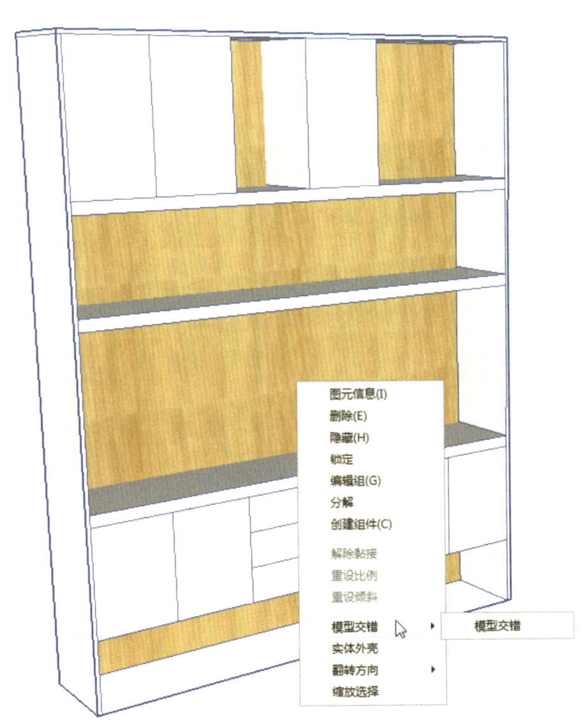

图 4-41　餐边柜群组设置

4.1.3　玄关鞋柜建模

（1）导入“玄关柜体立面”CAD 文件（图 4-42），单击鼠标右键，将其分解为两个独立的立面，重新框选，创建群组。

选择合适的观察角度，使用旋转工具，将其旋转 90°（图 4-43）。

将较矮的柜体立面移动到玄关凹陷处（图 4-44）。

（2）柜体制作方式与餐边柜相同。使用矩形工具捕捉立面的线框绘制矩形，双击矩形创建为群组（图 4-45）。然后进入群组内部将矩形推出到墙体表面。通过复制创建隔板和侧板，完成柜体的制作。

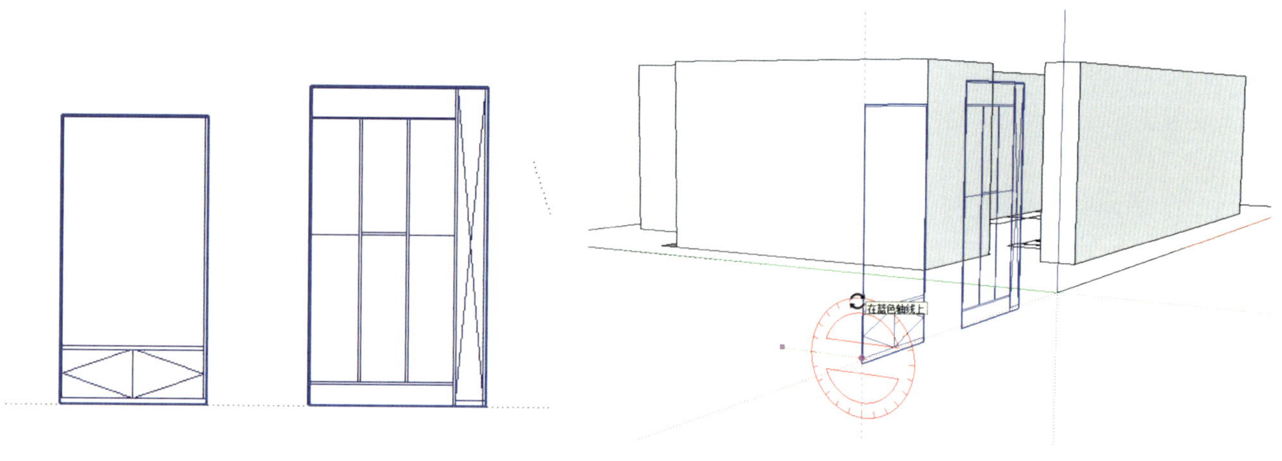

图 4-42　导入玄关柜体立面图

图 4-43　将立面图旋转 90°

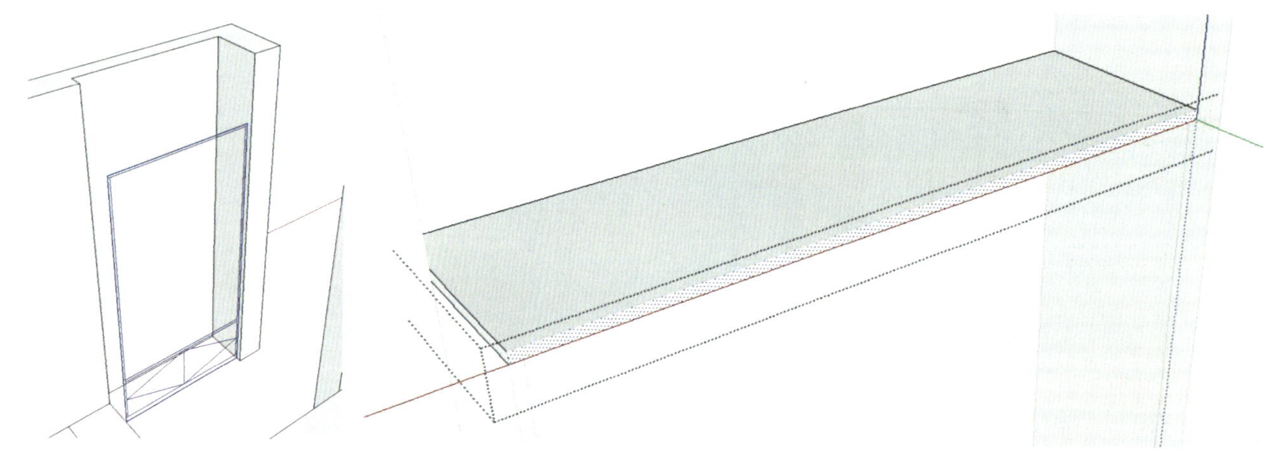

图 4-44　将矮柜立面放到正确位置

图 4-45　制作横向隔板

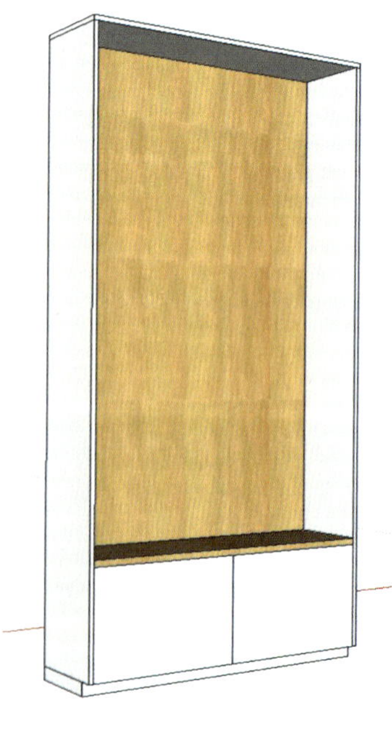

图 4-46　将柜体底部推出凹陷

（3）将背板和坐板填充前面使用的木纹材质，并将柜体底部向背面推出 50mm，形成凹陷，如图 4-46 所示。

（4）将鞋柜立面以俯视角度旋转 90°，并移动到玄关鞋柜处对齐，如图 4-47、图 4-48 所示。

（5）顶面板的建模方法与前面相同，完成后如图 4-49 所示。

接下来绘制背板。由于吊顶的原因，此柜体从玄关看和从客厅看的高度是不同的，而且没有背面，两面均是正面，因此分两块绘制柜体面向客厅方向的板材，并向玄关方向推出 18mm 的厚度，如图 4-50、图 4-51 所示。

将立面图线框向玄关方向移动，使用矩形工具捕捉绘制横向隔板，复制并调整隔板到正确的位置，如图 4-52~ 图 4-54 所示。

接下来绘制侧板和中间的纵向分隔板，如图 4-55 所示。

制作柜门，柜门厚度为 18mm，向客厅方向推出，如图 4-56 所示。

将中间两块纵向分隔板向客厅方向推出 18mm，形成镂空，如图 4-57 所示。

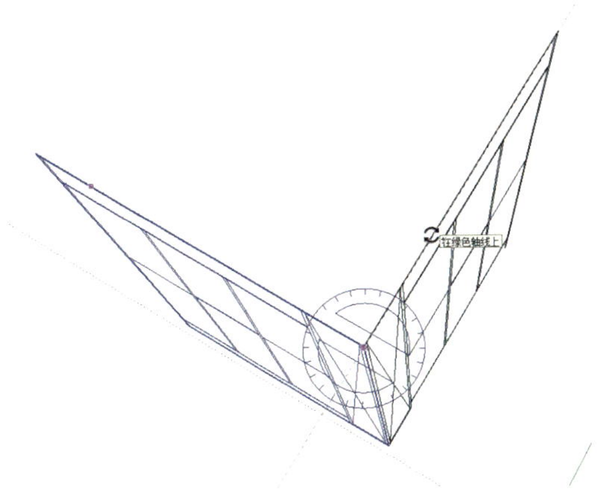
图 4-47 将鞋柜立面图旋转 90°

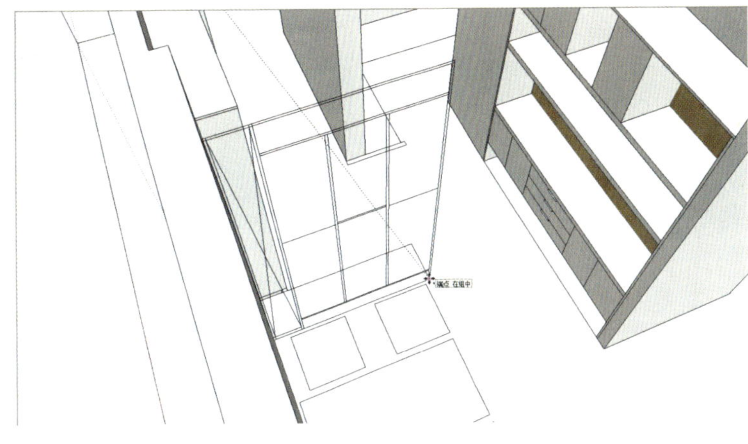
图 4-48 将鞋柜立面图移动到正确位置

为除柜门以外的所有板材赋予木纹材质，完成柜体玄关面的建模，如图 4-58 所示。

（6）双击进入客厅面背板，将底部轮廓线向上移动复制 50mm 的距离（图 4-59），并将上方矩形向内偏移复制 18mm（图 4-60）。

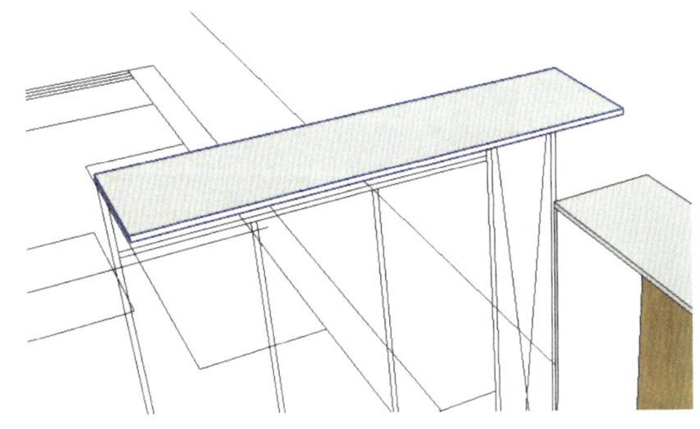
图 4-49 制作鞋柜顶板

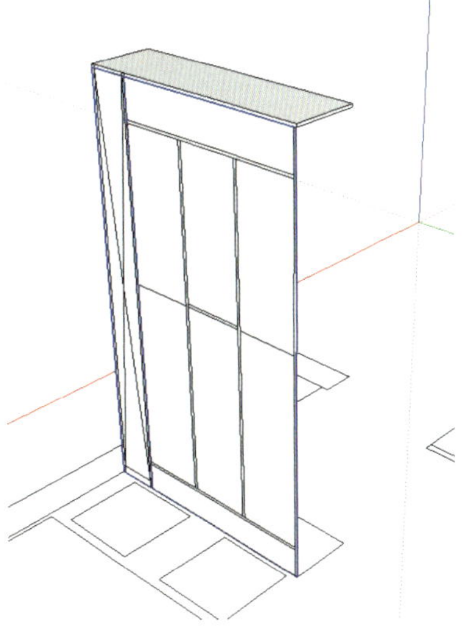
图 4-50 绘制柜体左边部分

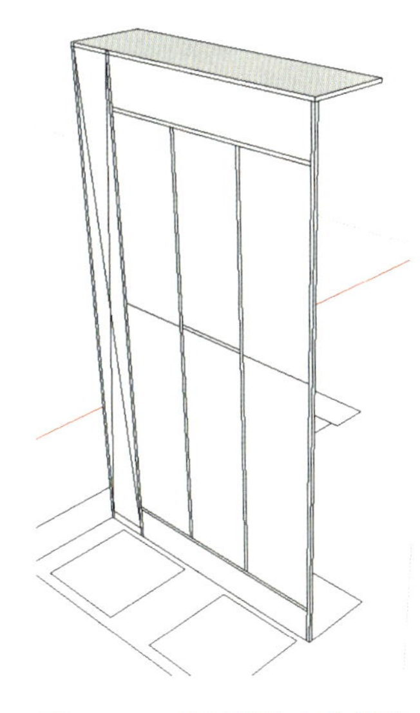
图 4-51 绘制柜体右边部分

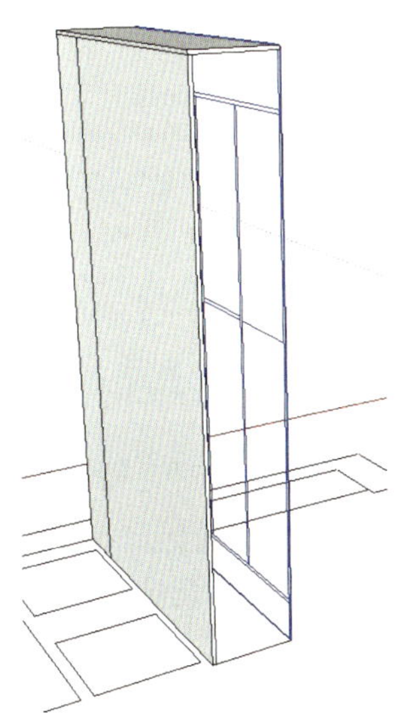
图 4-52 将鞋柜立面图向玄关方向移动

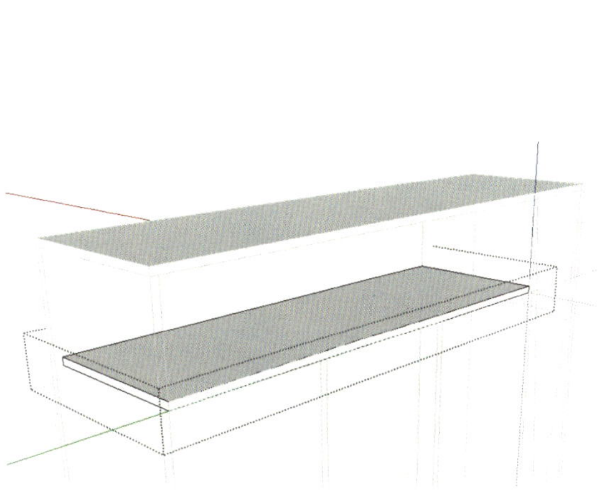
图 4-53 绘制横向隔板

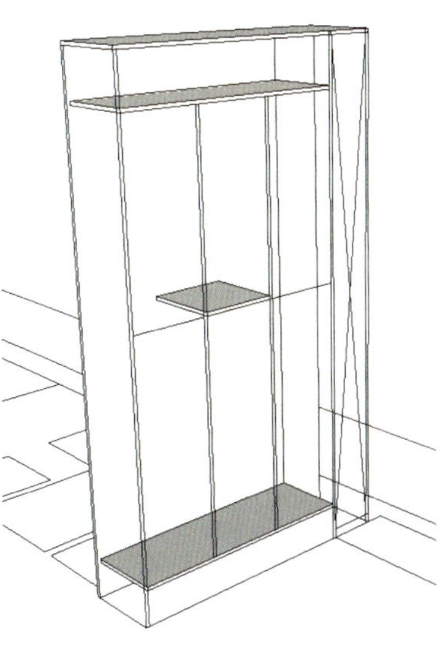
图 4-54 复制并调整隔板到正确位置

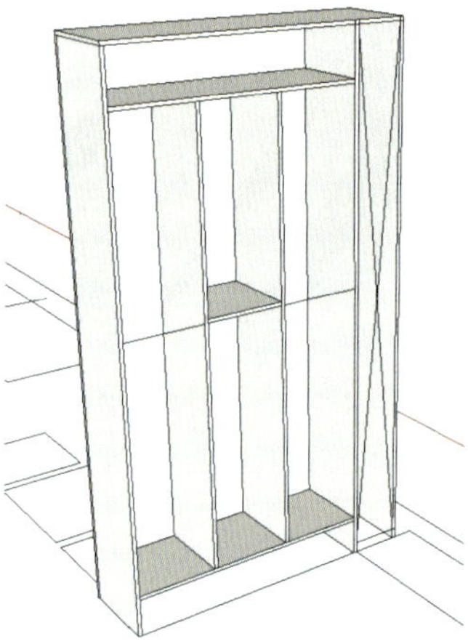

图 4-55　绘制纵向隔板

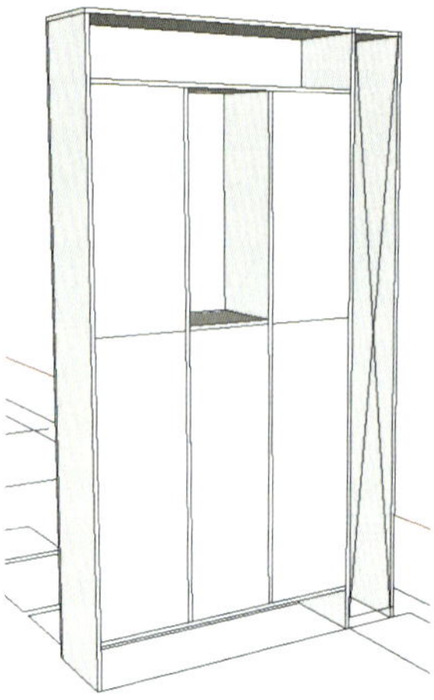

图 4-56　制作柜门

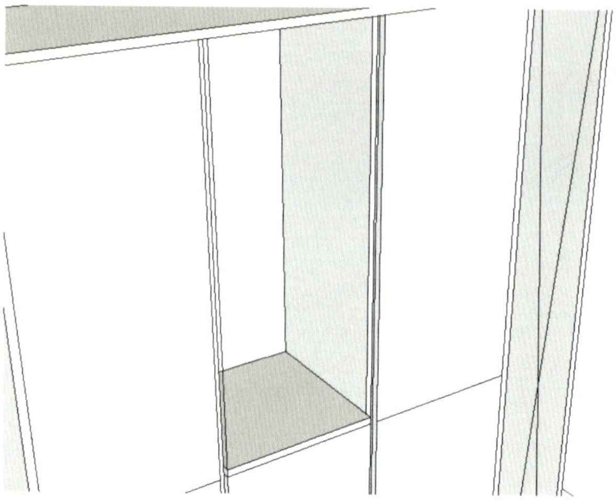

图 4-57　推出纵向分隔板，形成镂空

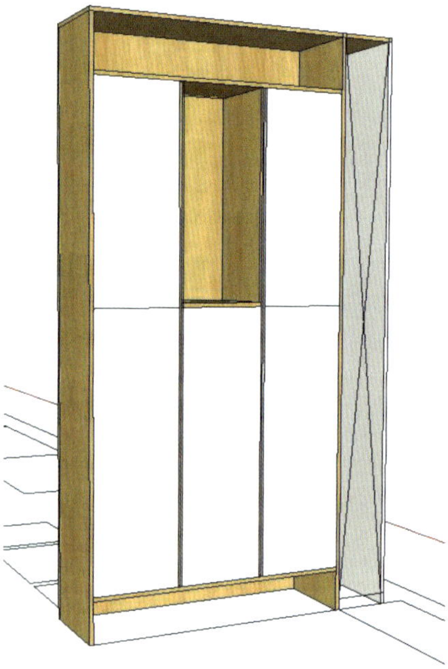

图 4-58　赋予木纹材质

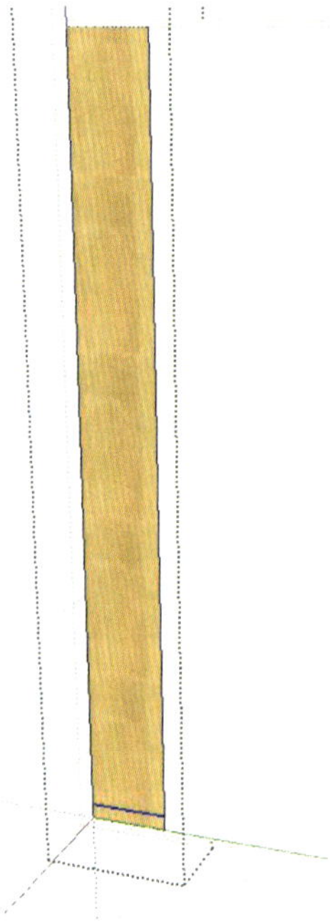

图 4-59　移动复制底边线

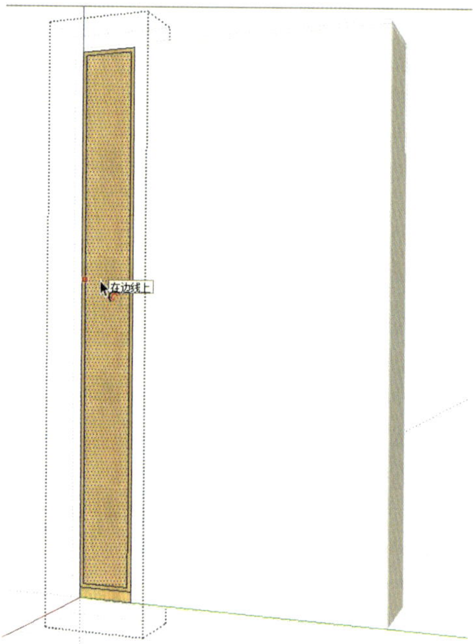

图 4-60　偏移复制上部矩形线框

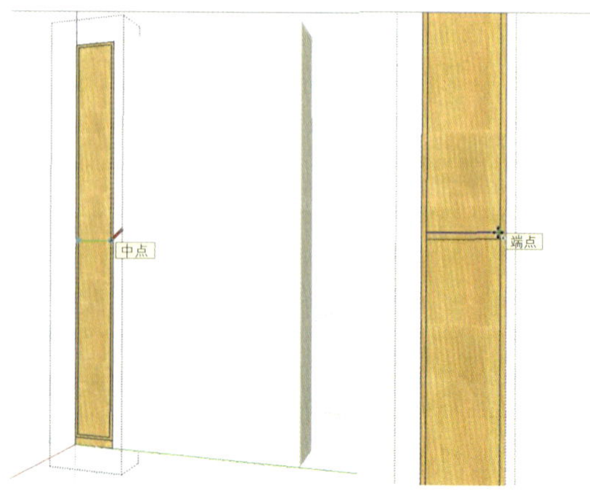

图 4-61　绘制横隔板线条

捕捉到中点，绘制一条横线，并向上移动复制 18mm，如图 4-61 所示。

同时选中两条横线，向上移动复制两次和向下移动复制一次，移动距离为 350mm，退出群组，如图 4-62 所示。

单击“窗口”→“模型信息”，在弹出的对话框中选择“组件”，勾选“淡化模型的其余部分”旁的“隐藏”（图 4-63），此时双击进入群组内部，其余模型会自动隐藏，便于观察，如图 4-64 所示。

将中间的三个矩形向玄关方向推出 18mm，使其镂空，如图 4-65 所示。

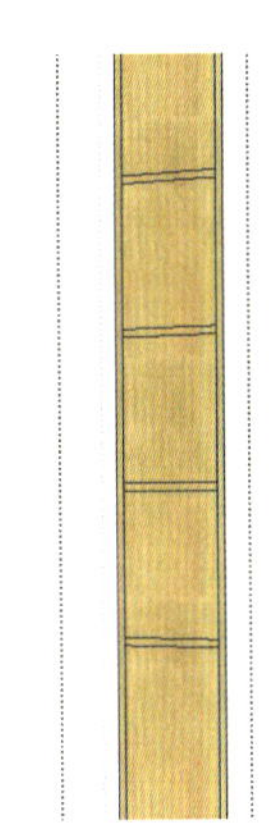

图 4-62　移动复制横线

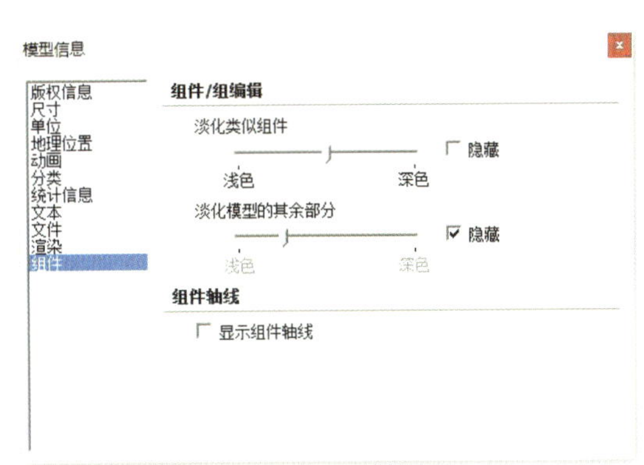

图 4-63　组件设置面板

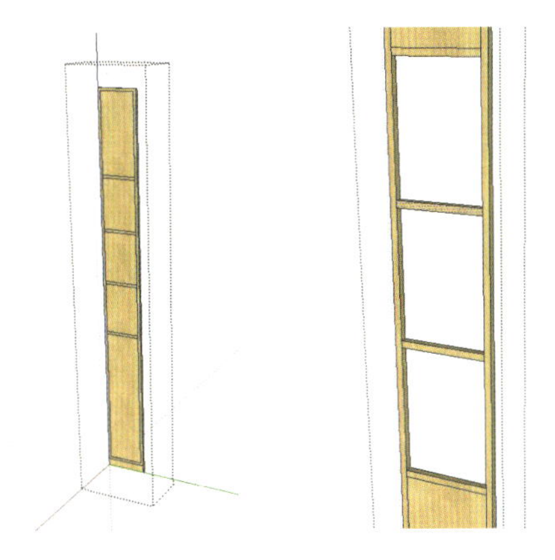

图 4-64　隐藏除组件外的其他部分　图 4-65　将柜体推空

为横隔板的背面添加两条竖线（图 4-66），使其能向后方推出 380mm（图 4-67、图 4-68）。

图 4-66　为横隔板绘制两端的竖线

图 4-67　将横隔板推出 380mm

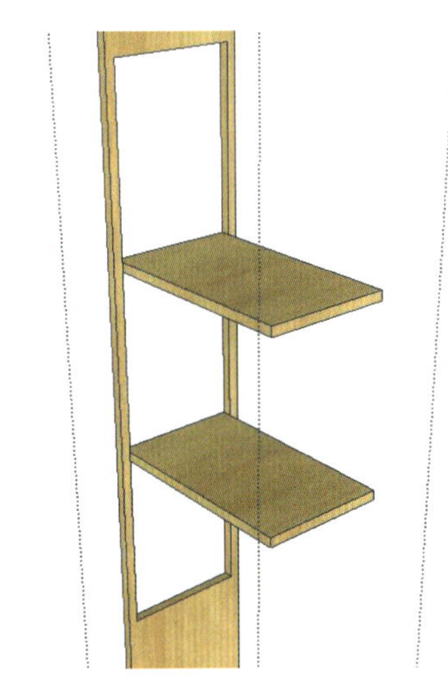

图 4-68　推出下方横隔板

补充绘制顶部隔板，推出 380mm（图 4-69、图 4-70）。同理，制作底部隔板（图 4-71）。

图 4-69　添加顶部线条

图 4-70　推拉出顶部隔板

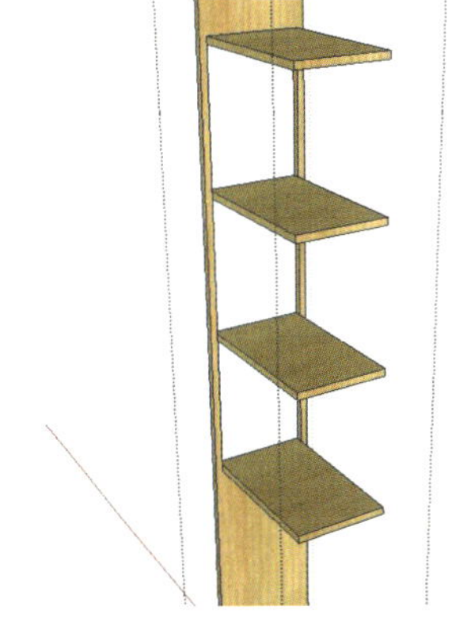

图 4-71　制作底部隔板

分割侧板，并向后方推出，与隔板齐平，两侧侧板均制作，如图 4-72、图 4-73 所示。

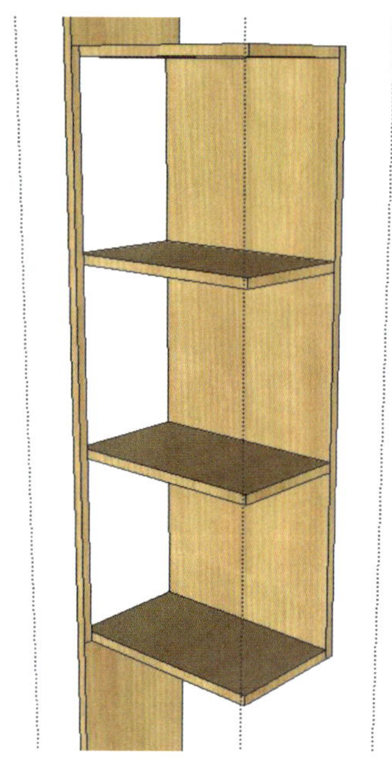

图 4-72　制作右侧侧板

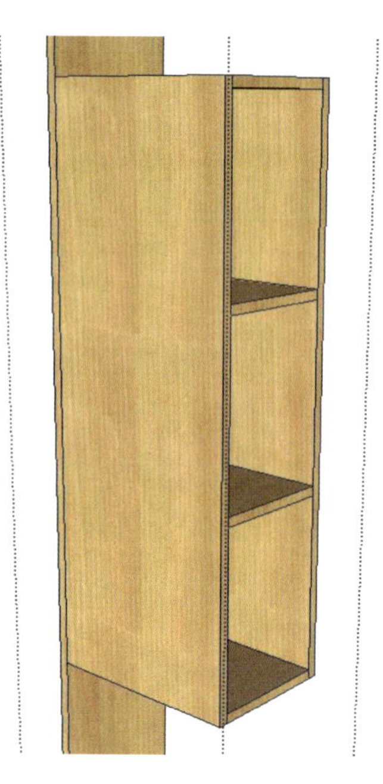

图 4-73　制作左侧侧板

捕捉绘制一个矩形，封闭柜体，如图 4-74 所示。

为镂空处柜体填充白色，退出群组，完成鞋柜建模，如图 4-75 所示。

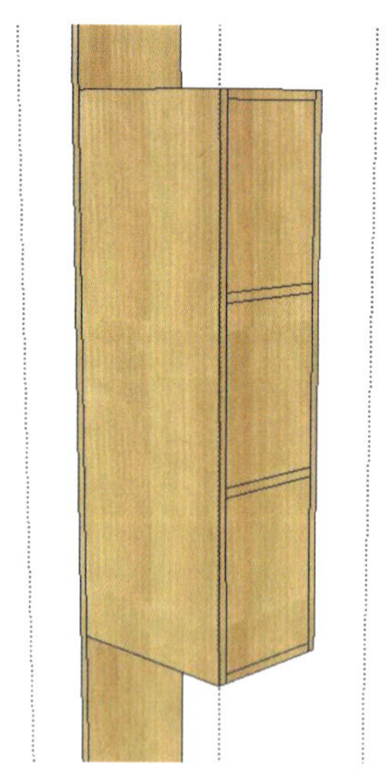

图 4-74　封闭柜体

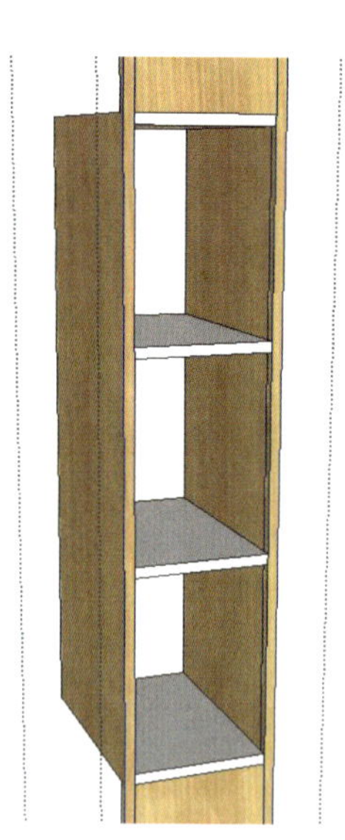

图 4-75　赋予材质，完成鞋柜建模

4.1.4　电视墙柜体建模

（1）导入“电视墙立面”CAD 文件，旋转移动到正确位置，如图 4-76 所示。

（2）用矩形绘制电视墙背景，创建为群组，并推拉出 10mm，赋予木纹材质，如图 4-77 所示。

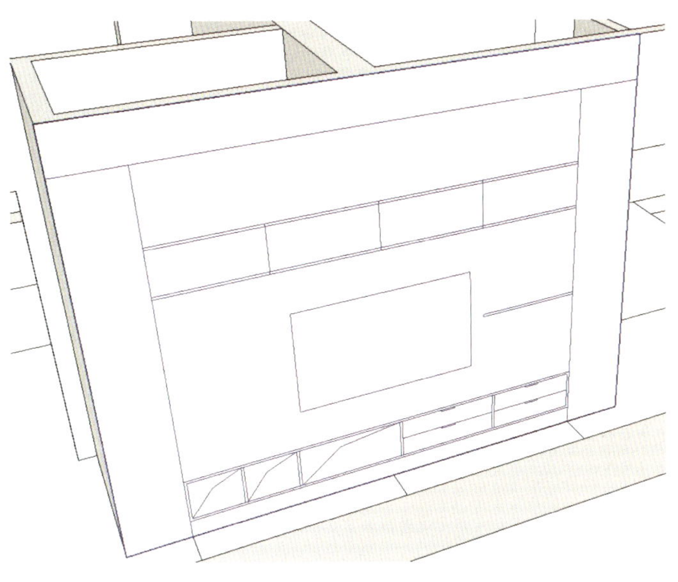

图 4-76 导入电视墙立面图

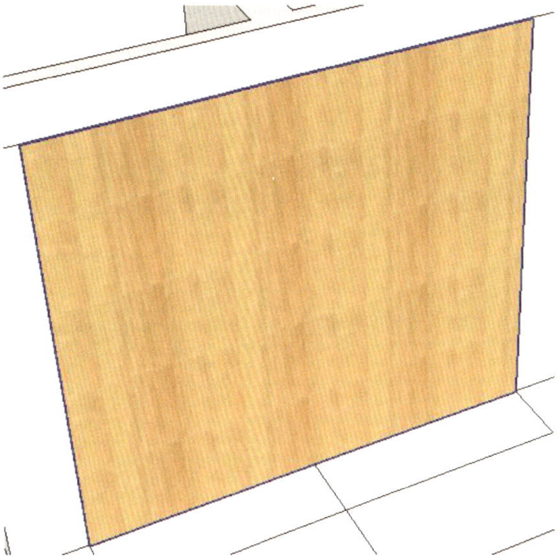

图 4-77 绘制电视墙木质背板

（3）将立面图向前移动到木纹背景墙表面。用矩形工具绘制电视墙顶部隔板，并推出 300mm，如图 4-78 所示。

复制隔板，并捕捉立面图创建两个长方体，如图 4-79 所示。

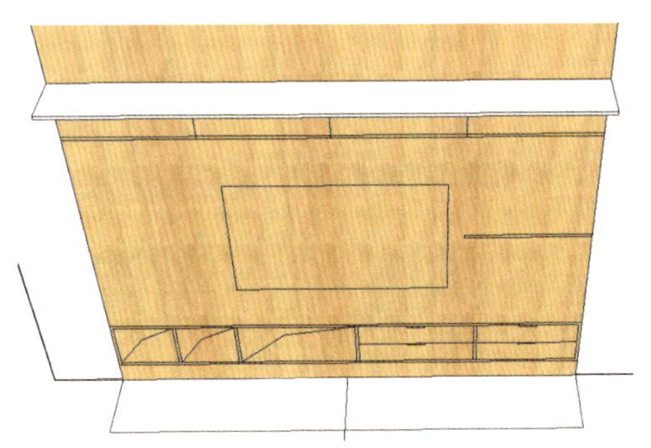

图 4-78 绘制电视墙顶部隔板

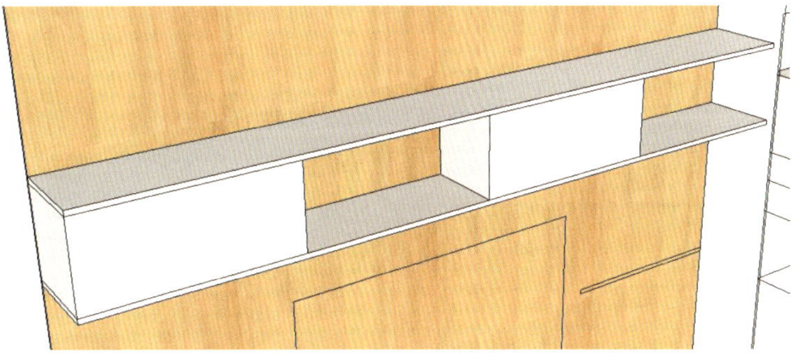

图 4-79 绘制顶部柜体

使用矩形工具绘制长方形，并用偏移工具向内复制，偏移距离为 18mm（图 4-80）。删除中间矩形平面，将边框推出到地面线条处（图 4-81）。

绘制纵向隔板，如图 4-82 所示。

绘制抽屉，如图 4-83 所示。

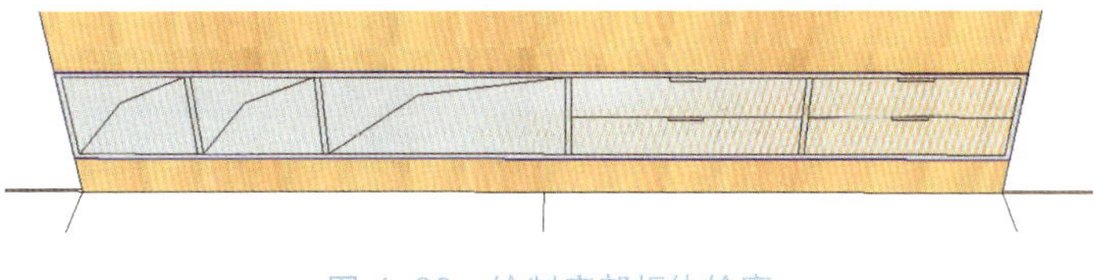

图 4-80 绘制底部柜体轮廓

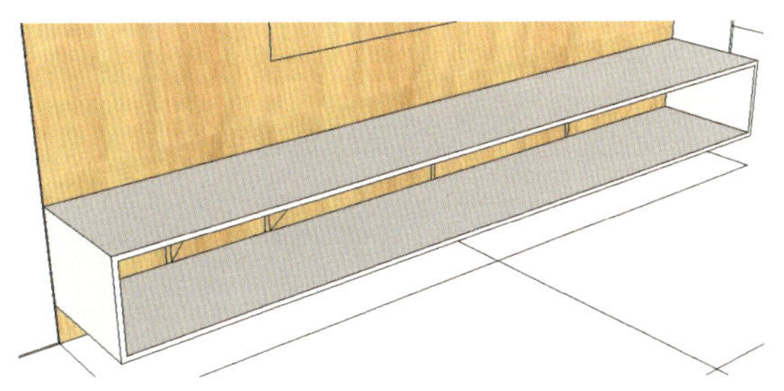

图 4-81 将轮廓推拉到平面图对应位置对齐

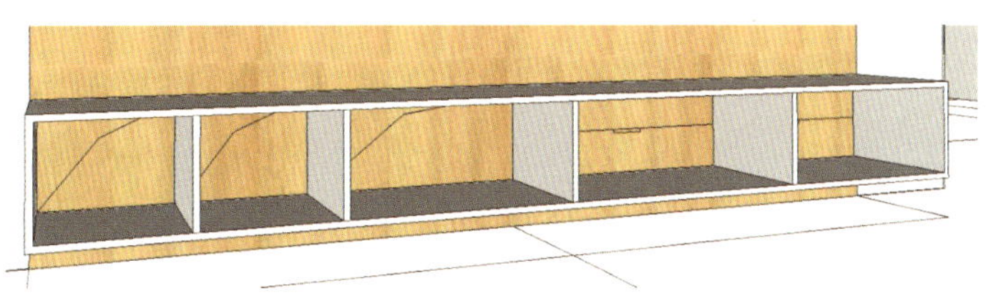

图 4-82 绘制纵向隔板

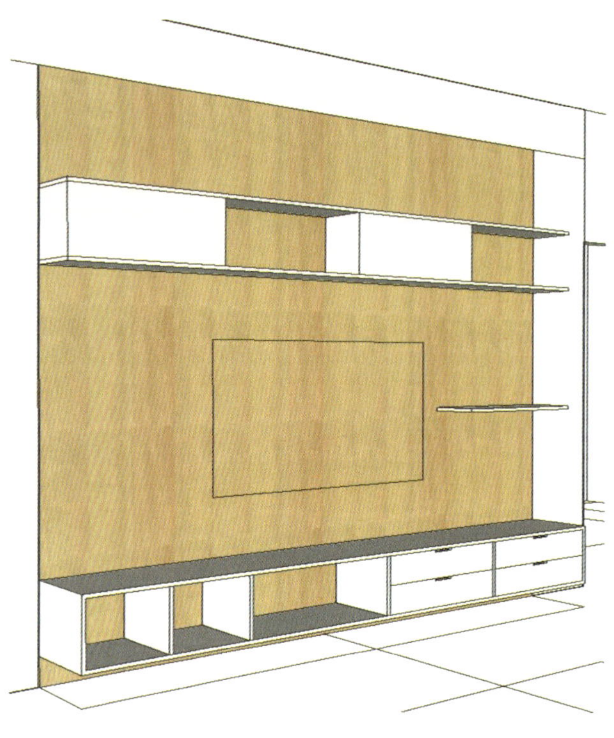

图 4-83　绘制抽屉

4.1.5　书房柜体建模

（1）导入“书房柜体立面”CAD 文件（图 4-84），将其旋转并移动到书房柜体位置（图 4-85）。

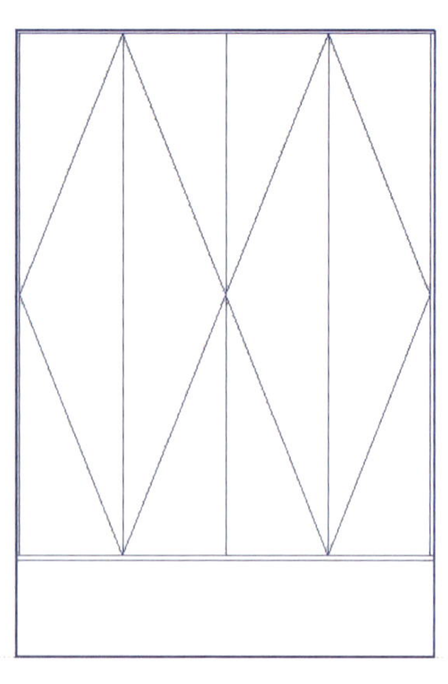

图 4-84　导入书房柜体立面图

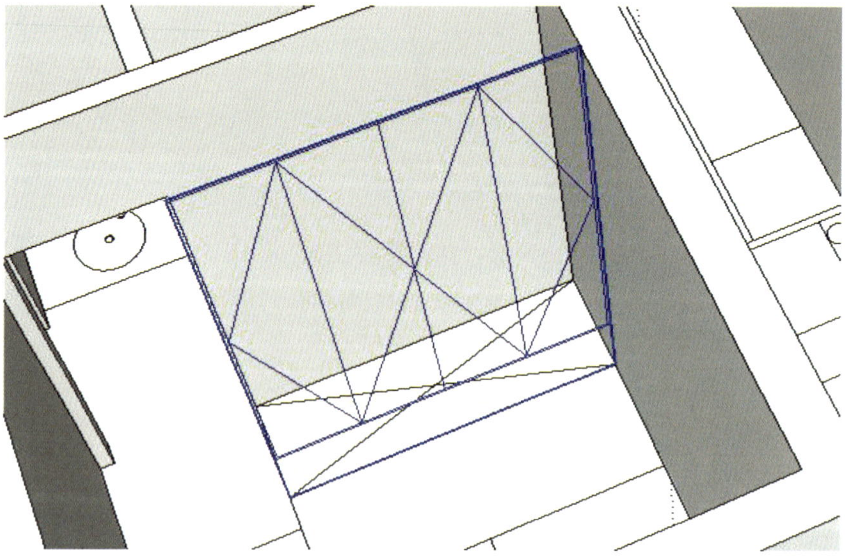

图 4-85　将立面图移动到正确位置

（2）柜体制作方式与前面基本相同，效果如图 4-86 所示。注意将建成后的柜体创建为群组。

（3）用矩形勾画书房榻榻米，并推出 450mm 的高度，如图 4-87 所示。

图 4-86 完成书房柜体

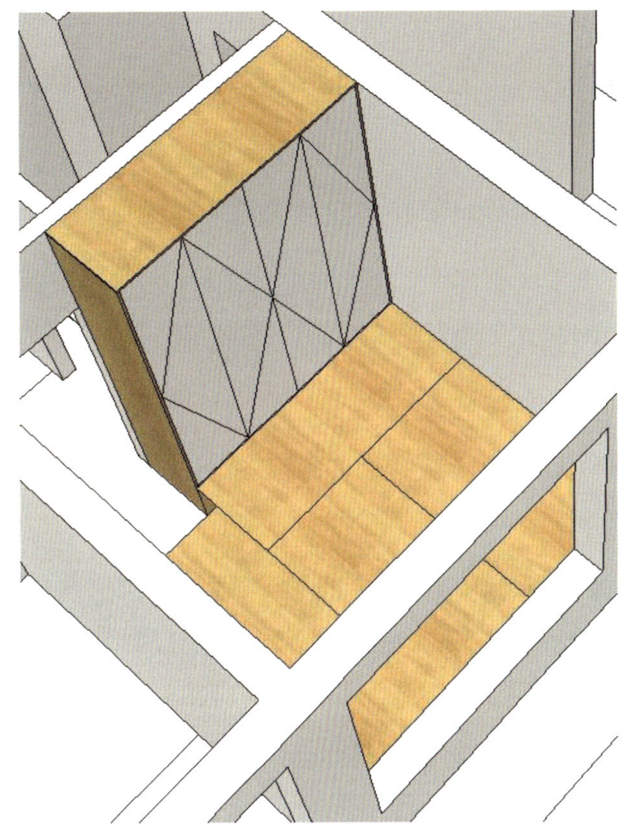

图 4-87 制作书房榻榻米

4.1.6 儿童房建模

（1）导入“儿童房书桌立面”CAD 文件（图 4-88），将其旋转并放到合适位置（图 4-89）。

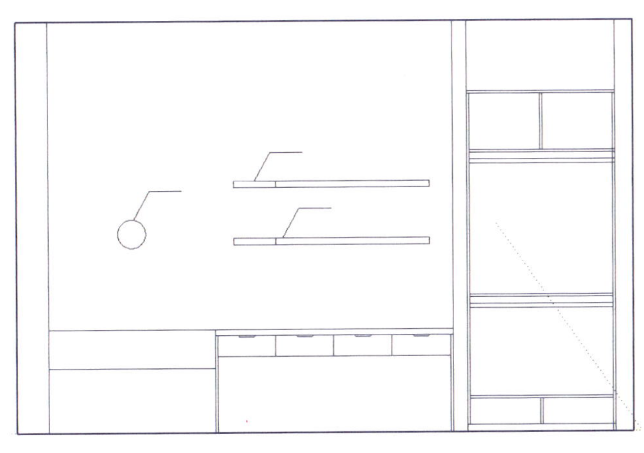

图 4-88 导入儿童房书桌立面图

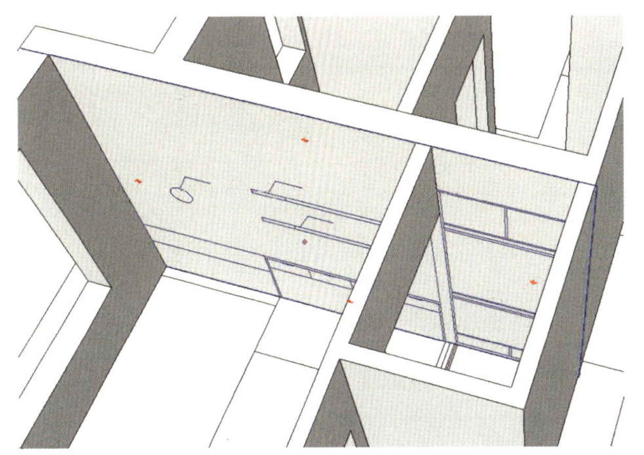

图 4-89 将立面图移动到正确位置

（2）用矩形工具勾画床体部分（图 4-90），并捕捉到立面的高度将其推出（图 4-91）。

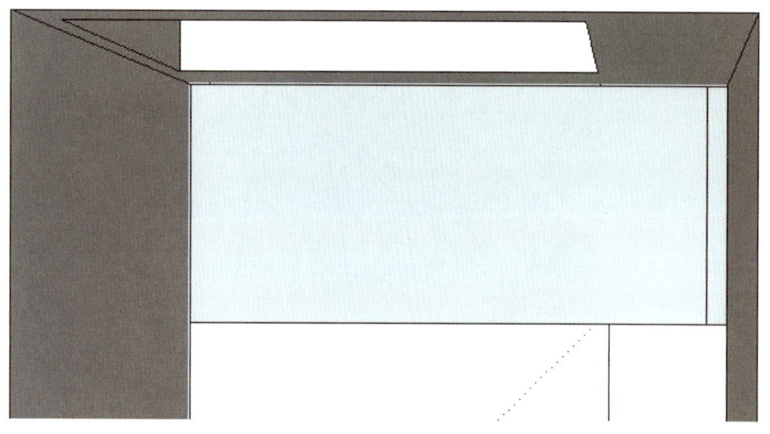

图 4-90　绘制床体平面

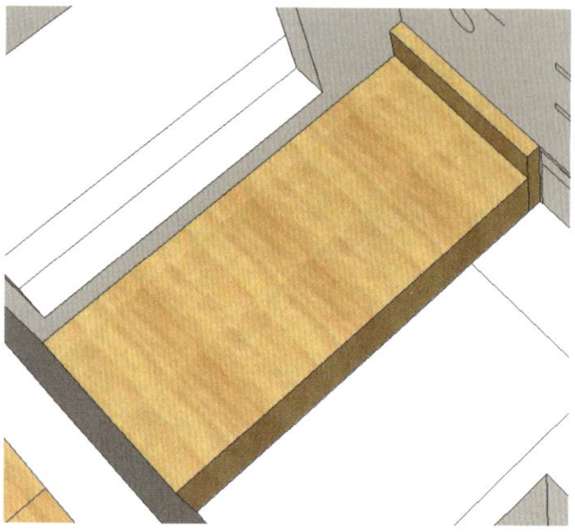

图 4-91　推拉到立面图上相应高度

（3）继续用矩形工具勾画书桌平面（图 4-92），双击群组矩形，向前推出隔板并捕捉到平面图上的线对齐（图 4-93）。

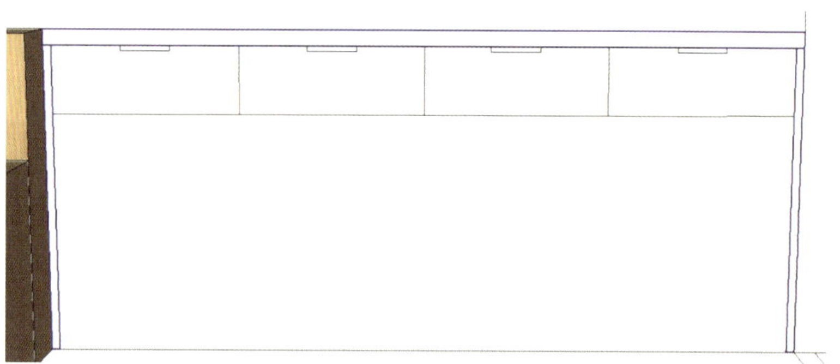

图 4-92　绘制书桌平面

图 4-93　推拉隔板到平面图相应位置

（4）将立面图向前移动到书桌前端（图 4-94），便于捕捉，绘制书桌的抽屉（图 4-95）。

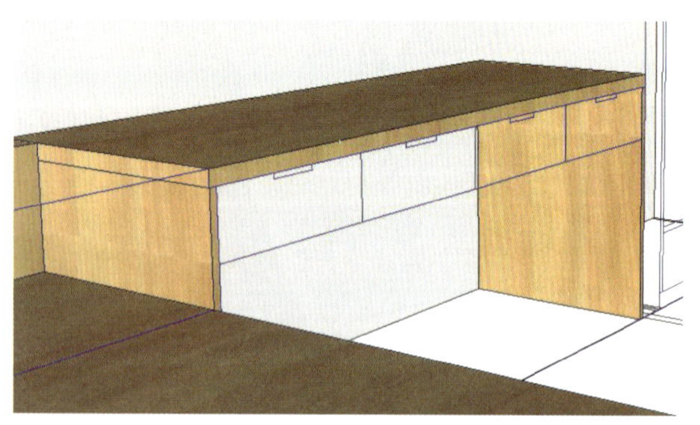

图 4-94　移动立面图到书桌前端

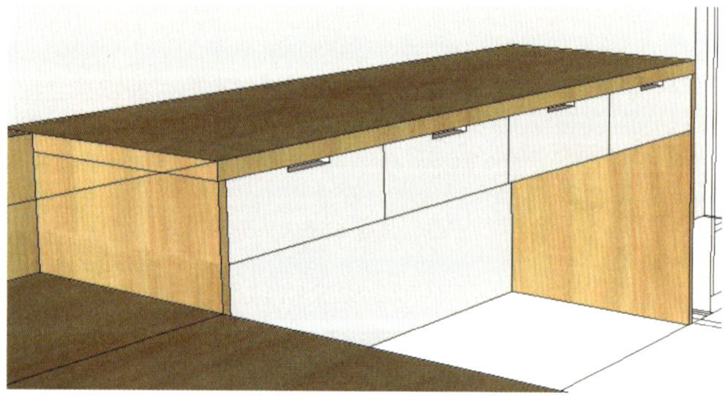

图 4-95　绘制书桌抽屉

（5）将立面图向后移动，用矩形捕捉到墙面的隔板（图 4-96），并向前推出 350mm（图 4-97）。

（6）用矩形工具捕捉储藏间衣柜的立面，结合平面图绘制衣柜柜体（图 4-98）。

（7）为衣柜绘制挂衣杆。使用卷尺工具，从隔板往下移动 100mm，绘制一条纵向辅助线（图 4-99）。再从侧板边缘向中央绘制一条横向辅助线（图 4-100），距离为 300mm。

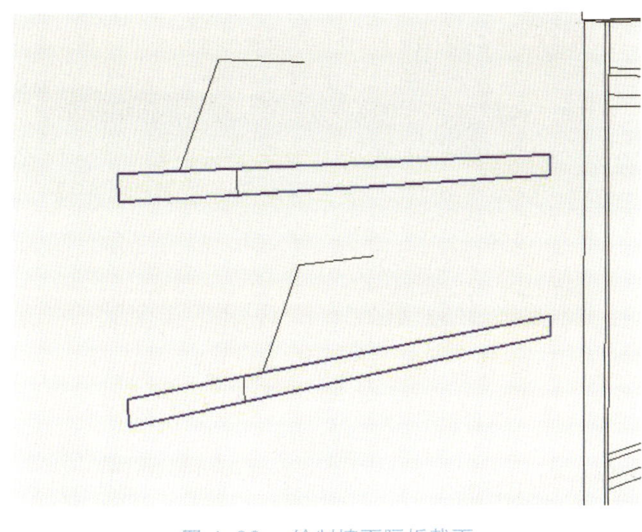
图 4-96 绘制墙面隔板截面

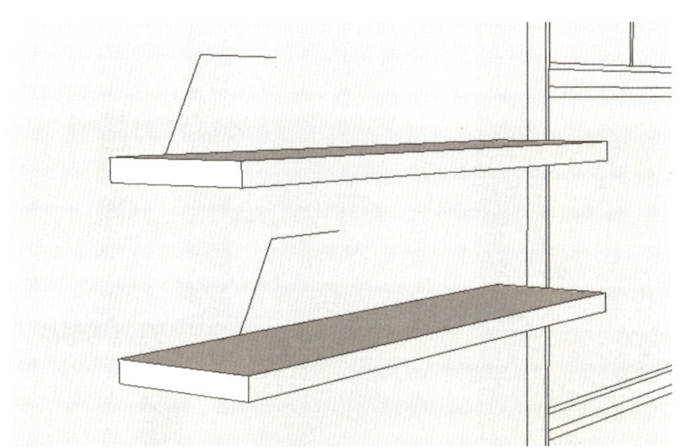
图 4-97 将隔板截面推拉出 350mm

图 4-98 绘制衣柜柜体

图 4-99 用卷尺工具添加纵向辅助线

图 4-100 用卷尺工具添加横向辅助线

以纵、横向辅助线相交点为圆心，绘制一个半径为 15mm 的圆（图 4-101），推拉到另一端侧板处（图 4-102）。

捕捉到隔板顶点，向下复制一根挂衣杆（图 4-103）。

完成后的衣柜如图 4-104 所示，注意将其创建为群组。

（8）导入“儿童房储物柜立面”CAD 文件，并旋转移动到正确位置，建模操作同前，最终效果如图 4-105 所示（为方便观察，柜体以剖面展示）。

图 4-101　绘制圆形截面

图 4-102　推拉圆截面到柜体另一侧板

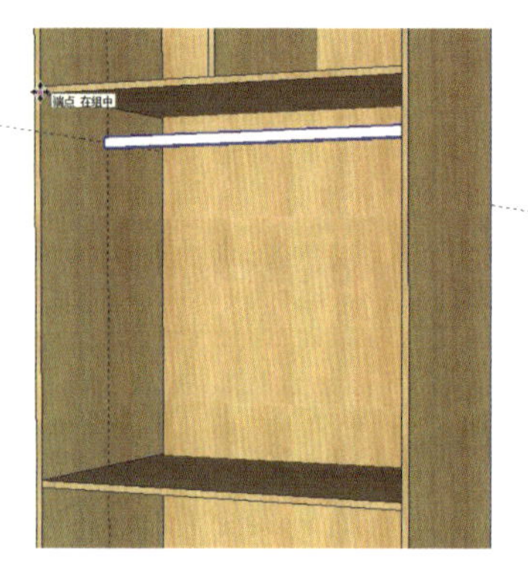

图 4-103　向下复制一根挂衣杆

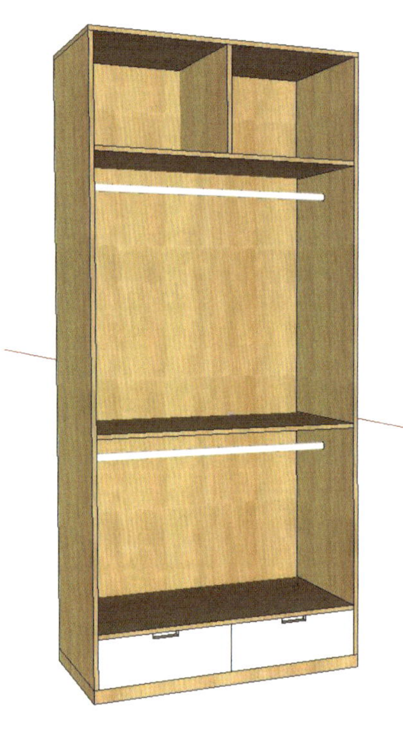

图 4-104　完成衣柜柜体

图 4-105　儿童房储物柜

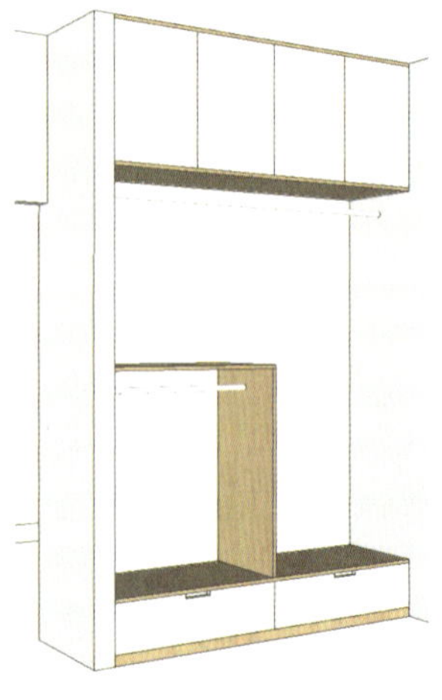

图 4-106　主卧衣柜柜体

4.1.7　主卧柜体建模

由于绘制方法都如出一辙，此处省略建模过程，请自行导入“主卧衣柜立面图”CAD 文件，完成主卧衣柜柜体制作，如图 4-106 所示。

4.1.8　厨房柜体建模

（1）导入“厨房立面图”CAD 文件（图 4-107），将其分解。

将 3 个立面分别重新建立群组，如图 4-108 所示。

将 3 个立面图分别旋转并放置到正确位置，如图 4-109 所示。

（2）使用矩形工具，绘制厨房烟道，建立群组，并推拉至墙体顶部，如图 4-110、图 4-111 所示。

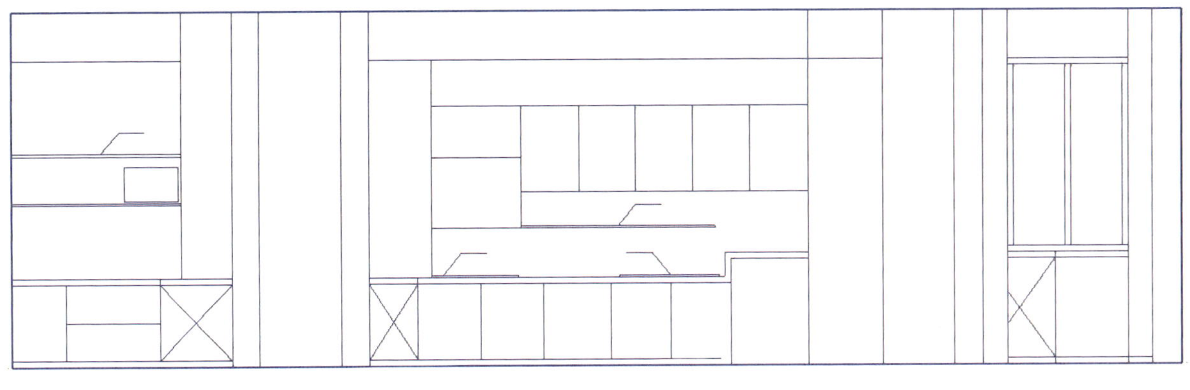

图 4-107 导入厨房立面图

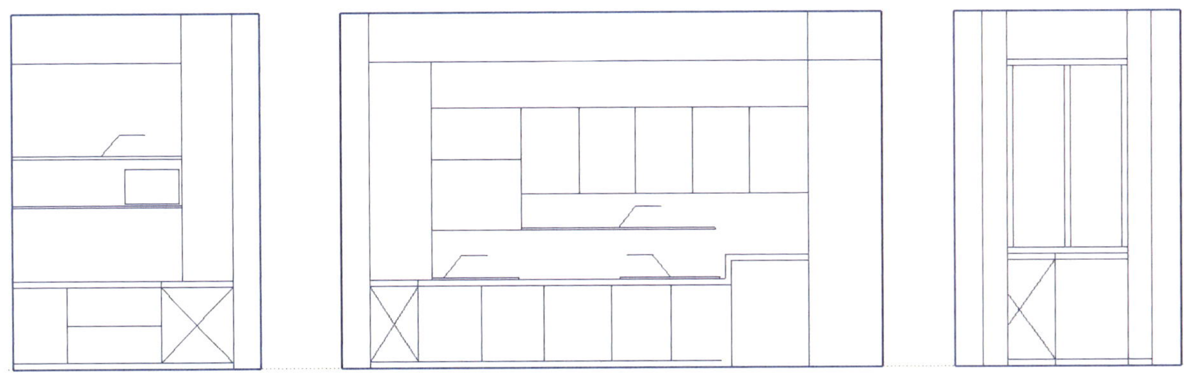

图 4-108 将厨房立面分别建立群组

图 4-109 将立面图旋转并移动到正确位置

图 4-110 绘制烟道平面并建立群组

（3）使用矩形工具，绘制橱柜台面横截面（图 4-112），双击矩形创建群组。进入群组内部，将台面推拉至平面图线条位置（图 4-113）。

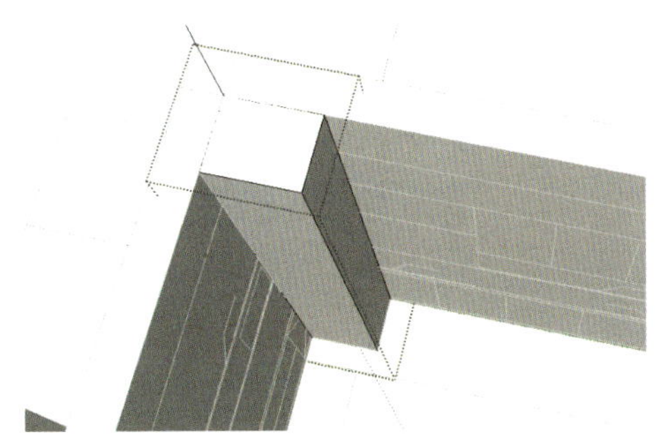

图 4-111 将烟道平面推至顶面高度

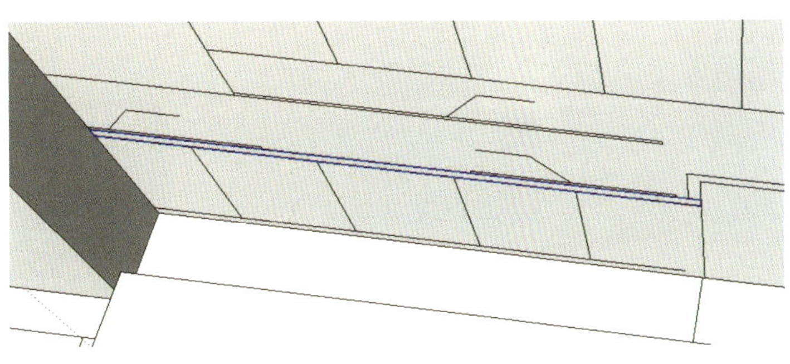

图 4-112 绘制橱柜台面横截面

采用同样办法，继续绘制其他位置台面（图 4-114）。

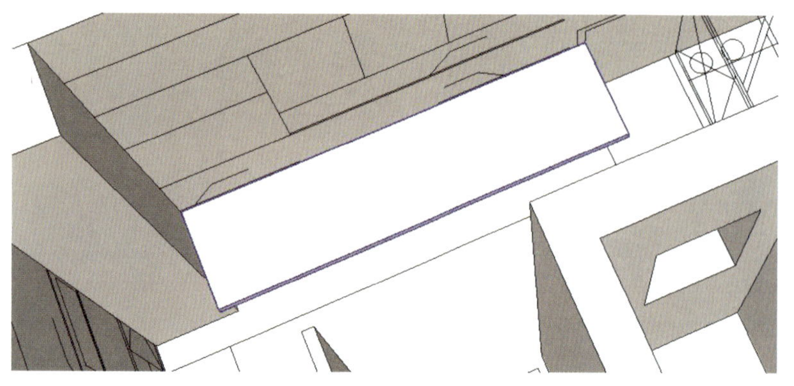
图 4-113　将橱柜台面推拉至平面图上相应位置

图 4-114　完成整个橱柜台面绘制

（4）隐藏橱柜台面（图 4-115），捕捉地面橱柜轮廓，绘制地柜（图 4-116）。

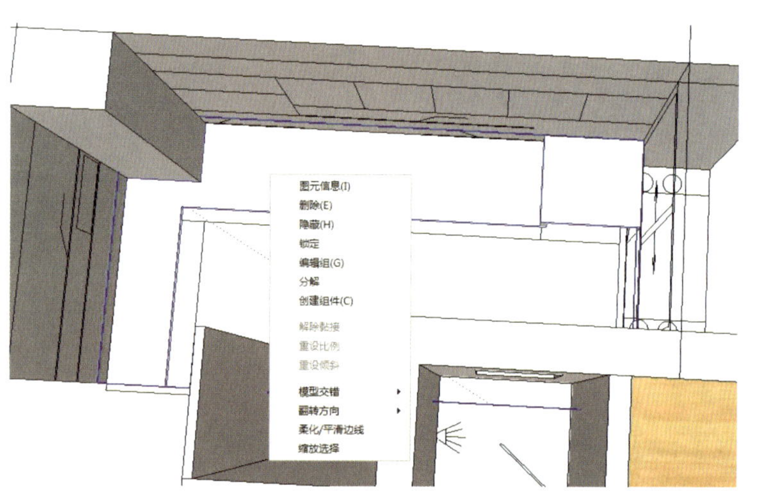

图 4-115　将橱柜台面隐藏

图 4-116　绘制地柜平面

将地柜平面向上推出到立面图上橱柜踢脚线位置（图 4-117）。
按 Ctrl 键，继续将平面向上推拉到立面图上台面下边缘位置（图 4-118）。

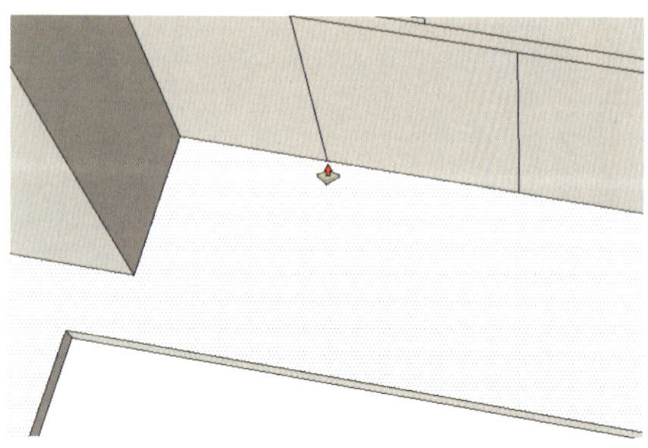
图 4-117　将地柜平面推拉至橱柜踢脚线位置

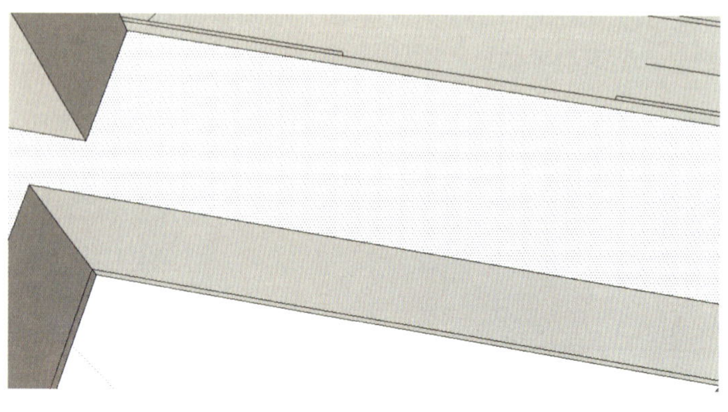
图 4-118　将平面继续推拉至台面下边缘

（5）取消隐藏，将橱柜台面显示出来。将橱柜柜门立面分别向后推进 50mm，再将踢脚线部位继续向后推进 50mm，如图 4-119 所示。

为柜体填充木纹材质（图 4-120）。

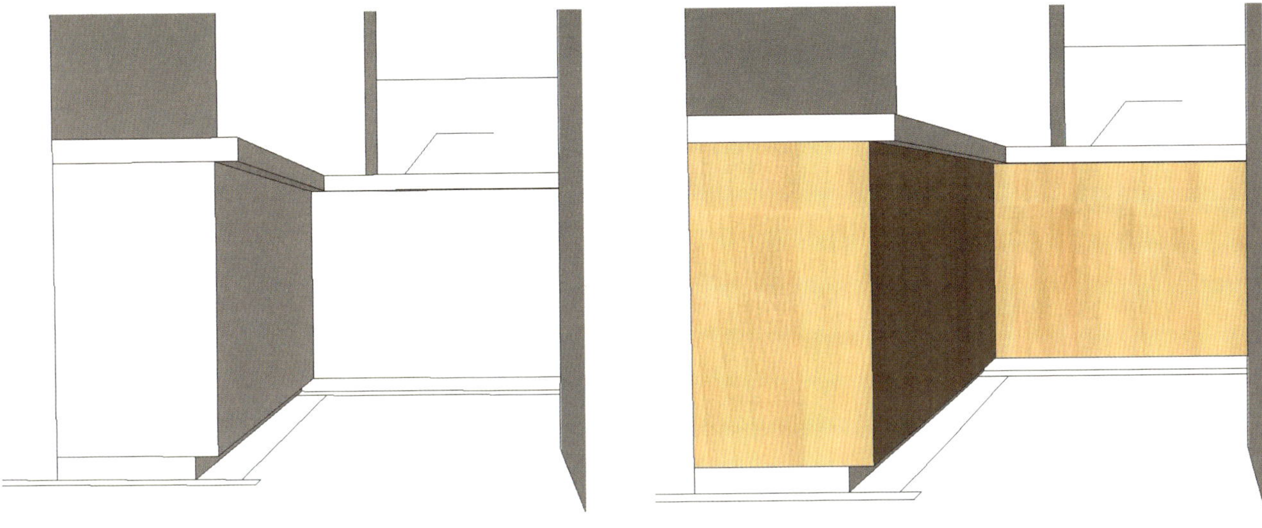

图 4-119 将柜体和踢脚线向后推进

图 4-120 为柜体填充木纹材质

（6）将橱柜立面图移动到柜门立面，在柜门立面捕捉绘制分隔线（图 4-121）。

（7）双击进入台面内部，按住 Ctrl 键选中台面和墙体的相交线（图 4-122），使用偏移工具，将线条偏移复制 10mm（图 4-123）。

将偏移复制形成的挡水板平面向上推出 100mm（图 4-124）。

图 4-121 为柜体绘制分隔线

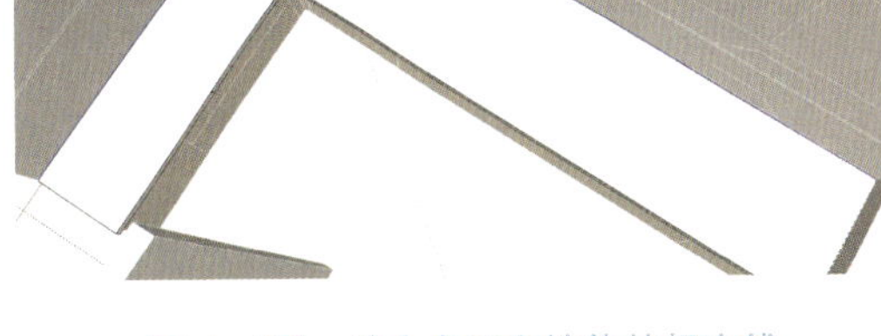

图 4-122 选中台面和墙体的相交线

图 4-123 偏移复制相交线

图 4-124 将挡水板向上推出

（8）绘制吊柜。使用矩形工具，绘制吊柜立面并推出 350mm（图 4-125、图 4-126）。将吊柜顶面和底面填充木纹材质，只留下柜门保持白色。

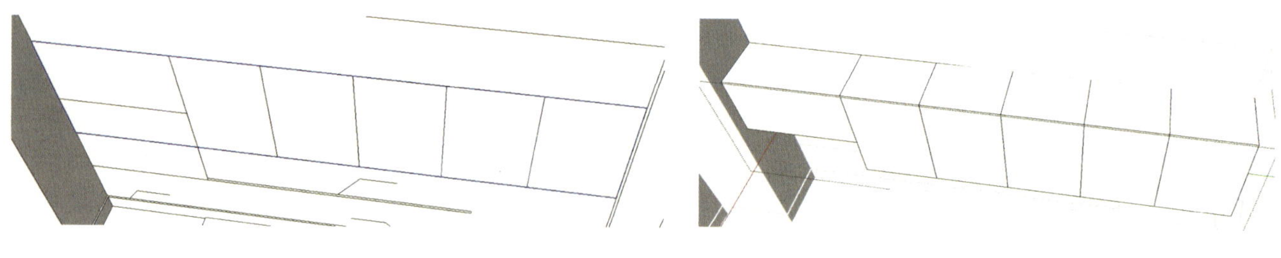

图 4-125　绘制吊柜立面

图 4-126　将吊柜推出

（9）继续使用矩形工具，绘制墙面隔板，隔板高度分别为 350mm 和 150mm，如图 4-127 所示。

（10）封闭厨房外部管道。用矩形工具捕捉绘制矩形，将管道包裹在内，并推拉到墙面顶部（图 4-128、图 4-129）。

使用矩形工具绘制窗台台面，并推拉到地面线条处对齐（图 4-130）。

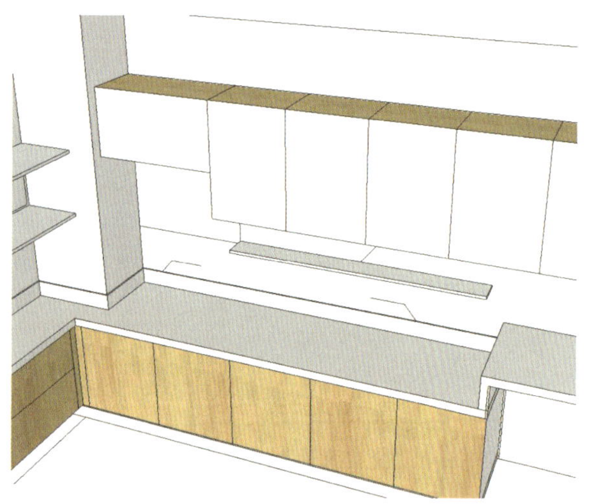

图 4-127　制作墙面隔板

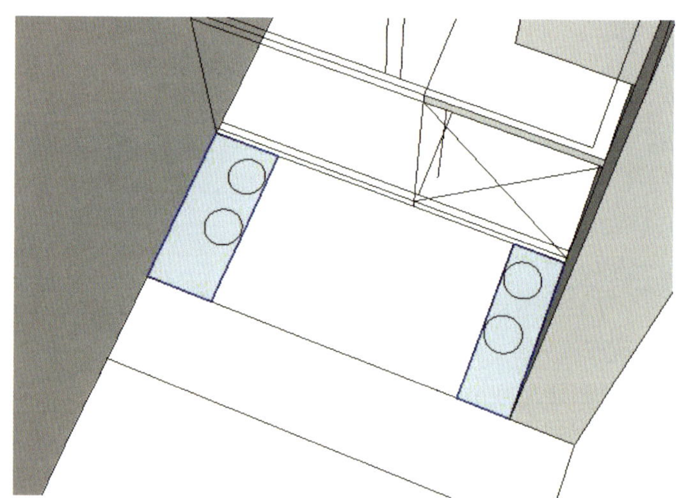

图 4-128　绘制管道封闭平面

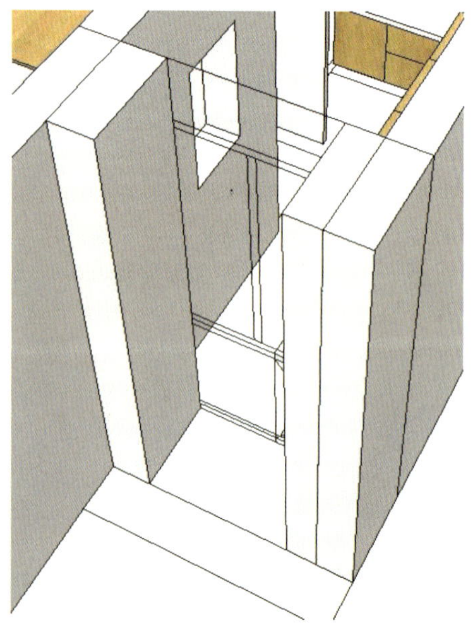

图 4-129　将封闭平面推拉至墙面顶部

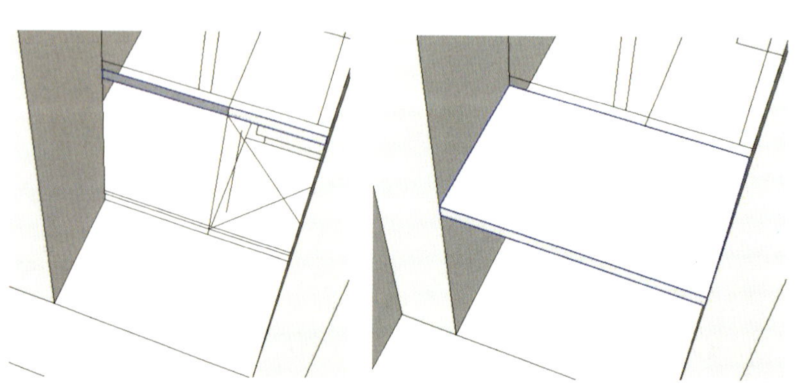

图 4-130　绘制窗台台面

捕捉绘制窗台外矩形，并推拉至窗台平面（图 4–131）。

（11）绘制厨房窗框。窗框截面为 50mm×50mm 的正方形，使用矩形工具并推拉复制便轻松完成窗框的建模（图 4–132、图 4–133）。

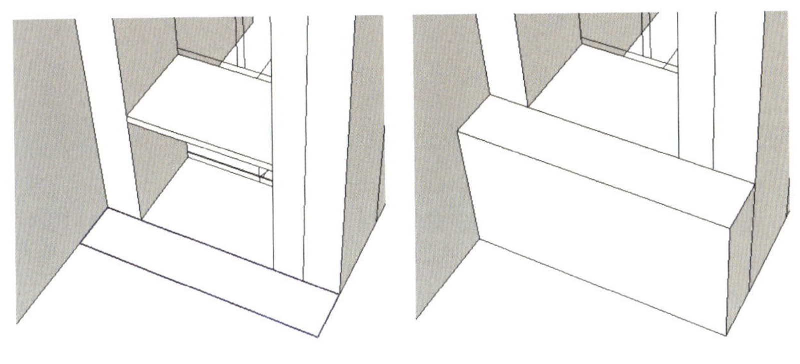

图 4–131 制作窗台外墙

图 4–132 绘制窗框截面

注意将完成后的窗框建立群组，并赋予深灰色材质，如图 4–134 所示。

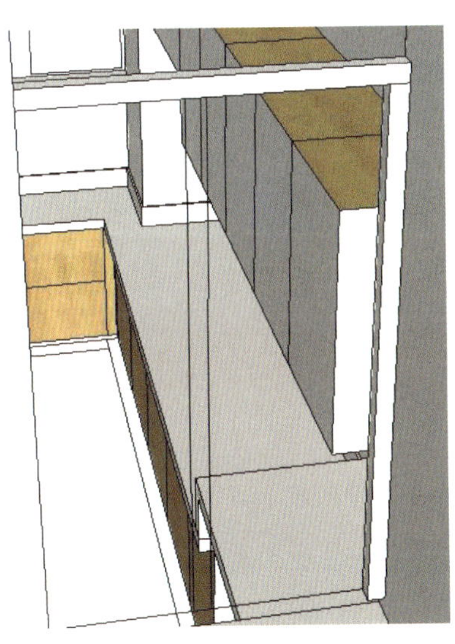
图 4–133 制作窗框

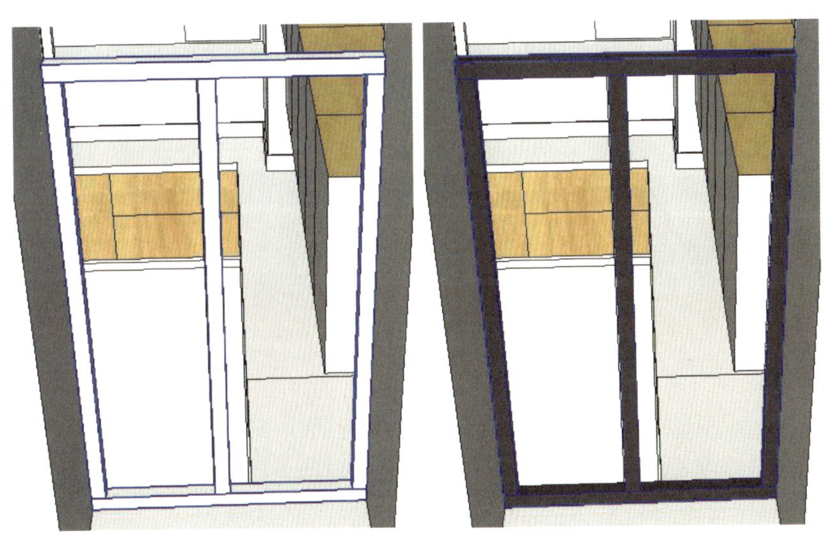
图 4–134 群组窗框并赋予深灰色材质

捕捉到窗框的中点，绘制一个平面作玻璃并赋予半透明材质，如图 4–135 所示。

将完成的窗框和玻璃建立群组。

（12）补齐窗框下方的柜门，建模方式与橱柜相同，并赋予木纹材质（图 4–136、图 4–137）。补齐窗框上方的墙垛，厚度为 240mm。

图 4–135 绘制窗户玻璃

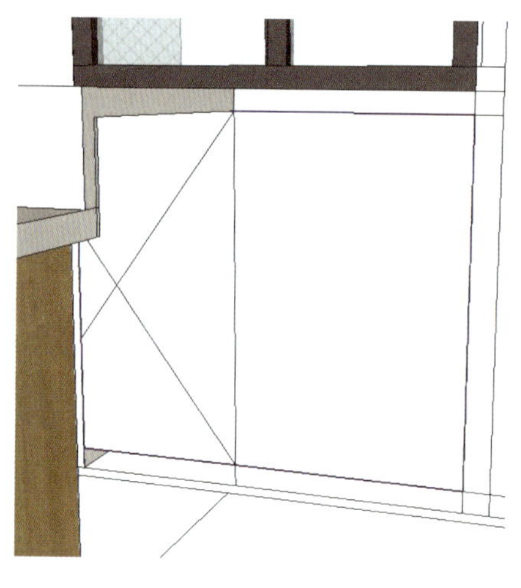
图 4-136　绘制柜体截面

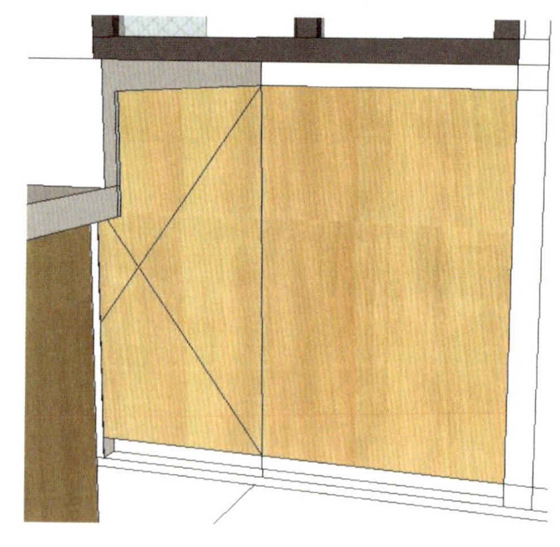
图 4-137　赋予木纹材质

（13）建立厨房推拉门。首先补充推拉门上方过梁，厚度为 240mm，高度为 800mm，如图 4-138~图 4-140 所示。

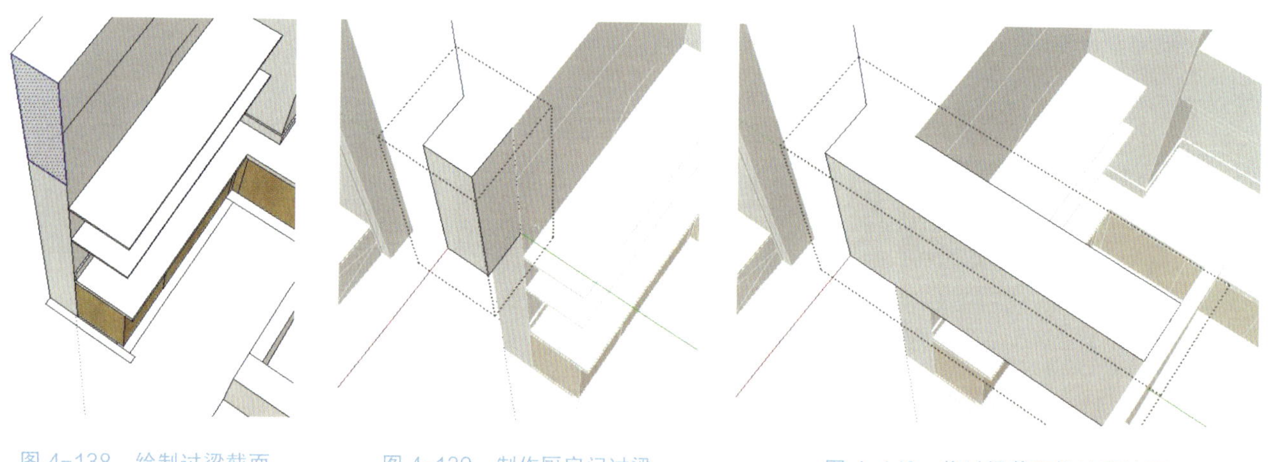
图 4-138　绘制过梁截面　　图 4-139　制作厨房门过梁　　图 4-140　将过梁截面推拉至墙面

捕捉推拉门底部平面绘制矩形，创建群组，并推拉至门梁下边缘，推拉出门扇，如图 4-141、图 4-142 所示。

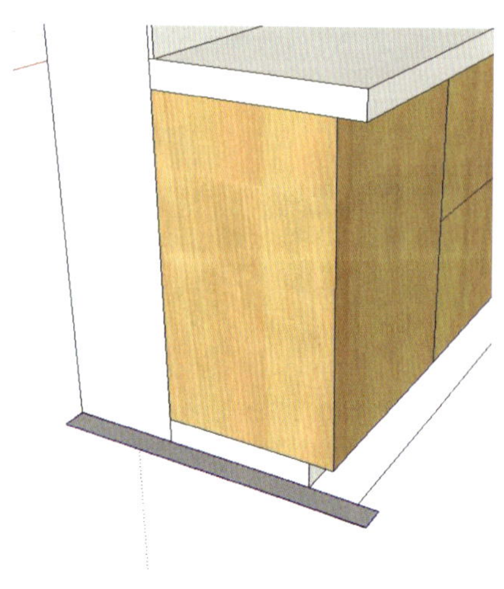
图 4-141　绘制推拉门截面

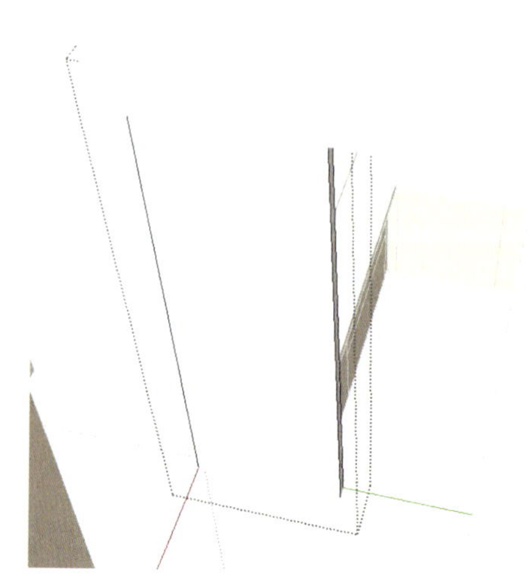
图 4-142　推拉出门扇

使用偏移工具，将门的外边缘向内偏移 50mm（图 4-143），推空中间的矩形门扇（图 4-144）。

退出群组，赋予门框深灰色材质。捕捉门框中点位置，使用矩形工具绘制玻璃，并赋予半透明材质，如图 4-145 所示。

图 4-143 偏移复制门框轮廓　　图 4-144 将门扇推空　　图 4-145 赋予玻璃半透明材质

将门框和玻璃创建群组，单击“窗口”→“模型信息”，在弹出的对话框中选择“组件”，勾选“淡化模型的其余部分”旁的“隐藏”，进入群组内部（图 4-146）。

在门框顶部绘制一个 20mm×20mm 的正方形，双击群组，并按住 Shift 键分别沿红轴和绿轴将正方形移动到门框顶面的中心，如图 4-147、图 4-148 所示。

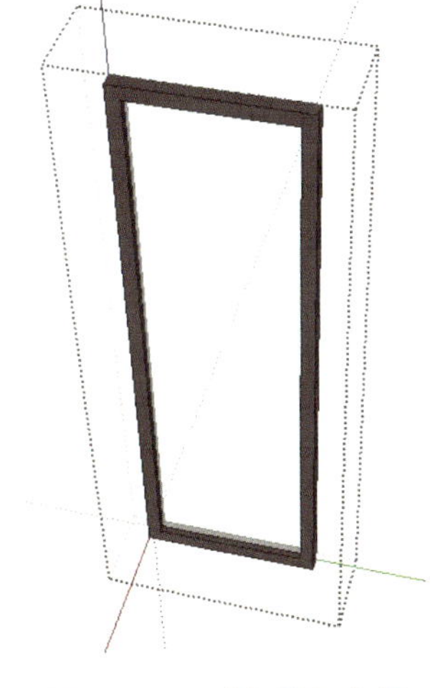

图 4-146 进入群组内部

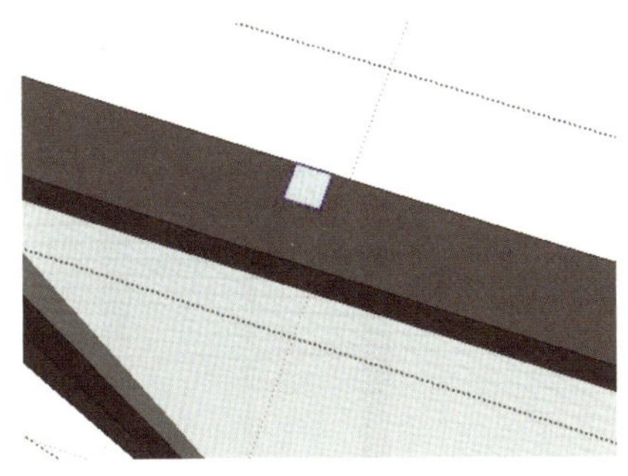

图 4-147 在门框顶部绘制正方形

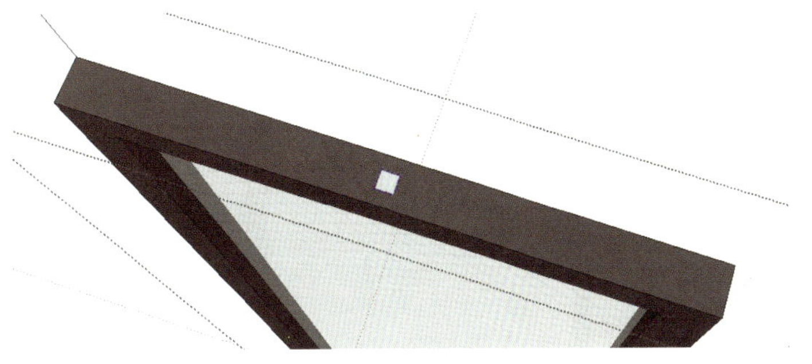

图 4-148 将正方形移动至门框顶面中心

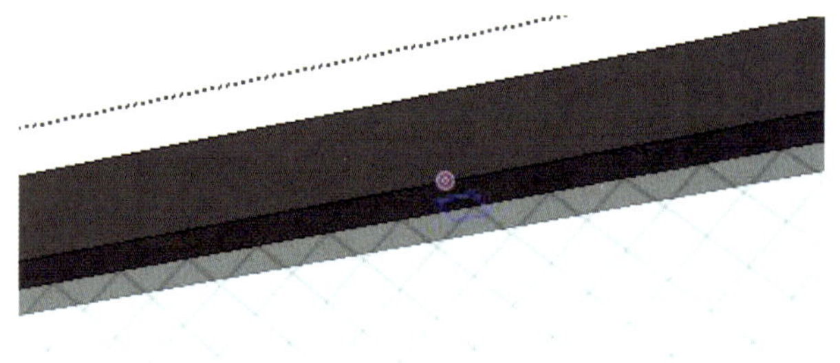

图 4-149　将正方形移动至门框下边缘

赋予正方形和门框相同的深灰色材质，并移动到门框下边缘（图 4-149）。取消前面勾选的“隐藏”，将正方形向下推拉至门框底部位置（图 4-150）。

选中门框中央的长方体，使用选择工具并配合 Ctrl 键旋转复制 1 个（图 4-151、图 4-152）。

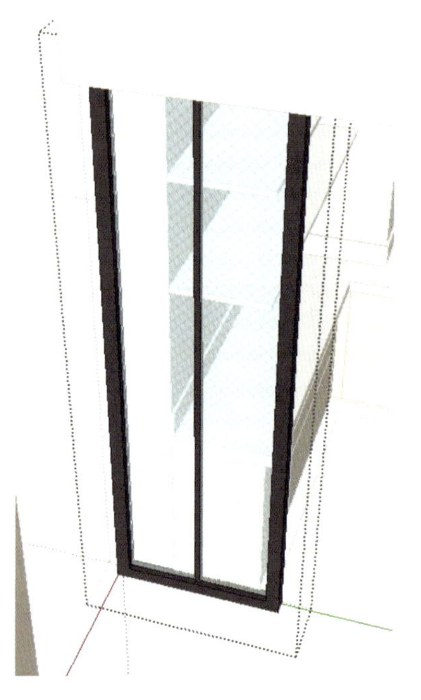

图 4-150　将正方形推拉至门框底部

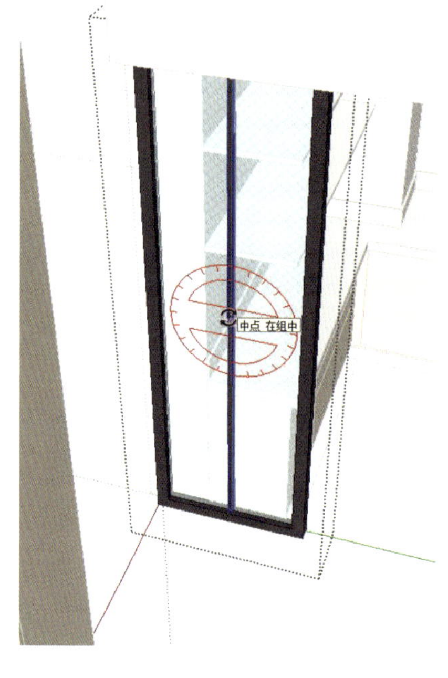

图 4-151　使用旋转工具复制长方体

图 4-152　90° 旋转复制长方体

双击进入横杆内部，将横杆超出门框的部分推拉至门框内边缘（也可使用缩放工具），如图 4-153 所示。

使用移动工具并配合 Ctrl 键向上移动复制横杆，移动距离为 200mm（图 4-154），然后输入“4*”，按 Enter 键，阵列复制 4 个（图 4-155）。

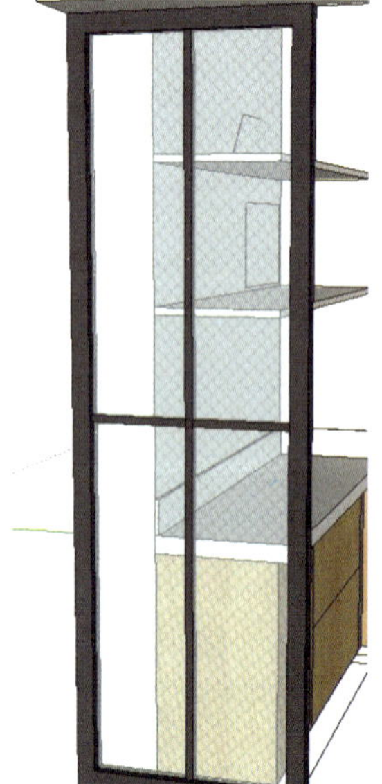

图 4-153　推拉横杆至门框内边缘

图 4-154　向上移动复制横杆

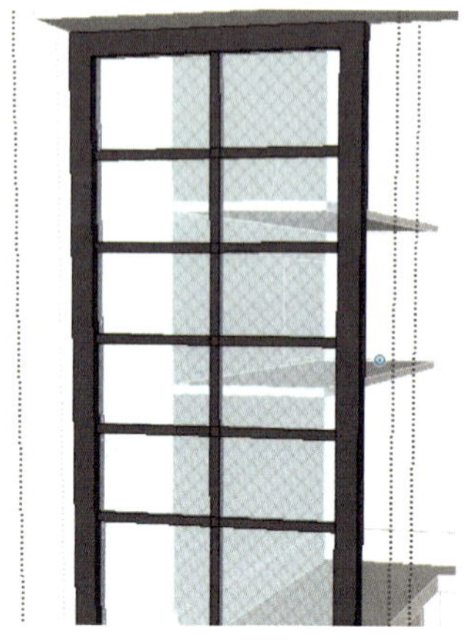

图 4-155　阵列复制 4 个

采用同样的方法，向下阵列复制 4 个。将完成后的门框及玻璃建立群组，并整体向右复制 1 个（图 4-156）。

图 4-156 完成推拉门制作

4.1.9 客卫建模

（1）使用矩形工具，绘制马桶后面的矮墙横截面（图 4-157），创建群组并推拉出 900mm 的高度（图 4-158）。

图 4-157 绘制矮墙横截面　　图 4-158 将横截面推出 900mm 的高度

新建材质，使用本书配套素材第 4 章“贴图”→“卫生间墙砖”贴图，将素材中的“卫生间墙砖”贴图赋予矮墙，设置贴图参数，如图 4-159 所示。

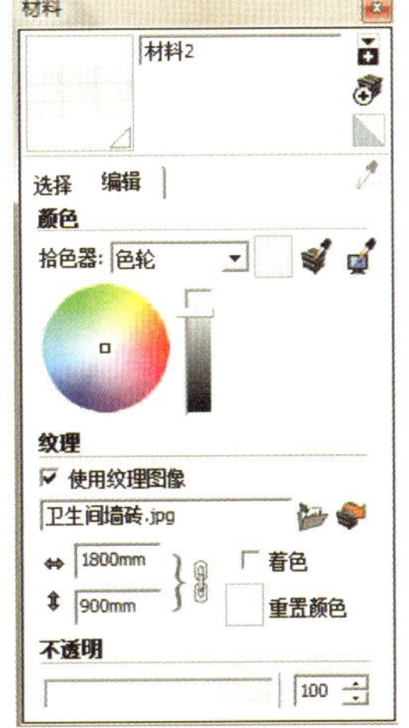

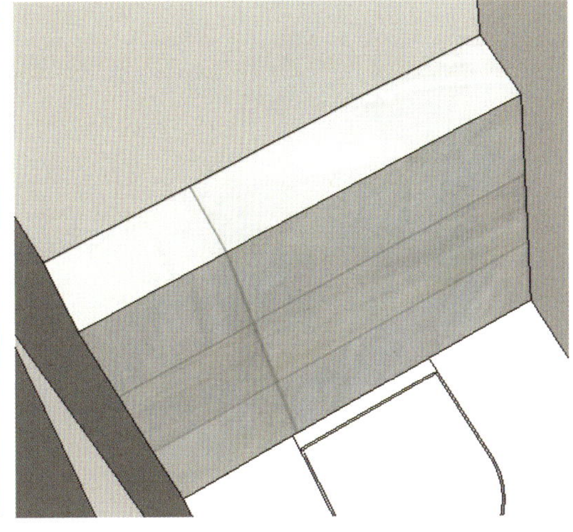

图 4-159 将贴图赋予矮墙并设置贴图参数

（2）使用矩形工具，绘制玻璃隔断底面，建立群组，并推拉出 1950mm 的高度（图 4-160）。

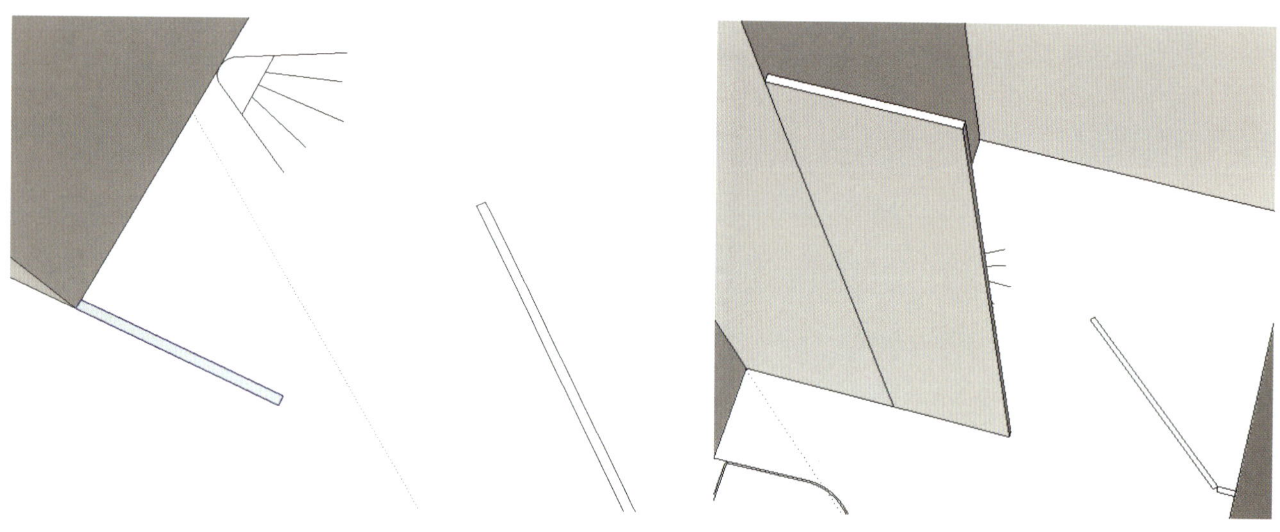

图 4-160　绘制玻璃隔断底面并推拉出 1950mm 高度

（3）使用矩形工具和铅笔工具绘制平开门玻璃隔断截面，推拉出 1950mm 的高度，底部向上推出 50mm（图 4-161、图 4-162）

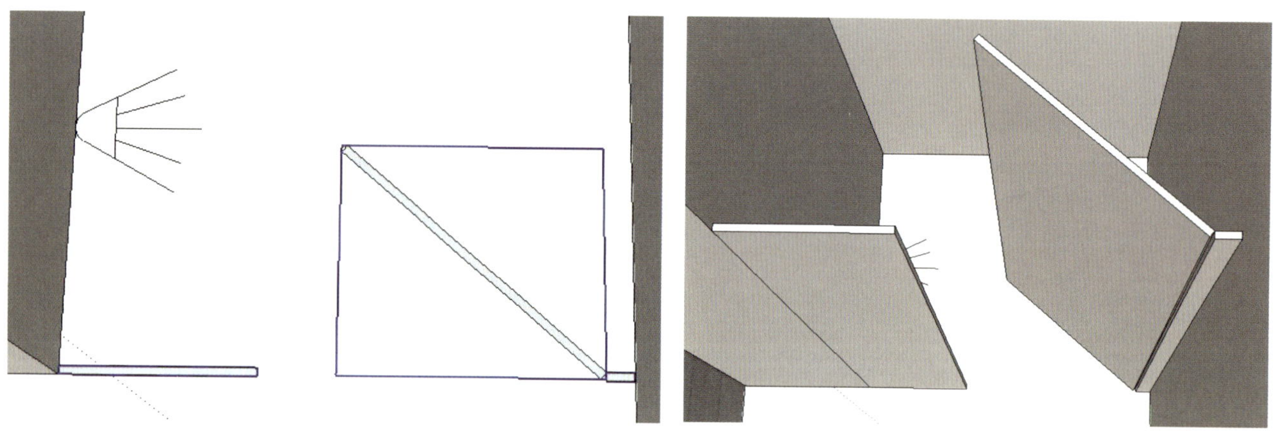

图 4-161　绘制平开门玻璃隔断截面

图 4-162　推拉隔断截面

赋予玻璃隔断半透明材质。为玻璃隔断底部添加截面为 50mm×50mm 的挡水，并赋予深灰色材质，如图 4-163、图 4-164 所示。

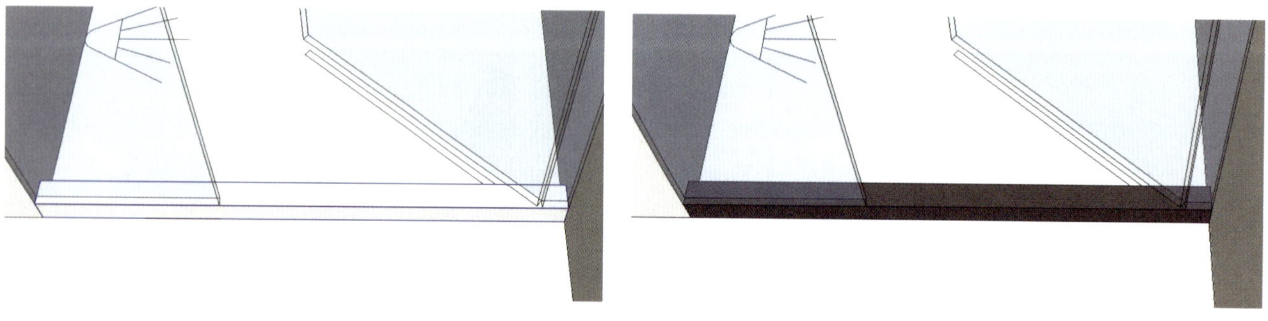

图 4-163　制作挡水

图 4-164　赋予挡水深灰色材质

将玻璃隔断整体移动至挡水的中间，如图 4-165 所示。

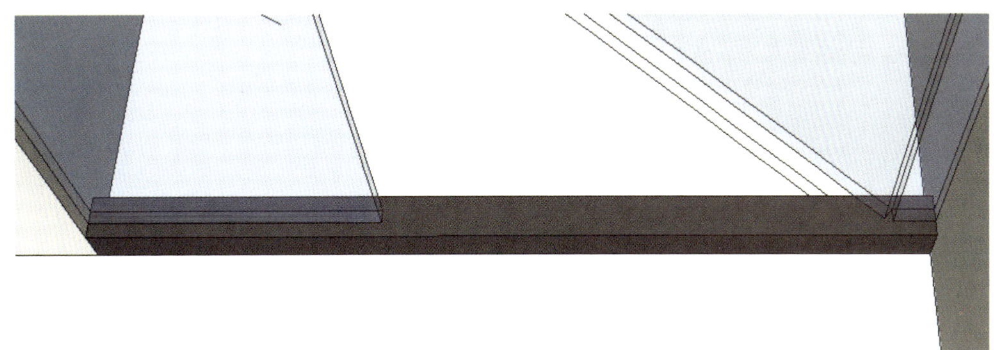

图 4-165 将玻璃隔断整体移动至挡水的中间

绘制五金固定件。在玻璃隔断左上角绘制 1 个 50mm × 50mm 的矩形，建立群组，推拉厚度为 5mm，如图 4-166 所示。

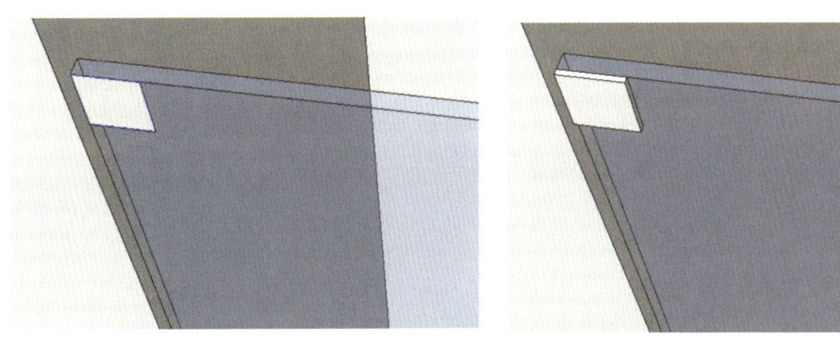

图 4-166 绘制五金固定件

赋予正方形金属扣金属材质，移动复制 1 个到玻璃的另一面，如图 4-167 所示。

将两个金属扣建立群组，并向下再复制 1 组，至隔断底部距离为 250mm，如图 4-168 所示。

图 4-167 复制金属扣

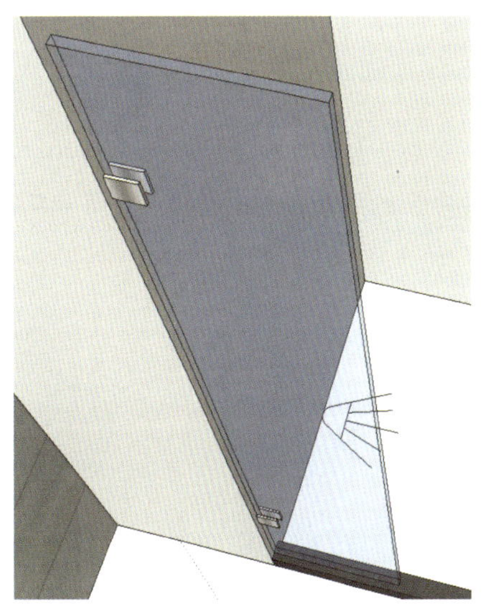

图 4-168 将金属扣向下复制

将两组金属扣一起向右移动复制，贴齐墙面，如图 4-169 所示。

整个玻璃隔断建立群组，为便于观察，勾选隐藏群组外模型，双击进入玻璃隔断群组内部。向上移动复制 1 组右边的金属扣，移动距离为 150mm，如图 4-170 所示。

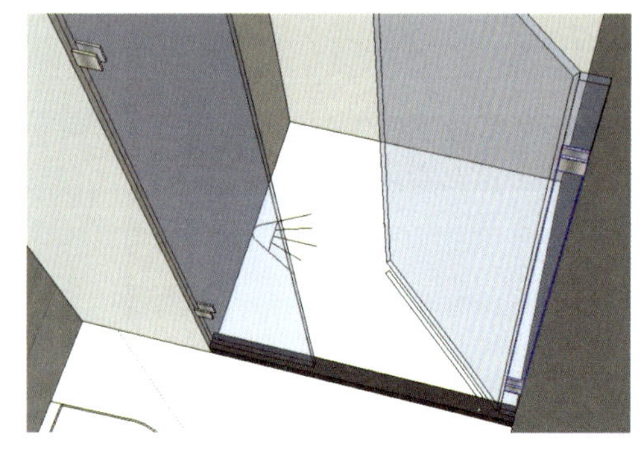

图 4-169　将两组金属扣一起向右复制

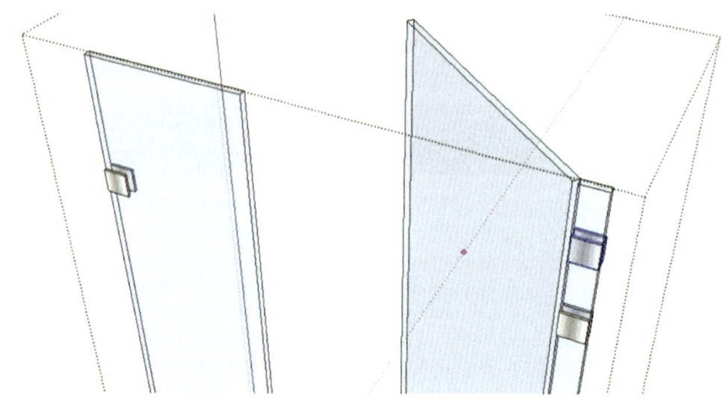

图 4-170　移动复制金属扣

双击进入复制的金属扣内部，向左再移动复制 1 个（图 4-171）。

再次双击进入右边的金属扣，绘制 1 个直径为 25mm 的圆（图 4-172）。

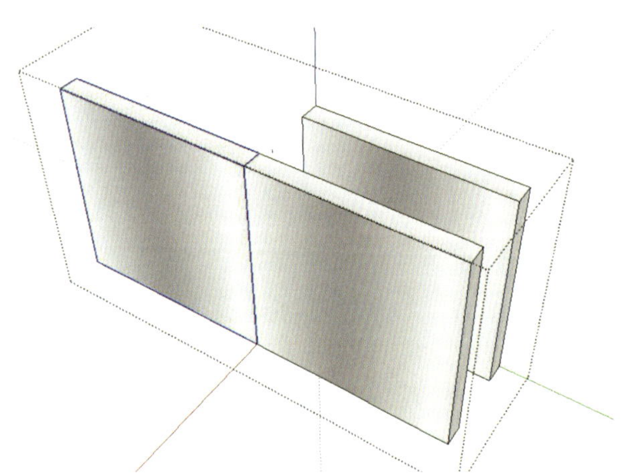

图 4-171　向左复制金属扣

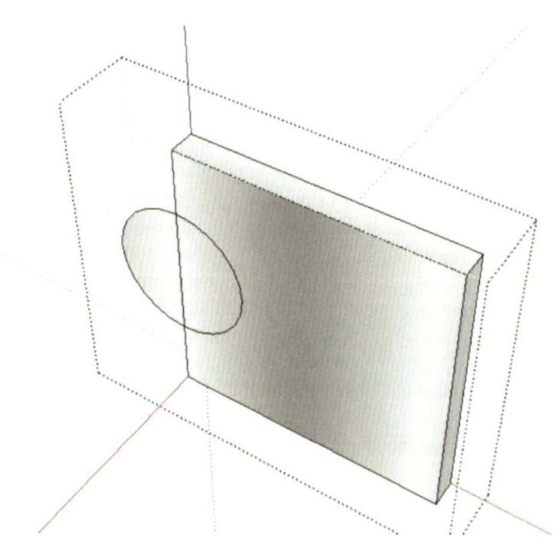

图 4-172　绘制一个圆

删除多余线条，将剩下的半圆推出金属扣的厚度（图 4-173）。

再次删除多余的线条，退出群组（图 4-174）。

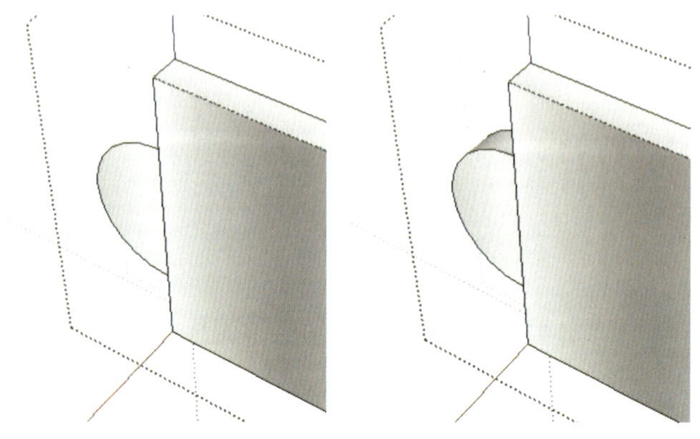

图 4-173　推出半圆的厚度

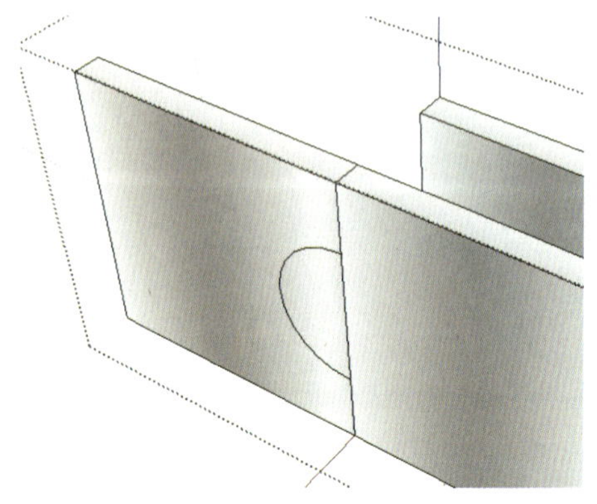

图 4-174　删除多余线条，退出群组

采用同样的办法，将左边半边金属扣推出一个凹陷的半圆（图 4–175），退出群组。

删掉后面的金属扣，重新移动复制，移动距离为 20mm，如图 4–176 所示。

退出群组，并分解金属扣。选中左边 2 个，使用旋转工具旋转到门扇上贴齐，完成模型，如图 4–177 所示。

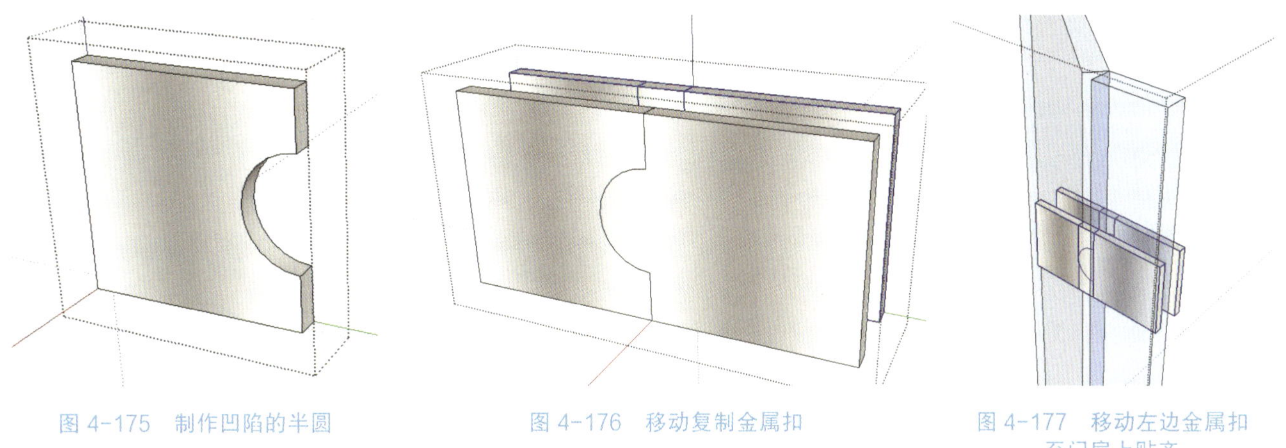

图 4–175　制作凹陷的半圆　　图 4–176　移动复制金属扣　　图 4–177　移动左边金属扣至门扇上贴齐

4.1.10　顶面、地面建模

（1）导入“吊顶平面”CAD 文件并移动到合适位置（图 4–178）。

（2）用铅笔工具绘制玄关处吊顶，并向下推拉 550mm（图 4–179、图 4–180）。

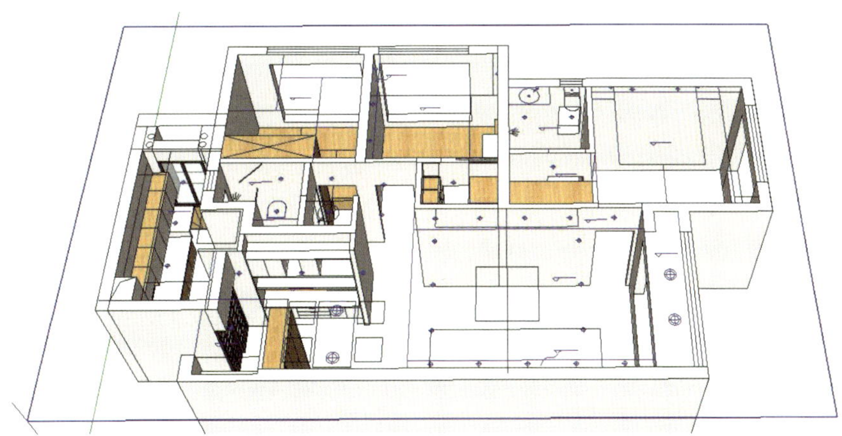

图 4–178　导入吊顶平面

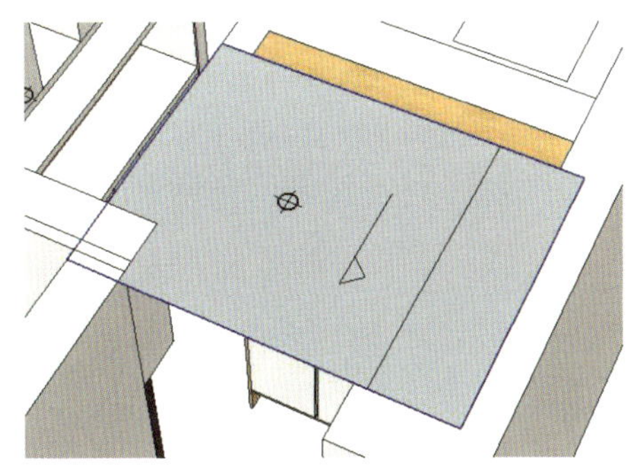

图 4–179　绘制玄关吊顶平面

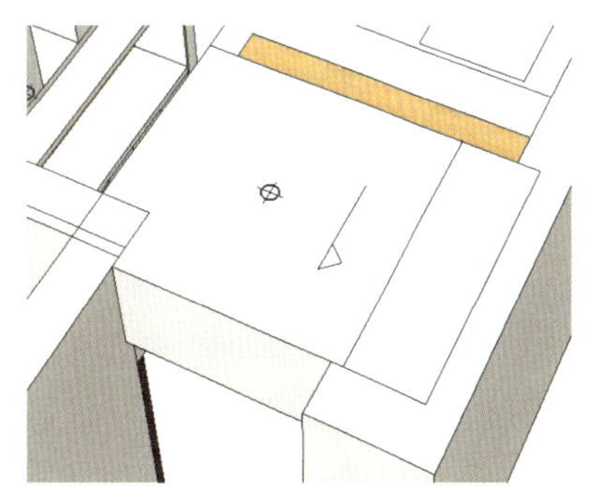

图 4–180　将吊顶平面向下推拉 550mm

沿鞋柜顶面边缘画线，将吊顶分为两层，如图 4-181 所示。

将鞋柜上方吊顶向客厅推拉至吊顶平面图上的线条位置，如图 4-182 所示。

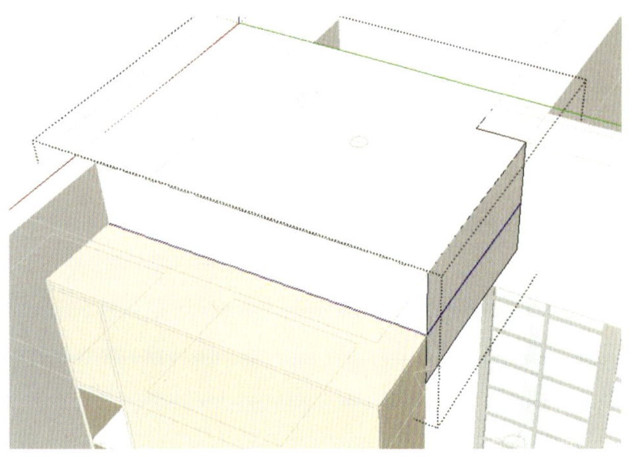

图 4-181　沿鞋柜顶面为吊顶画分割线

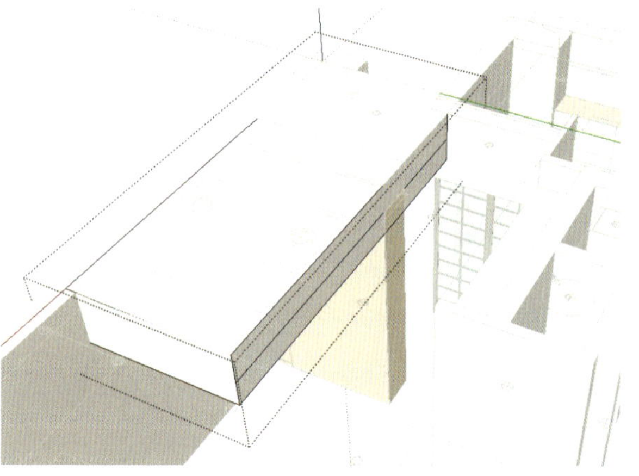

图 4-182　将吊顶平面推拉至餐厅顶面边缘

将吊顶平面侧面推拉至墙面，如图 4-183 所示。

沿餐边柜左、右顶点画线（图 4-184），将吊顶推拉至餐边柜上方（图 4-185）。

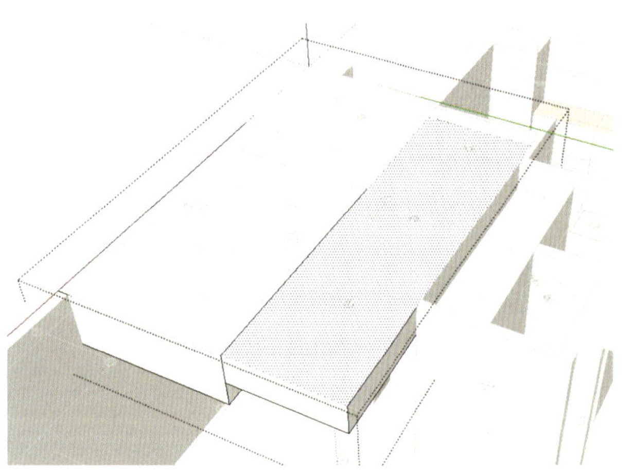

图 4-183　将吊顶向右推拉至墙面

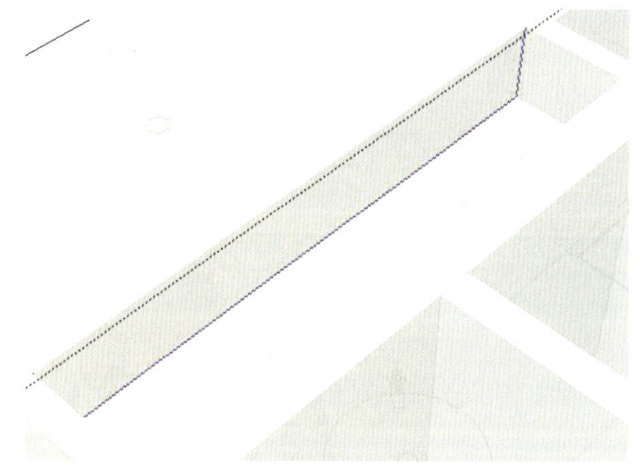

图 4-184　沿餐边柜左、右顶点画线分割顶面

沿过道墙体边缘画线（图 4-186），将吊顶推拉至过道上方（图 4-187）。

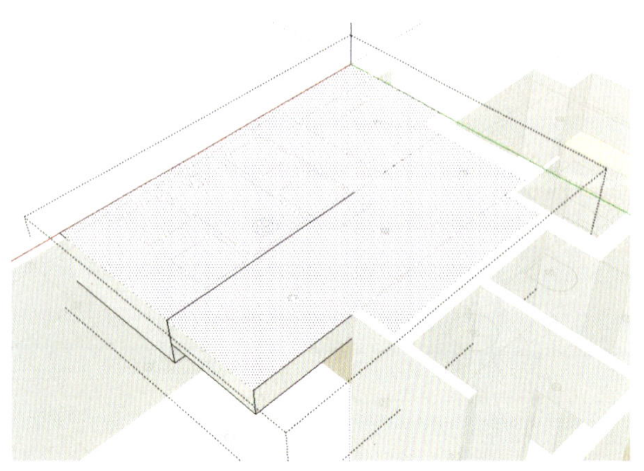

图 4-185　将吊顶推拉至餐边柜上方

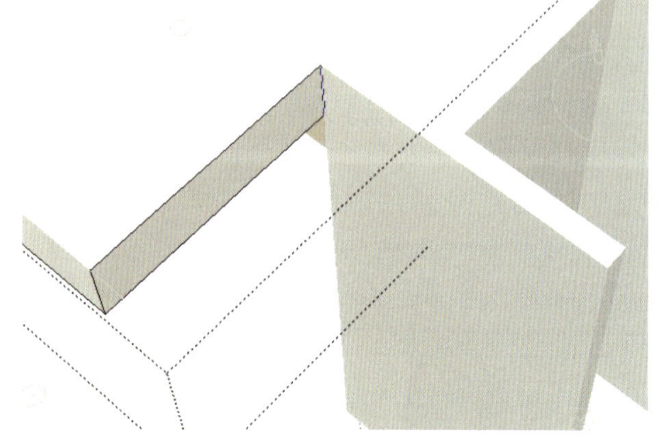

图 4-186　沿过道墙体边缘画线分割顶面

采用同样的方法，将吊顶层推拉至覆盖卫生间上方（图 4-188）。

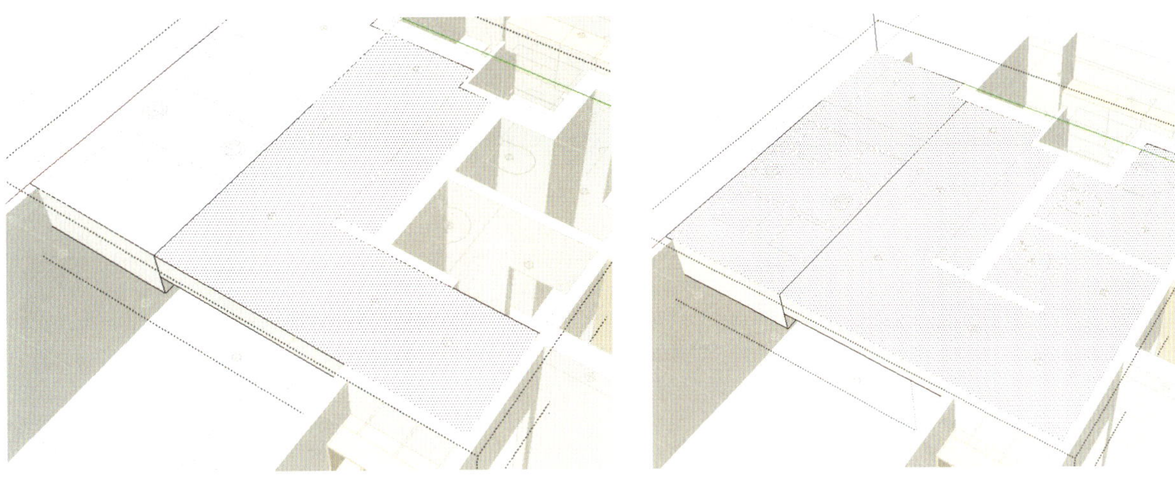

图 4-187 将分割的顶面推拉至过道上方

图 4-188 绘制卫生间上方吊顶

捕捉绘制客厅沙发背景墙上方的吊顶线，并推拉至飘窗位置，如图 4-189 所示。

采用同样的方法，推拉出电视墙上方的吊顶（图 4-190）。

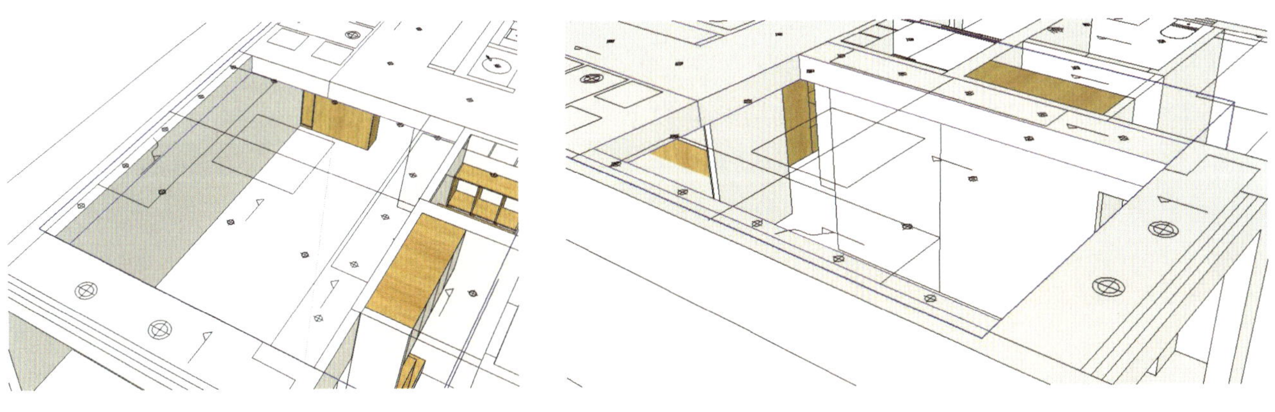

图 4-189 绘制沙发背景墙上方的吊顶

图 4-190 绘制电视墙上方吊顶

绘制一个矩形，封闭客厅顶面（图 4-191）。

（3）绘制主卧顶面。用矩形工具绘制床头上方顶面，推出高度为 300mm，如图 4-192、图 4-193 所示。

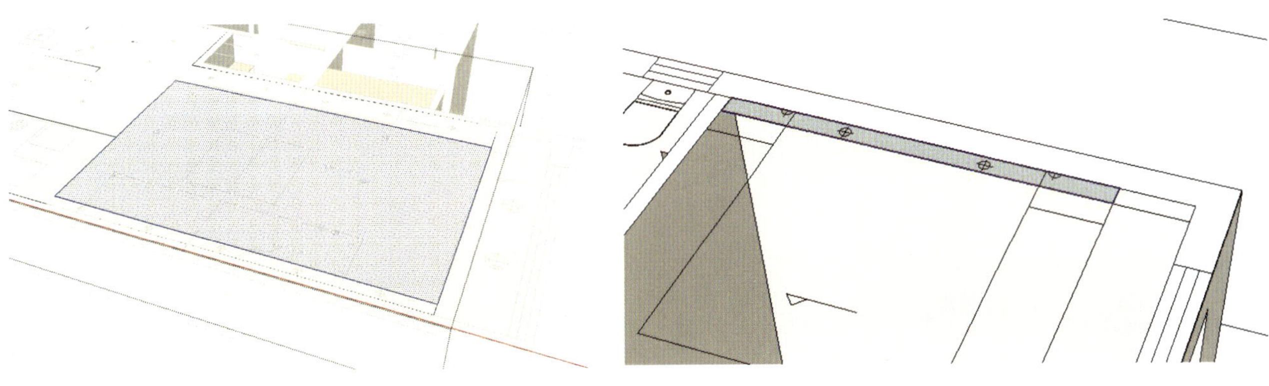

图 4-191 绘制矩形，封闭客厅顶面

图 4-192 绘制床头矩形吊顶平面

接着绘制床头墙面凸出，直接推拉到地面，并向另一端复制 1 个，如图 4-194、图 4-195 所示。

绘制窗户上方吊顶面矩形，并向下推出 500mm，如图 4-196 所示。

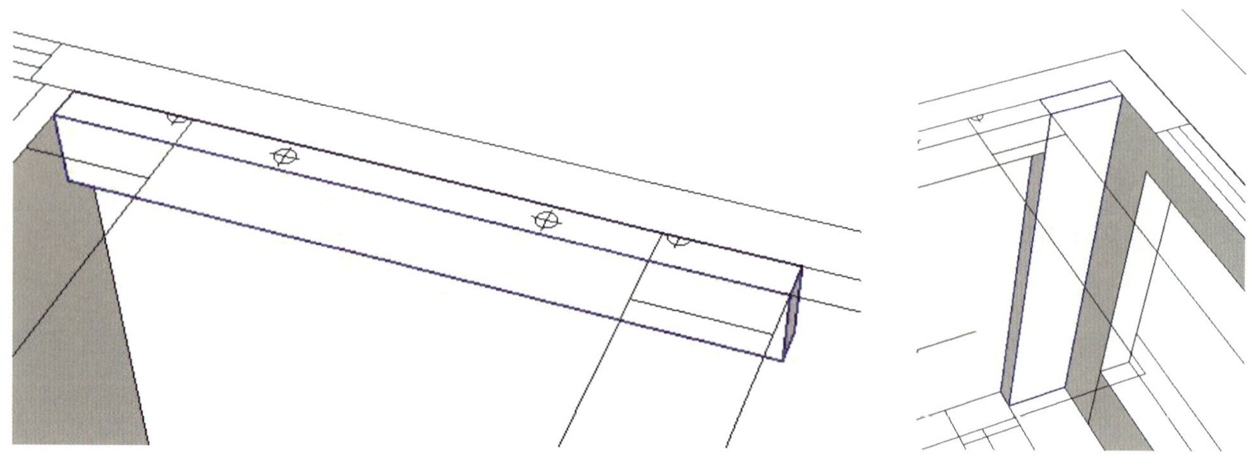

图 4-193　将床头顶面平面推出

图 4-194　绘制床头墙面凸出

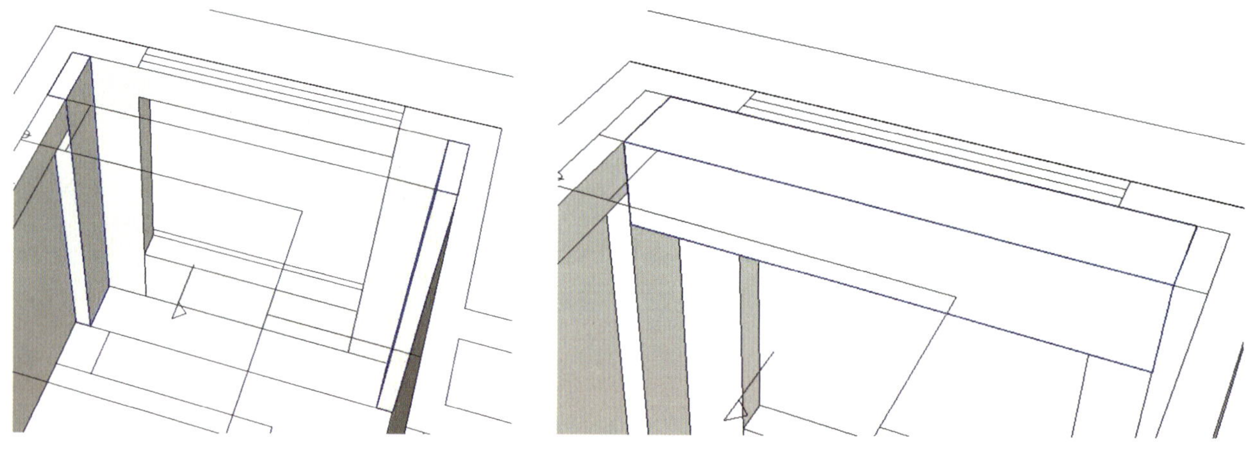

图 4-195　复制墙面凸出

图 4-196　绘制窗户上方吊顶

绘制一个矩形，封闭主卧顶面，如图 4-197 所示。

其他房间顶面比较简单，按标高尺寸推拉即可，注意将建模完毕的顶面建立群组，如图 4-198 所示。

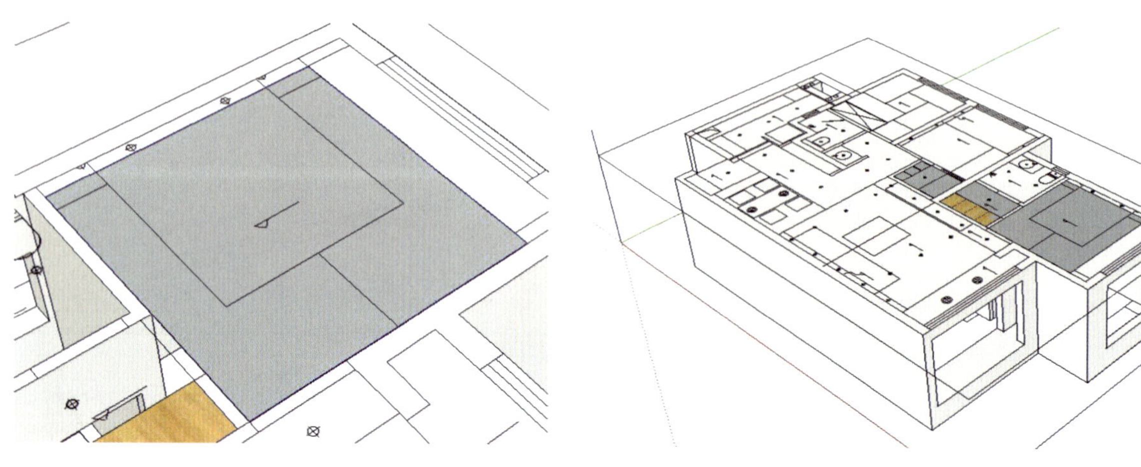

图 4-197　绘制矩形，封闭主卧顶面

图 4-198　群组所有房间吊顶

（4）绘制暗藏式筒灯。隐藏除顶面外的所有模型，将吊顶平面图下移到客厅吊顶的底面（图 4–199）。双击进入吊顶群组内，使用圆形工具捕捉绘制筒灯的轮廓，并向上推出 20mm，如图 4–200 所示。

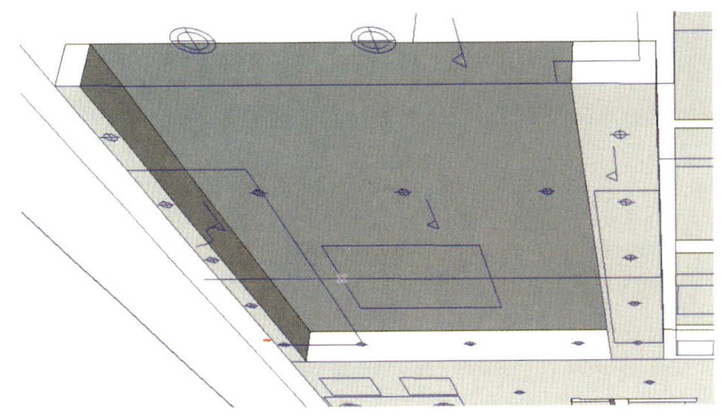

图 4–199 将吊顶平面图移动到吊顶下方

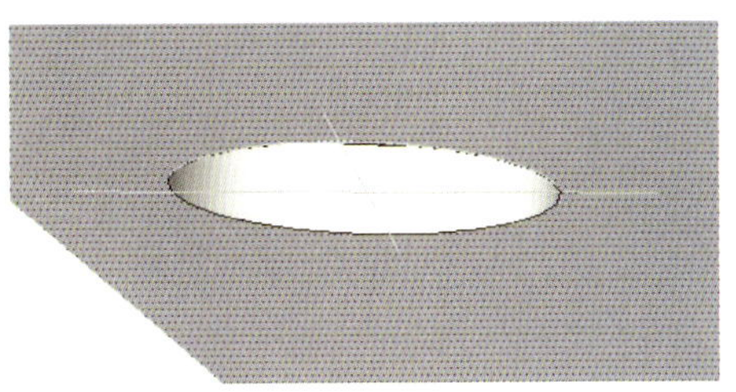
图 4–200 绘制筒灯凹陷

框选筒灯，单击鼠标右键创建组件，设置参数如图 4–201 所示。

将该组件复制 1 个，并在键盘上输入“4*”，同时复制 4 个，如图 4–202 所示。其他部位筒灯绘制方式相同。

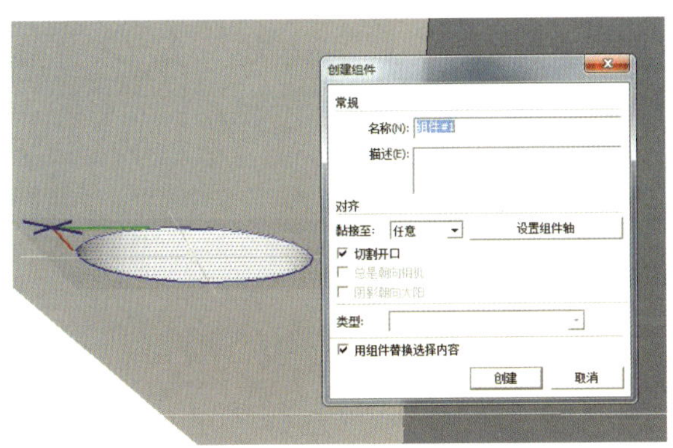

图 4–201 将筒灯创建为组件

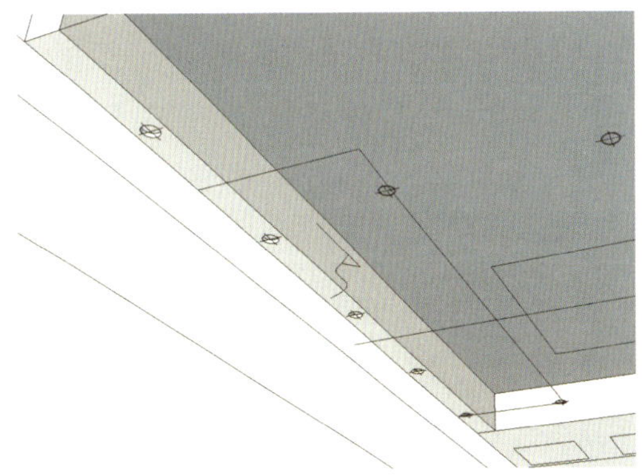
图 4–202 复制筒灯组件

（5）绘制外露筒灯。将吊顶平面图移回顶部，捕捉绘制一个直径为 50mm 的圆形，并向下推出 120mm，如图 4–203 所示。

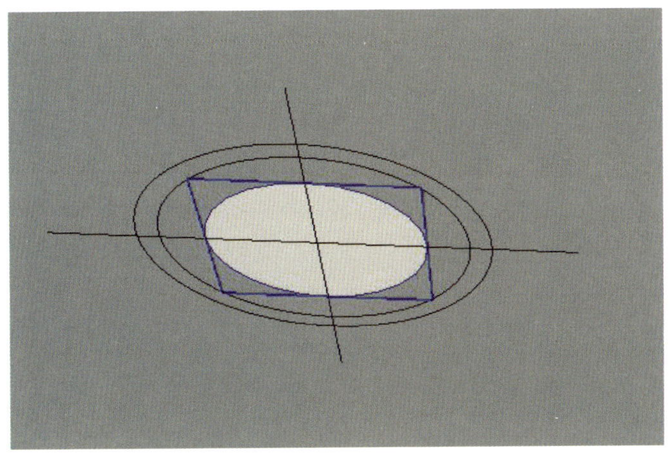

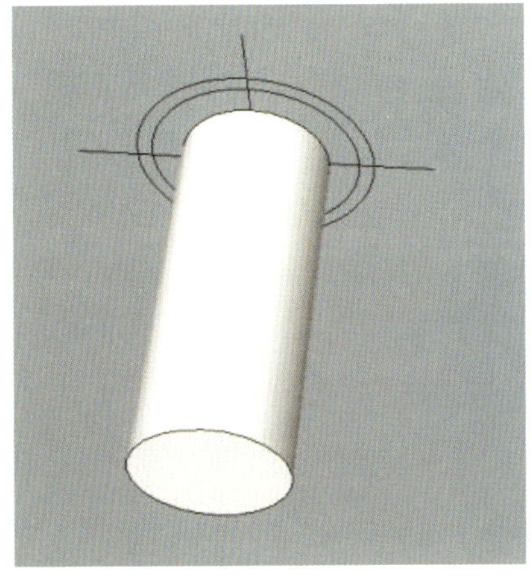

图 4–203 绘制外露筒灯筒体

使用偏移工具将底面圆形向外偏移 5mm，并向上推拉 45mm，如图 4-204 所示。

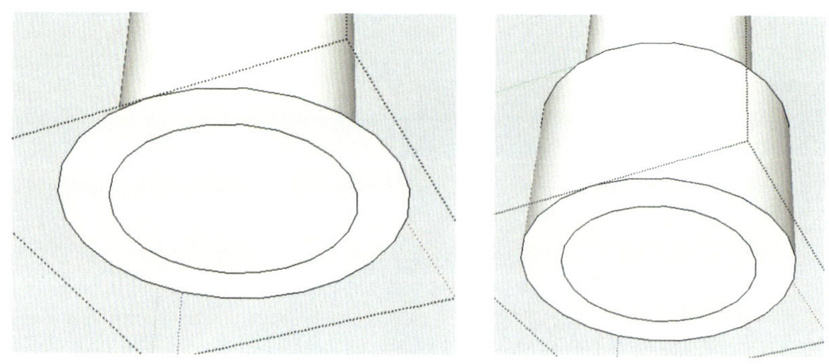

图 4-204　绘制外露筒灯灯头

再将底面圆环向上推出 10mm，如图 4-205 所示。

使用偏移工具将底部圆形面向内偏移 5mm，填充半透明材质，即完成灯片绘制，如图 4-206 所示。

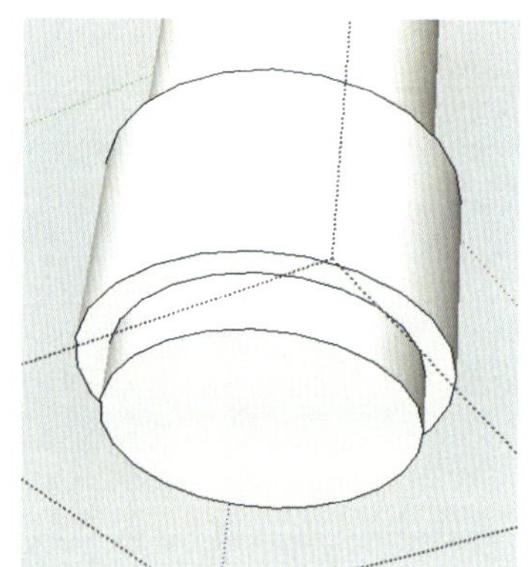

图 4-205　绘制灯头细节

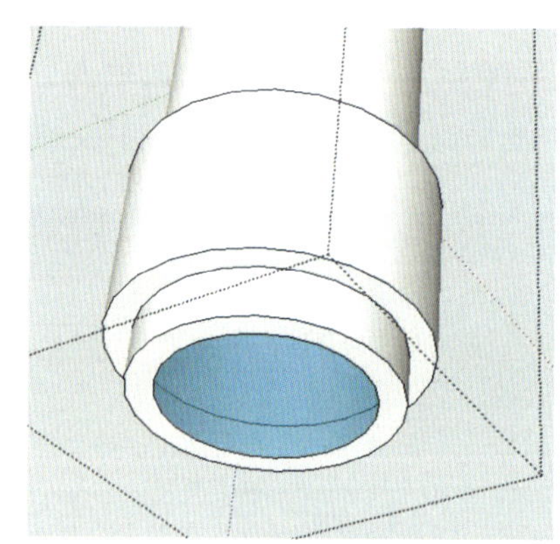

图 4-206　绘制灯片

将外露筒灯复制到其他位置，如图 4-207 所示。

（6）地面建模。隐藏除平面图外的所有模型，按房间绘制出各个地面平面（图 4-208），为后期赋予材质和渲染做准备。需要注意的是，不同材质的地面，应单独为一个平面。

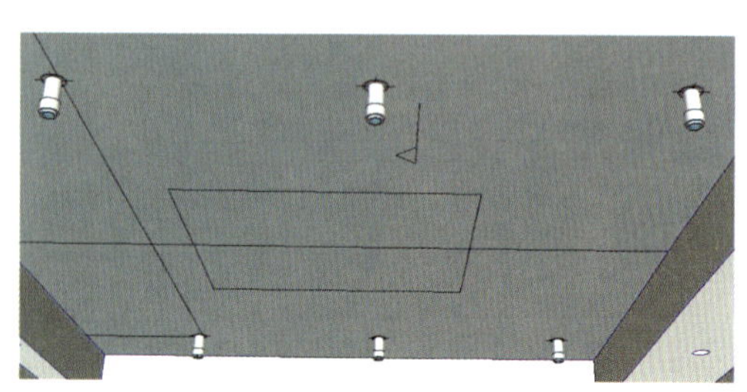

图 4-207　将外露筒灯组件复制到其他 5 个位置

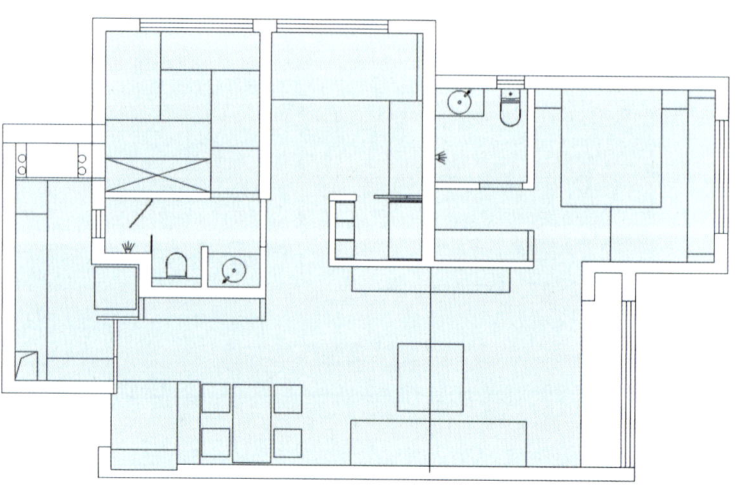

图 4-208　按不同材质划分地面

打开材质编辑器，新建材质，并将素材中的材质赋予各类地面（本阶段也可不为地面铺装材质，留到使用 V-Ray 渲染时再赋予材质）。

4.1.11 客厅软装和配饰

创建完成的模型如图 4-209 所示，接下来对客厅内部进行细节装饰。

（1）导入本书配套素材第 4 章“模型及组件”→“客厅家具及软装配饰”，丰富客厅场景，如图 4-210 所示。

图 4-209 初步创建完成的模型

图 4-210 导入软装素材

（2）导入本书配套素材第 4 章中的“窗户”文件，其他如植物、摆件等，可根据个人喜好添加，最后删除 CAD 平立面线框，完成模型，如图 4-211 所示。

其他房间的后期模型处理此处不一一介绍，均采用建筑结构→固定柜体→顶面→地面→家具→软装和配饰的建模顺序即可。建模的过程中，为了提高建模效率，不做无用功，可以先定好场景，根据场景的视角有选择性地确定建模内容。

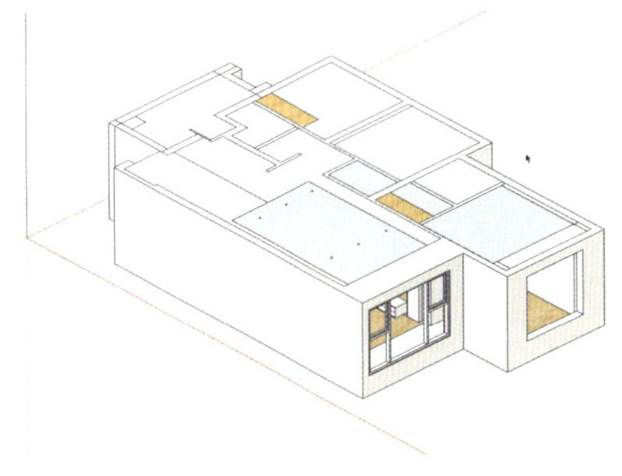

图 4-211 建模完成的模型

4.2 客厅相机设置

4.2.1 定位相机

选择“定位相机”工具，在客厅的窗台中点处往房间内部沿着红色轴线拖动，创建出相机观察方向（图 4-212）。

然后输入数值“1400”，将视点高度定为 1400mm，接着打开透视，得到图 4-213 所示的效果。

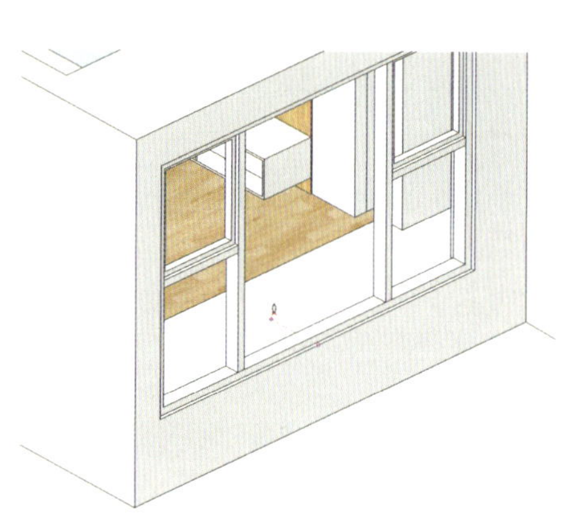

图 4-212　创建相机观察方向

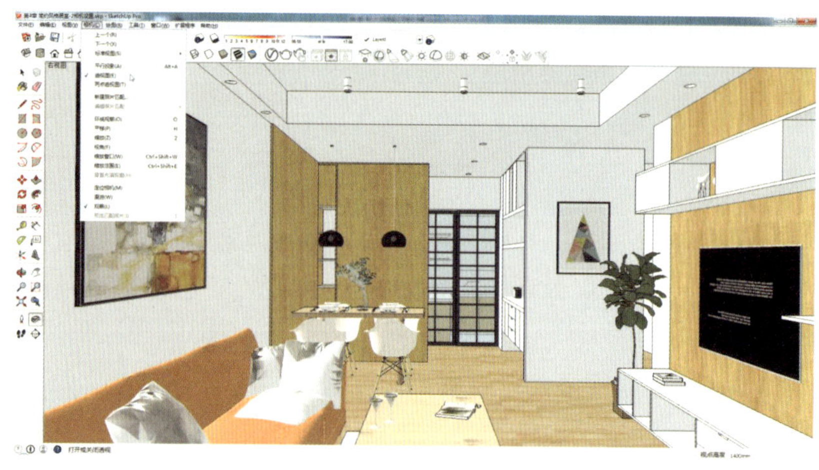

图 4-213　透视效果

4.2.2　设置输出比例

接着设置渲染输出。打开 V-Ray 资源管理器，进入设置面板，打开渲染输出的安全框开关，并将长宽比设置为 16 ∶ 9 宽屏，得到图 4-214 所示效果，只有视图区中间未被黑色覆盖的区域才是相机拍摄的范围。

目前看到的范围还是比较窄，使用视图缩放工具缩放视图，可以同时按住 Shift 键，调整视角大小，然后添加场景，得到图 4-215 所示效果。本书配套素材里有相机设置完成的模型 ，即本书配套素材第 4 章“模型及组件” → “第 4 章简约风格居室 -2 相机设置”。

图 4-214　设置输出比例及效果

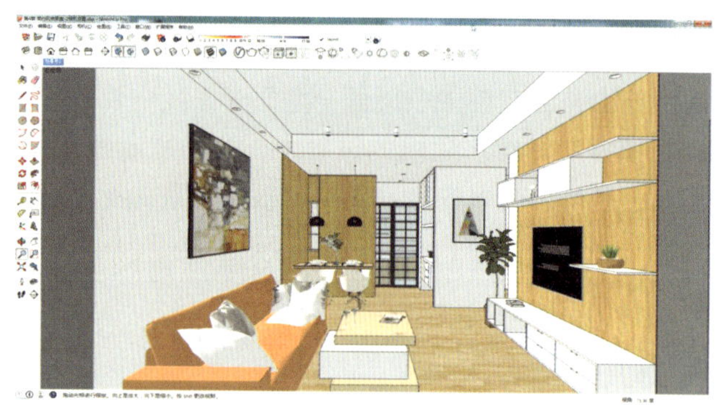

图 4-215　使用视图缩放工具进一步调整构图

4.3

材质设置

本节主要介绍应用渲染器预设材质。打开 V-Ray 资源管理器，进入材质面板，打开左右两边的侧面板，左侧面板里就是渲染器预设的一些材质（有的部分是笔者自己添加），如图 4-216 所示。

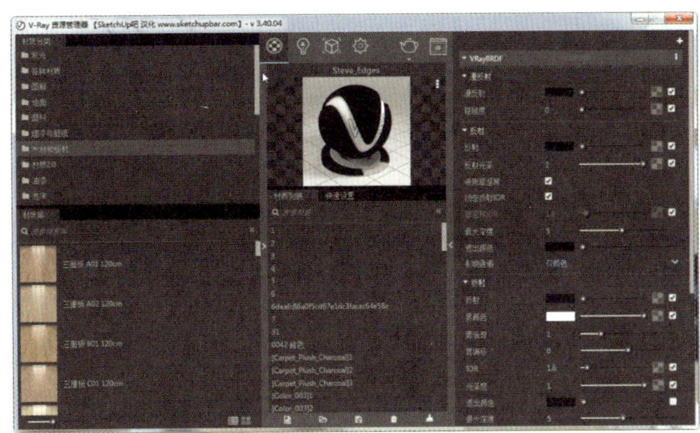

图 4-216　资源管理器材质面板

4.3.1　墙面乳胶漆材质设置

先在左侧面板上方材质分类中选择“墙漆与壁纸”，然后在下方的材质库里选择“壁画或墙漆反射”，单击鼠标右键，选择“Add to scene”将其添加到材质列表，如图 4-217 所示。

在右侧的面板中更改漫反射的颜色，单击漫反射后的颜色块，将漫反射的 RGB 值都调整为 245，其余参数保存不变，如图 4-218 所示。

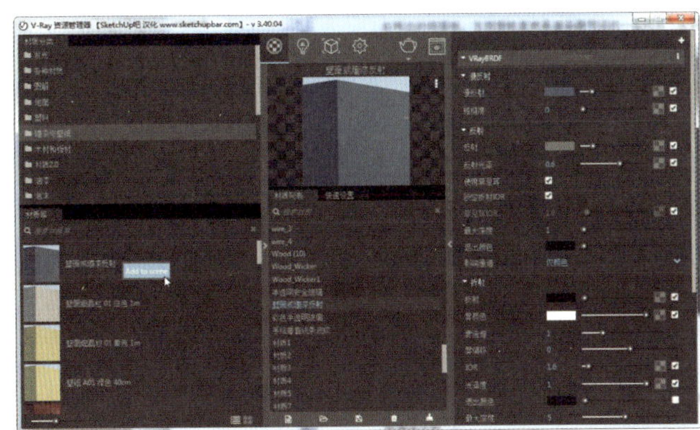

图 4-217　添加预设的墙漆材质

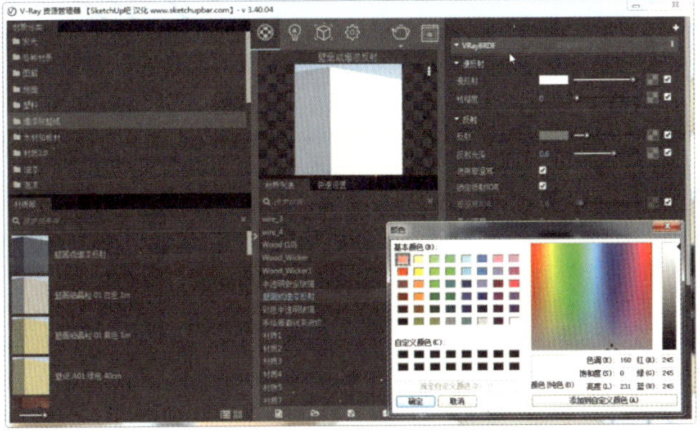

图 4-218　调整漫反射颜色

在场景中选择到墙面以及顶面，将材质指定给选择的物体，如图 4-219 所示。

为方便观察，单击鼠标右键，将已经赋好材质的物体隐藏，同时也将相机看不到的模型隐藏，如图 4-220 所示。

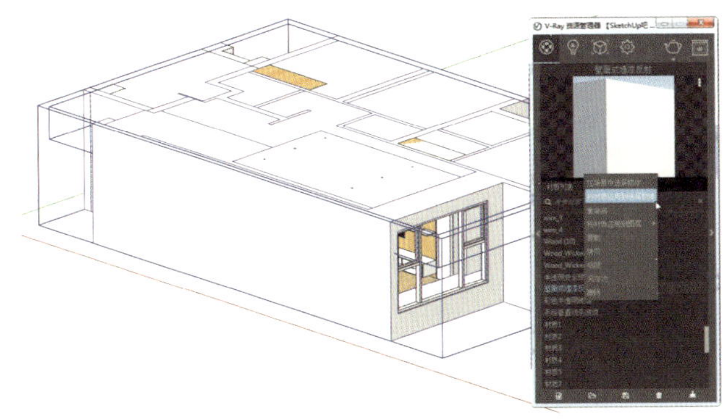

图 4-219　将材质指定给顶面和墙面

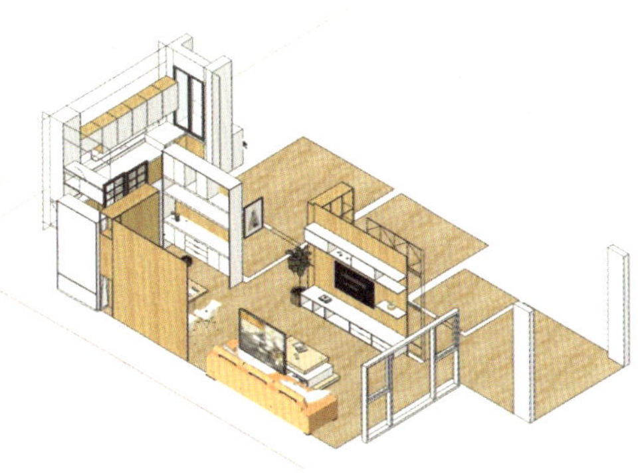

图 4-220　将已经赋好材质的物体隐藏

4.3.2 木地板材质设置

先在左侧面板上方材质分类中选择“木材和板材”，然后在下方的材质库中选择“复合地板_B_宽板_250cm”，单击鼠标右键，选择“Add to scene”将其添加到材质列表，如图 4-221 所示。

在场景中选择地面模型，将材质指定给地面。然后打开 SketchUp 的材质设置工具，将纹理的大小设置为 2500mm，如图 4-222 所示。

图 4-221 添加预设的木地板材质

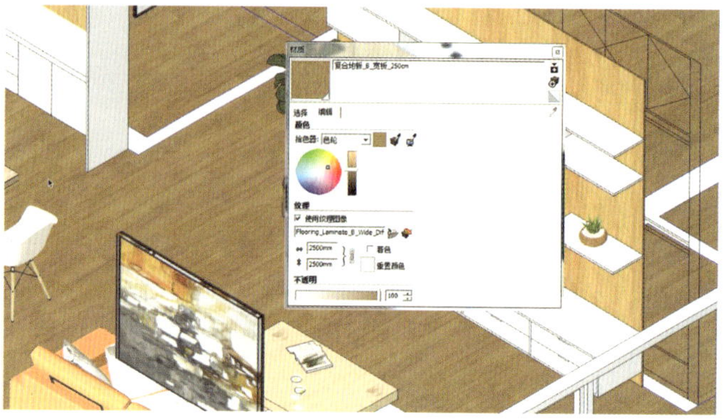

图 4-222 设置地面材质纹理

4.3.3 木纹材质的设置

先在左侧面板上方材质分类中选择“木材和板材”，然后在下方的材质库中选择“三厘板_A01_120cm”，单击鼠标右键，选择“Add to scene”将其添加到材质列表，如图 4-223 所示。

在漫反射里更换一张贴图，更换为本书配套素材中名为“枫木 2”的图片，然后赋给场景中所有的木纹部分模型，包括餐桌、餐椅的木质部分以及沙发脚，有些模型经过多次组件，需要双击多次进入组件内部选择物体赋材质。同样地，针对这张贴图，将材质的纹理大小也设置为 2500mm，如图 4-224 所示。

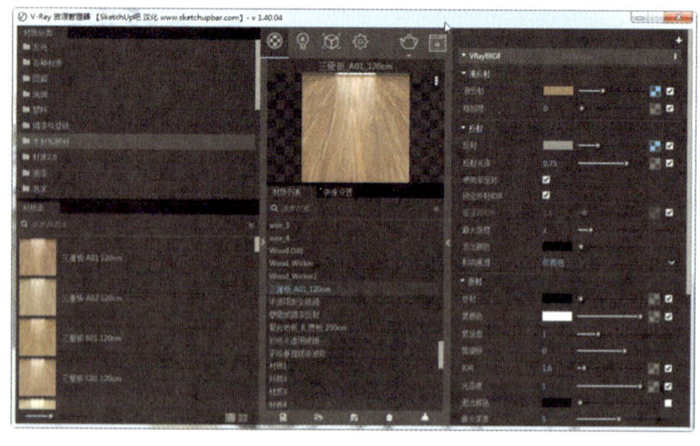

图 4-223 添加预设的木材质

图 4-224 将材质指定给家具并设置纹理

4.3.4 白色油漆材质的设置

先在左侧面板上方材质分类中选择“油漆”，然后在下方的材质库中选择“简单的白色漆”，单击鼠标右键，选择“Add to scene”将其添加到材质列表，如图 4-225 所示。

将材质赋给场景中白色的柜体部分，包括茶几的白色部分，然后修改漫反射颜色，将 RGB 值均修改为 210，如图 4-226 所示。

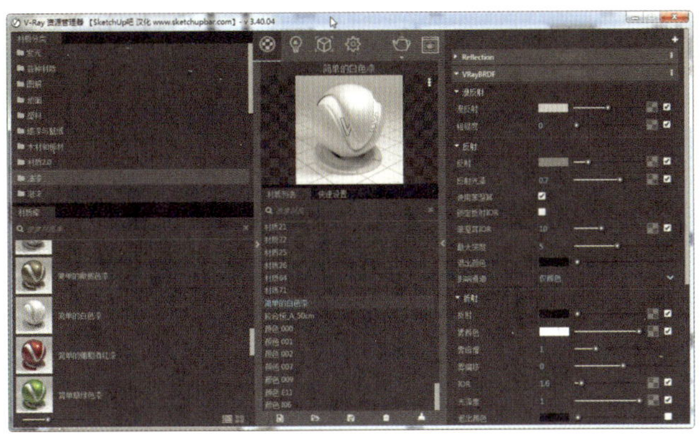

图 4-225 添加预设的油漆材质

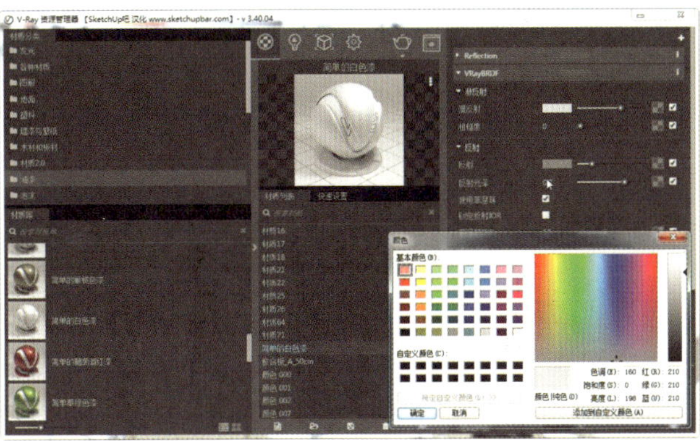

图 4-226 修改预设材质的漫反射颜色

4.3.5 沙发材质的设置

先在左侧面板上方材质分类中选择“面料”，然后在下方的材质库中选择“织物_C01_20cm”，单击鼠标右键，选择“Add to scene”将其添加到材质列表；然后在 VRayBRDF 栏下的漫反射中替换本书配套素材中名为“沙发布料 1”的图片。

在场景中选择沙发模型，将材质分别指定给沙发的各个部分。然后打开 SketchUp 的材质设置工具，将纹理的大小设置为 200mm，如图 4-227 所示。

再次将“织物_C01_20cm”材质添加到材质列表，因为材质列表已有这个名字，所以添加的新材质会被命名为“织物_C01_20cm #1”，在这个材质的 VRayBRDF 栏下漫反射中替换本书配套素材中名为“沙发布料 2”的图片。将材质指定给沙发的抱枕，并将纹理的大小设置为 200mm，如图 4-228 所示。

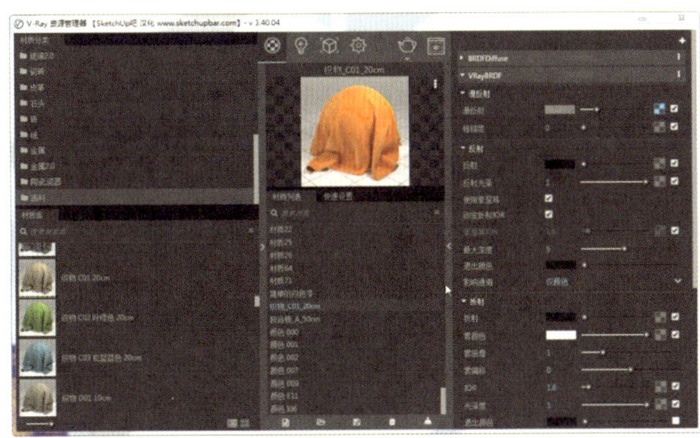

图 4-227 添加织物材质指定给沙发并设置纹理

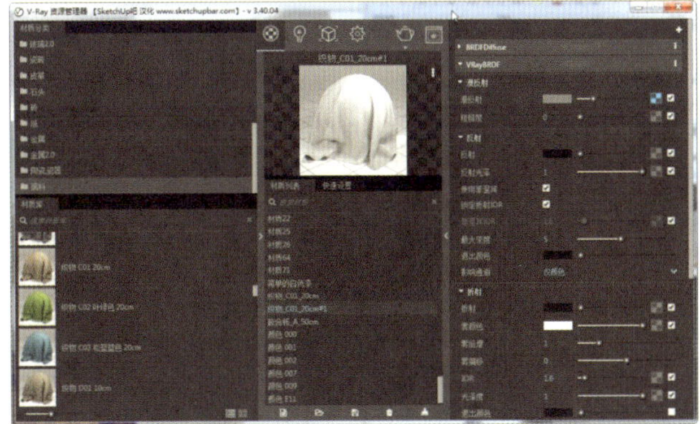

图 4-228 修改织物的颜色指定给抱枕

4.3.6 厨房推拉门材质的设置

厨房推拉门包含两个材质——塑钢的门框和玻璃。

在材质分类中选择“塑料”，然后在下方的材质库中选择“黑色金属塑料”，接着在 VRayBRDF 栏下将漫反射中的颜色调成灰蓝色，RGB 值分别为 27、37、52，然后指定给门框，如图 4-229 所示。

在材质分类中选择“玻璃”，然后在下方的材质库中选择“钢化玻璃”，并在选项栏里取消“允许覆盖”的勾选（在测试渲染时会有用），然后指定给门上的玻璃部分，如图 4-230 所示。

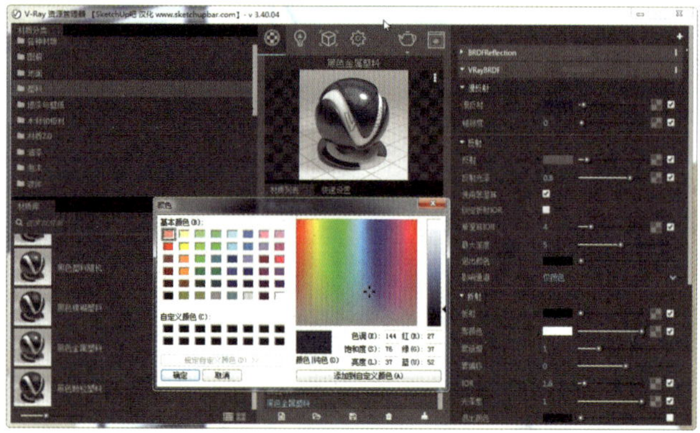

图 4-229　塑钢材质设置

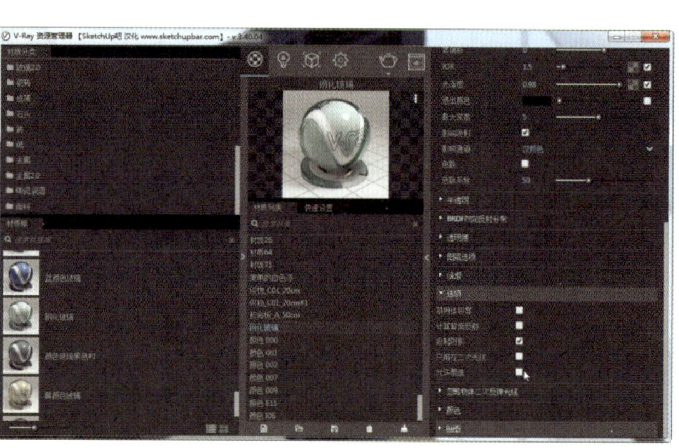

图 4-230　玻璃材质设置

图 4-231　指定完材质的模型

4.3.7　其他材质的设置

场景中餐椅塑料部分、筒灯的模型、餐厅吊灯灯罩等都在渲染器自带的材质中可以找到对应的材质调用，此处不再赘述。将所有材质赋完之后得到效果如图 4-231 所示（文件在本书配套素材第 4 章“模型及组件”→“第 4 章简约风格居室 -3 材质设置”）。

4.4 灯光渲染设置

V-Ray 渲染器的灯光是模拟真实的灯光对场景进行照明的，所有的环境中光都分为两种，一种是自然光，另一种是人工光。

自然光有太阳光和环境光，这里的太阳光是指太阳直射的光源；环境光其实也是由太阳产生的，是太阳照射到空气中，被空气中的各种物质反射、折射而照射下来的光。就比如在看不见太阳的天气，依然有光线能透过窗户照射进房间，这个光线就是通常所说的环境光。

人工光源很多，常见的有射灯、吊灯、台灯、壁灯等。

4.4.1 阳光设置

在 SketchUp 菜单栏中“窗口”菜单中选择“阴影”，打开“阴影”面板，首先显示阴影，然后把时间调到 08：30，日期调到 10/06，让阳光照射到室内来，增强对比效果，如图 4-232 所示。

打开 V-Ray 资源管理器，在“设置”面板“材质覆盖”栏下，打开材质覆盖，如图 4-233 中鼠标箭头所指处。

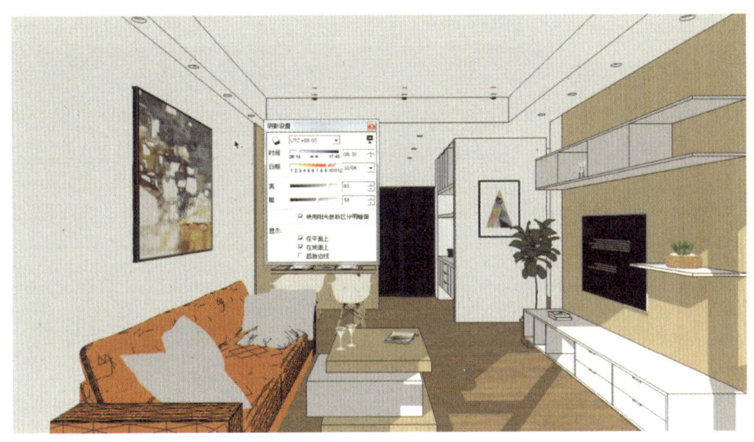

图 4-232　打开阴影

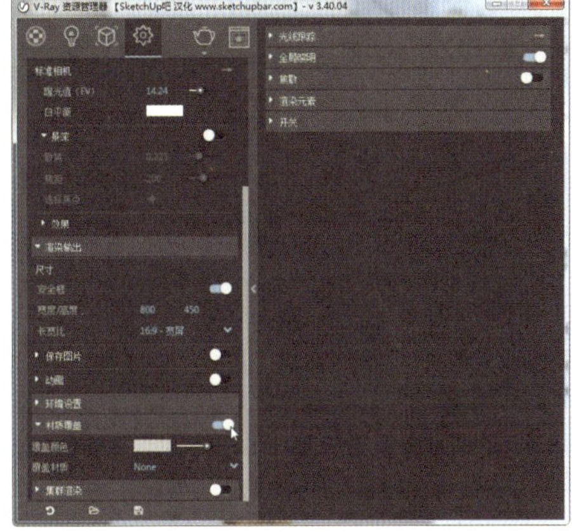

图 4-233　设置覆盖材质

然后单击渲染按钮，几秒后得到图 4-234 所示测试渲染效果图。

观察图 4-234，效果图应反映的是早上的效果，但发现太阳光的边缘太生硬，并且颜色也不合理，应该偏向于暖色，早晨不应是这样的效果。

在 V-Ray 资源管理器“光源”面板中选择“SunLight”，在右侧的面板中将颜色 RGB 值分别调为 255、230、200，会得到暖色的阳光；将尺寸调为 2.5，会让阳光边缘变得模糊，如图 4-235 所示。

再次渲染，得到图 4-236 所示效果。

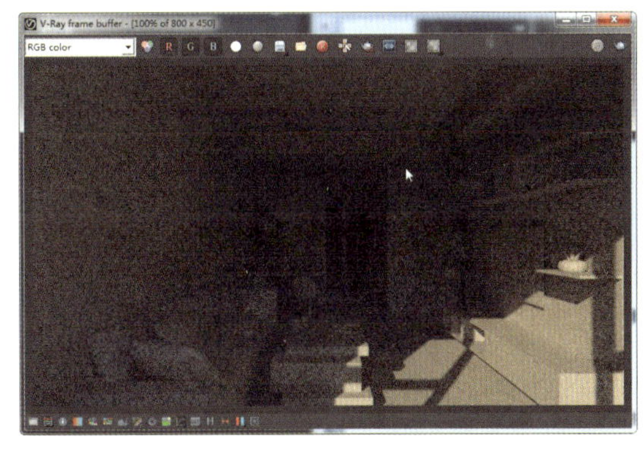

图 4-234　测试渲染效果图

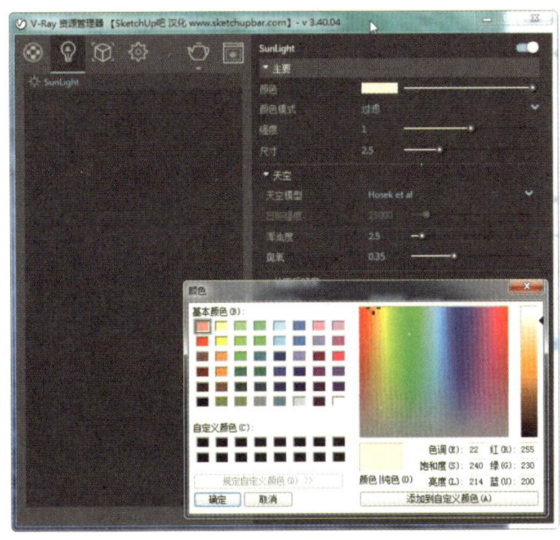

图 4-235　调整阳光参数

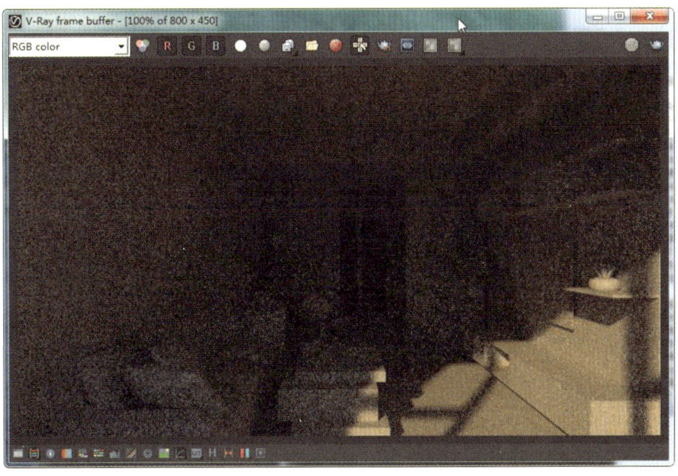

图 4-236　第二次测试渲染效果图

4.4.2 环境光设置

观察图 4-236 发现，太阳直接照射的区域呈现出了暖色调，亮度也足够，但是太阳没有直射的区域亮度远远不够，接下来需要将环境光增强。在 V-Ray 资源管理器“设置”面板中“环境设置”下面调整背景的颜色和强度，将颜色调整为蓝色，RGB 值分别调为 160、180、240，将强度调整为 5，如图 4-237 所示。再次渲染，得到图 4-238 所示效果。

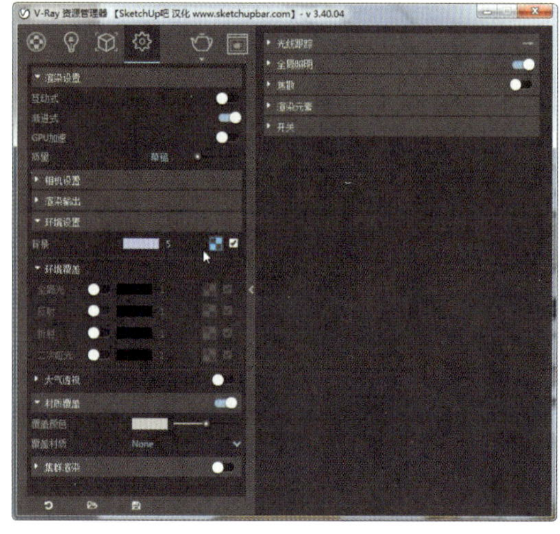

图 4-237 环境光参数设置

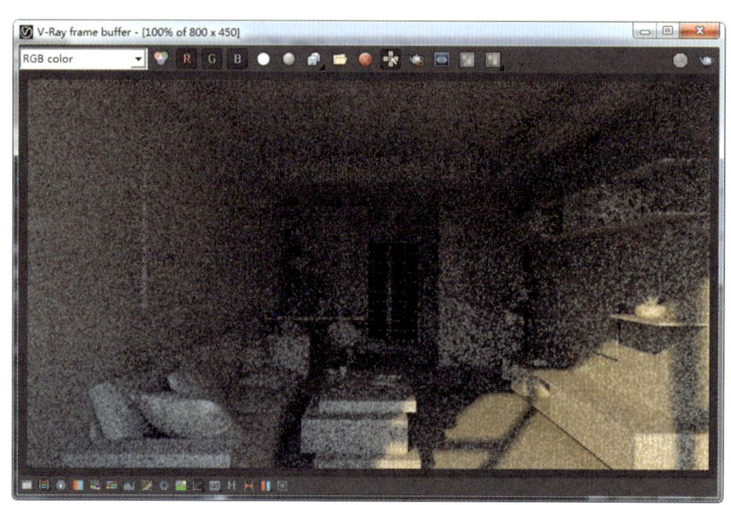

图 4-238 第三次测试渲染效果图

4.4.3 厨房顶灯设置

观察图 4-238 发现，客厅和餐厅的基本亮度有了，但是透过推拉门看过去，厨房里几乎没有光线，现在厨房安置一个 V-Ray 的面光来当作厨房的顶灯来照亮厨房。

首先将顶面隐藏，调整视图，调整到厨房区域，在灯光工具集中选择面光，在厨房顶上创建一个面光，如图 4-239 所示。

创建出来的面光发光方向是朝着上方的，单击鼠标右键，选择“翻转方向”→“组件的蓝轴”，这样就将发光方向调整为向下，然后把灯光沿着蓝色的轴往下移动 500mm，如图 4-240 所示。

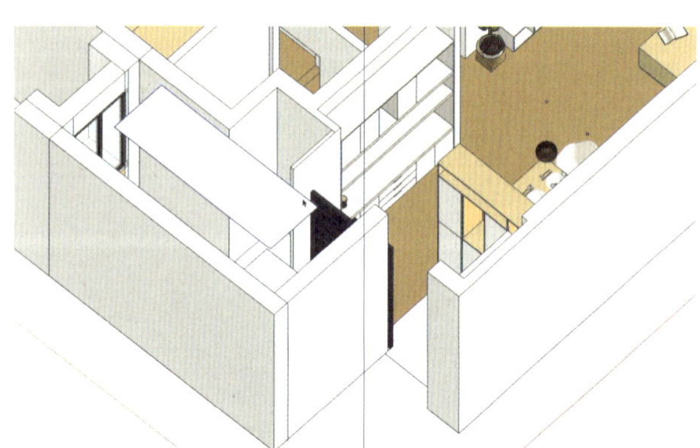

图 4-239 在厨房里增加一个光源

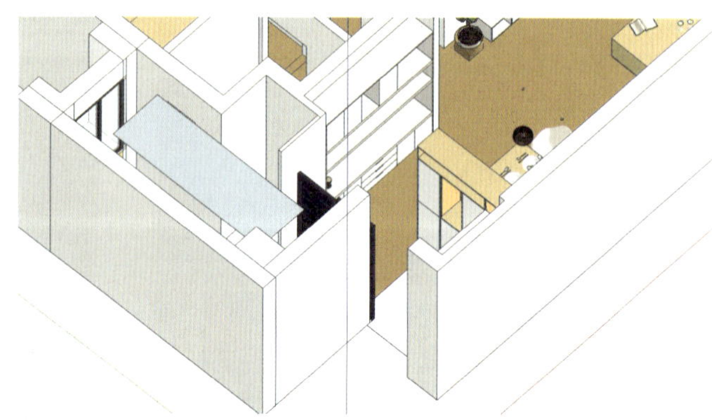

图 4-240 翻转并移动面光

回到 V-Ray 资源管理器，在灯光面板中选择刚创建的面光，调整光的颜色和强度，将颜色 RGB 值分别调为 248、196、124，强度调整为 60，如图 4-241 所示。

再次渲染，得到图 4-242 所示效果，厨房里已经得到照明。

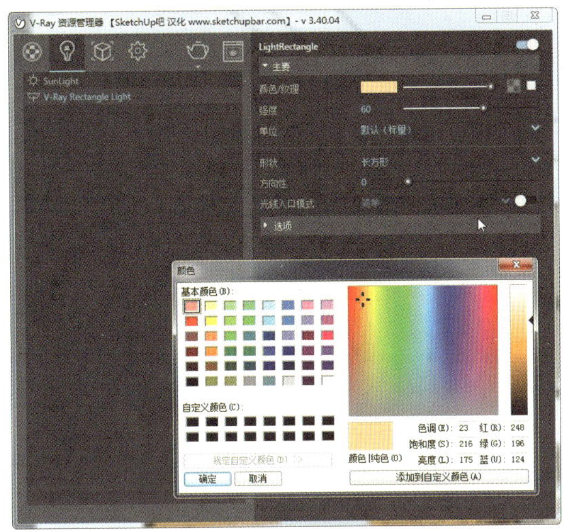

图 4-241　调整平面灯的参数

图 4-242　第四次测试渲染效果图

4.4.4　餐厅吊灯设置

为了使整个空间的层次更丰富，现给餐厅的一组吊灯设置光源。这里使用聚光灯，先将吊灯区放大一些，选择灯光集里面的聚光灯，在吊灯下创建一个聚光灯，如图 4-243 所示。

然后复制一个到另一个吊灯下面，直接渲染，如图 4-244 所示。

图 4-243　设置餐厅聚光灯

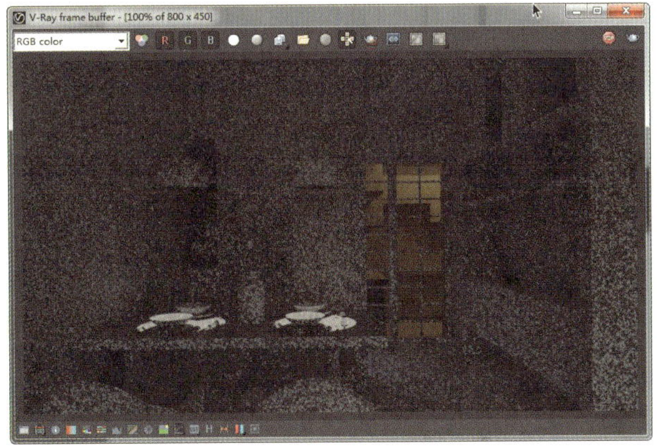

图 4-244　第五次测试渲染效果图

餐桌上亮着的区域即两盏聚光灯照亮的效果，但照射范围太窄，颜色也应该调整。回到 V-Ray 资源管理器，在灯光面板中选择刚创建的聚光灯，先调整光的颜色，将颜色 RGB 值分别调为 245、219、165，锥角调为 1.2，半影角调为 0.2，阴影半径调为 2，如图 4-245 所示。

再次渲染，得到图 4-246 所示效果。

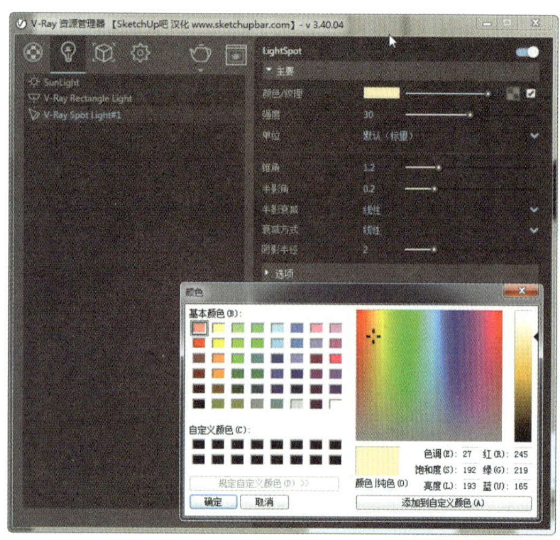

图 4-245　调整聚光灯参数

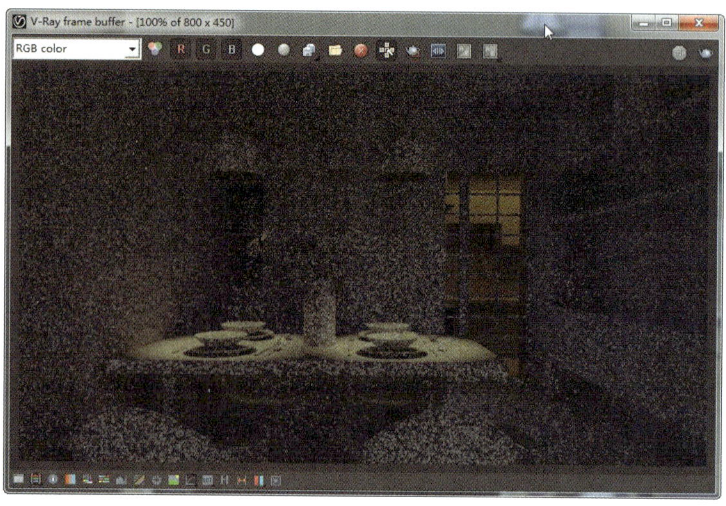

图 4-246　测试聚光灯效果图

4.4.5　渲染设置

切回到相机视图再次进行渲染。因为是表现白天的效果，布置这些光源即可，接下来进行渲染参数设置。

打开 V-Ray 资源管理器，进入设置面板。首先在渲染设置下面关闭渐进式渲染，将质量设置为高（如果时间充裕可以设置为非常高），渲染输出栏将宽度 / 高度调为 1600/900，在渲染元素里添加 Denoiser（去噪点）元素，如图 4-247 所示。

大约经过 1 个小时的渲染，得到图 4-248 所示效果。

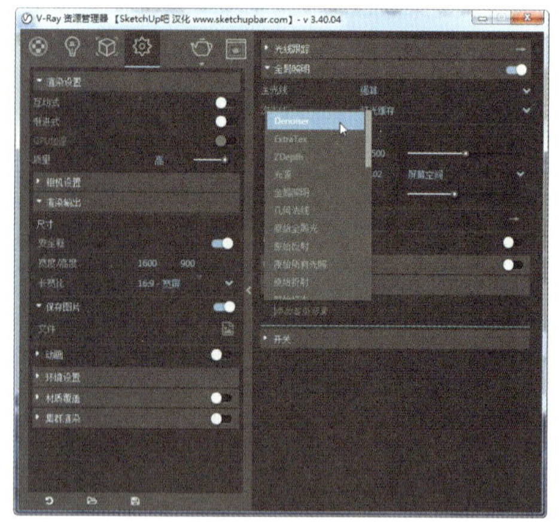

图 4-247　设置渲染参数

图 4-248　渲染效果图

4.4.6　颜色矫正

在缓存帧最左下角点击显示颜色校正（Show corrections control），打开调色面板，即可在缓存帧右侧显示调色板，如图 4-249 所示。

首先调整一下曝光“Exposure”，整个画面亮度还是不够，将 Exposure 适当提高，这里用的值为 2.00，“Highlight Burn”调为 0.75；白平衡“White Balance”调到 4800，改变图的色调；再适当地调整曲线“Curve”，增强画面的对比，如图 4-250 所示。

图 4-249 打开颜色校正控制器

图 4-250 微调参数

然后在缓存帧上单击保存按钮，将图片保存成 jpg 格式。最终效果如图 4-251 所示。如果还需要将图片进一步校色或者到 Photoshop 进行后期处理，推荐保存为 bmp 格式。

图 4-251 最终效果

5

Loft 风格咖啡吧空间表现详解

5.1 建模

5.1.1 导入 CAD

将本书配套素材第 5 章 中 CAD 平面图整理好（图 5-1）后导入新建的 SketchUp 场景中。

单击“文件”→“导入”，在弹出的对话框中将文件类型选择为“AutoCAD 文件”，单击“选项”，勾选“合并共面平面”和“平面方向一致”，单位栏选择“毫米”，按“确定”按钮（图 5-2）；然后选择“建模平面”文件，单击“打开”按钮，将 CAD 文件导入 SketchUp 场景中。

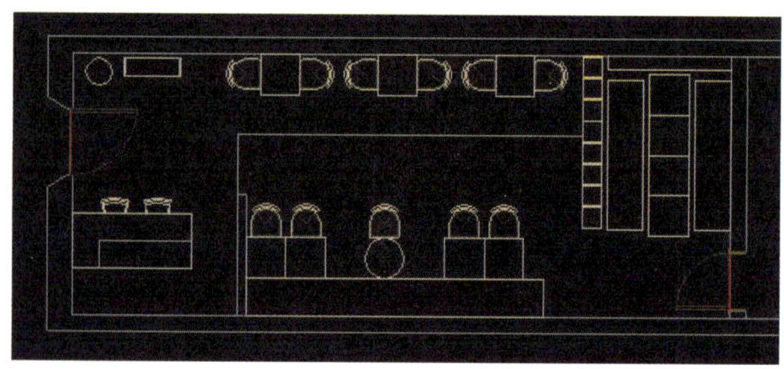

图 5-1 整理 CAD 平面图

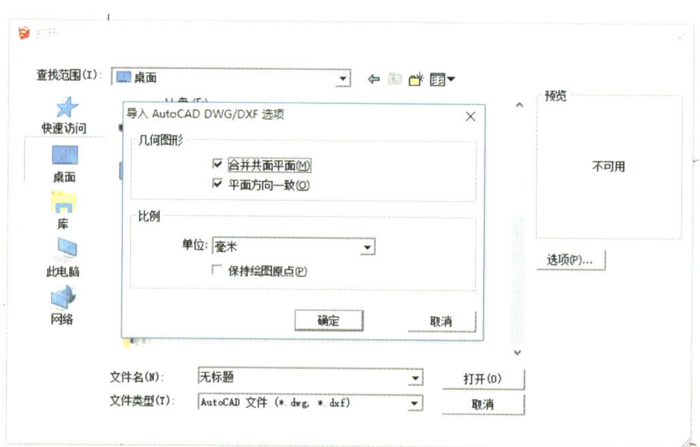

图 5-2 设置 CAD 导入选项

关闭“导入结果”对话框（图 5-3），可以在场景中看到平面图（图 5-4）。

框选所有平面线条，将其创建为群组，如图 5-5 所示。

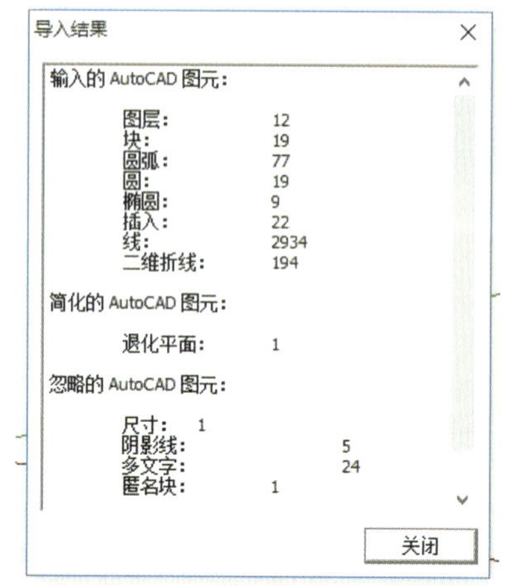

图 5-3 “导入结果”对话框

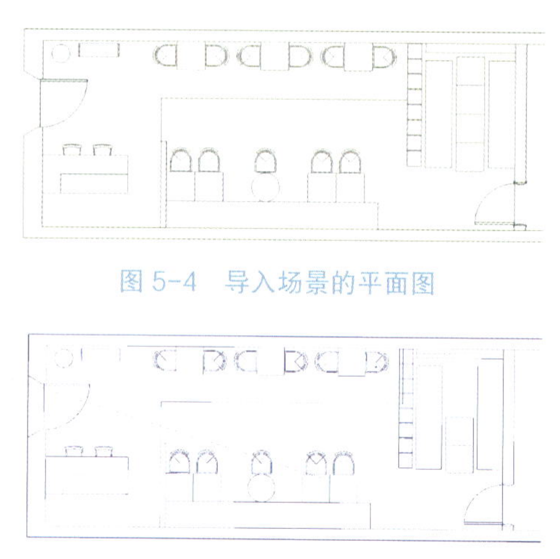

图 5-4 导入场景的平面图

图 5-5 将平面线条创建为群组

5.1.2　创建墙体

用铅笔工具将所有墙体轮廓线描绘一遍，得到墙体的截平面（图 5–6）。

框选所有平面，单击鼠标右键，选择“反转平面”，使墙体正面朝上，并全部推出 2950mm。

5.1.3　创建门

用铅笔工具勾出门的平面，并推出 2200mm 的高度（图 5–7）。

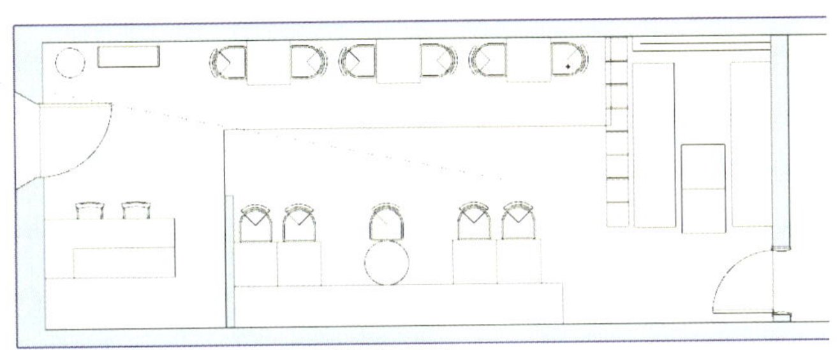

图 5–6　用铅笔工具勾出墙体截平面

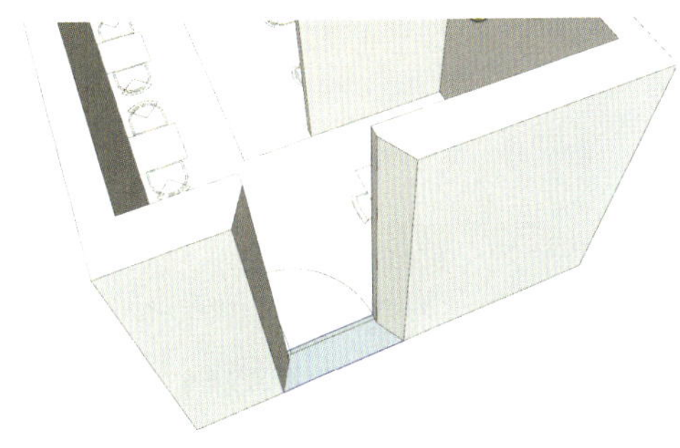

图 5–7　绘制门的平面并推出

将“门”的平面创建组，并选择移动工具，向上移动 2200mm；双击进入“门”的组块，使用推拉工具将“门”创建组推拉至与墙一样的高度，完成门梁制作，如图 5–8 所示。

单击选中过梁组件，单击“编辑”→“剪切”，如图 5–9、图 5–10 所示。

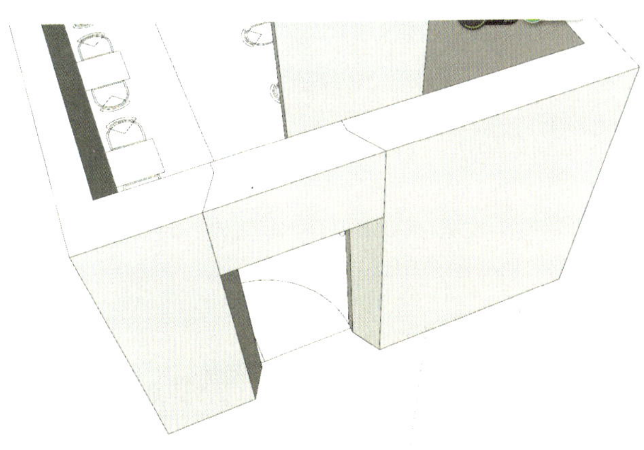

图 5–8　制作门梁

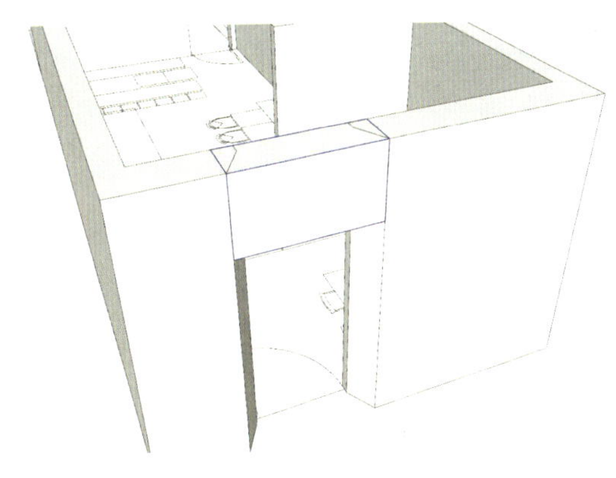

图 5–9　选中过梁并隐藏

双击进入墙体组块，单击“编辑”→“原位粘贴”。鼠标右键单击出现的组块，炸开模型，用擦除工具擦掉多余的线条，合成墙体，如图 5–11 所示。

另一个门用同样的方法制作。

5.1.4　赋予墙体材质

选择材质工具，进入墙体组块，将墙体涂成清水混凝土材质（图 5–12），贴图选择本书配套素材第 5 章“贴图”→“混凝土”，如图 5–13 所示。

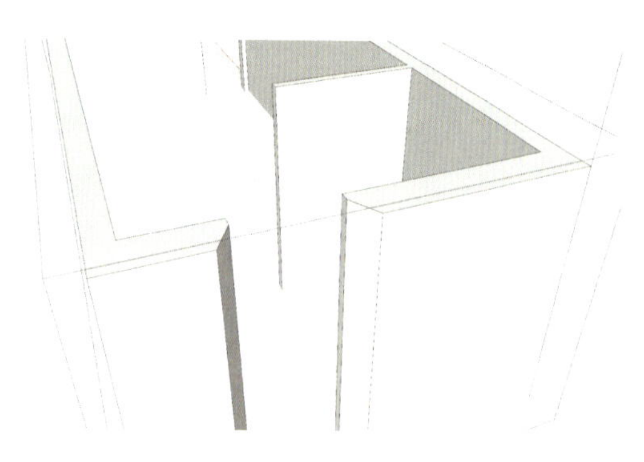

图 5-10　隐藏过梁后的墙体

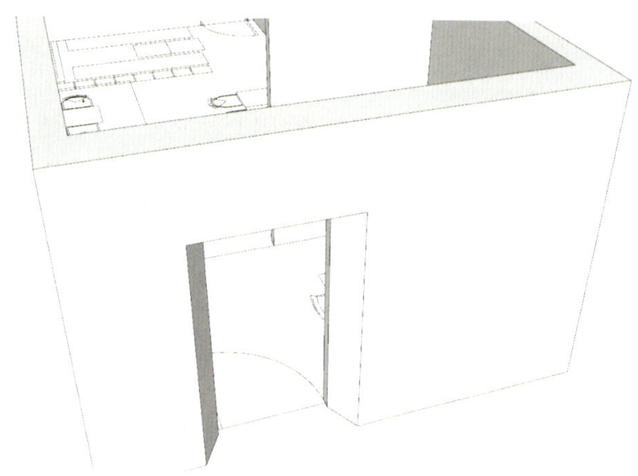

图 5-11　合成墙体

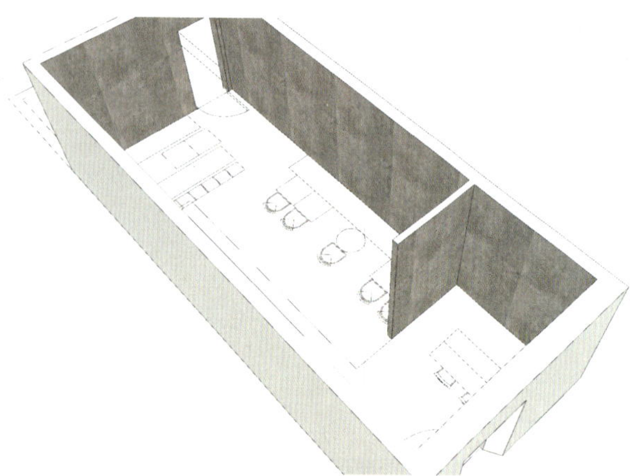

图 5-12　赋予墙体混凝土材质一

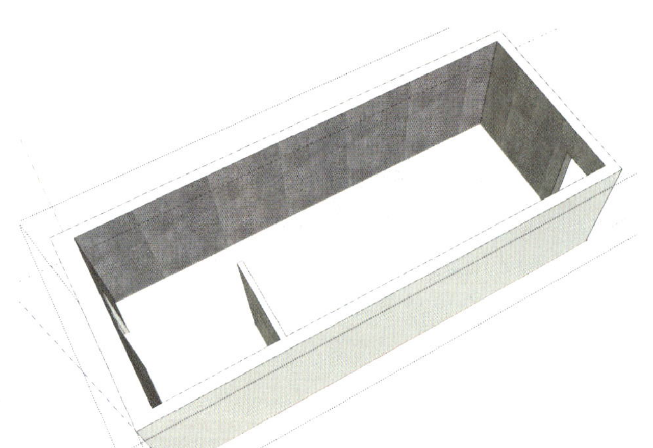

图 5-13　赋予墙体混凝土材质二

双击进入墙体组块，使用卷尺工具，从墙底部向上移动 2400mm，然后用直线工具画线，同时将其他的墙也绘出距地面 2400mm 的线，如图 5-14 所示。

将辅助线删掉，使用材质工具，赋予墙体 2400mm 以上部分深灰色材质（图 5-15）。

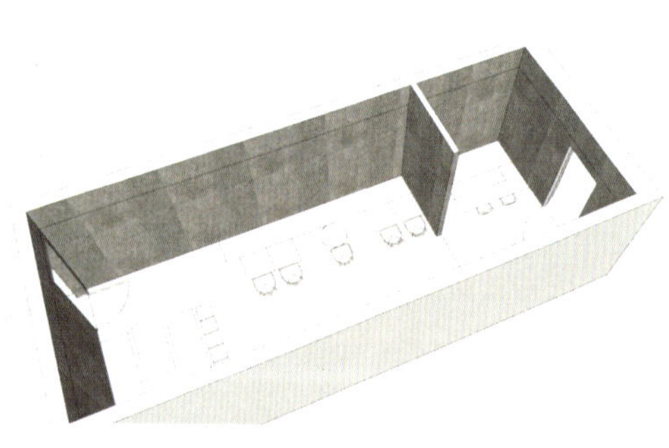

图 5-14　为墙体绘制水平分隔线

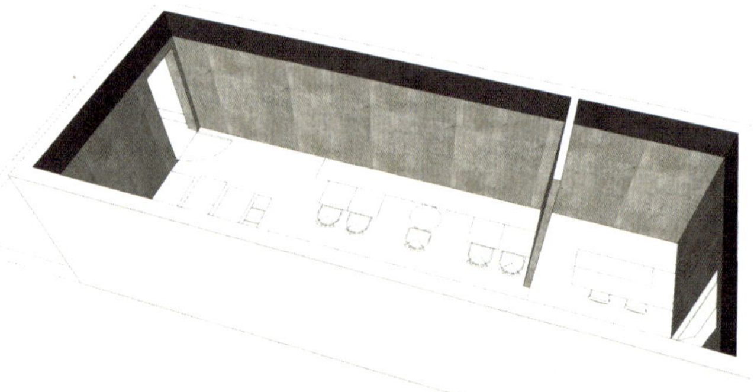

图 5-15　赋予墙体上部深灰色材质

将中间的墙体向下推拉至 2400mm 高度，如图 5-16 所示。

选取图 5-17 中红色箭头指向的线，使用移动工具，同时按住 Ctrl 键，向下移动 600mm，使用擦除工具将多余的线擦掉，如图 5-18 所示。

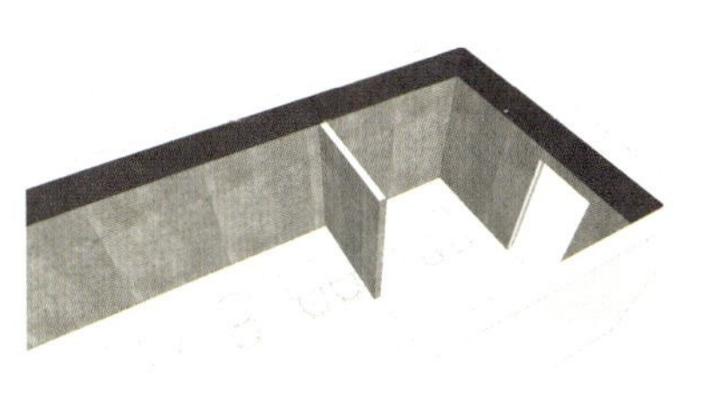
图 5-16　向下推拉中间墙体

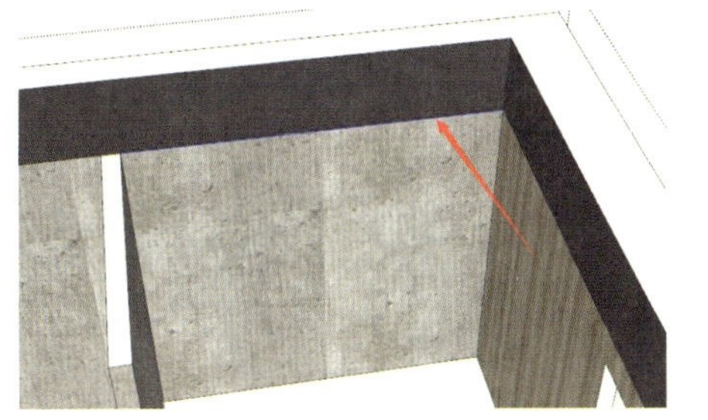
图 5-17　选中指定线条

图 5-18　修改深灰色墙体范围

进入墙体组块，单击图 5-19 中红色箭头所指的线，选择移动工具，同时按住 Ctrl 键，向左移 2100mm。

赋予墙体材质。选择材质工具，赋予本书配套素材第 5 章“贴图”→“木条”，如图 5-20 所示。

图 5-19　向左移动复制线条

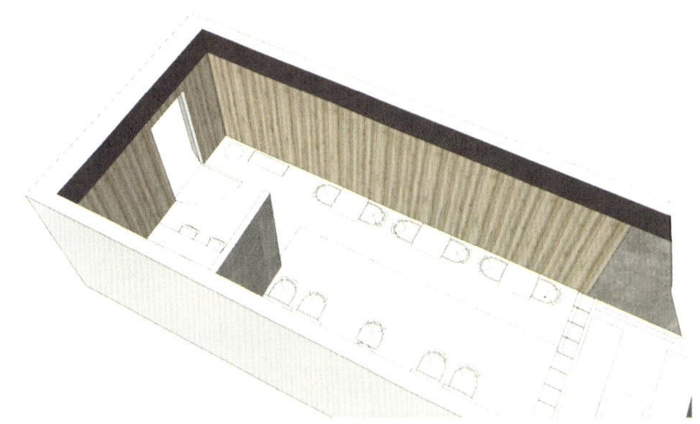
图 5-20　赋予墙体木条材质

5.1.5　制作固定陈列架

使用矩形工具，在墙根画一个 2500mm×200mm 的矩形并创建组件，如图 5-21 所示。

选中矩形，选择移动工具，向上移动矩形 1100mm，按住 Ctrl 键，继续向上移动矩形 200mm，再次按住 Ctrl 键继续向上移动矩形 500mm，复制隔板，如图 5-22 所示。

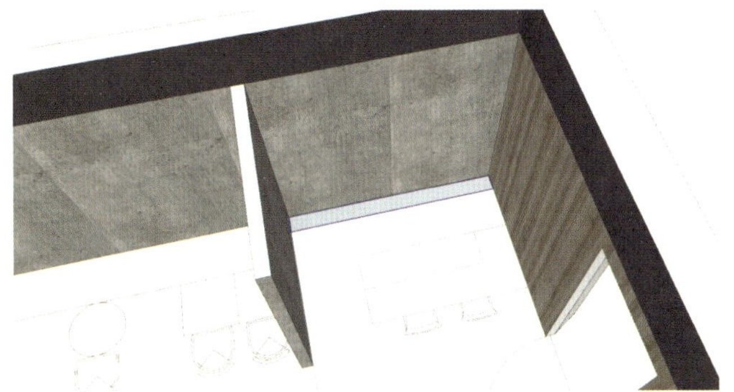
图 5-21　绘制矩形

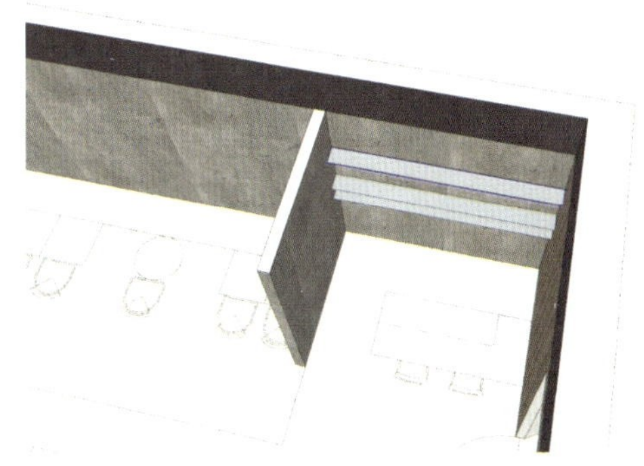
图 5-22　复制隔板

进入矩形组件，使用推拉工具向下推拉 9mm，然后用材质工具将组件内的矩形赋予木条贴图，如图 5-23 所示。

使用铅笔工具，画一个长 770mm、宽 230mm 的矩形，并创建组件，如图 5-24 所示。

双击进入组件，使用偏移工具，向内偏移 30mm，如图 5-25 所示。

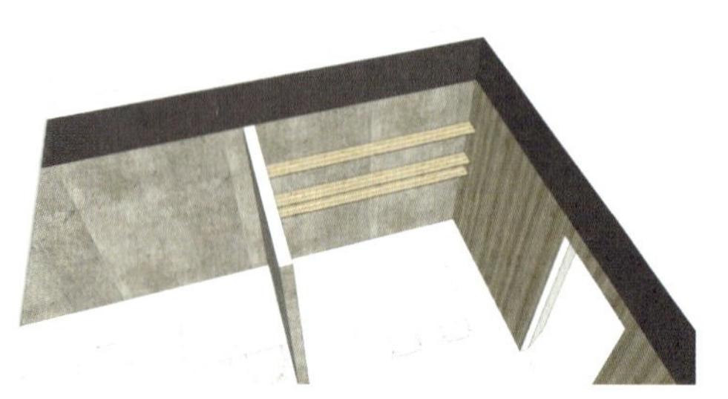

图 5-23 赋予木条材质

图 5-24 绘制矩形并创建组件

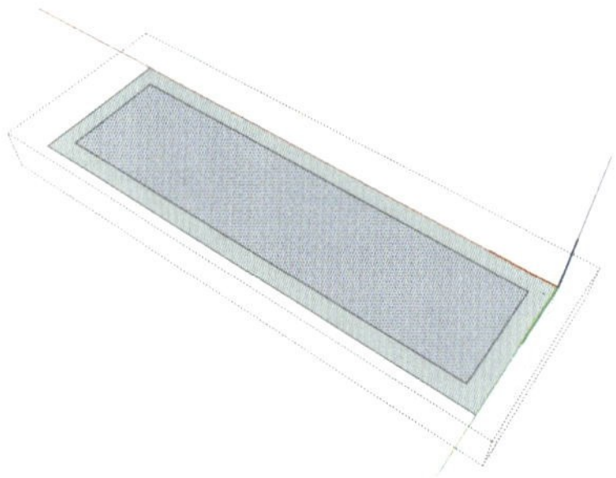

图 5-25 偏移复制内框

使用铅笔工具在图 5-26 中红色箭头处画线。删除多余的线与面，得到图 5-27 所示平面。

使用推拉工具将平面向上推拉 30mm，然后使用材质工具赋予其深灰色材质，如图 5-28 所示。

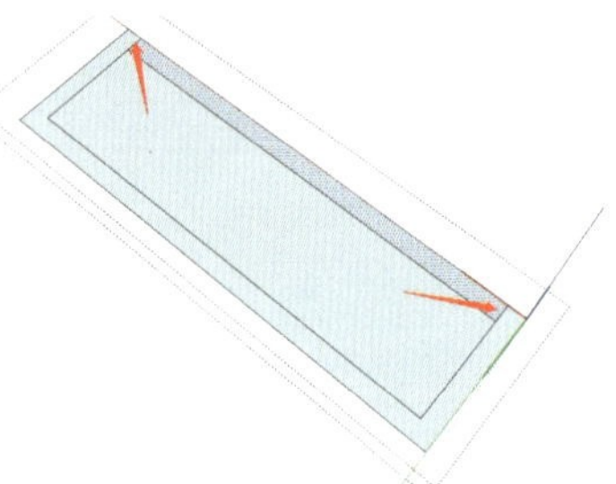

图 5-26 在红色箭头处画线

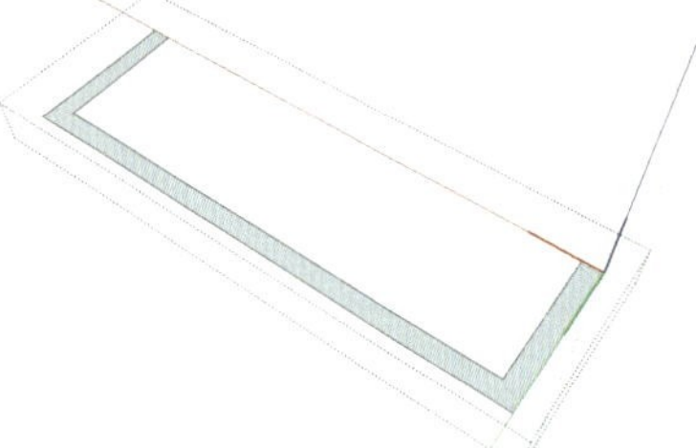

图 5-27 删除多余的线和面

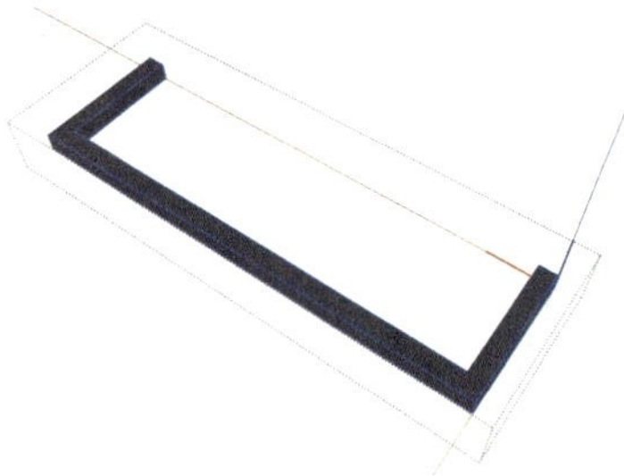

图 5-28 赋予组件深灰色材质

单击组件，单击旋转工具，以墙体为参照，逆时针旋转 90° ，如图 5-29 所示。

使用移动工具，将此深灰色组件沿左边墙体向右移动 600mm，如图 5-30 所示。

图 5-29 将组件旋转 90°

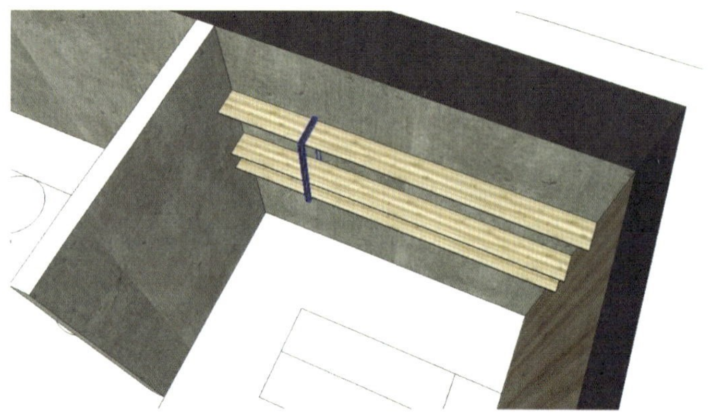

图 5-30 移动深灰色组件

单击组件，使用移动工具，同时按住 Ctrl 键，向右平移 1240mm，如图 5-31 所示。

导入本书配套素材第 5 章“模型”→“酒杯和酒瓶”“绿植”，将酒瓶、酒杯、绿植等装饰品放置到场景内，如图 5-32 所示。

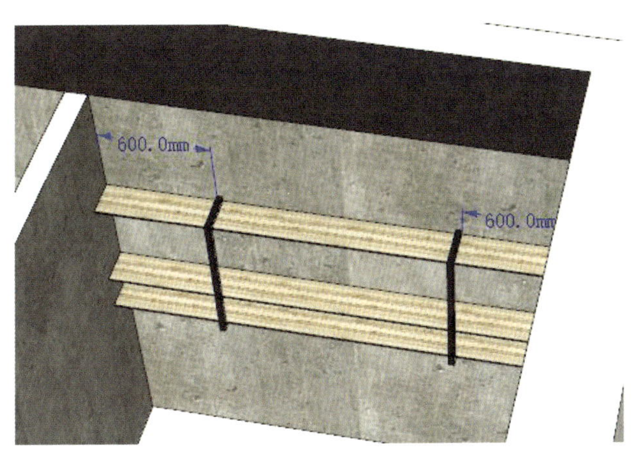

图 5-31 移动复制组件

图 5-32 放置装饰品

导入本书配套素材第 5 章“CAD”→“2 立面图”中 CAD 图纸（图 5-33）。使用旋转工具，将图纸旋转 90°（图 5-34）。

图 5-33 导入立面图

图 5-34 将图纸旋转 90°

使用移动工具，将导入的 CAD 图纸移动到正确位置（图 5-35）。

使用矩形工具，捕捉 CAD 图形中的隔板，画矩形，然后左键双击矩形→右键→创建群组（图 5-36）。

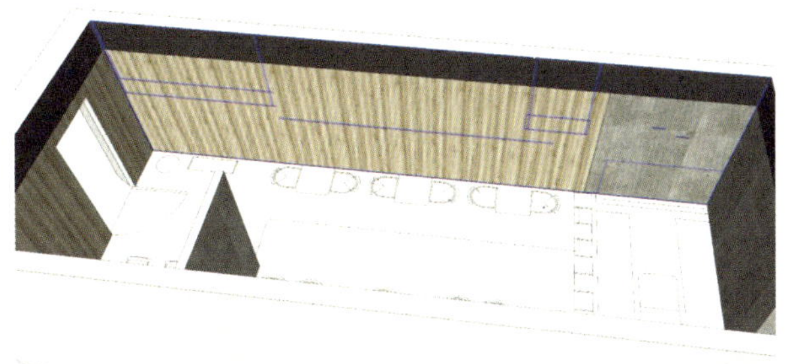

图 5-35 将立面图放置到合适位置

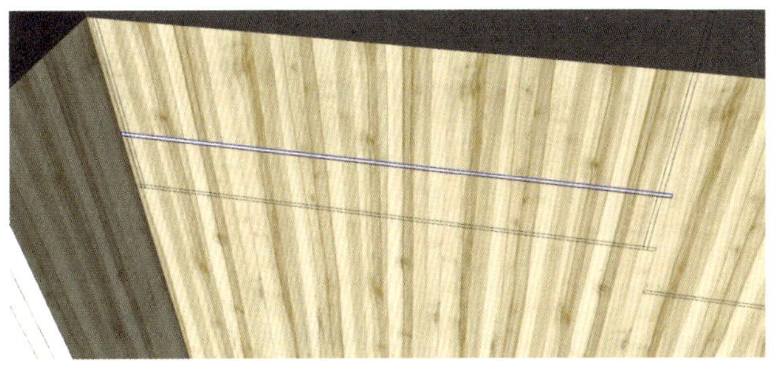

图 5-36 绘制矩形截面并创建群组

双击进入群组，使用推拉工具，向外推出 150mm，并使用材质工具，赋予其木条材质，如图 5-37 所示。

退出群组，使用移动工具，同时按住 Ctrl 键，向下移动复制隔板，如图 5-38 所示。

其他隔板用同样的方法绘制，如图 5-39 所示。

使用矩形工具画一个长 1520mm、宽 180mm 的矩形，并左键双击矩形→右键→创建组件（图 5-40）。

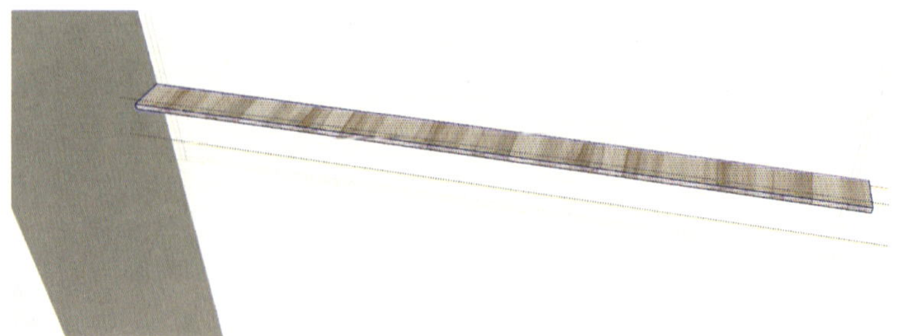

图 5-37 推拉矩形并赋予木条材质

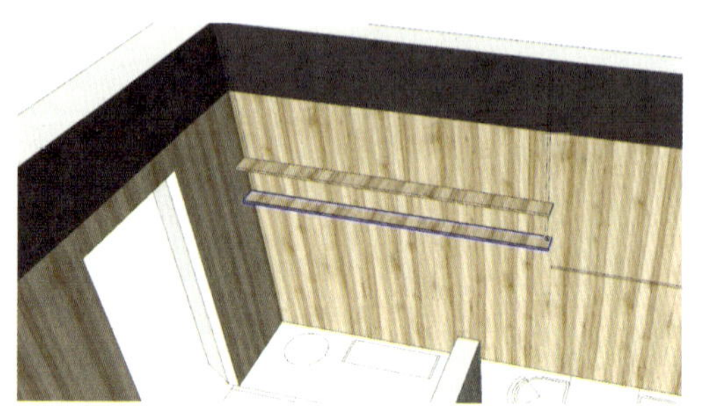

图 5-38 移动复制隔板

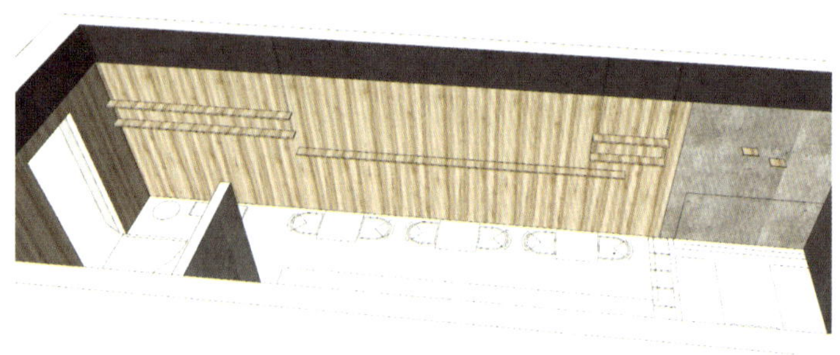

图 5-39 绘制其他隔板

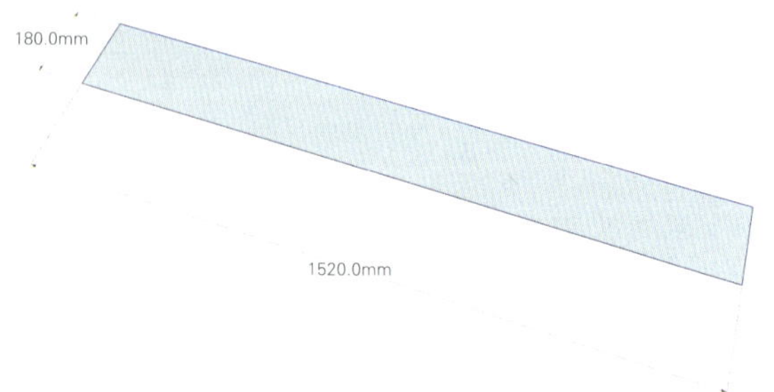

图 5-40 创建矩形组件

双击进入组件，使用偏移工具向内偏移 30mm，并用铅笔工具在图 5-41 中箭头处画线。

删除多余的线条，并使用铅笔工具画线（图 5-42、图 5-43）。使用材质工具，赋予平面深灰色材质（图 5-44）。

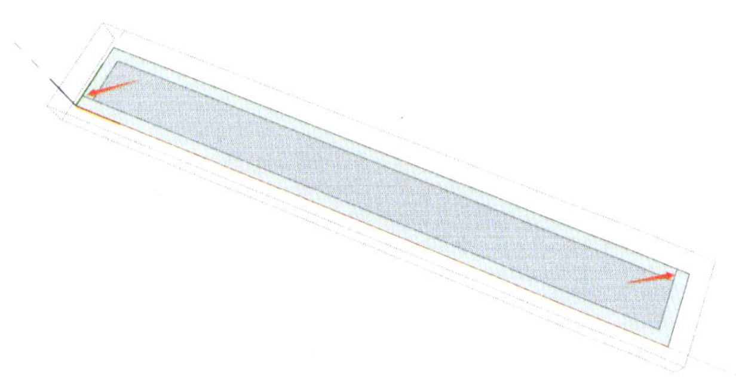

图 5-41 偏移复制并绘制分隔线

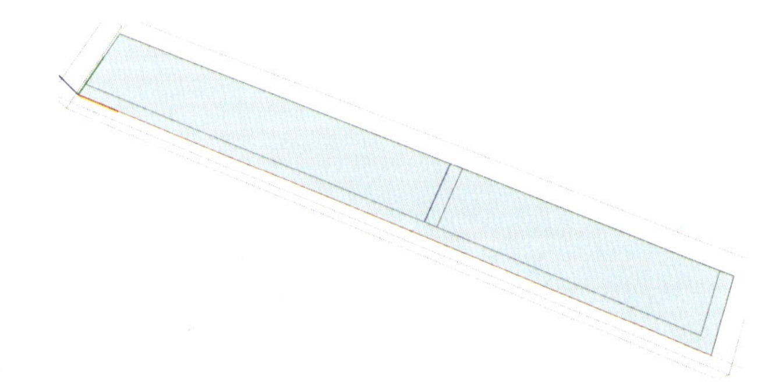

图 5-42 用铅笔工具画线

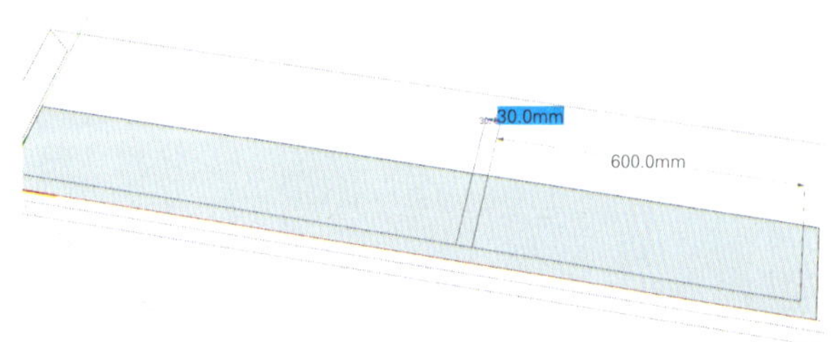

图 5-43 画线位置

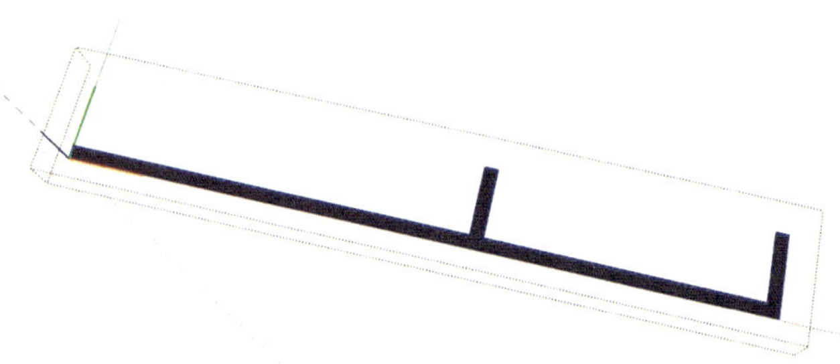

图 5-44 赋予平面深灰色材质

选择组件，使用旋转工具，以墙为参照，顺时针旋转 90° ，如图 5-45 所示。

选择组件，将其移动到图 5-46 所示位置。

选择组件，使用移动工具，向右移动 100mm，并双击进入组件，使用推拉工具，向右推拉 30mm，如图 5-47 所示。

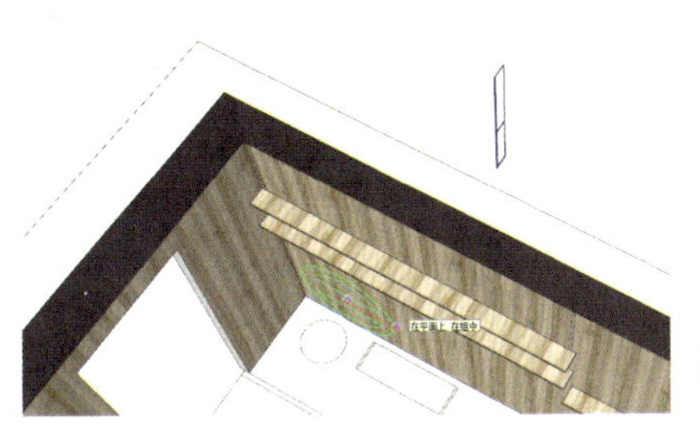

图 5-45　旋转组件

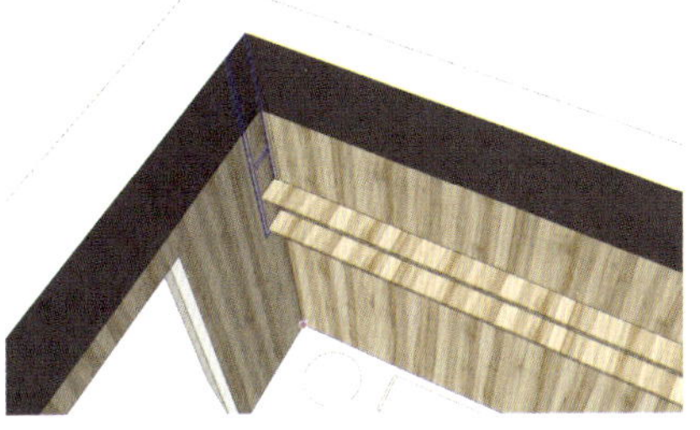

图 5-46　移动组件至适合位置

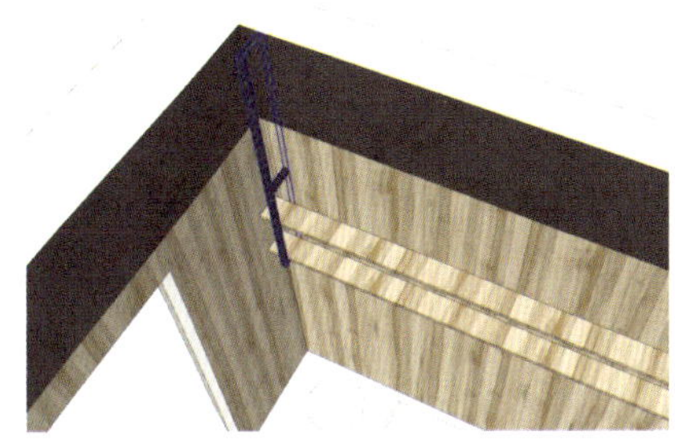

图 5-47　移动并推拉组件

使用移动工具，同时按住 Ctrl 键，将组件复制到图 5-48 中红色箭头所示位置，每个组件至隔板的末端均为 100mm。

使用矩形工具，在图 5-49 中红色箭头处画矩形，然后左键双击矩形→右键→创建群组。

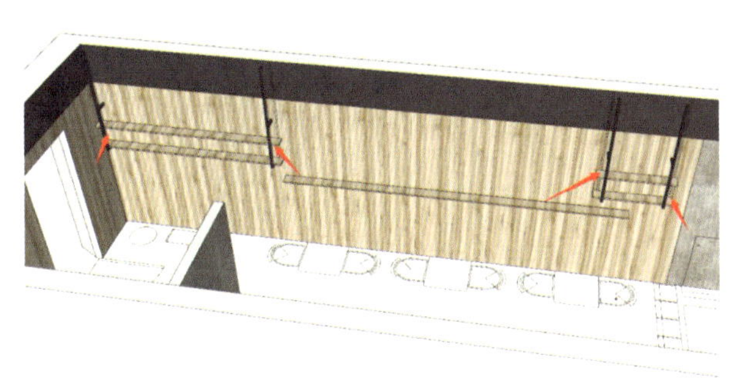

图 5-48　移动复制组件

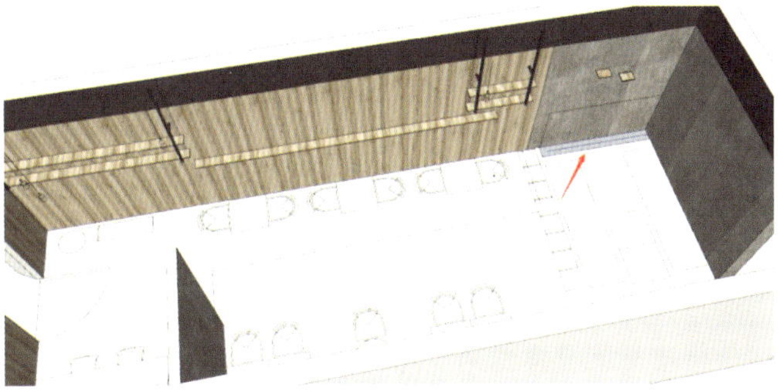

图 5-49　绘制矩形并创建群组

进入群组，使用推拉工具，向上拉 900mm，然后使用材质工具赋予其本书配套素材第 5 章“贴图”→“桌面”材质，如图 5-50 所示。

选取图 5-51 中红色箭头指向的线，使用移动工具，同时按住 Ctrl 键，向内侧移动 50mm。

使用推拉工具并选取矩形内侧的面，向下推拉 100mm，如图 5-52 所示。

图 5-50　推拉平面并赋予“桌面”材质

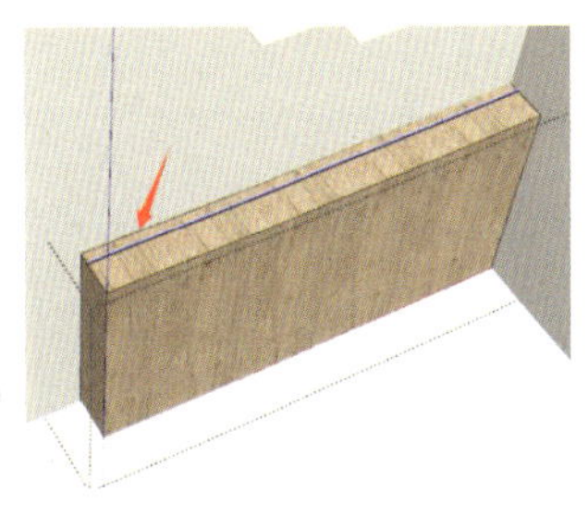

图 5-51　移动复制线条

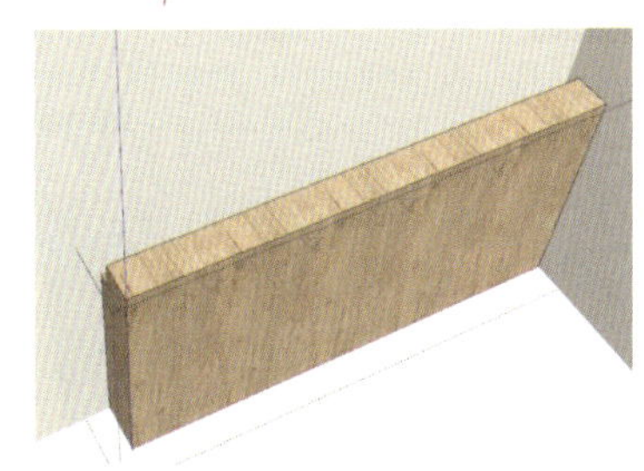

图 5-52　将矩形面向下推拉

单击菜单栏“文件”→“导入”，选择 png 格式（图 5-53），将本书配套素材第 5 章“贴图”→“发光材质”贴图导入，并将其移动至凹槽位置（图 5-54）。

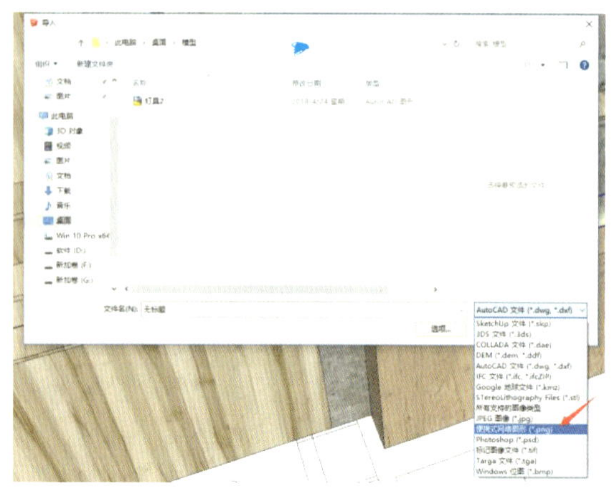

图 5-53 选择 png 格式

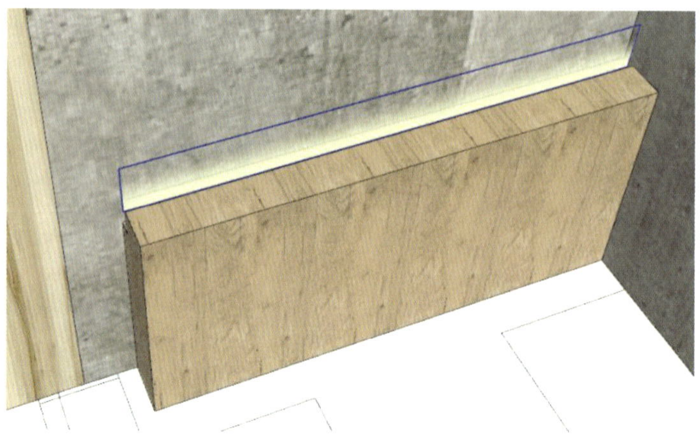

图 5-54 将导入图片放置到凹槽位置

绘制一个长 200mm、宽 100mm、厚 10mm 的木片，如图 5-55 所示。使用移动工具，同时按住 Ctrl 键，将木片移动复制到图 5-56 所示位置。

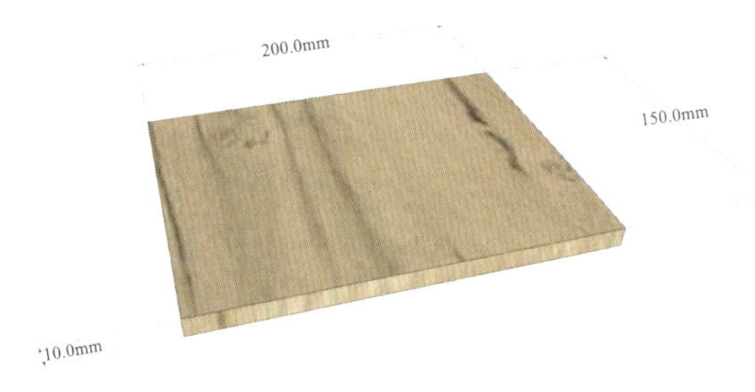

图 5-55 绘制木片

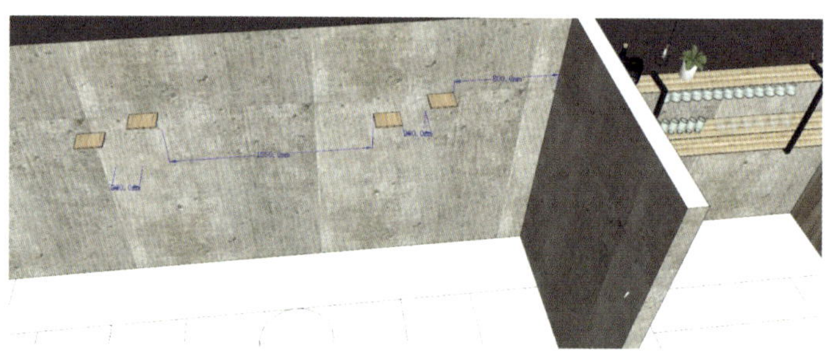

图 5-56 移动复制木片

将本书配套素材第 5 章“模型”→“绿植”的素材放置到合适位置，如图 5-57、图 5-58 所示。

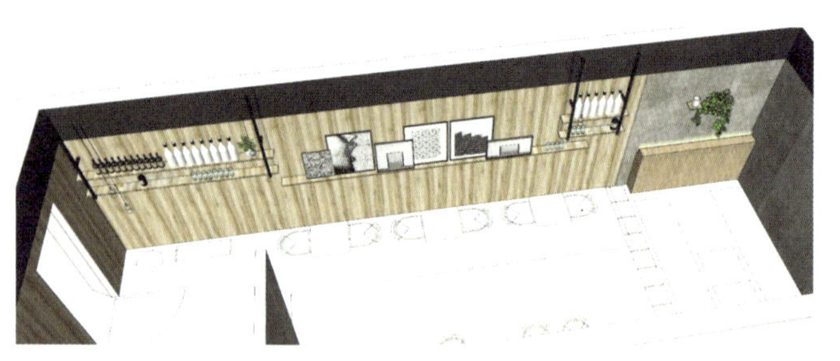

图 5-57 导入装饰素材一

图 5-58 导入装饰素材二

使用卷尺工具，从墙的边缘分别绘制辅助线，如图 5-59 所示。

双击进入墙体群组，使用矩形工具，框选虚线形成的矩形，如图 5-60 所示。

使用推拉工具，将画好的矩形向内推 120mm，删除其余辅助线，如图 5-61 所示。

使用卷尺工具沿着墙体内边缘，分别向外绘制辅助线，距离为 10mm，如图 5-62 所示。

使用铅笔工具，沿卷尺工具所形成的矩形描边，然后用材质工具将其上色成深灰色，再用擦除工具将多余的线擦掉，如图 5-63 所示。采用同样方法绘制墙体另一面，完成深灰色窗框绘制，如图 5-64 所示。

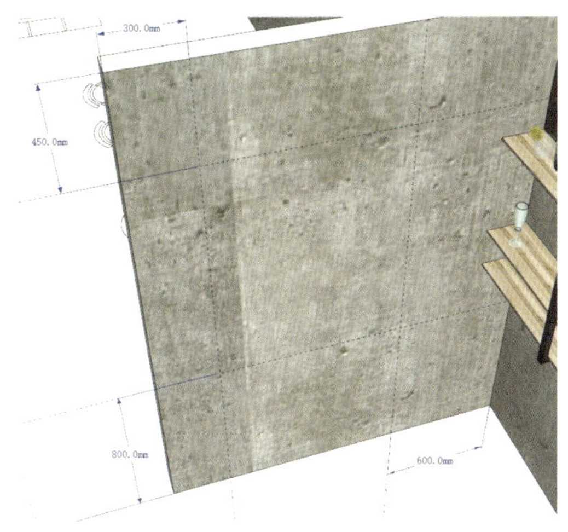

图 5-59　绘制辅助线

图 5-60　框选矩形

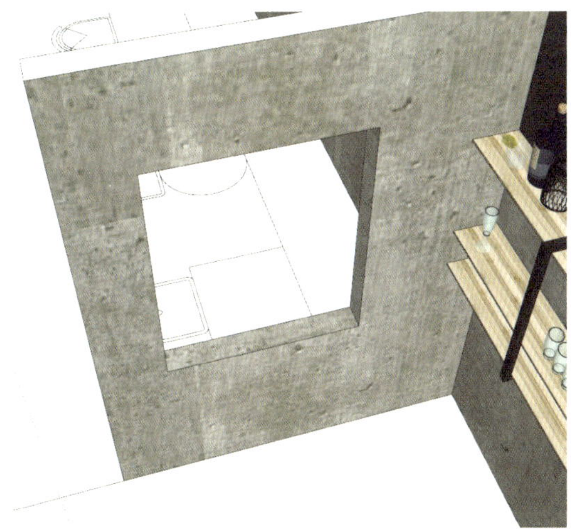
图 5-61　将矩形向外推空

图 5-62　绘制辅助线

图 5-63　绘制深灰色窗框一

图 5-64　绘制深灰色窗框二

画一个长 890mm、宽 250mm、厚 20mm 的木板，如图 5-65 所示。

使用移动工具，同时按住 Ctrl 键，将木板向上移动复制至窗的合适位置，如图 5-66 所示。

将本书配套素材第 5 章“模型”→“书籍”素材导入场景中，如图 5-67 所示。

图 5-65　绘制木隔板

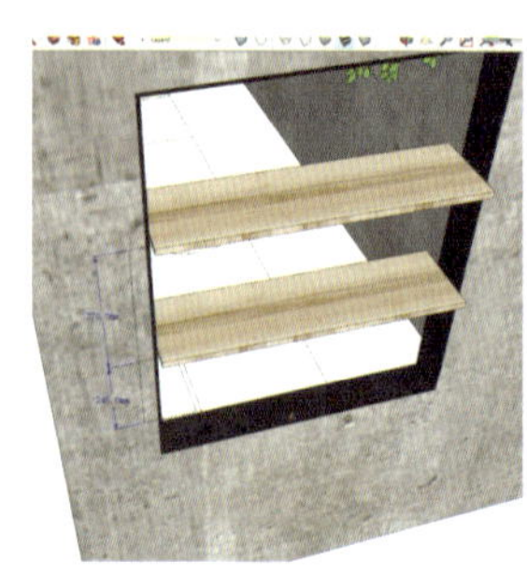
图 5-66　移动复制木板

图 5-67　导入素材

5.1.6　书架建模

导入本书配套素材第 5 章“3 书架立面”中 CAD 文件，使用旋转工具和移动工具，将书架 CAD 文件放置到正确位置，如图 5-68 所示。

双击进入书架的 CAD 文件，使用矩形工具描画书架立面外轮廓，并将其中的小方格一一描画出来，如图 5-69 所示。

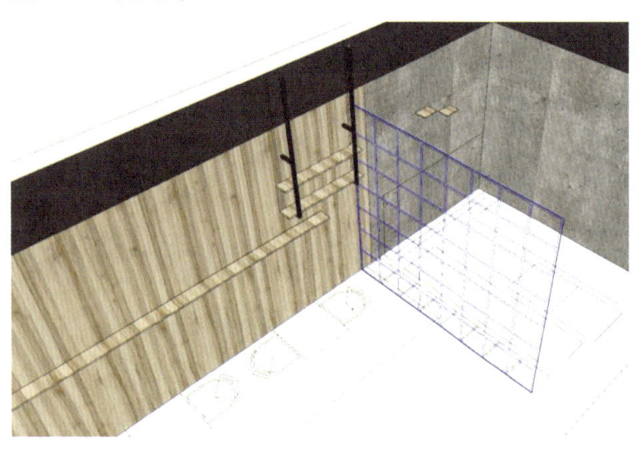
图 5-68　将书架立面图放置到正确位置

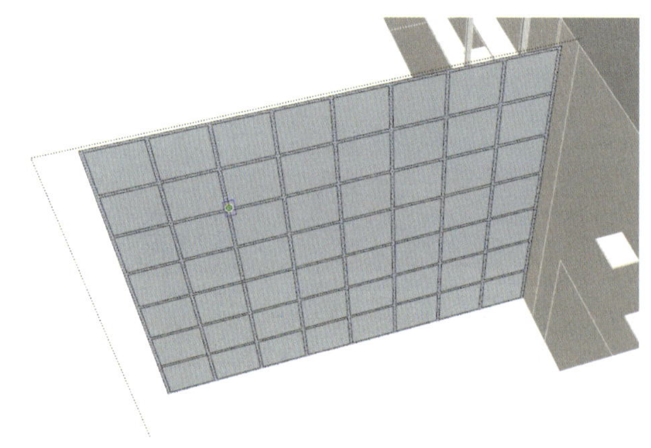
图 5-69　描绘书架立面

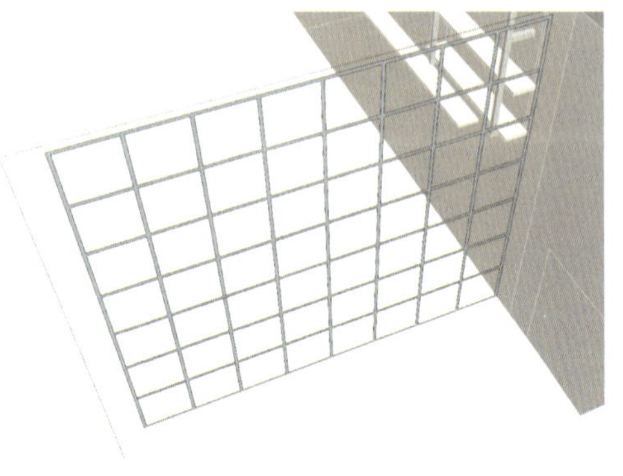
图 5-70　删除书架小方格的矩形平面

按住 Ctrl 键，同时使用鼠标左键，将书架立面文件中的小方格一一选中，然后按 Delete 键删除，如图 5-70 所示。

在 CAD 文件内，双击文件，同时按住 Ctrl 键，向内移动复制，距离为 300mm，如图 5-71 所示。

使用推拉工具将两边的格子分别向内推 20mm，并用材质工具赋予其深灰色材质，退出 CAD 立面群组，完成方格网制作，如图 5-72 所示。

双击进入书架立面图内，使用矩形工具画一个长 260mm、宽 20mm 的矩形，并创建组件。双击进入组件，使用推拉工具，

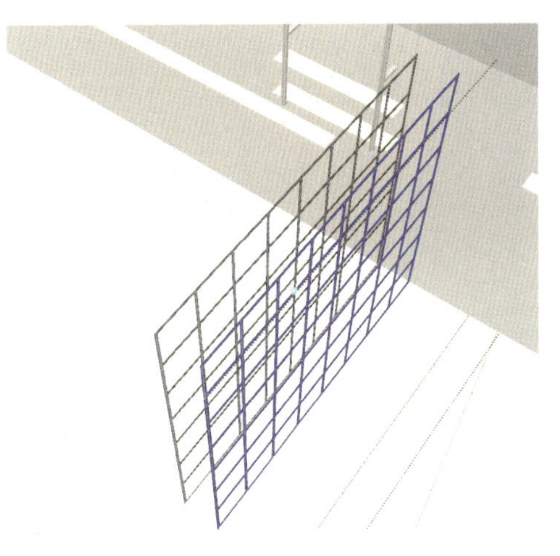

图 5-71 移动复制方格网

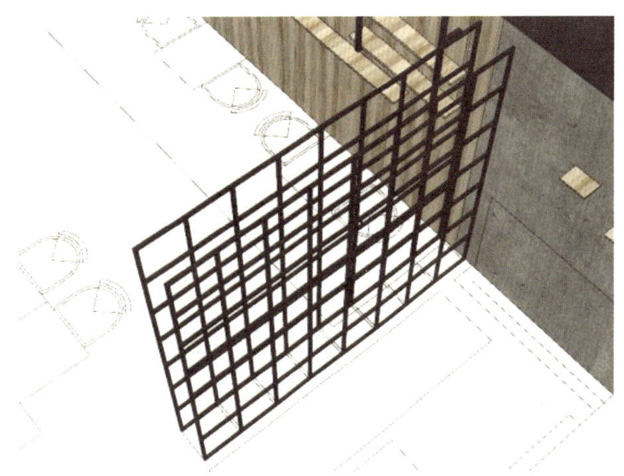

图 5-72 完成方格网制作

向上推拉 20mm，然后用材质工具赋予其深灰色材质，最后用移动工具将其移动到图 5-73 所示位置。

选中连接构件，使用移动工具，同时按住 Ctrl 键，向上移动复制连接构件（图 5-74）。重复前面的操作，并输入“7*”，阵列复制 7 个（图 5-75）。

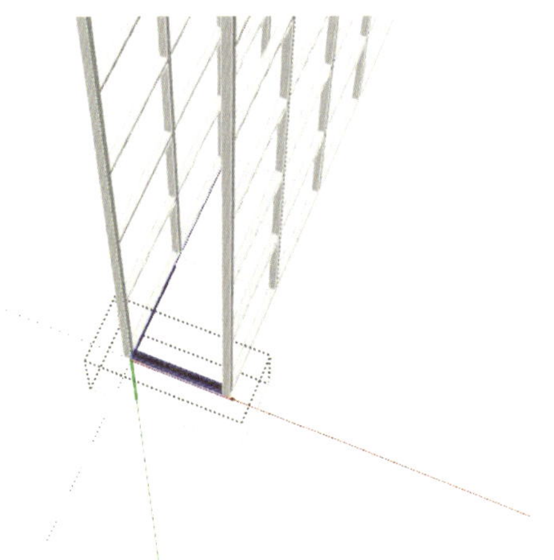

图 5-73 制作连接构件

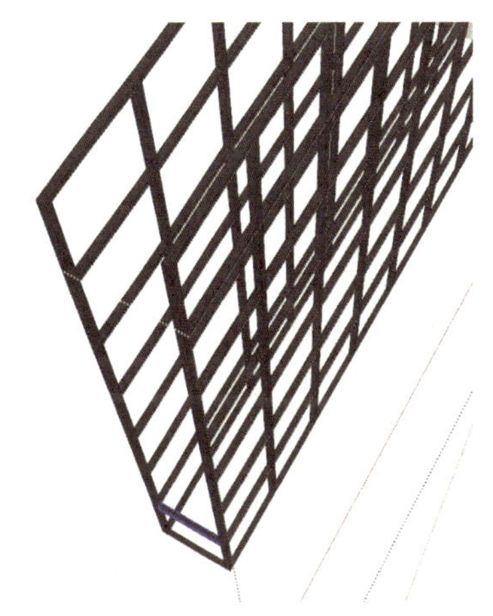

图 5-74 移动复制连接构件

另一侧也用同样的方法绘制，完成后如图 5-76 所示。

图 5-75 阵列复制连接构件

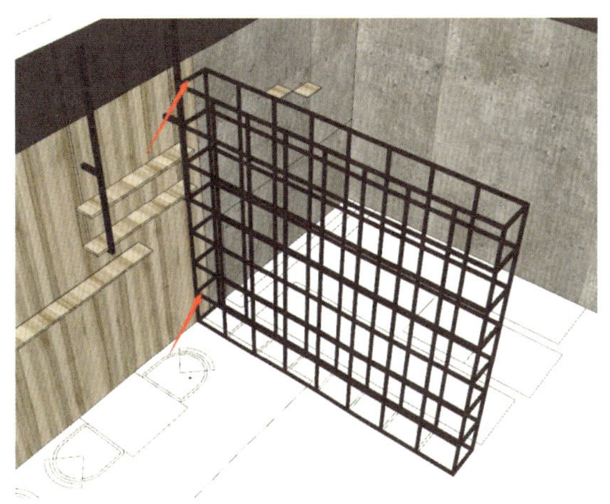

图 5-76 制作另一侧连接构件

使用矩形工具画一个矩形，然后单击鼠标右键创建组件，如图 5-77 所示。

双击进入组件，使用偏移工具，向内偏移 9mm，制作木头盒子，如图 5-78 所示。

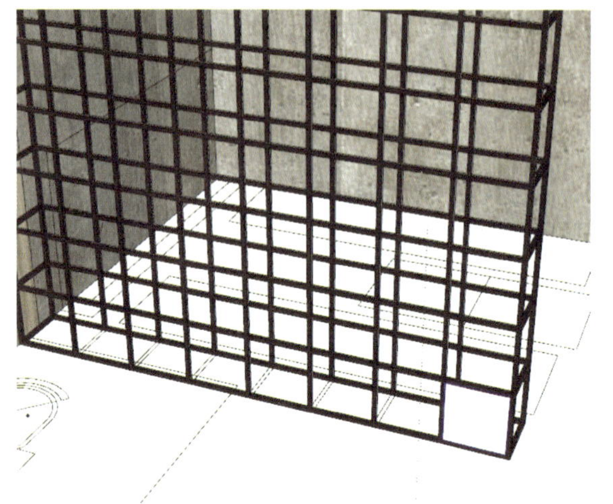

图 5-77　绘制矩形并创建组件

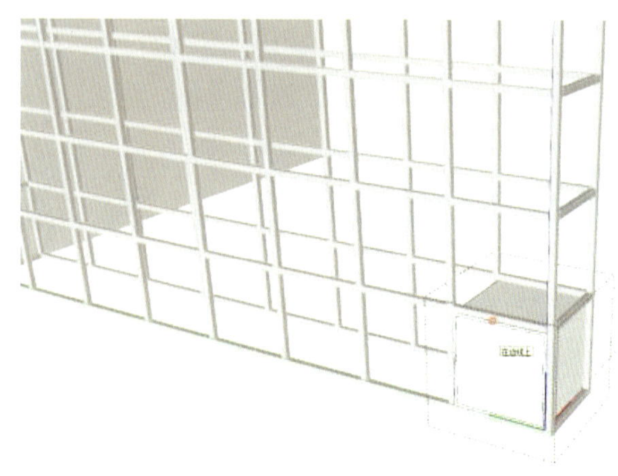

图 5-78　制作木头盒子

使用推拉工具向内推 291mm，并用材质工具赋予其木盒子贴图，退出组件，如图 5-79 所示。

鼠标左键单击盒子组件，使用移动工具，同时按住 Ctrl 键，将其移动复制到图 5-80 所示位置。

图 5-79　完成木盒子制作

图 5-80　移动复制木盒子

图 5-81　移动复制木盒子并翻转

单击选择图 5-81 中红色箭头所指的盒子，使用移动工具，同时按住 Ctrl 键，将盒子复制到红色箭头左边的位置。鼠标右键单击红色箭头左边的盒子，选择“翻转方向”→“组件的红轴”，将其翻转，如图 5-81 所示。

再画两个大小不同的木盒子，尺寸如图 5-82 所示。

将画好的盒子复制到其他位置，如图 5-83、图 5-84 所示。

将本书配套素材第 5 章“模型”→“书籍”“绿植”素材导入场景，并放置到合适位置，如图 5-85、图 5-86 所示。

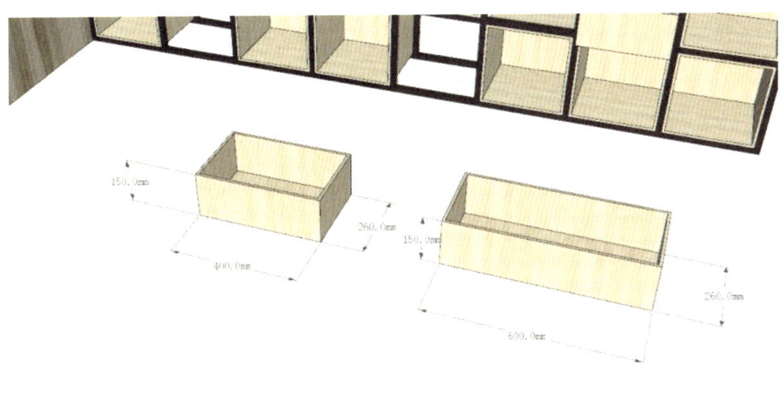

图 5-82　制作两个木盒子

图 5-83　移动复制木盒子一

图 5-84　移动复制木盒子二

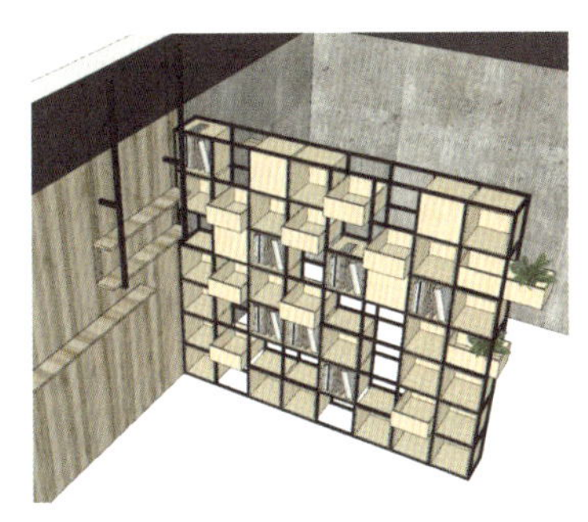

图 5-85　导入装饰素材一

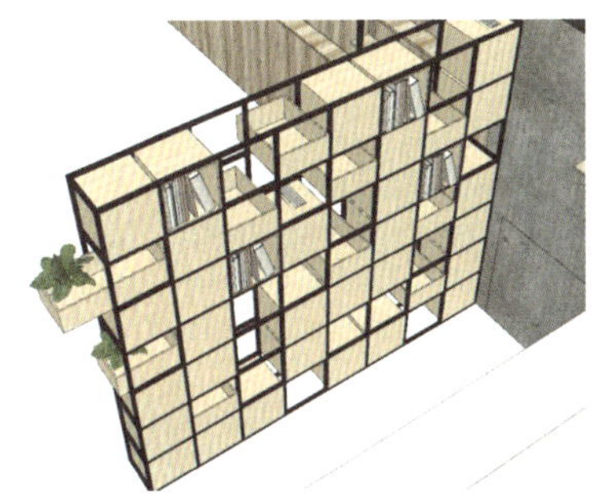

图 5-86　导入装饰素材二

5.1.7　桌子建模

使用矩形工具，画一个边长为 600mm 的正方形，然后用推拉工具向上推 30mm，如图 5-87 所示。

使用铅笔工具，沿正方形对角线画辅助线，然后用圆工具，选取辅助线中心点，画直径为 40mm 的圆，如图 5-88 所示。

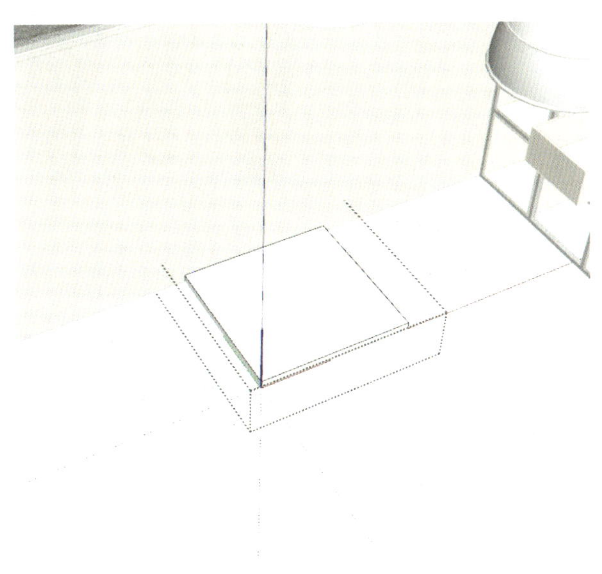

图 5-87　绘制桌面

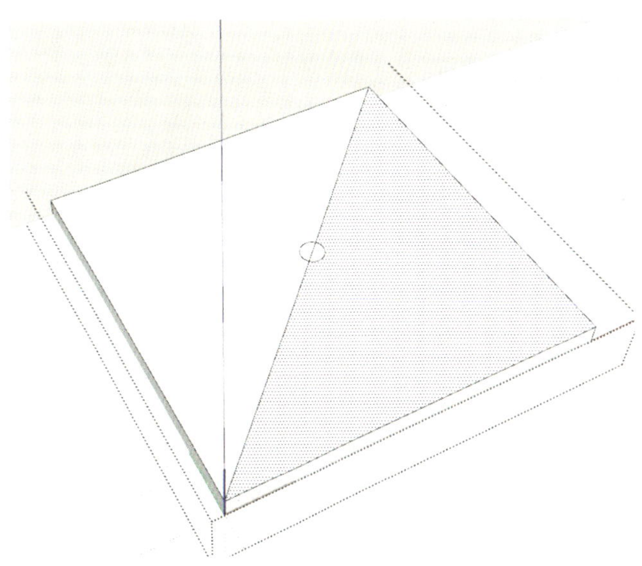

图 5-88　绘制圆形

使用擦除工具，将图 5-88 中多余的线擦除，然后用推拉工具，将圆向上拉 700mm，如图 5-89 所示。

将圆杆顶面的圆形向外偏移复制，偏移距离为 130mm，然后用推拉工具向上推出 20mm，退出组件，如图 5-90 所示。

鼠标右键单击桌子组件→翻转方向→组件的蓝轴，将桌子上下翻转，如图 5-91 所示。

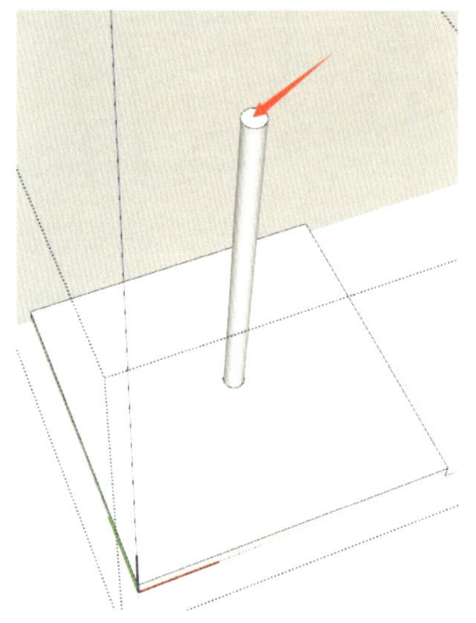

图 5-89　推拉圆杆

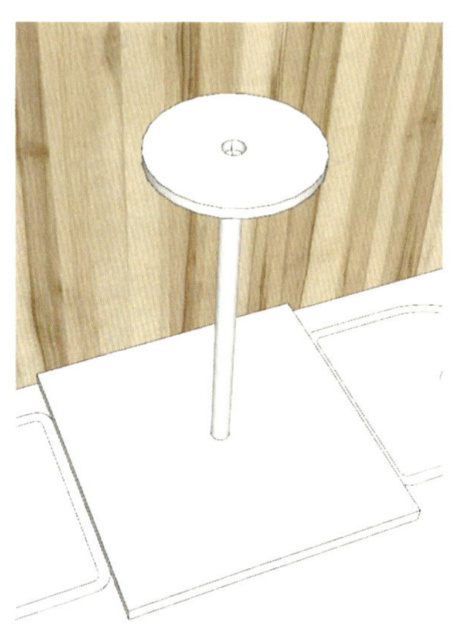

图 5-90　偏移复制圆并推出

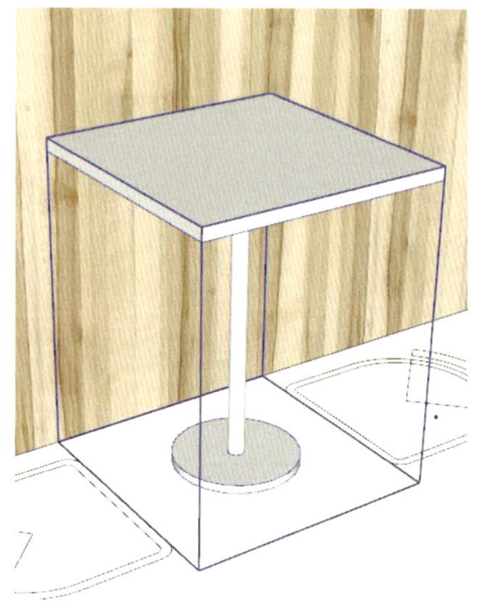

图 5-91　上下（垂直）翻转桌子

进入组件，使用材质工具，赋予桌面木纹材质，赋予支架黑色材质，如图 5-92 所示。

选择桌子组件，单击移动工具，同时按住 Ctrl 键，将桌子复制多个，如图 5-93 所示。

图 5-92　赋予桌子材质

图 5-93　复制多个桌子

使用圆工具，绘制一个直径为 600mm 的圆，然后鼠标右键单击圆→创建组件，双击进入组件，再使用推拉工具向上推 30mm，绘制桌子台面，如图 5-94 所示。

使用铅笔工具，绘制直径辅助线，然后使用圆工具，选取直径中心点，画一个直径为 40mm 的圆，如图 5-95 所示。

使用擦除工具，擦掉多余的线，然后用推拉工具将圆向上推 700mm，推拉出圆柱体，如图 5-96 所示。

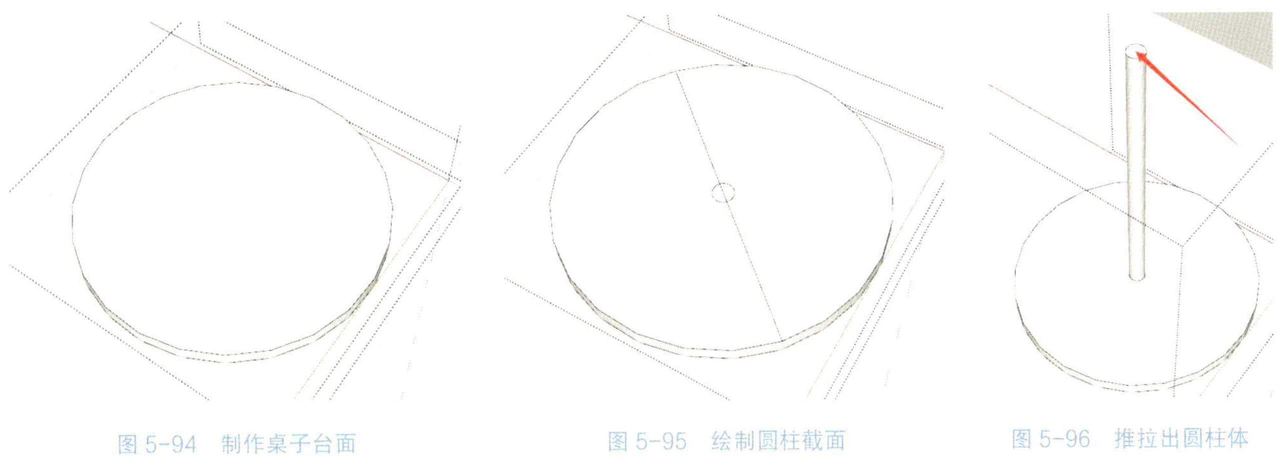

图 5-94　制作桌子台面　　图 5-95　绘制圆柱截面　　图 5-96　推拉出圆柱体

使用偏移工具，将圆柱边缘向外偏移 130mm，然后用推拉工具，向上推 20mm，制作桌子的底部，如图 5-97 所示。

退出桌子组件，鼠标右键单击桌子组件→翻转方向→组件的蓝轴，将桌子翻转过来，如图 5-98 所示。

使用材质工具，按前面的操作为圆桌赋予材质，如图 5-99 所示。

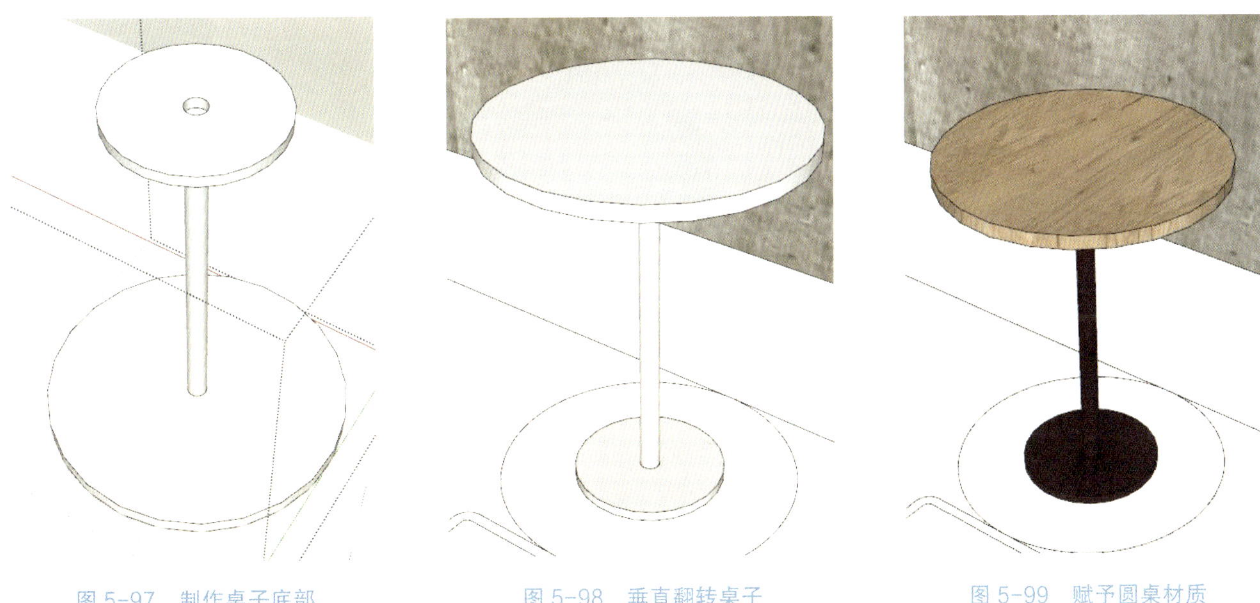

图 5-97　制作桌子底部　　图 5-98　垂直翻转桌子　　图 5-99　赋予圆桌材质

5.1.8　灯具建模

使用铅笔工具画线，尺寸如图 5-100 所示。

选择所画的线，使用移动工具，同时按住 Ctrl 键，向右移动 5mm（图 5-101），然后用铅笔工具将其封闭（图 5-102）。

使用圆工具，画一个直径为 65mm 的圆形，单击鼠标左键选择圆形的面，按 Delete 键删除，将画好的圆移动到图 5-103 所示位置。

选取路径跟随工具，鼠标左键单击图 5-103 中红色箭头

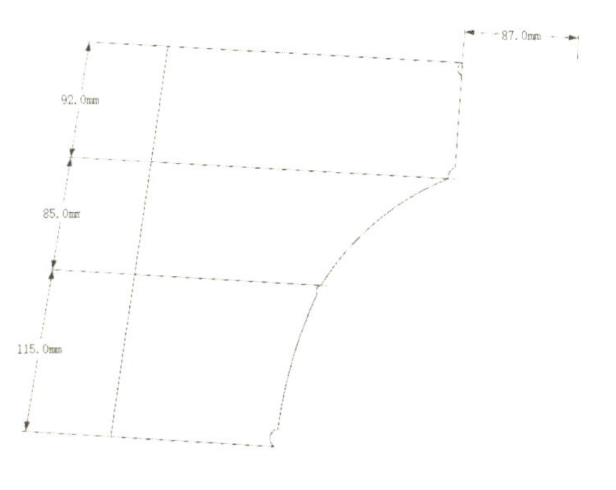

图 5-100　绘制灯具轮廓线

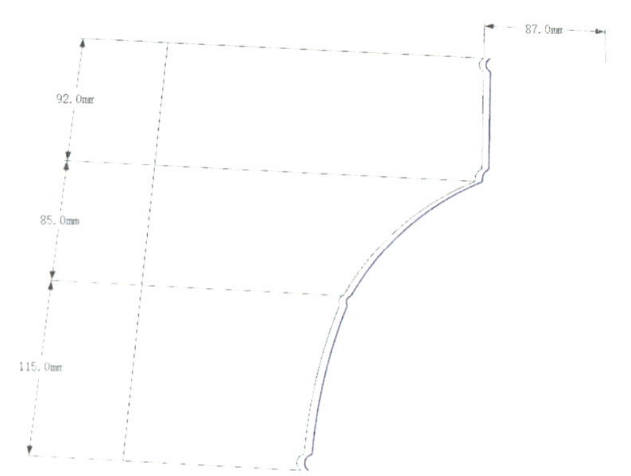

图 5-101　复制轮廓线

图 5-102　用铅笔工具封闭平面

指向的面，并按住沿着圆旋转，形成灯罩，如图 5-104 所示。

鼠标左键三击灯具模型→右键→创建组件，然后使用材质工具赋予其灰色材质，如图 5-105 所示。

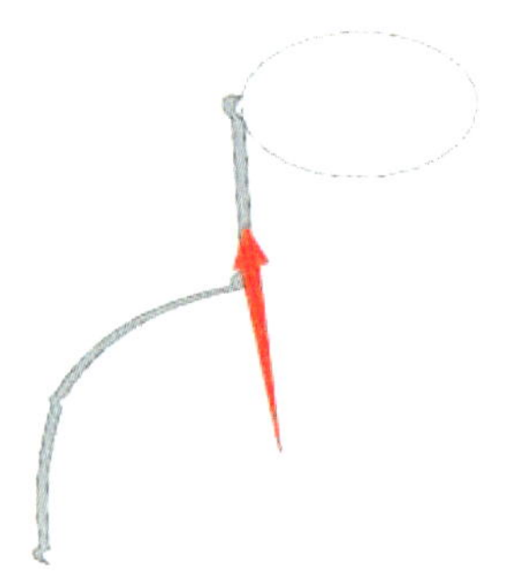

图 5-103　绘制圆并放置到指定位置

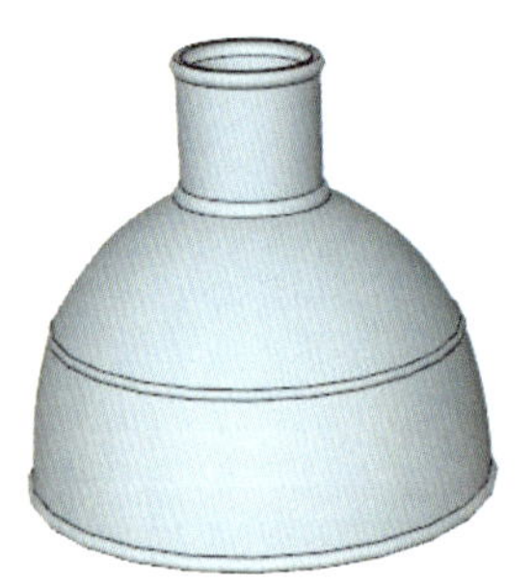

图 5-104　使用路径跟随工具制作灯罩

图 5-105　赋予灯罩灰色材质

双击进入灯的组件，用铅笔工具在灯罩顶部沿直径画一条辅助线，如图 5-106 所示。

选择辅助线的中心点，用圆工具画一个直径为 10mm 的圆，双击选中圆的面和边线，创建为组件，如图 5-107 所示。

使用推拉工具，单击中心的圆，向上推拉 1050mm，如图 5-108 所示。

图 5-106　绘制辅助线

图 5-107　绘制圆形并创建组件

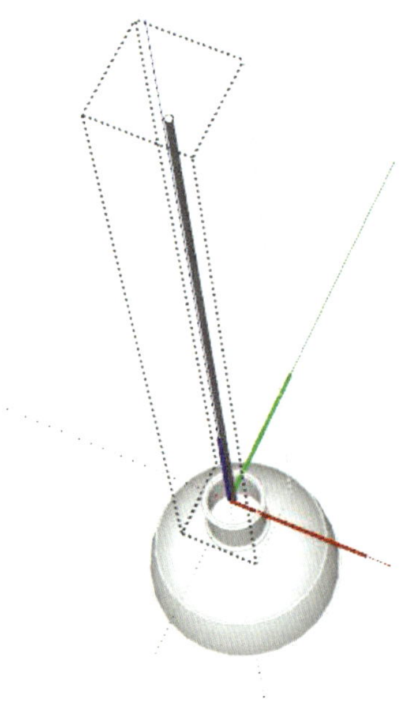

图 5-108　推拉灯杆

双击进入灯具组件，使用材质工具赋予灯罩内壁淡黄色材质，如图 5-109 所示。

将本书配套素材第 5 章“CAD”→“4 灯具平面图”CAD 平面图导入 SketchUp 场景中（图 5-110）。

单击“文件”→“导入”，在弹出的对话框中将文件类型选为“AutoCAD 文件”，单击“选项”，勾选“合并共面平面”和“平面方向一致”，单位栏选择“毫米”，单击“确定”按钮；然后选择“建模平面”文件，单击“打开”按钮，将 CAD 文件导入 SketchUp 场景中。

关闭“导入结果”对话框（图 5-111），可以在场景中看到平面图。

图 5-109　赋予灯罩内壁淡黄色材质

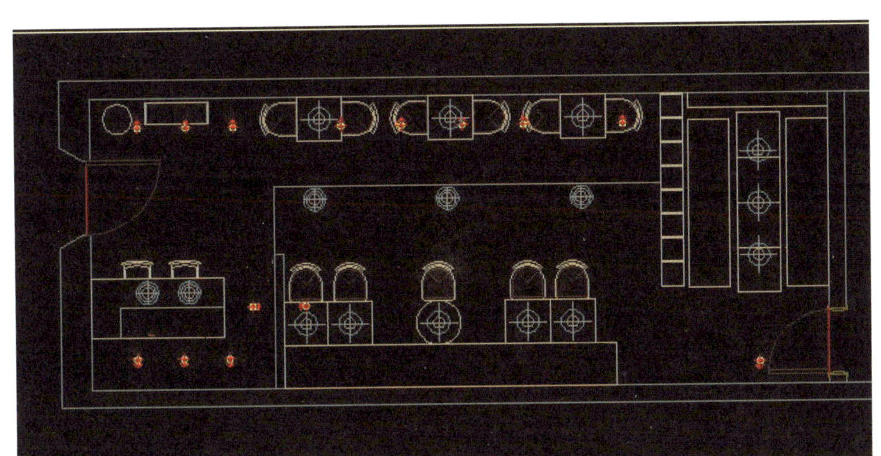

图 5-110　导入灯具平面图

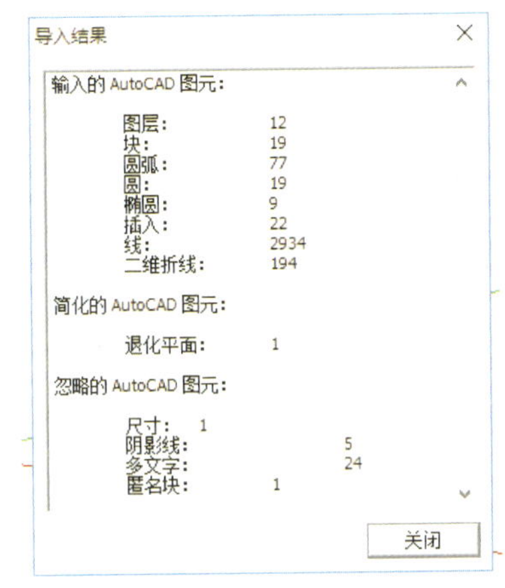

图 5-111　“导入结果”对话框

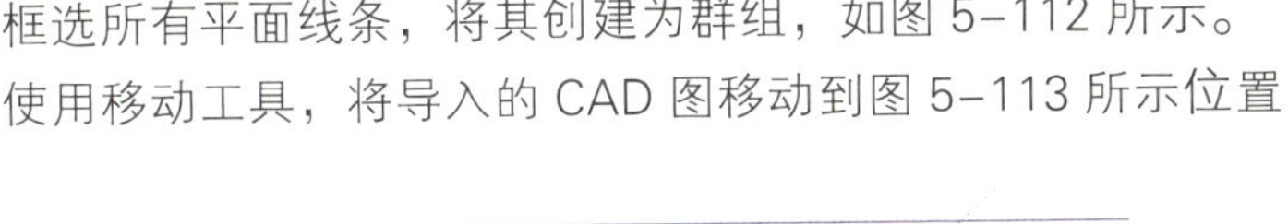

框选所有平面线条，将其创建为群组，如图 5-112 所示。

使用移动工具，将导入的 CAD 图移动到图 5-113 所示位置。

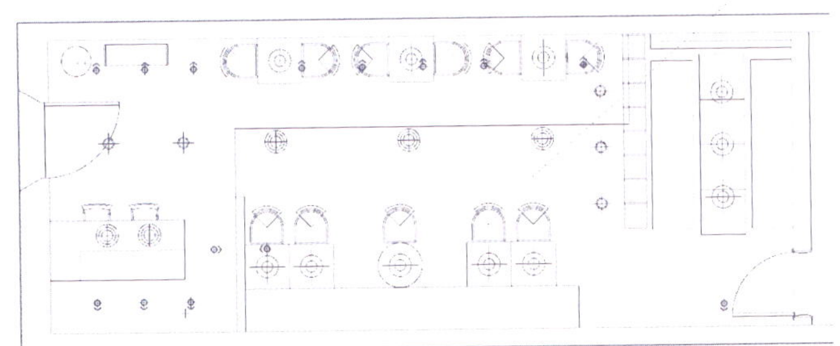

图 5-112　群组灯具 CAD 线框

图 5-113　将 CAD 图移动到顶面

使用移动工具，同时按住 Ctrl 键，将灯具复制到图 5-114 所示位置。图 5-114 中红色箭头指向的两盏灯离地面 1600mm，其余三盏灯离地面 1900mm。

在 CAD 中使用多段线按尺寸绘制灯具截面轮廓，然后导入 SketchUp 中，如图 5-115 所示。

使用铅笔工具，在导入的 CAD 中，沿着任意一条边线画线，使 CAD 中的线成为封闭的面（图 5-116）。

图 5-114　移动复制灯具

使用圆工具，画一个直径为 60mm 的圆形，用移动工具将灯具截面移动到圆的边缘，删除圆形面，只留下圆形轮廓（图 5-117）。

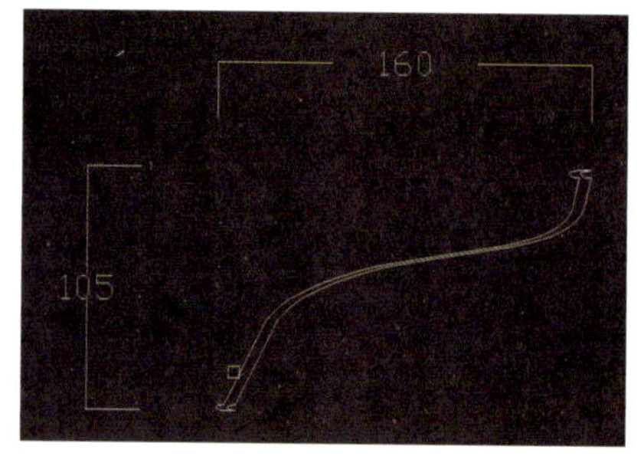

图 5-115　绘制灯具截面线条

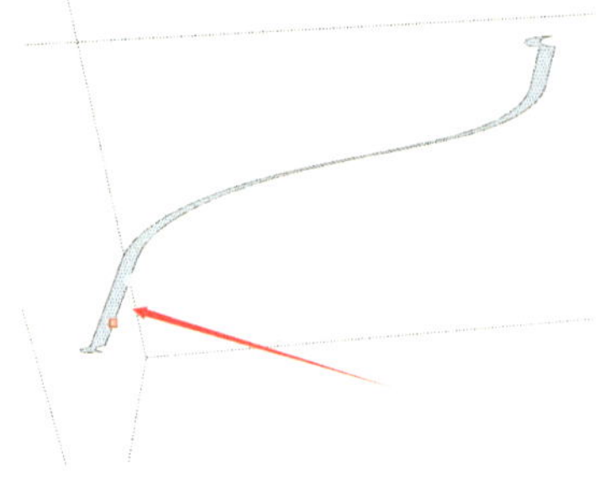

图 5-116　封闭平面

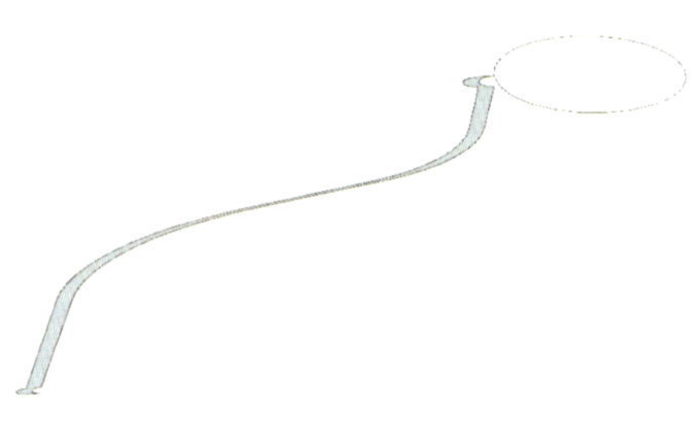

图 5-117　保留圆形轮廓

使用路径跟随工具，单击图 5-118 中红色箭头指向的面（箭头指向的面不能组块），并按住不放，顺着圆圈旋转一周。

顺着圆圈旋转一周之后，鼠标左键三击灯具模型→右键→创建组件，将灯罩创建为组件，如图 5-119 所示。

鼠标右键单击灯具模型组件→柔化 / 平滑边缘线，将柔化边线滑块向右移动（图 5-120），直至灯具模型光滑，如图 5-121 所示。

双击进入灯具组件，用铅笔工具在灯罩顶部画一直径，用圆工具左键单击直径中点，画一直径为 10mm 的圆，然后用擦除工具将多余的线擦掉，如图 5-122 所示。

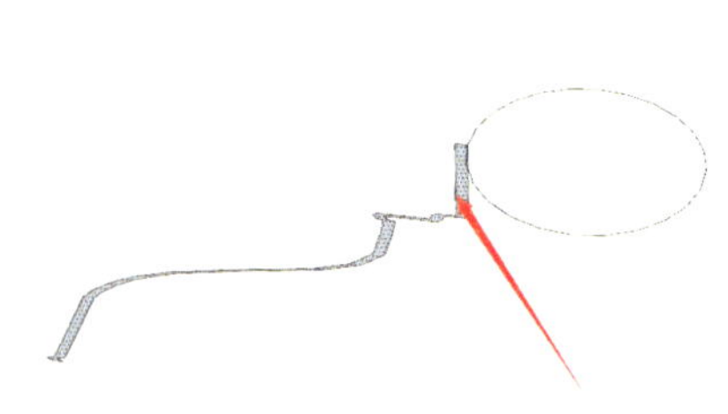

图 5-118　使用路径跟随工具旋转截面

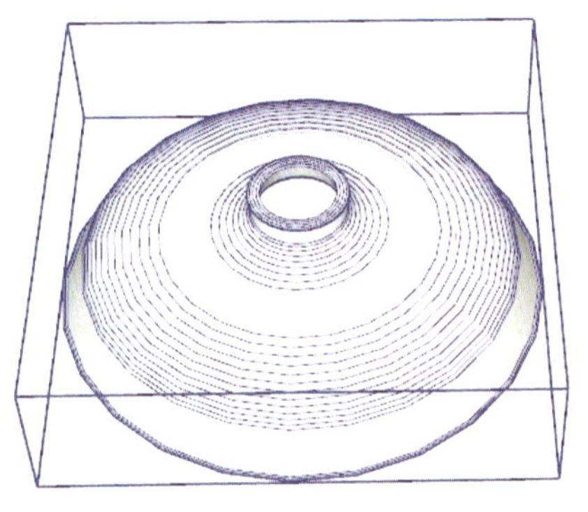

图 5-119　将灯罩创建为组件

图 5-120　移动柔化边线滑块

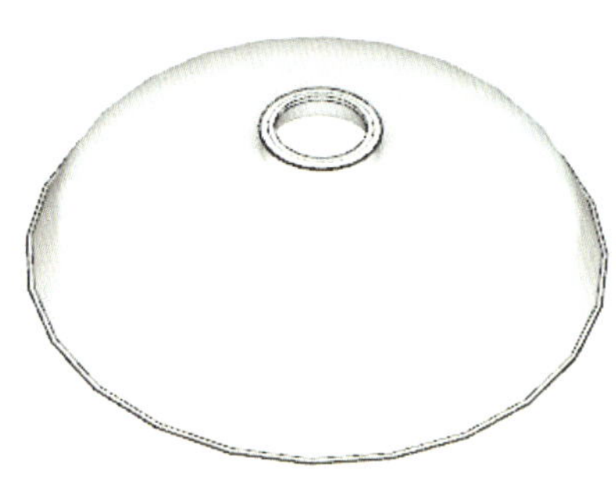

图 5-121　柔化边线后的灯具模型

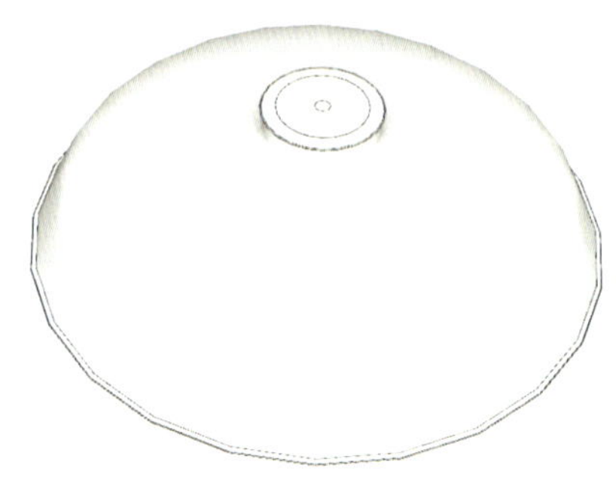

图 5-122　绘制顶部灯杆圆形截面

如图 5-123 所示，双击直径为 10mm 的圆，然后单击鼠标右键创建组件；使用推拉工具，将圆的面向上推出 1550mm；使用材质工具，赋予其浅灰色材质。

将完成的灯具复制到图 5-124 所示位置，按三个箭头指向的灯使用移动工具，沿箭头方向移动 100mm。

将灯具 CAD 图纸删除，导入本书配套素材第 5 章“模型”→“绿植”“酒杯和酒瓶”“书籍”，丰富场景，同时将隐藏的模型取消，如图 5-125 所示。

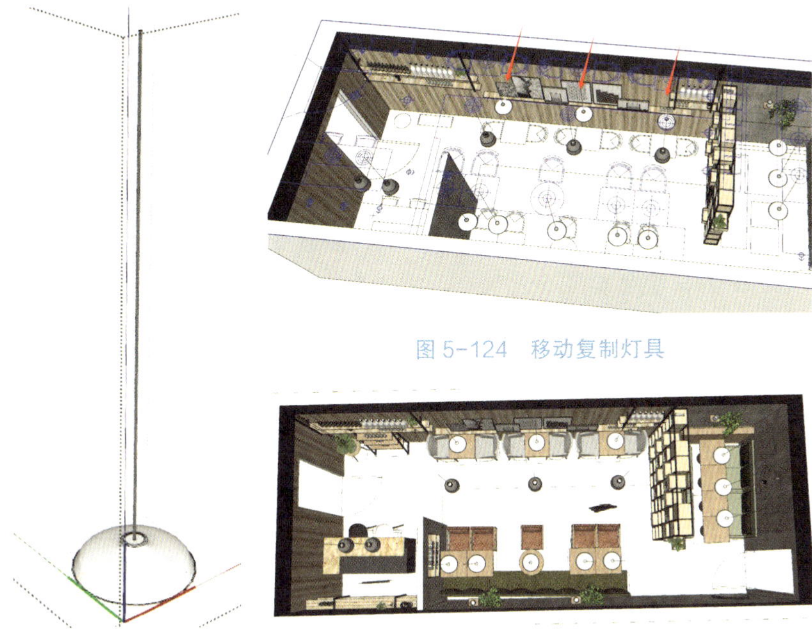

图 5-124 移动复制灯具

图 5-123 推拉出灯杆

图 5-125 导入装饰素材

5.1.9 地面建模

将本书配套素材第 5 章“CAD”→“5 地面”中 CAD 地面图导入 SketchUp 场景中（图 5-126），导入选项设置与前文相同。

框选所有平面线条，将其创建为群组，然后使用铅笔工具在群组内沿墙体内缘绘制 L 形平面（图 5-127）。

图 5-126 导入地面 CAD 平面图

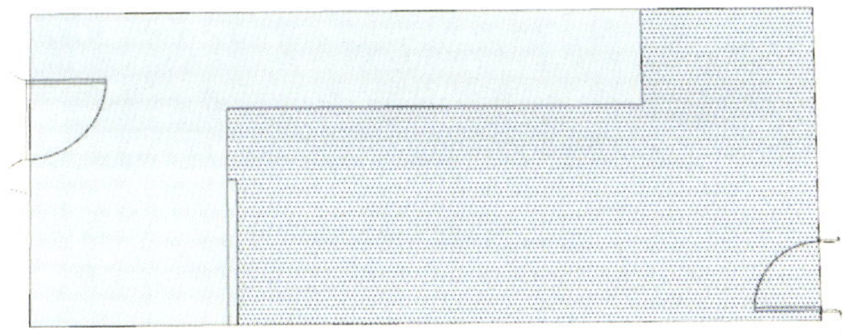

图 5-127 绘制 L 形平面

使用移动工具，将导入的地面 CAD 平面图移动到图 5-128 所示的位置。双击进入地面 CAD 群组，使用擦除工具，将图 5-128 中红色箭头指向的门线条擦除，然后使用材质工具赋予地面材质，贴图为本书配套素材第 5 章“贴图”→“地砖”“木地板”，如图 5-129 所示。

图 5-128 删除门的线条

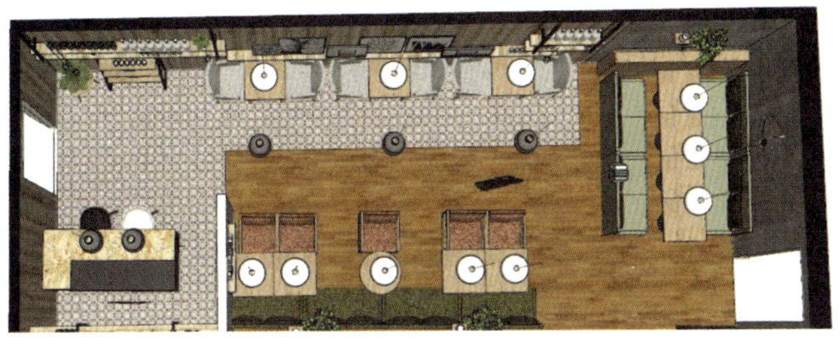

图 5-129 赋予地面材质

5.1.10 顶面建模

使用铅笔工具，沿墙体顶面内侧边缘画一矩形，双击矩形→右键→创建群组，如图 5-130 所示。

双击进入顶面群组，使用材质工具为顶面赋予深灰色材质（图 5-131），退出群组。鼠标右键单击顶面→隐藏，隐藏顶面，如图 5-132 所示。

图 5-130 绘制顶面矩形并创建群组

图 5-131 赋予顶面深灰色材质

使用铅笔工具画一个长 3900mm、宽 220mm 的矩形，用推拉工具向上推出 275mm，左键三击所画长方体→创建群组，并赋予其深灰色材质，如图 5-133 所示。

图 5-132 隐藏顶面

图 5-133 制作顶面横梁

使用移动工具选取所画的长方体，同时按住 Ctrl 键，将其移动复制到图 5-134 所示位置。

到此，本章咖啡吧的模型已建完，可在模型空间中摆放一些自己喜欢的陈设与摆件，丰富场景效果，如图 5-135 所示。

图 5-134 移动复制横梁

图 5-135 完成后的场景

5.2 相机设置

5.2.1 定位相机

首先把视图切换到俯视图，然后将顶面隐藏。选择定位相机工具，在入口处往房间内部沿着红色轴线拖动，创建出相机观察方向，如图 5-136 所示。然后输入数值“1200”，将视点高度定为 1200mm，接着取消隐藏的顶面，再打开透视，得到图 5-137 所示的效果。

图 5-136 创建相机观察方向

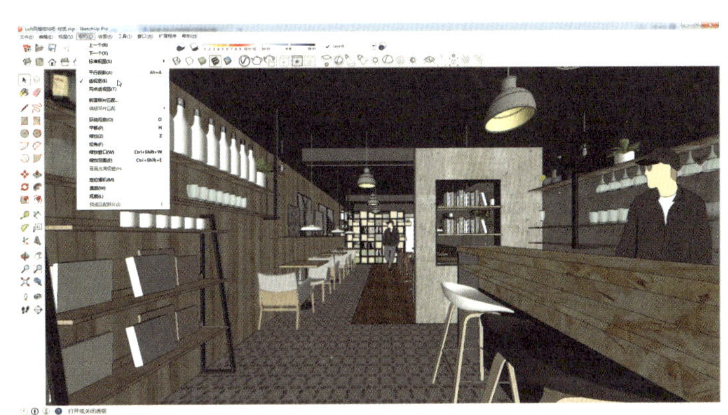

图 5-137 设置相机高度后效果

5.2.2 设置输出比例

接着设置渲染输出，打开 V-Ray 资源管理器，进入设置面板。打开渲染输出的安全框开关，并将长宽比设置为 16 ∶ 9 宽屏，得到图 5-138 所示效果，只有视图区中间未被黑色覆盖的区域才是相机拍摄的范围。

这个角度比较适合狭长空间的表现，添加场景，得到图 5-139 所示效果。本书配套素材里有相机设置完成的模型，即第 5 章“Loft 风格咖啡吧 -2 相机完成”。

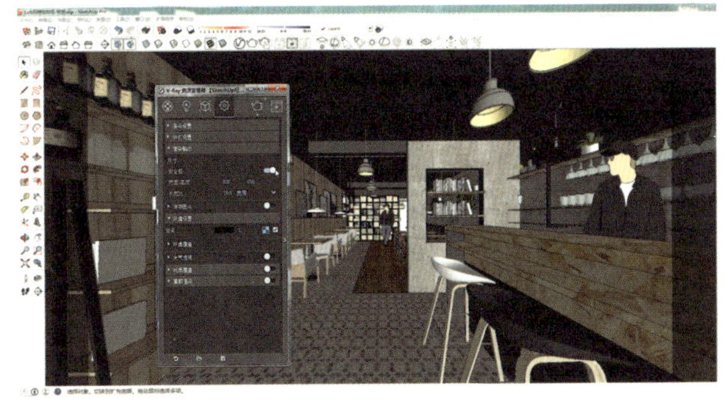

图 5-138 设置输出比例

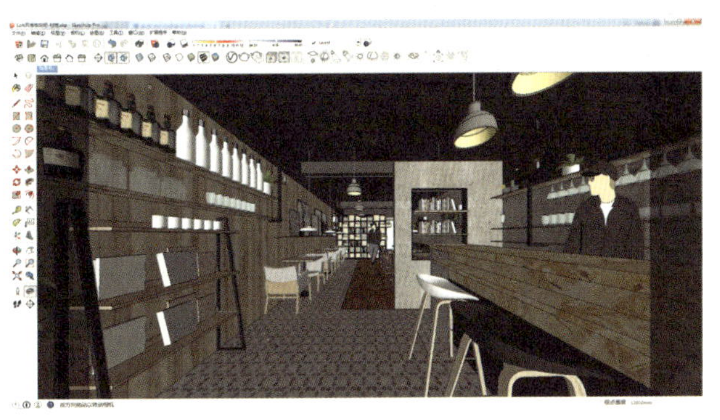

图 5-139 设置好相机后的效果

5.3 材质设置

本案例中的模型在制作过程中都已经贴了图，现可以在 V-Ray 资源管理器的材质面板中找到对应的材质，然后添加反射、折射等物理属性就可以将材质设置好。现首先设置对空间影响较大的材质。

5.3.1 地面材质设置

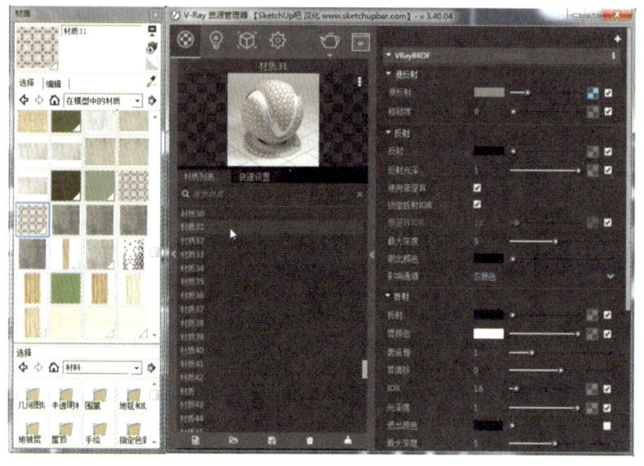

图 5-140　找到创建模型时设置的马赛克材质球

地面由两个材质构成，一个是马赛克，另一个是木地板。先查找马赛克材质，打开软件自带的材质面板，切换到“在模型中的材质”，在缩略图中可以很快找到马赛克材质，单击马赛克材质，可以看到该材质名称为“材质 31”。

打开 V-Ray 资源管理器，在材质面板下找到“材质 31”，这就是给地面赋予过的材质，如图 5-140 所示。

对于马赛克，只需要设置反射栏。首先将反射的颜色 RGB 值都设置为 225，然后将反射光泽调整为 0.9，取消“锁定折射 IOR”的勾选，菲涅耳 IOR 调为 2，最大深度设为 2，如图 5-141 所示。

接着找到木地板材质“Wood Floor”，首先将反射的颜色 RGB 值都设置为 184，然后将反射光泽调整为 0.85，如图 5-142 所示。

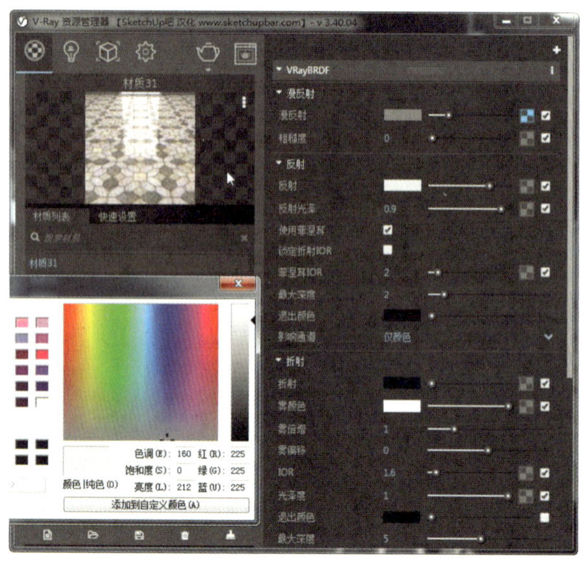

图 5-141　给马赛克材质增加反射

图 5-142　给木地板材质增加反射

5.3.2 灰色墙面顶面材质设置

在材质面板中找到灰色的墙面顶面材质“auto”，将反射的颜色 RGB 值都调为 45，反射光泽调到 0.7，如图 5-143 所示，这样材质会有一些微弱的模糊反射。

其他材质都按照此步骤调节相应参数，此次不再赘述。

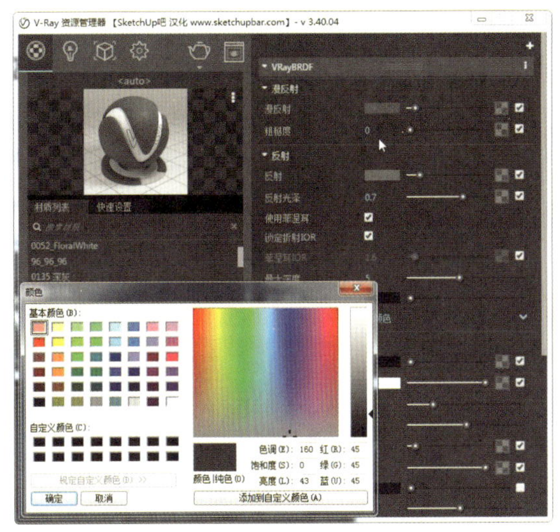

图 5-143 调整墙面材质反射

5.4 灯光渲染设置

本案例是一个半封闭的空间，房间的前后有自然光源进入室内，起到房间整体照明或者主要照明的作用；其他的吊灯起局部照明的作用。

本案例中包括自然光源的设置和房间内三组吊灯的设置。

5.4.1 主光源的设置

在房间的顶下创建一个比房间稍小一点的平面灯（Plane Light），并放置在梁下，确保平面灯的照射方向向下，灯的大小、位置参照图 5-144，不要求完全一致。

进行测试渲染，效果如图 5-145 所示。由图 5-145 可见顶部出现白色的色块，地面出现整块白色的反光，说明灯光没有隐藏，灯光的高光和反射没有取消；整体的亮度还不够，故还要将灯的颜色调成偏冷色。

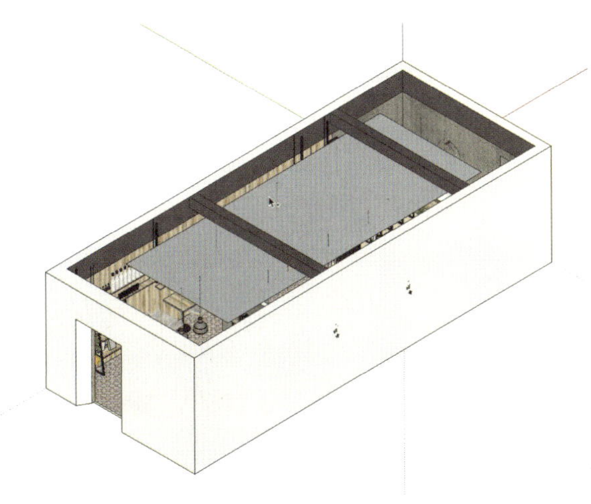

图 5-144 创建场景的主光源

图 5-145 测试主光源效果

打开 V-Ray 资源管理器，进入灯光面板，选择“V-Ray Rectangle Light”，进入右侧的修改面板，首先调整颜色，将 RGB 值分别调为 204、238、244，再勾选“不可见”，取消“影响高光”和“影响反射”的勾选，如图 5-146 所示。

打开 V-Ray 资源管理器，进入设置面板，将标准相机下的“曝光值（EV）”调为 12，如图 5-147 所示。

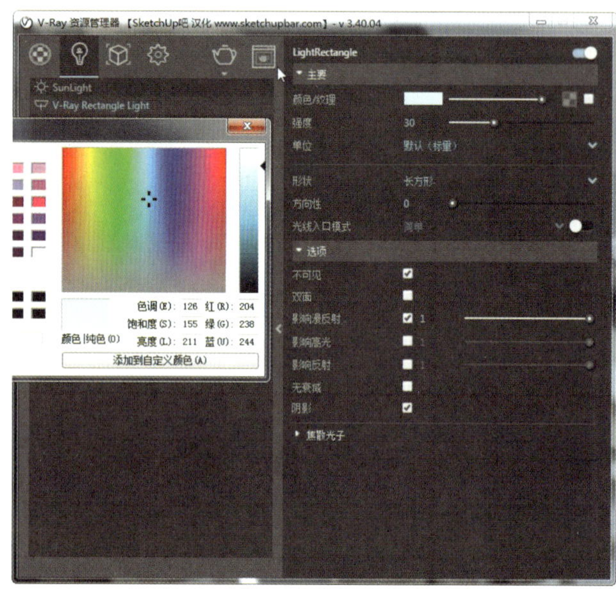

图 5-146 调整平面光的参数

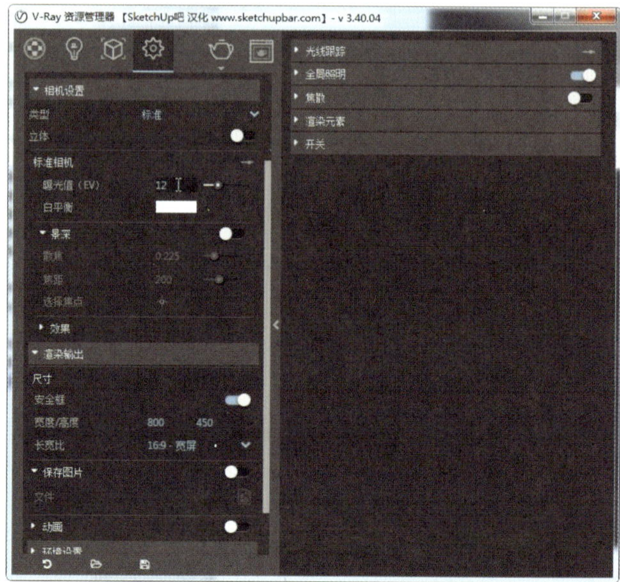

图 5-147 调整曝光值

再次渲染，得到图 5-148 所示效果，房间整体有了一个均匀的亮度。

5.4.2 吊灯的设置

整个房间一共设置两组吊灯，首先设置半球形的矿灯。

选择一个矿灯（图 5-149），双击进入组件内部，在菜单栏里选择“IES Light”，然后在弹出的对话框中选择本书配套素材第 5 章里的 30.ies 这个光域网。

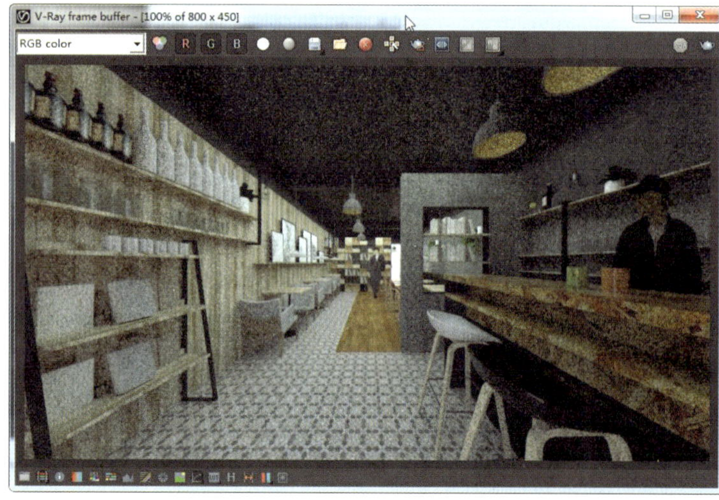

图 5-148 调整曝光值之后的测试效果

图 5-149 选择矿灯模型

接着将灯放入矿灯内部，这样每一个矿灯下都有了一个 IES 灯光，如图 5-150 所示。

接着在有 3 个矿灯的这一排，往镜头方向再创建一个 IES Light，该灯光就没有矿灯的实物模型，只是让该灯光有投射到地面的照明效果，如图 5-151 所示。

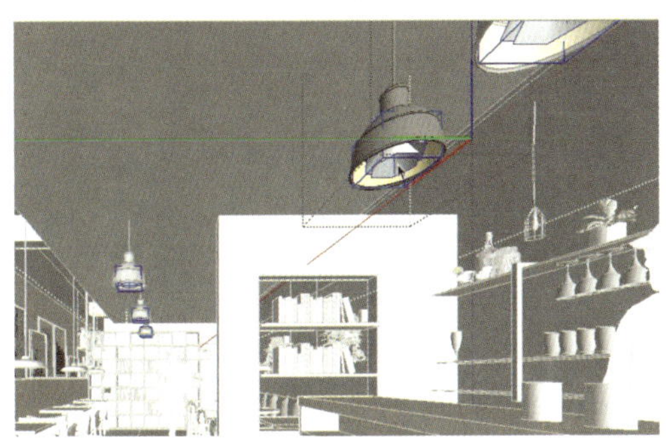

图 5-150 给矿灯添加 IES 光源

图 5-151 创建完 IES 灯光后的效果

测试渲染，效果如图 5-152 所示。图中地面的中间和吧台上就出现较为明显的 IES Light 照明的效果。新创建的 IES Light 与原来的三个矿灯构成一组投射在地面形成四个光斑，让整个房间更有序一些。

接着制作每个桌子上方的灯具，同样地选择灯具双击进入组件内部，在菜单栏选择“Spot Light”，如图 5-153 所示。

图 5-152 添加“IES Light”后再次测试渲染

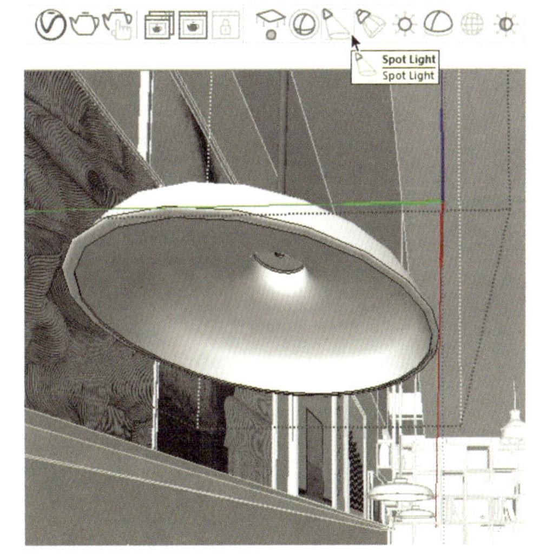

图 5-153 选择桌子上方的吊灯

然后在吊灯下方点击创建一个“Spot Light”，这样每一个吊灯下都有了一个聚光灯，如图 5-154 所示。

调整聚光灯的参数，首先颜色调暖一点，强度调为 10，半影角调为 0.4，如图 5-155 所示。

测试渲染，效果如图 5-156 所示，可见每个桌上都有了一个聚光灯的照明效果。

图 5-154 给吊灯添加聚光灯“Spot Light”

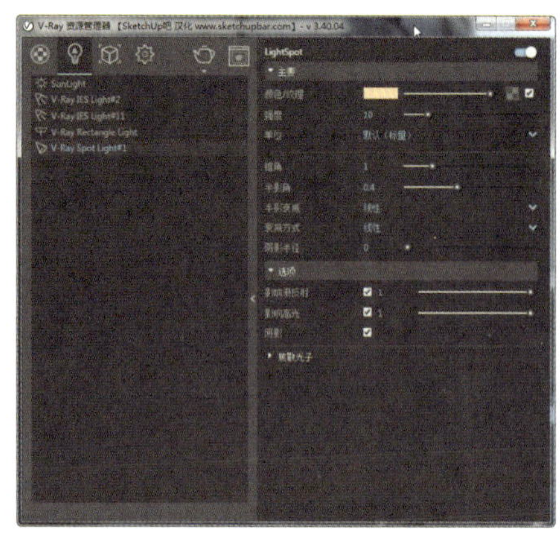

图 5-155　调整聚光灯的参数

图 5-156　添加“Spot Light”后测试渲染效果

5.4.3　渲染设置

整体的灯光效果差不多了，接着调整渲染参数进行最终的渲染。

打开 V-Ray 资源管理器，进入设置面板。首先在渲染设置下面关闭渐进式渲染，将质量设置为高（如果时间充裕，可以设置为非常高）；渲染输出栏将宽度 / 高度调为 1600/900；全局照明里面的“主光线”改为“发光贴图”；最后在渲染元素里添加 Denoiser（去噪点）元素，如图 5-157 所示。

大约经过 1 个小时的渲染，得到图 5-158 所示效果图。

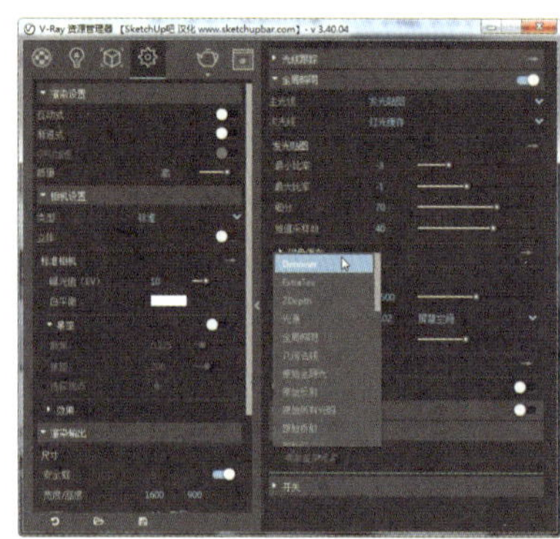

图 5-157　调整渲染参数

图 5-158　渲染效果图

接下来调整整个图片颜色。将 V-Ray 缓存帧最大化，单击其左下角的图标“Show corrections control”，打开右侧的颜色校正控制面板，调整“White Balance”（白平衡）值为 7226，将画面色调调暖一些；再调整“Curve”（曲线），参照图 5-159，将图的对比度调大。

最终得到图 5-160 所示效果图。

图 5-159　使用颜色控制面板微调

图 5-160　最终效果图

6

中式餐厅空间表现详解

6.1 建模

6.1.1 墙体框架建模

（1）新建场景，单击“文件”→“导入”，文件类型选择“JPEG 图像（*.jpg）”，选择本书配套素材第 6 章“中式餐厅平面图”，将其放置在坐标原点，并单击任意位置确定大小，如图 6-1 所示。

（2）使用铅笔工具，绘制任意两条尺寸标注的端线，尽量对准边线，如图 6-2 所示。

（3）单击卷尺工具，测量两条直线之间的距离，无论测出距离为多少，直接输入原来标注的尺寸。比如此处应输入“520”，按 Enter 键确定，在弹出的提示框中单击“是”，调整模型的大小，如图 6-3 所示。

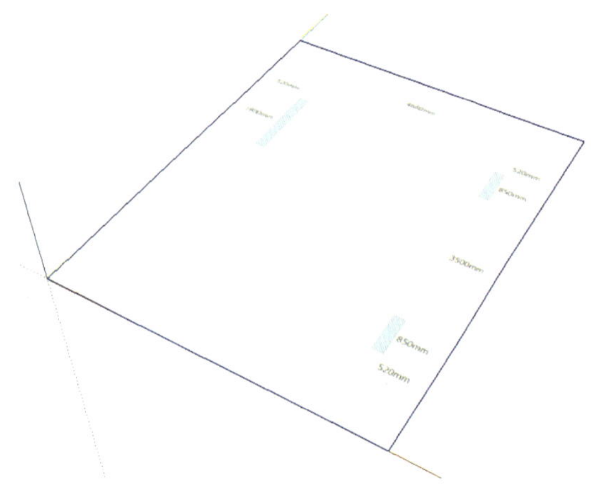

图 6-1　导入餐厅平面图

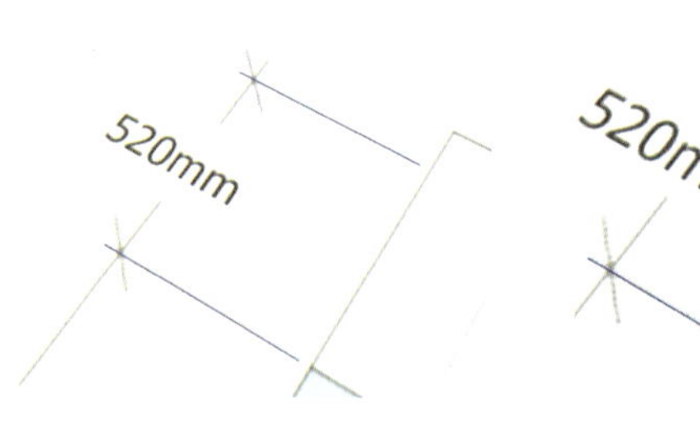

图 6-2　用铅笔工具绘制尺寸线

图 6-3　调整模型比例

（4）选中一条尺寸线，将其水平移动复制一条，移动距离为标注尺寸 1800mm，如图 6-4 所示。同时选中 520mm 的两条尺寸线，向右复制，如图 6-5 所示。

图 6-4　水平移动复制尺寸线

图 6-5　复制尺寸线

继续向下移动复制尺寸线，移动距离为 850mm，如图 6–6 所示。然后按此方法，复制完成所有尺寸线，如图 6–7 所示。

以此尺寸为依据，绘制出墙体，墙体厚度为 240mm，如图 6–8 所示。

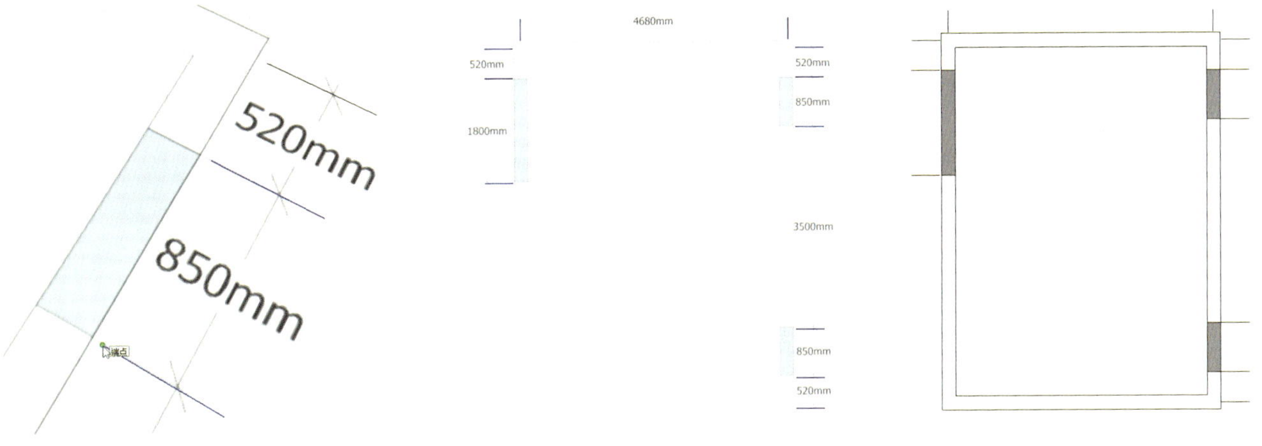

图 6–6　向下移动复制尺寸线　　图 6–7　复制完成所有尺寸线　　图 6–8　绘制墙体轮廓

（5）创建墙体。删除尺寸线，使用推拉工具，将墙体向上推出 3350mm，如图 6–9 所示。

选取图 6–10 中红色箭头指向的线，单击移动工具，同时按住 Ctrl 键，向上移动复制，距离为 2400mm。

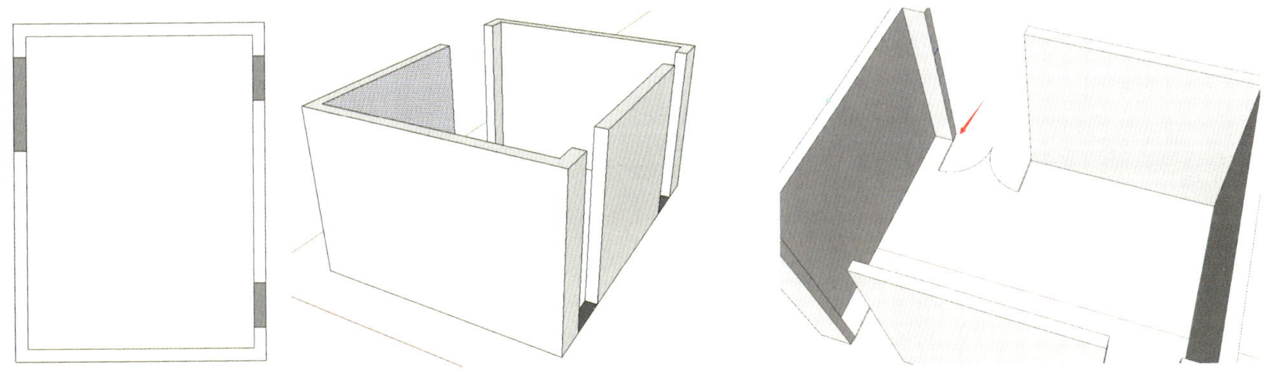

图 6–9　推出墙体　　图 6–10　移动复制直线

使用推拉工具，向右拉至墙体制作门上过梁，如图 6–11 所示。

使用擦除工具，擦掉多余的线，如图 6–12 所示。

用同样的方法将剩下两个门画好，然后三击墙体模型→右键→创建群组，如图 6–13 所示。

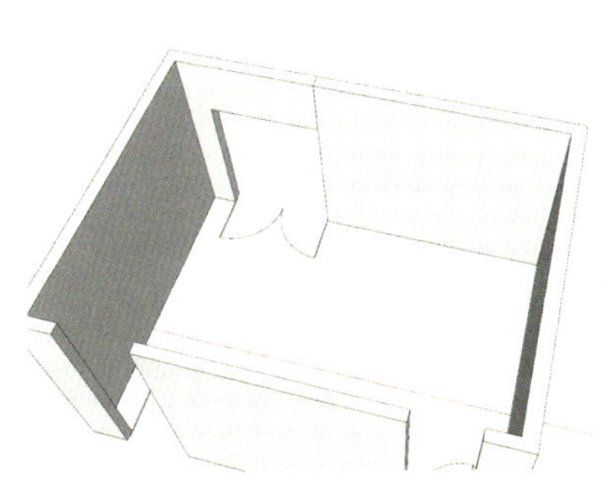

图 6–11　制作过梁

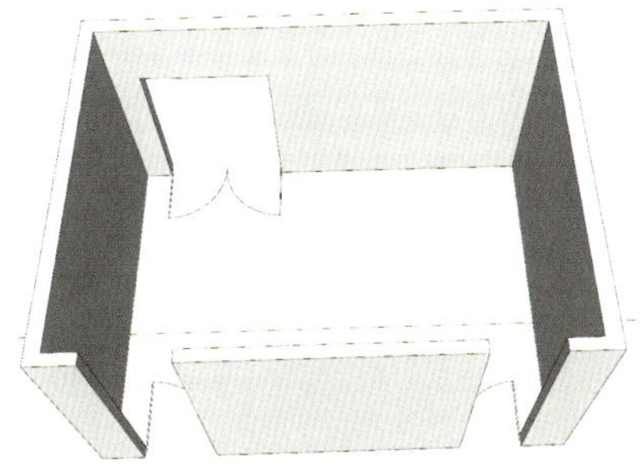

图 6–12　擦掉多余的线

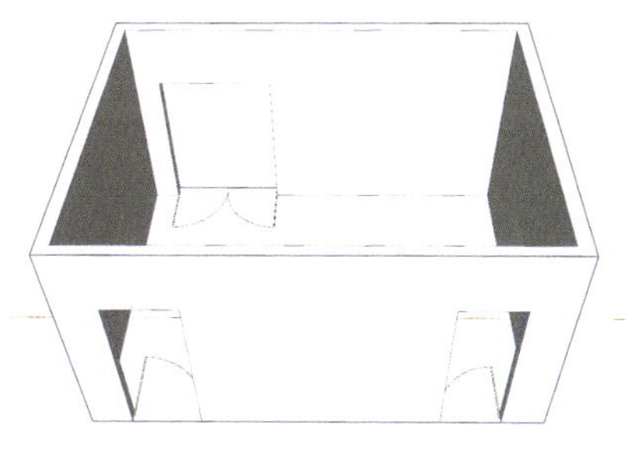

图 6–13　将墙体创建为群组

使用材料工具，为墙体填充灰色材质，如图 6-14 所示。

6.1.2 地面建模

使用矩形工具，沿墙体的下沿画出地面矩形，双击地面→右键→创建群组，如图 6-15 所示。

双击进入地面群组，使用偏移工具，向内偏移 600mm，然后继续偏移 25mm，如图 6-16 所示。

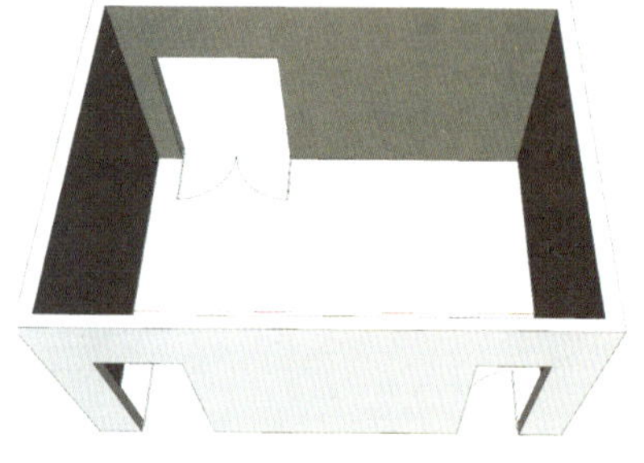

图 6-14 为墙体填充灰色材质

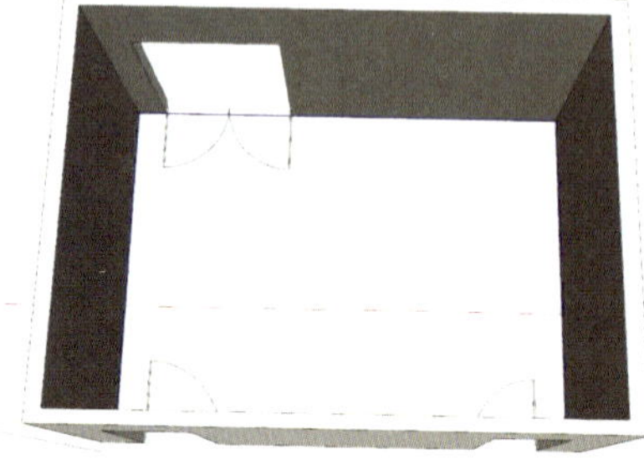

图 6-15 绘制地面矩形

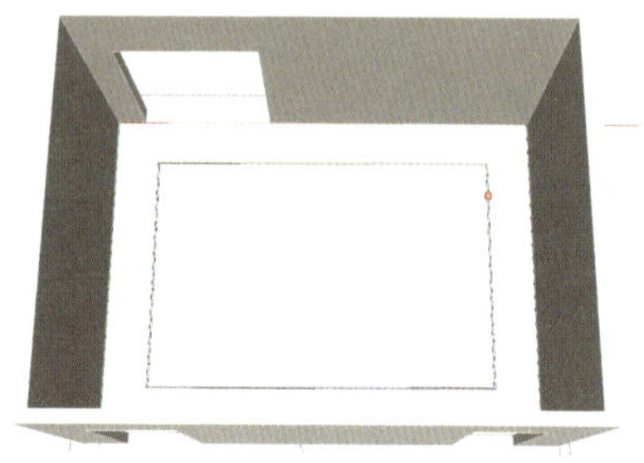

图 6-16 偏移复制地面边线

使用材质工具，将地面赋予本书配套素材第 6 章“餐厅贴图”→“石材 1”“石材 3”材质，退出群组，删除 CAD 线框，如图 6-17 所示。

使用矩形工具绘制过门石平面，赋予本书配套素材第 6 章“餐厅贴图”→“石材 4”材质，双击地面→右键→创建群组，如图 6-18 所示。

采用同样的方法绘制其他两个过门石，如图 6-19 所示。

图 6-17 赋予地面材质

图 6-18 制作过门石

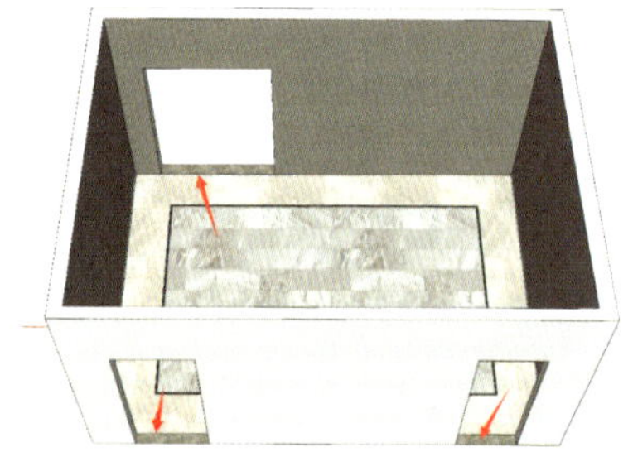

图 6-19 完成其他过门石制作

6.1.3 电视墙建模

图 6-20 制作电视墙

使用矩形工具，画一个长 3250mm、宽 200mm 的矩形，创建群组。双击进入群组，使用推拉工具向上推出 2700mm，赋予本书配套素材第 6 章“餐厅贴图”→“石材 2”材质，如图 6-20 所示。

双击进入群组，使用偏移工具，向内偏移 10mm，如图 6-21 所示。

使用推拉工具，向下推 10mm，如图 6-22 所示。

退出群组，右键单击群组→翻转方向→组件的蓝轴，如图 6-23 所示。

图 6-21 偏移复制电视墙轮廓线

图 6-22 推出边缘凹陷

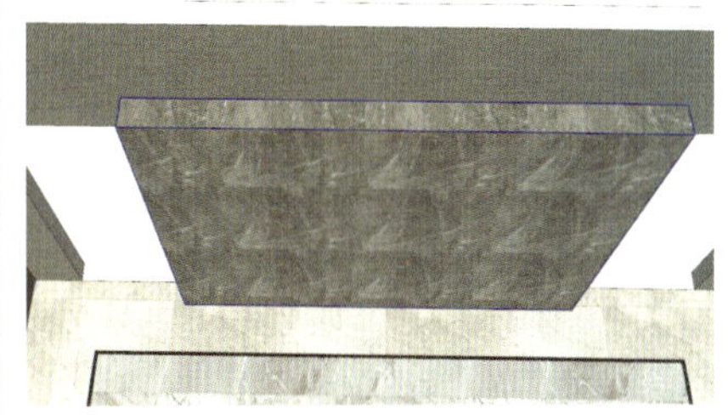

图 6-23 垂直翻转电视墙

双击进入群组，重复前一步操作，使用偏移工具，向内偏移 10mm，再用推拉工具，向下推 10mm，如图 6-24 所示。

双击进入群组，使用卷尺工具，沿左侧墙体边缘向右拉辅助线，输入 900mm，沿辅助线再向右拉 5mm，然后沿右侧墙体边缘向左拉辅助线，输入 900mm，再沿辅助线向左拉 5mm，如图 6-25 所示。

使用铅笔工具，沿辅助线画线，然后删掉辅助线，如图 6-26 所示。

图 6-24 制作边缘凹陷

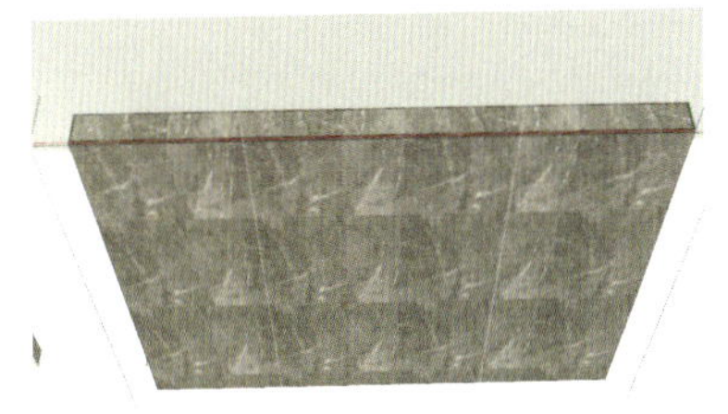

图 6-25 绘制垂直辅助线

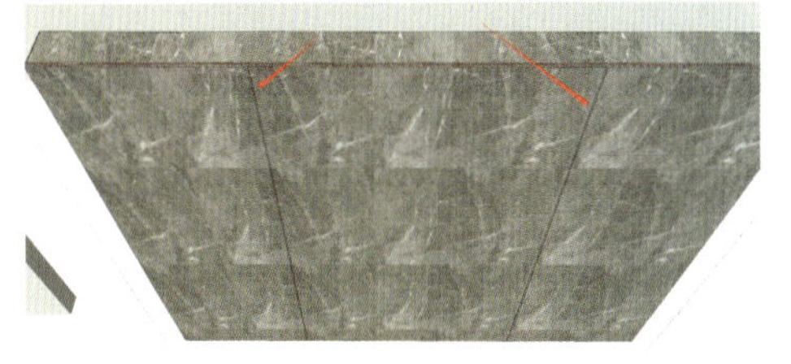

图 6-26 沿辅助线画线

用推拉工具，沿图 6-26 中两个箭头指向分别向内推 5mm，如图 6-27 所示。

用卷尺工具，分别沿墙体上边向下画辅助线，输入 1055mm，再沿墙体下边向上画辅助线，输入 565mm，如图 6-28 所示。

用矩形工具沿虚线框选，再用推拉工具向墙内推 180mm，如图 6-29 所示。

选择凹陷边缘线条，向上移动复制一条，移动距离为 200mm，再用推拉工具将面积较大的面向外推 100mm。赋予上部较大面本书配套素材第 6 章“餐厅贴图”→“硬包贴图”材质，赋予下部较小面本书配套素材第 6 章“餐厅贴图”→“木纹”材质，如图 6-30 所示。

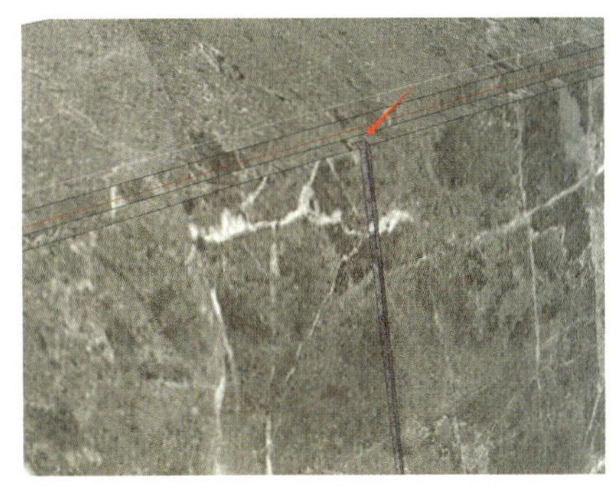

图 6-27 推出石材凹陷线条

图 6-28 绘制水平辅助线

图 6-29 将石材中间矩形框推出凹陷

图 6-30 赋予电视墙材质

6.1.4 门套建模

用矩形工具沿门框画矩形，双击矩形→右键→创建群组，如图 6-31 所示。

双击进入门框群组，选中左、右和顶部 3 条边线，向内偏移复制，距离为 45mm，如图 6-32 所示。

删除中间的矩形平面，只留下门框，如图 6-33 所示。

图 6-31　绘制门框平面

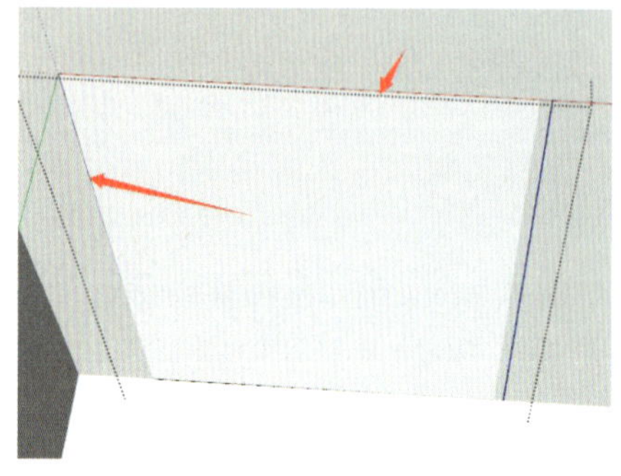

图 6-32　移动复制边线

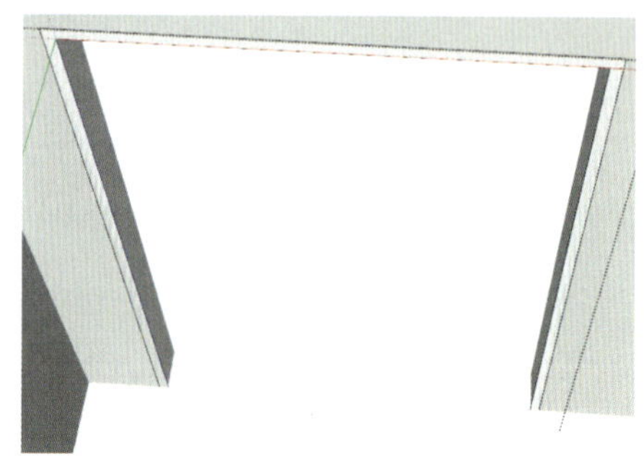

图 6-33　绘制门框

用推拉工具将门套向外推出 220mm，退出群组，再用移动工具将门套向内移动 10mm，最后赋予其同图 6-30 的木纹材质，如图 6-34 所示。

双击进入门套群组，用推拉工具将门套左侧边向右推 5mm，如图 6-35 所示。

另外两个箭头指向的侧面（图 6-35），用同样的方法向内推 5mm。其余两扇门的门套，用同样的方法制作，如图 6-36 所示。

图 6-34　赋予门框木纹材质

图 6-35　将门套推薄

图 6-36　完成全部门套

6.1.5 墙面硬装造型建模

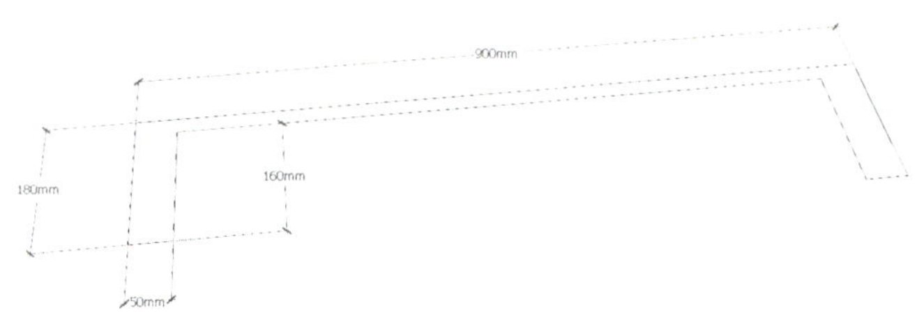

图 6-37　绘制截面图

用铅笔工具画出图 6-37 所示平面，并创建群组。

双击进入群组，用推拉工具向上推出 2700mm，如图 6-38 所示。

选取箭头指向的 3 条线，向上移动复制，距离为 75mm，如图 6-39 所示。

选取箭头指向的 3 条线，向下移动复制，距离为 25mm，如图 6-40 所示。

赋予造型图 6–41 所示材质，并复制一个。

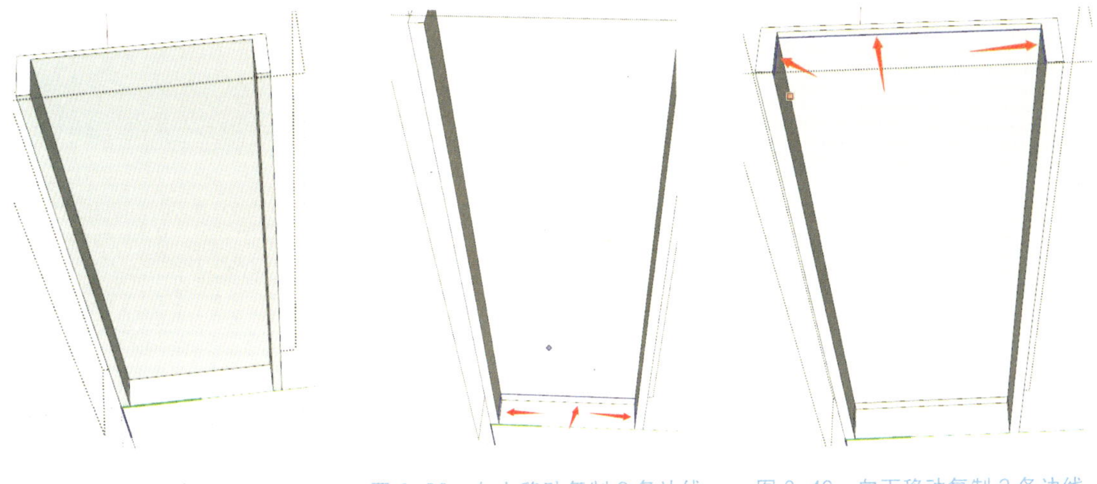

图 6–38 推出 2700mm　　图 6–39 向上移动复制 3 条边线　　图 6–40 向下移动复制 3 条边线

图 6–41 赋予材质并复制

6.1.6 吊顶建模

使用矩形工具，画一个长 6000mm、宽 4440mm 的矩形，双击矩形→右键→创建群组，如图 6–42 所示。

双击进入群组，使用推拉工具向上推出 650mm，如图 6–43 所示。

使用卷尺工具，沿矩形的边缘向内绘制 4 条辅助线，如图 6–44 所示。

图 6–42 绘制顶面平面　　图 6–43 推出吊顶厚度　　图 6–44 绘制 4 条辅助线

使用铅笔工具画一条斜线，用圆工具沿所画斜线中点画圆，并与两侧辅助线相切，如图 6-45 所示。删除多余线条，如图 6-46 所示。

使用偏移工具，向内偏移 20mm，然后用推拉工具向下推 20mm，如图 6-47 所示。

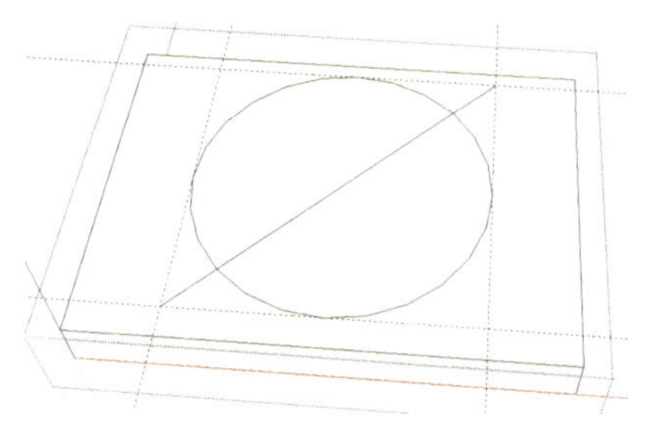

图 6-45　绘制圆形

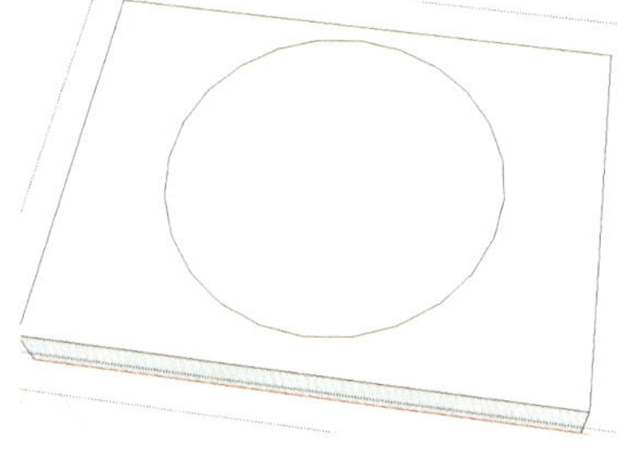

图 6-46　删除多余线条

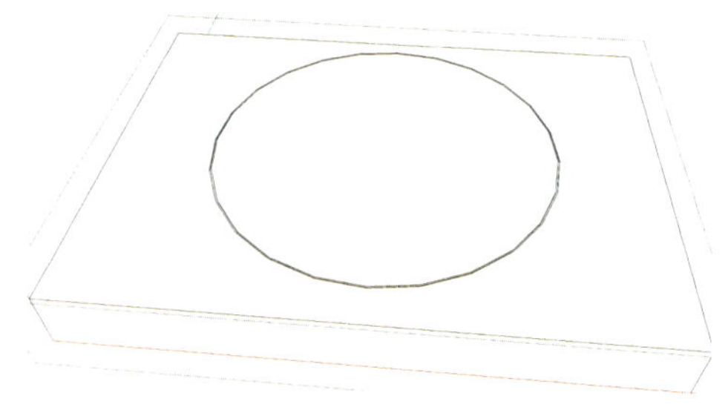

图 6-47　向下推出 20mm 圆形凹陷

使用材料工具，将所画缝隙填充黑色，如图 6-48 所示。

使用偏移工具，向内偏移 100mm，如图 6-49 所示。

使用推拉工具，向下推出 60mm，如图 6-50 所示。

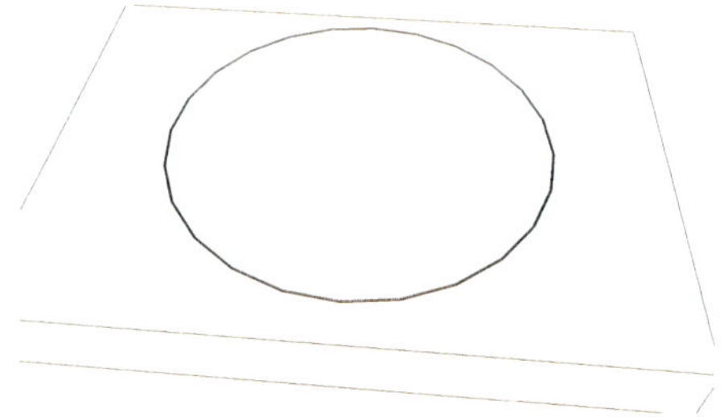

图 6-48　填充黑色

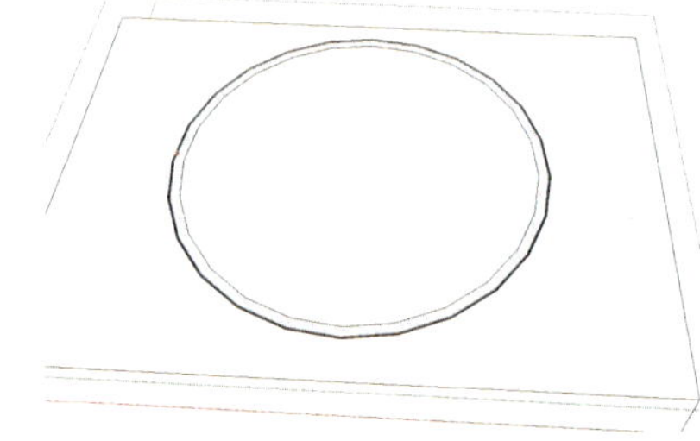

图 6-49　向内偏移 100mm 复制圆形轮廓

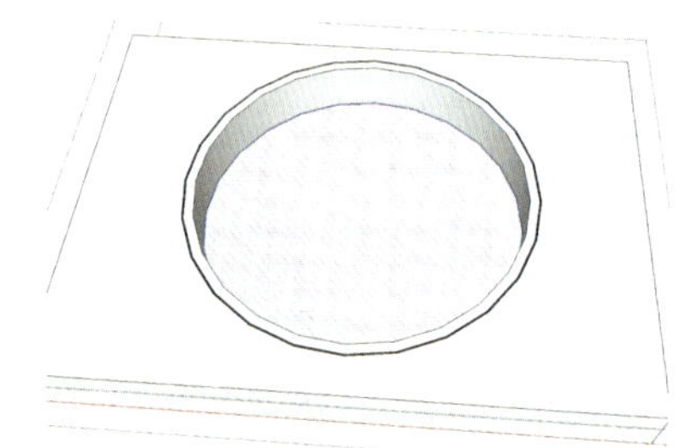

图 6-50　向下推出 60mm 圆形凹陷

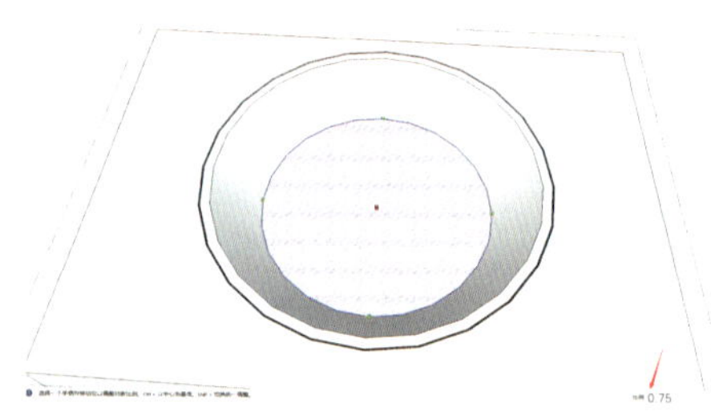

图 6-51　缩小底部圆形平面一

选中底部圆形平面，使用缩放工具，同时按住 Ctrl、Shift、Alt 键从一角向内推，输入数值，将右下角箭头处位置数值改为 0.75，如图 6-51 所示。

使用推拉工具，向上推出 350mm，然后用铅笔工具画一条辅助线，如图 6-52 所示。

使用圆工具，拾取中点，画一半径为 1500mm 的圆，如图 6-53 所示。使用推拉工具，将箭头指向的面向下推出 20mm，如图 6-54 所示。

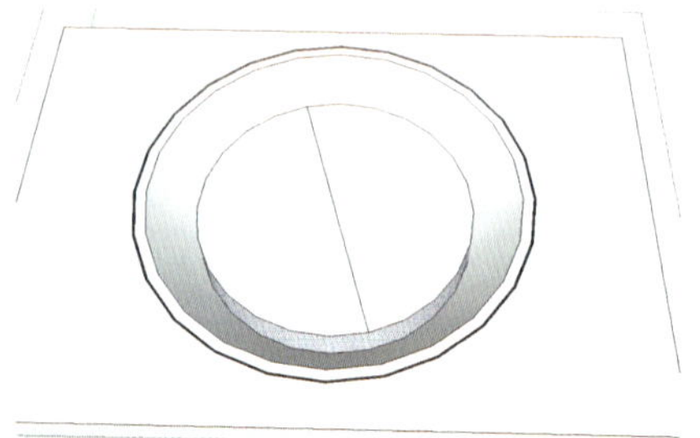

图 6-52　绘制辅助线

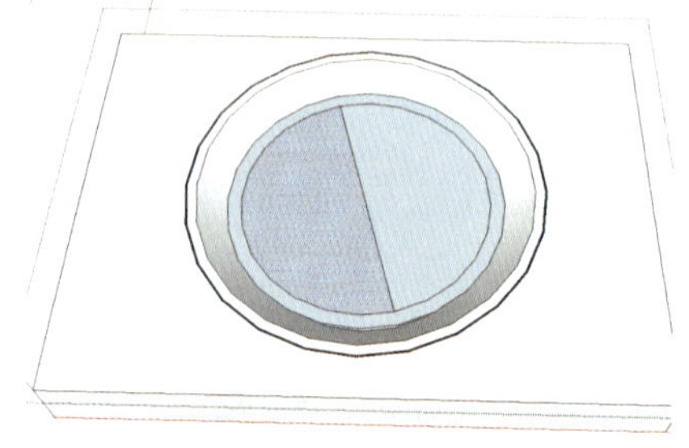

图 6-53　绘制半径为 1500mm 的圆形

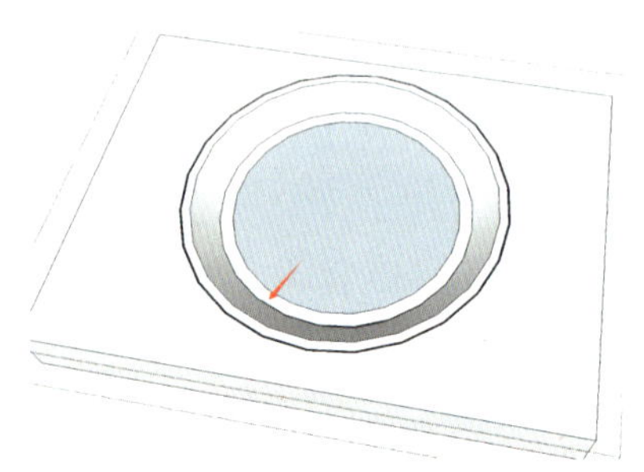

图 6-54　推拉圆环平面

使用偏移工具，将中间圆形的边线继续向内偏移 180mm，如图 6-55 所示。使用推拉工具，向下推出 200mm，如图 6-56 所示。

双击圆形平面，单击缩放工具，同时按住 Ctrl、Shift、Alt 键，将此圆形等比例缩小为原来的 3/4，如图 6-57 所示。再次将底部圆形边线向内偏移 20mm，如图 6-58 所示。

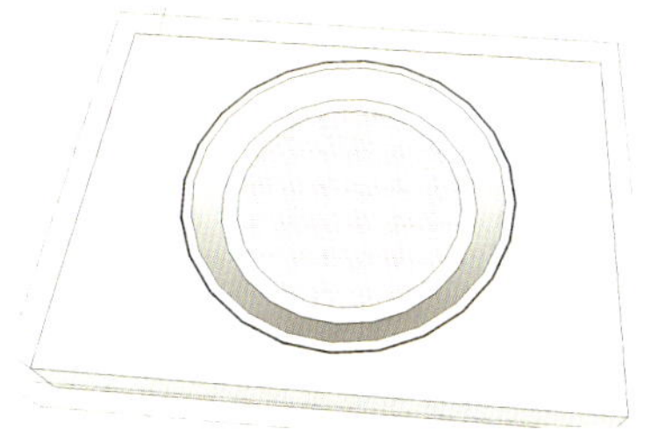

图 6-55　向内偏移 180mm 复制圆形轮廓

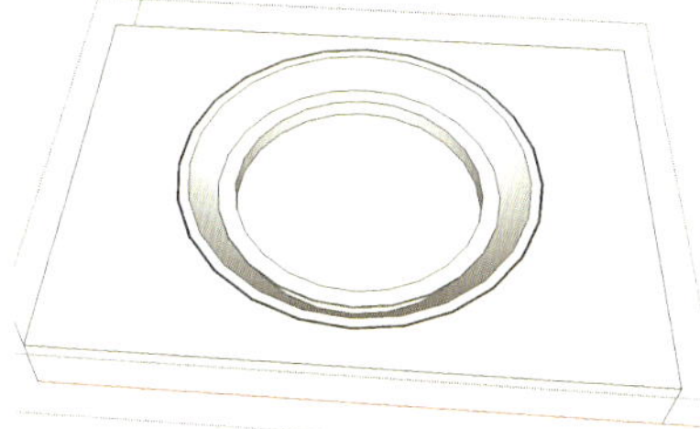

图 6-56　推出圆形凹陷

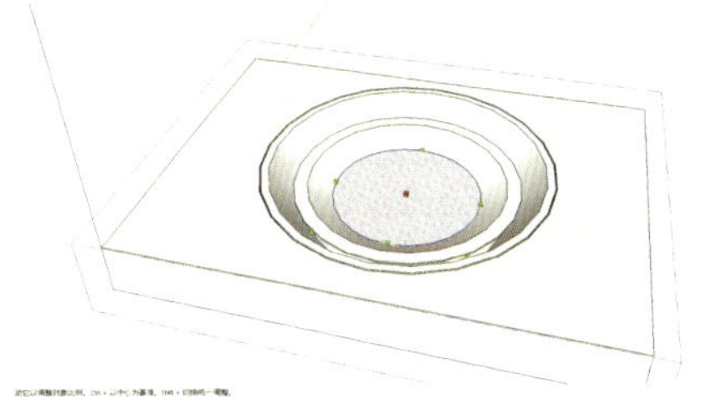

图 6-57　缩小底部圆形平面二

选中圆环，使用推拉工具，向下推出 20mm，如图 6-59 所示。使用材质工具，赋予其深灰色材质，如图 6-60 所示。

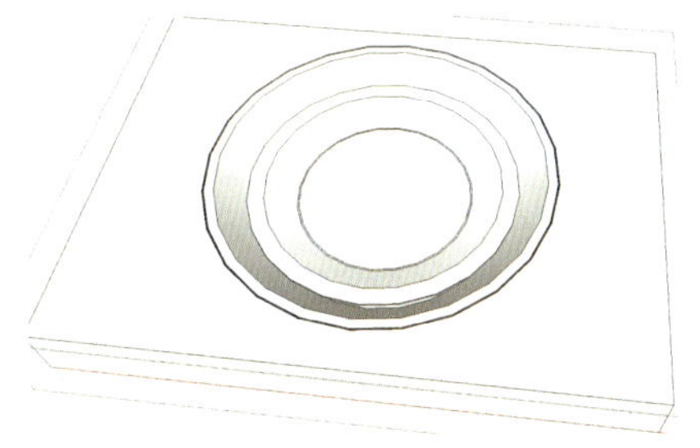

图 6-58　再次偏移复制圆形轮廓

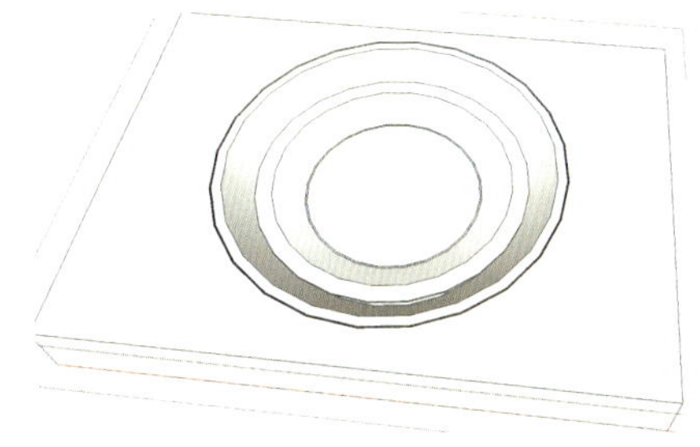

图 6-59　推拉圆环平面

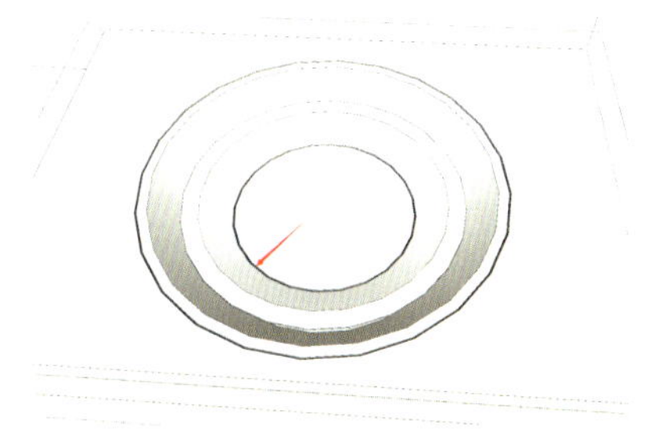

图 6-60　赋予深灰色材质一

创建射灯模型。使用矩形工具绘制边长为 95mm 的正方形，用推拉工具，向上推出 10mm，创建为组件，如图 6-61 所示。

使用偏移工具，向内偏移 5mm，然后用推拉工具向下推出 5mm，如图 6-62 所示。

用铅笔工具画一条辅助线，然后用圆工具拾取辅助线中心点画一直径为 55mm 的圆，如图 6-63 所示。

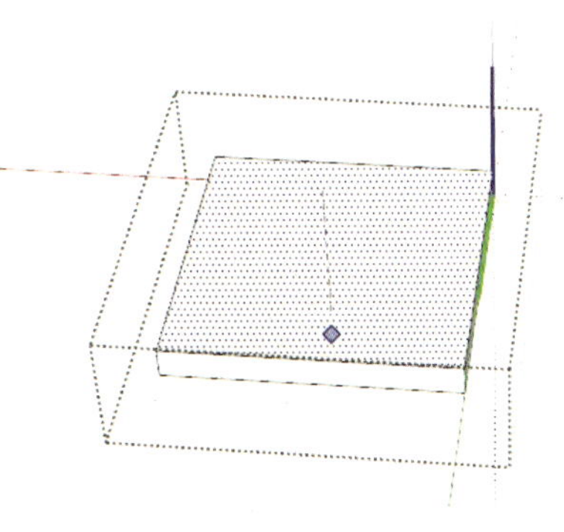

图 6-61　制作射灯表面

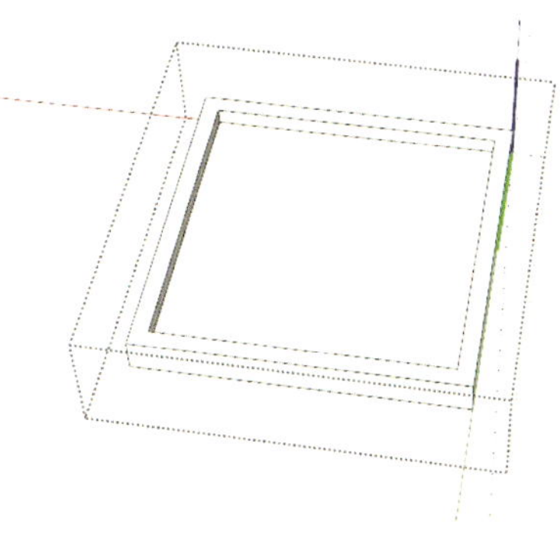

图 6-62　推出矩形凹陷

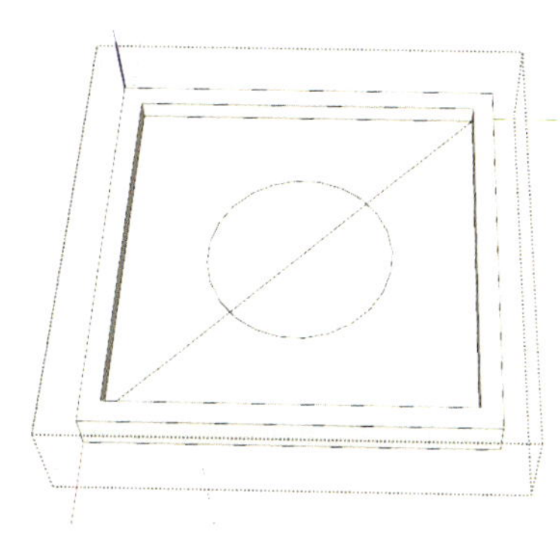

图 6-63　绘制圆平面

删除多余线条，然后用推拉工具将圆平面向下推出 5mm，再用材质工具赋予平面深灰色材质，如图 6-64 所示。

使用铅笔工具绘制辅助线，使用移动工具将所画射灯移动到图 6-65 所示位置。

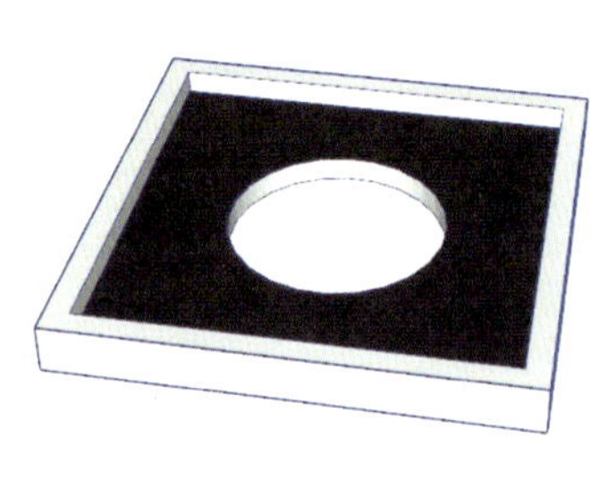
图 6-64 赋予深灰色材质二

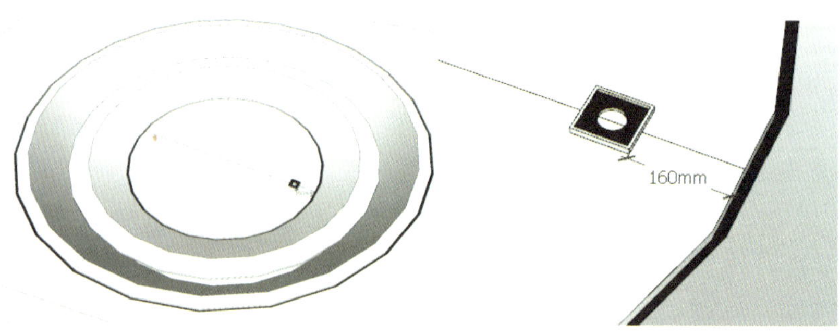

图 6-65 移动射灯

选取射灯模型，单击旋转工具，拾取辅助线中心点，同时按住 Ctrl 键，鼠标左键逆时针旋转，输入 “45”，按 Enter 键（图 6-66），输入 “7*”，再按 Enter 键，将射灯复制 7 个（图 6-67），删除辅助线。

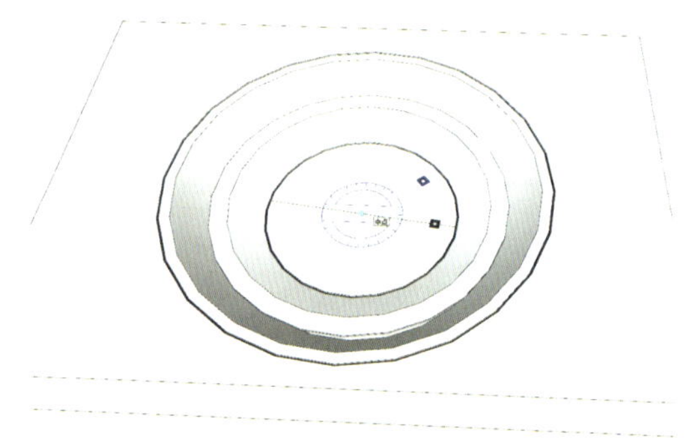
图 6-66 旋转复制射灯

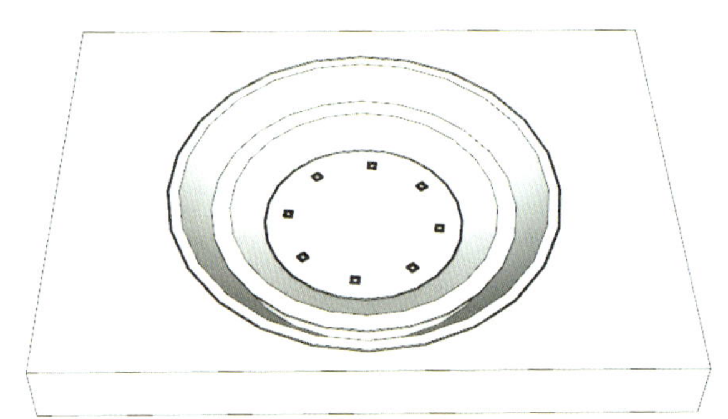
图 6-67 复制 7 个射灯

6.1.7 灯具建模

使用圆工具画一个半径为 72.5mm 的圆，双击选中圆平面和边线，单击鼠标右键，创建群组，如图 6-68 所示。

双击进入群组，使用推拉工具向上推出 5mm，然后用偏移工具向内偏移 5mm，如图 6-69 所示。

使用推拉工具，将内圆平面向上拉 40mm，再将其赋予深灰色材质，如图 6-70 所示。

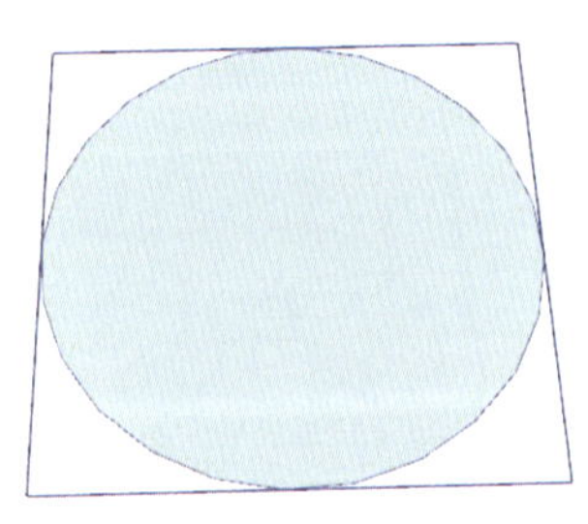
图 6-68 绘制圆形平面并创建群组

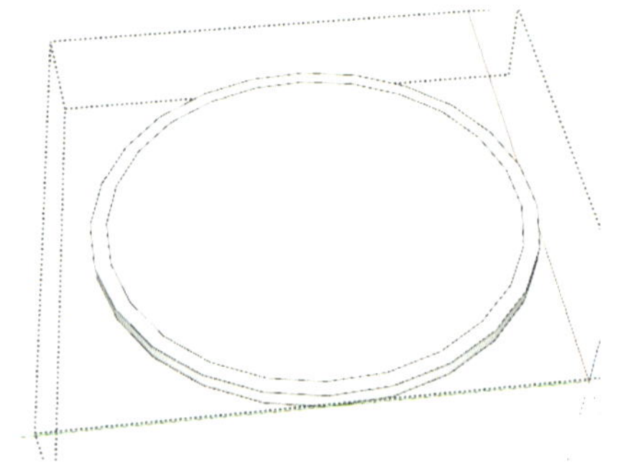
图 6-69 推拉和偏移复制

图 6-70 推拉并赋予深灰色材质

选取建好的模型，使用移动工具，同时按住 Ctrl 键，向左边移动，复制一个同样的模型，右键单击模型→翻转方向→组件的蓝轴，如图 6-71 所示。

使用铅笔工具，绘制图 6–72 所示 Z 形平面，然后双击平面→右键→创建组件。使用推拉工具，向上推出 25mm，如图 6–73 所示。

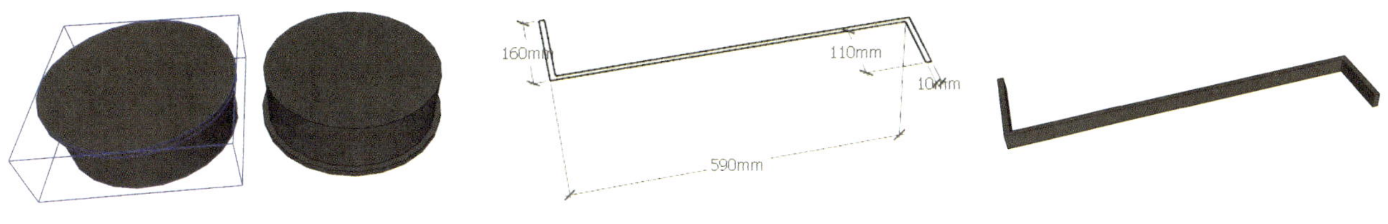

图 6–71　复制并垂直翻转模型　　图 6–72　绘制 Z 形平面　　图 6–73　推出 Z 形厚度

使用圆工具，画一个半径为 27.5mm 的圆，使用移动工具将画好的模型移动到图 6–74 位置。

以圆中心为旋转中心，使用旋转工具，同时按住 Ctrl 键，旋转 30° ，如图 6–75 所示；然后不做任何操作，用键盘直接输入“11*”，按回车键确定，如图 6–76 所示，将以 30° 为间隔，旋转复制出 11 个 Z 形构件。

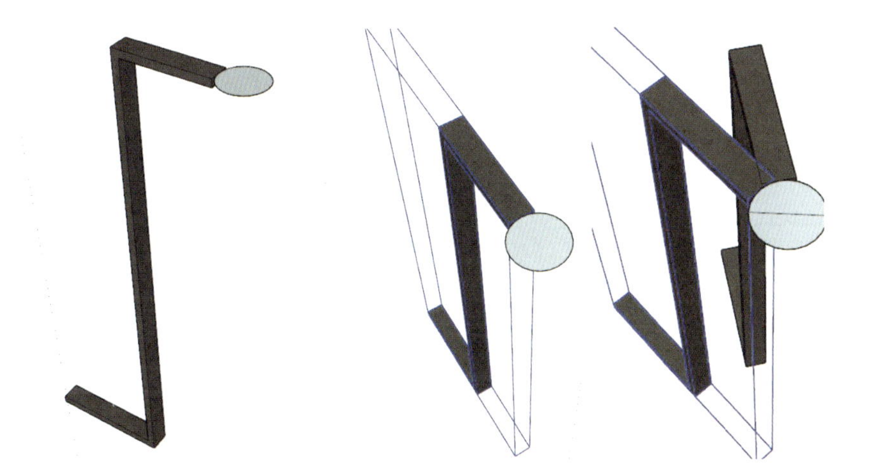

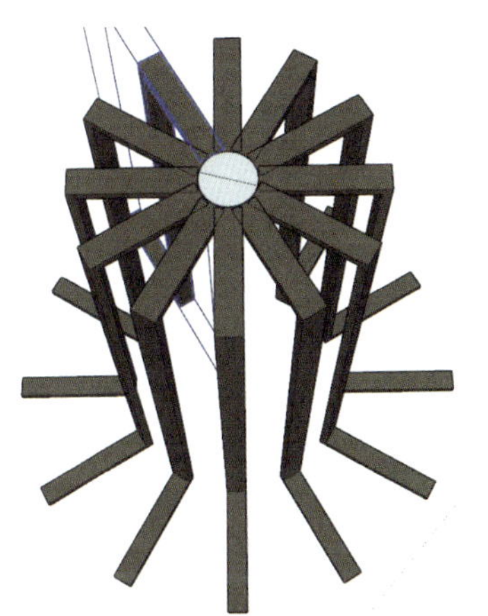

图 6–74　绘制圆并移动模型　　图 6–75　旋转复制 Z 形构件　　图 6–76　复制 11 个 Z 形构件

使用圆工具，画一个半径为 310mm 的圆，双击圆形→右键→创建群组。双击进入群组，使用偏移工具，向内偏移 12mm，单击内圆的面，按 Delete 键删除，使用推拉工具向上推出 20mm，然后用材质工具赋予其深灰色材质，退出群组，如图 6–77 所示。

使用移动工具，将圆环移动到图 6–78 所示位置。

使用铅笔工具，绘制图 6–79 所示 L 形线条。

图 6–77　绘制圆环并赋予深灰色材质

图 6–78　移动圆环

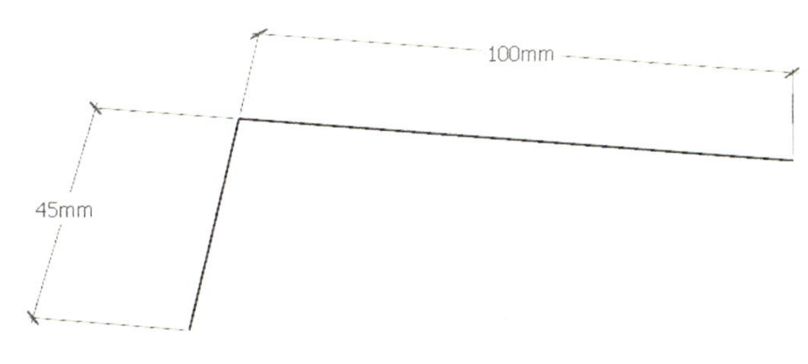

图 6–79　绘制 L 形线条一

使用圆弧工具，拾取短边中点，画一圆弧（图 6-80）。在 L 形线条的端头画一个半径为 7mm 的圆（图 6-81）。

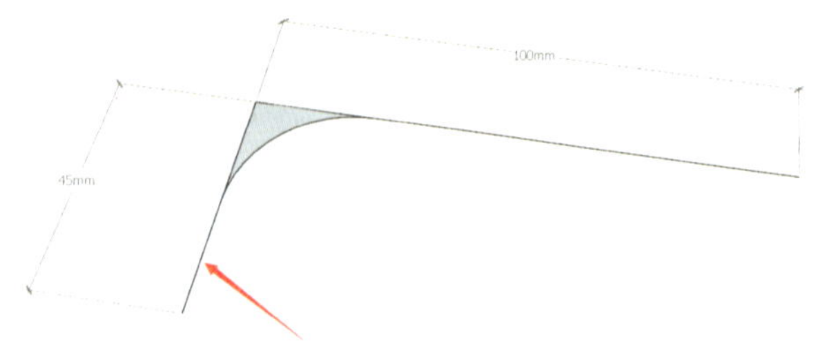

图 6-80　绘制圆弧

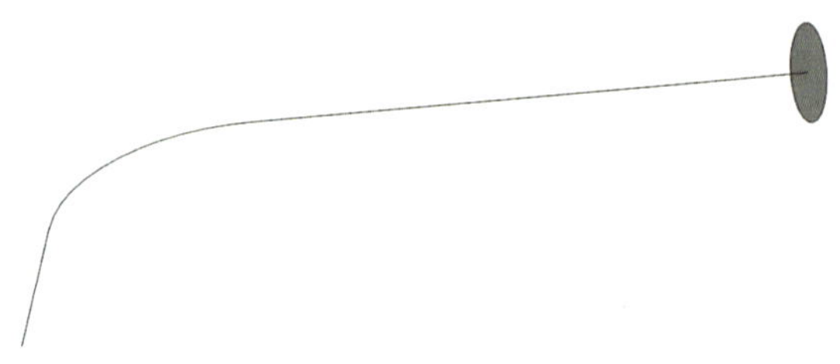

图 6-81　绘制圆形平面（半径为 7mm）

使用路径跟随工具，单击圆面，按住鼠标左键不放，顺着所画的线移动，生成 L 形圆管，如图 6-82 所示。

左键三击所画模型→右键→创建组件，然后用材质工具赋予圆管深灰色材质，如图 6-83 所示。

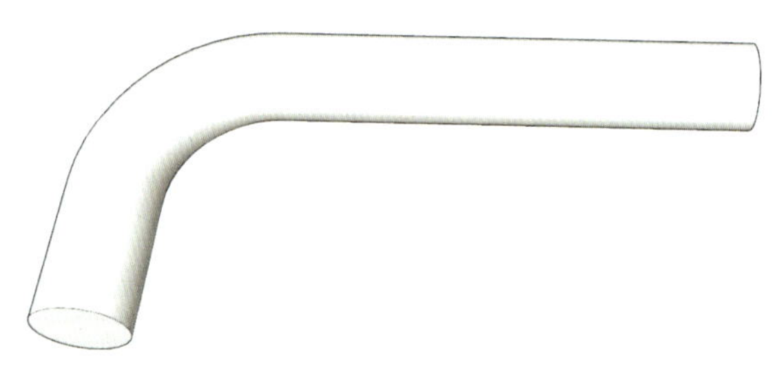

图 6-82　使用路径跟随工具生成 L 形圆管

图 6-83　赋予圆管深灰色材质

使用移动工具，将此模型移动到图 6-84 所示的位置。

如图 6-85 所示，以箭头指向的圆心为旋转中心，使用旋转工具将其旋转复制一个 L 形圆管，旋转角度为 30° 。输入“11*”，按 Enter 键，旋转复制 11 个 L 形圆管，如图 6-86 所示。

图 6-84　移动 L 形圆管

图 6-85　旋转复制一个 L 形圆管

图 6-86　旋转复制 11 个 L 形圆管一

在图 6-87 箭头位置，用圆工具画一个直径为 70mm 的圆，然后用推拉工具向上推出 15mm，左键三击圆柱→右键→创建组件，使用材质工具赋予其深灰色材质。

可以打开 X 光透视模式（图 6-88），以便于拾取点，移动到需要的位置。

用上面的方法，旋转复制上一步绘制的小圆柱，如图 6-89 所示。

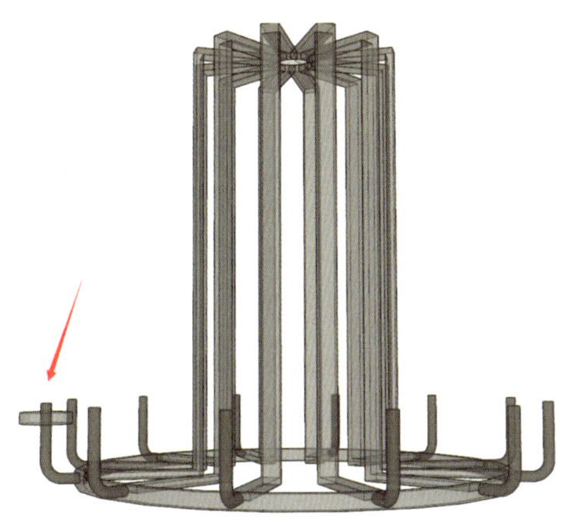

图 6-87 绘制圆形平面（直径为 70mm）

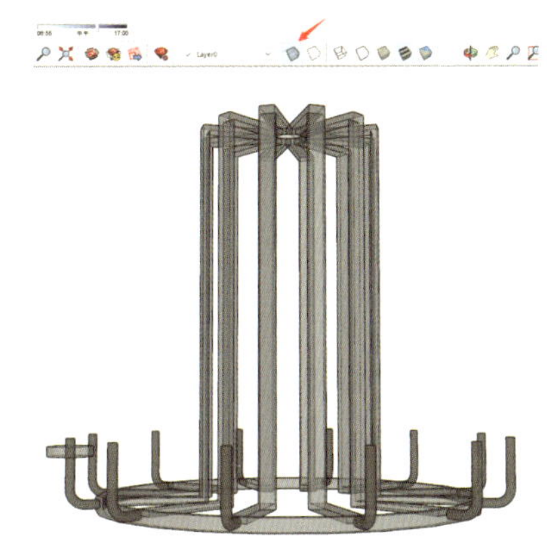

图 6-88 打开 X 光透视模式

图 6-89 旋转复制小圆柱

使用铅笔工具，绘制图 6-90 所示 L 形平面，双击图形→右键→创建组件。

双击进入组件，使用推拉工具，向上推出 24mm，然后用材质工具赋予构件深灰色材质，如图 6-91 所示。

使用移动工具，将 L 形构件移动到图 6-92 所示位置。

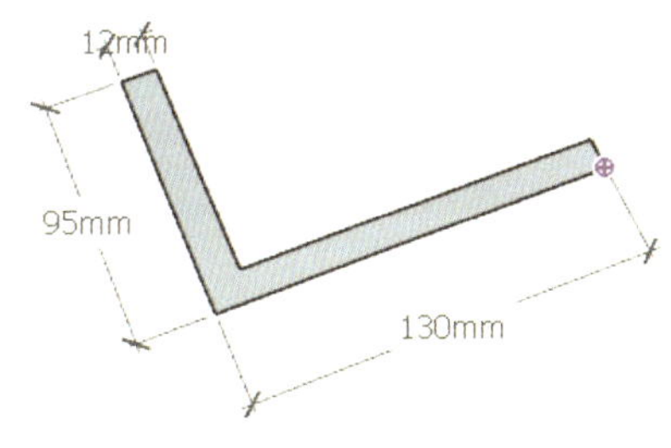

图 6-90 绘制 L 形平面

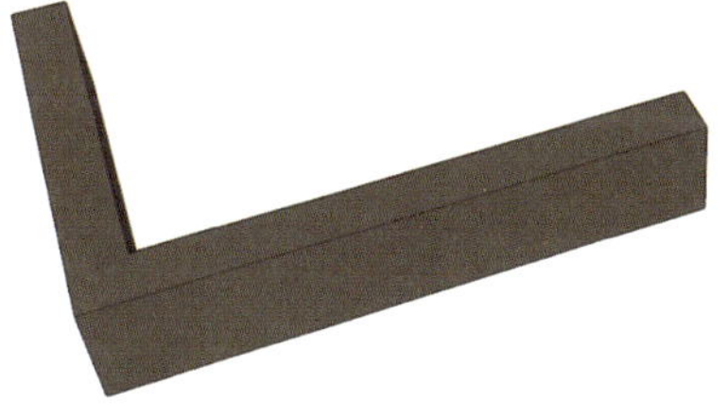

图 6-91 推拉出 L 形平面的厚度并赋予深灰色材质

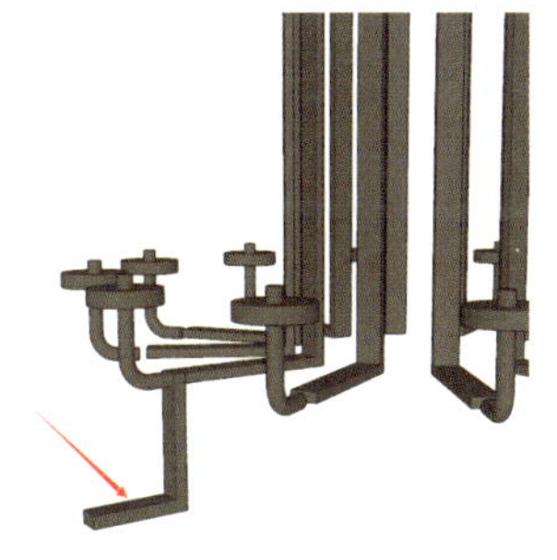

图 6-92 移动 L 形构件

用前面的方法旋转复制 L 形构件，如图 6-93 所示。

用圆工具，画一个直径为 800mm 的圆，双击圆→右键→创建群组。双击进入群组，使用偏移工具，向内偏移 12mm，如图 6-94 所示。

单击内圆的面，按 Delete 键删除，用推拉工具向上推出 20mm，用材质工具赋予圆环深灰色材质，如图 6-95 所示。

使用移动工具，将圆环移动到图 6-96 所示位置。

图 6-93 旋转复制 L 形构件

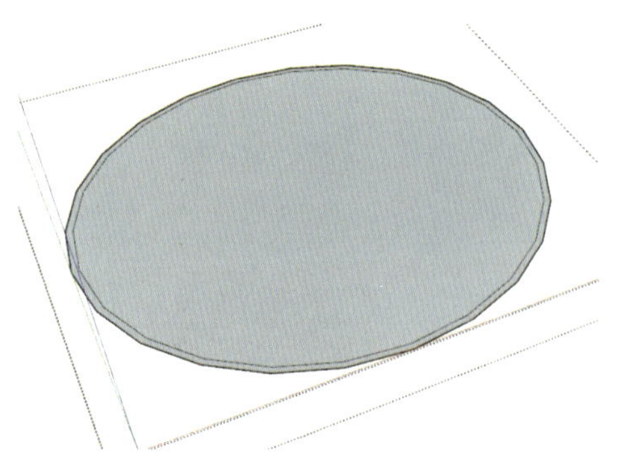

图 6-94　绘制圆形平面（直径为 800mm）

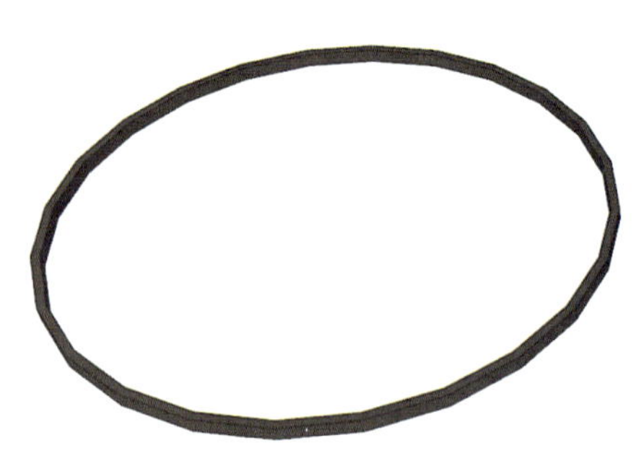

图 6-95　赋予圆环深灰色材质

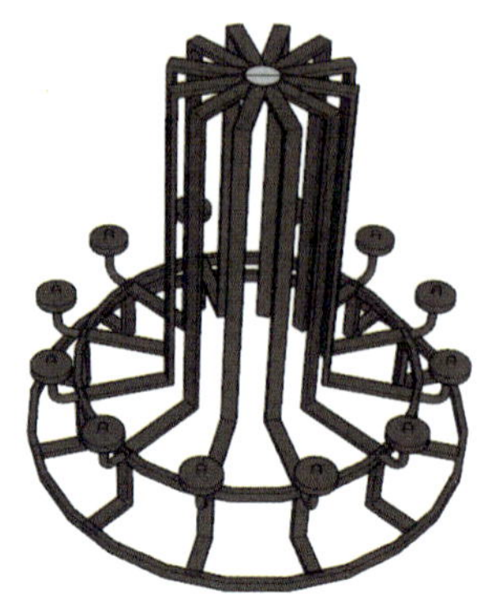

图 6-96　移动圆环

用矩形工具，绘制一个长 24mm、宽 12mm、高 130mm 的立方体，创建群组并赋予其同样的深灰色，然后用移动工具将其移动至图 6-97 所示位置，用前面相同的方法旋转复制 11 个该长方体。

选择箭头指向的圆环（图 6-98），向下移动复制，移动距离为 110mm，如图 6-99 所示。

图 6-97　移动长方体

图 6-98　选择圆环

图 6-99　向下复制圆环

使用铅笔工具，绘制图 6-100 所示 L 形线条。

使用圆弧工具，拾取短边中点画弧线，如图 6-101 所示。

删除多余线条，然后用圆工具在线端画一个半径为 7mm 的圆形，如图 6-102 所示。

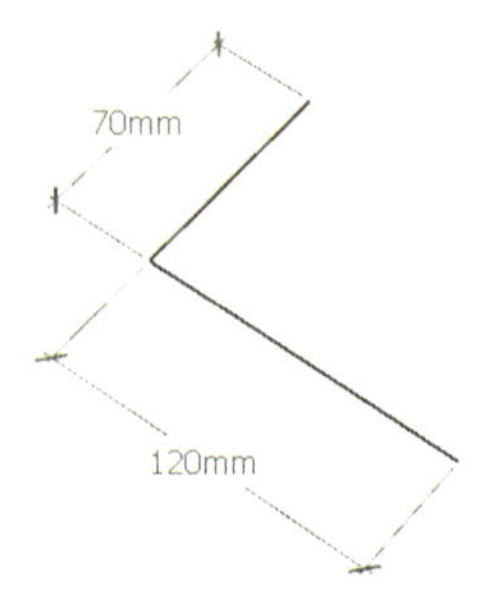

图 6-100　绘制 L 形线条二

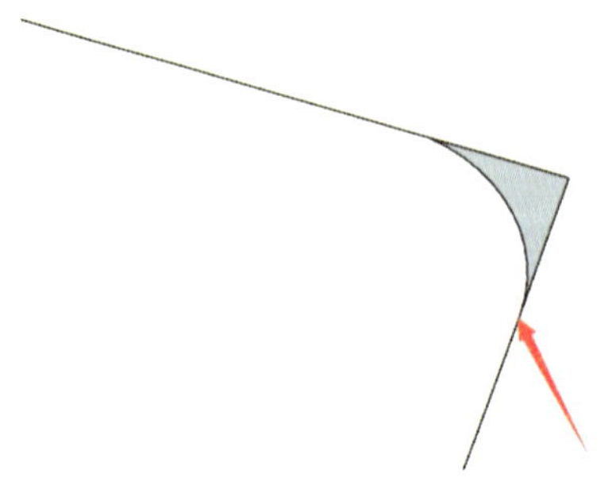

图 6-101　绘制弧线

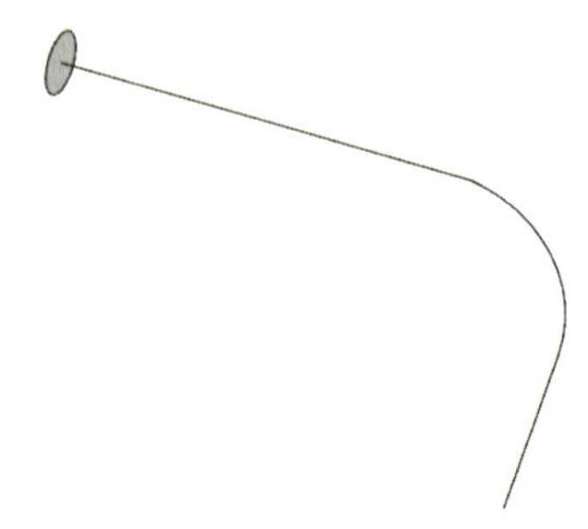

图 6-102　绘制半径为 7mm 的圆形

用路径跟随工具，生成图 6-103 所示 L 形圆管。

左键三击所画模型→右键→创建组件，然后用材质工具赋予其深灰色材质，如图 6–104 所示。

使用移动工具，将模型移动到图 6–105 所示位置，并旋转复制 11 个，如图 6–106 所示。

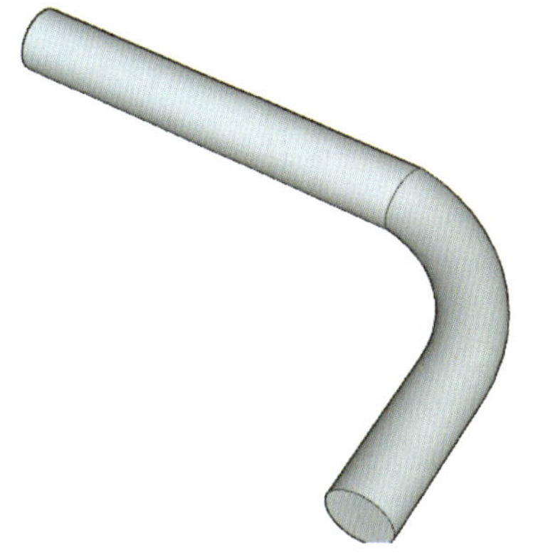

图 6–103　生成 L 形圆管

图 6–104　创建组件并赋予材质

图 6–105　移动圆管到正确位置

选择图 6–107 中箭头指向的小圆柱模型构件，移动复制 1 个到图 6–107 所示位置。

旋转复制 11 个小圆柱，如图 6–108 所示。

图 6–106　旋转复制 11 个 L 形圆管二

图 6–107　移动复制 1 个小圆柱构件

图 6–108　旋转复制 11 个小圆柱

接下来绘制灯罩。使用圆工具，画一直径为 90mm 的圆形，左键双击圆形→右键→创建组件，然后使用推拉工具，推出高度为 265mm，如图 6–109 所示。

使用偏移工具，向内偏移 5mm（图 6–110）。使用推拉工具，向下推空，然后使用材质工具赋予其淡黄色材质（图 6–111）。

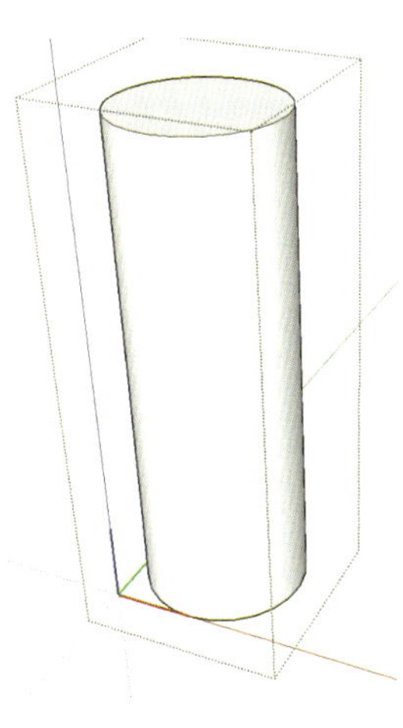

图 6–109　绘制圆柱体

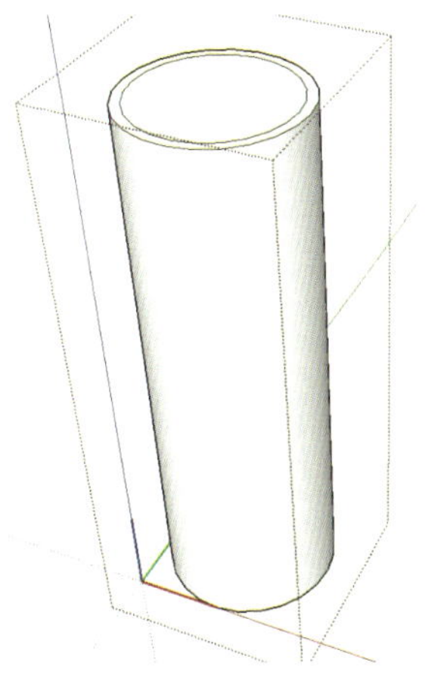

图 6–110　偏移复制圆形边线

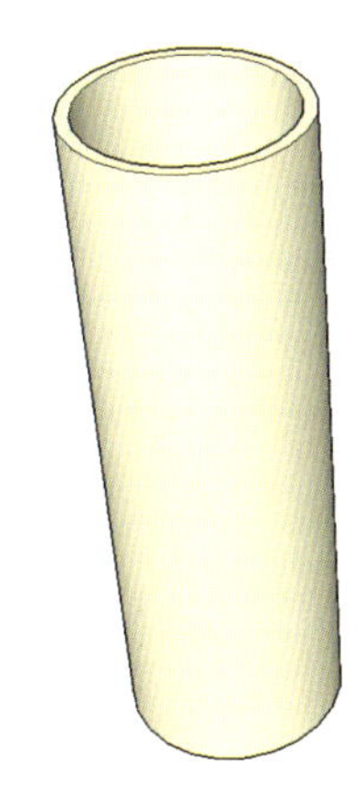

图 6–111　赋予淡黄色材质

将该圆柱体复制到图 6-112 所示位置。

同时选取两个灯筒，旋转复制 1 套，如图 6-113 所示。

输入 "11*"，再旋转复制 11 套灯筒，如图 6-114 所示。

图 6-112 移动复制圆筒

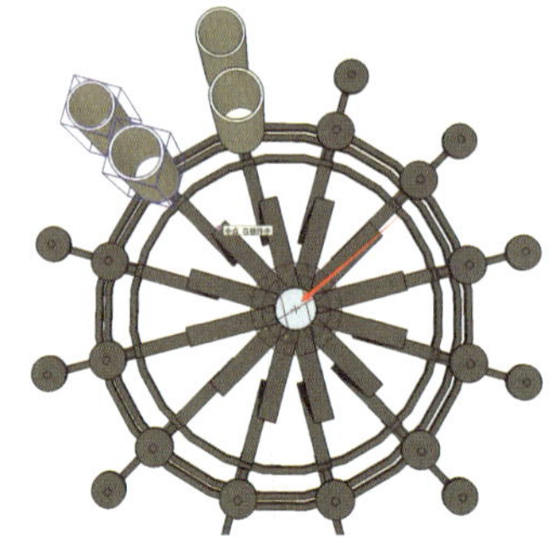

图 6-113 旋转复制 1 套灯筒

图 6-114 旋转复制 11 套灯筒

使用移动工具，将图 6-70 做好的模型构件移动到图 6-115 所示位置。

使用铅笔工具画辅助线，用圆工具拾取中心点，画一直径为 15mm 的圆（图 6-116）。删除多余线条，双击所画圆形→右键→创建群组（图 6-117）。

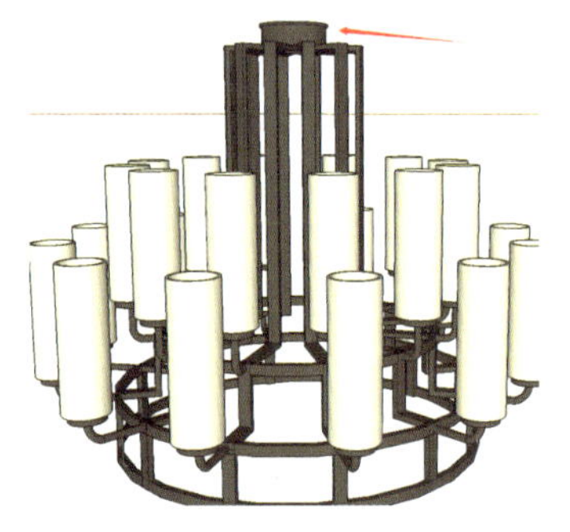

图 6-115 移动构件到正确位置

图 6-116 绘制直径为 15mm 的圆形

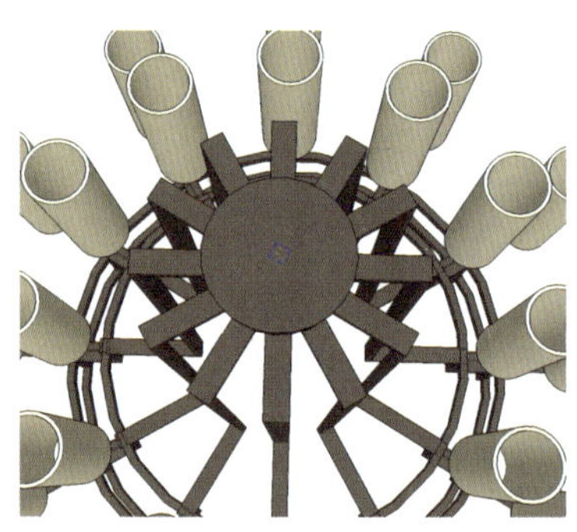

图 6-117 创建群组

双击进入群组，使用推拉工具，向上推出 250mm，然后用材质工具赋予其深灰色材质，完成灯杆制作（图 6-118）。

选择图 6-118 中箭头指向的模型构件，向上移动复制 1 个，移动距离为 250mm，然后沿组的蓝轴上下垂直翻转构件（图 6-119）。

将所有灯具构件全部选中，创建群组（图 6-120）。

图 6-118 制作灯杆

图 6-119 复制并垂直翻转构件

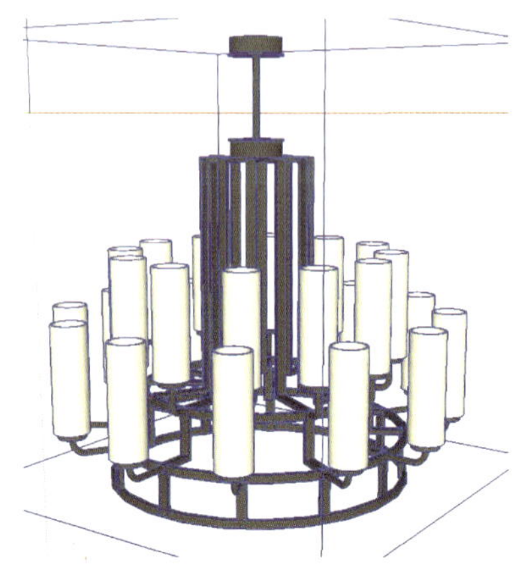

图 6-120 创建群组

使用移动工具，将灯具模型移动到图 6–121 所示位置。

使用移动工具，将射灯模型移动复制到图 6–122 所示位置。

使用移动工具，将灯具模型和吊顶模型移动到图 6–123 所示位置。

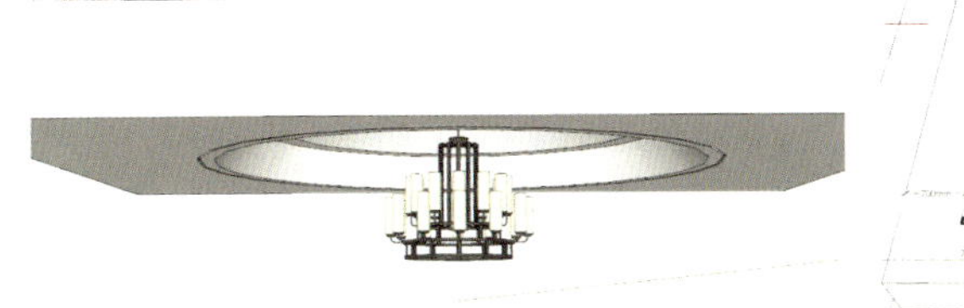
图 6–121　移动灯具

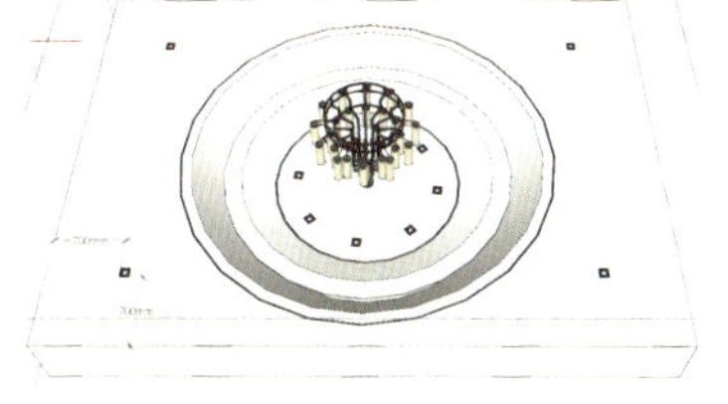
图 6–122　移动复制射灯

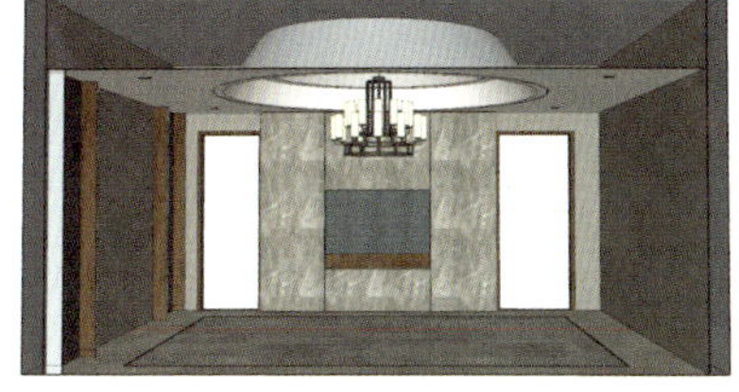
图 6–123　移动灯具和吊顶

6.1.8　餐桌椅建模

（1）在垂直方向绘制一个高 1000mm、宽 600mm 的矩形，按图 6–124 所示尺寸使用卷尺工具绘制辅助线。

（2）使用圆弧工具，从矩形左边两个顶点绘制弧线，弧高位置捕捉到第一条辅助线（图 6–125）。然后以第一条辅助线为起点，绘制第二条弧线（图 6–126）。

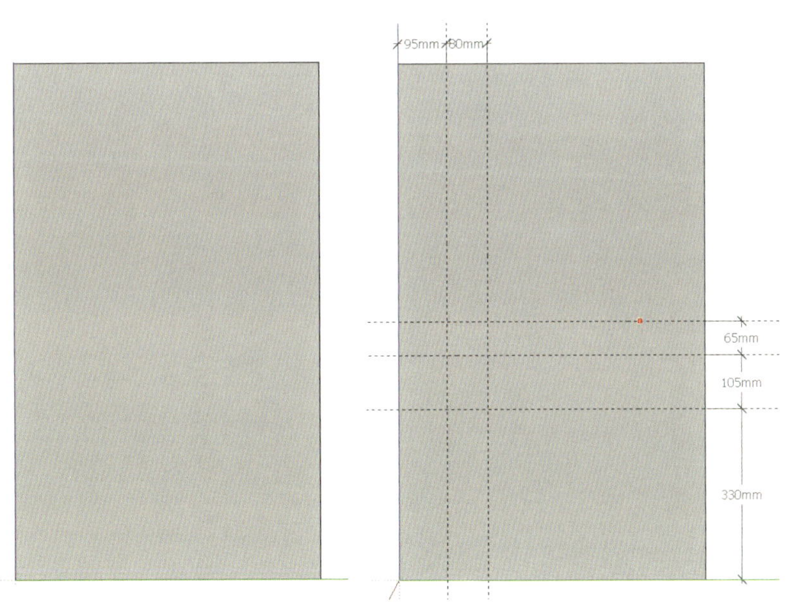

图 6–124　绘制矩形并添加辅助线

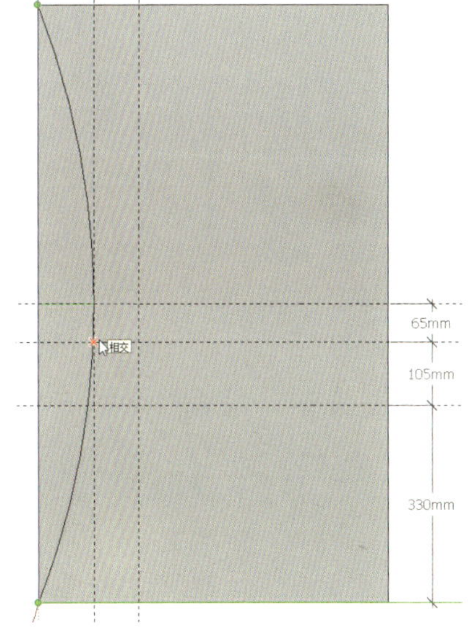

图 6–125　绘制第一条弧线

第三条弧线的起点如图 6–127 所示，弧高输入“30”。

从椅背处绘制一条水平直线，将坐垫分割出来，如图 6–128 所示。

在椅背顶端绘制一条弧线（图 6–129），删除辅助线和多余线条，双击椅背平面，将其创建为群组。

（3）使用卷尺工具，从左往右拖出一条辅助线，至边线距离为 30mm（图 6–130）。以辅助线与上、下边线的交点为起点，绘制圆弧，弧高为 100mm，如图 6–131 所示。

双击椅子的腿，将其创建为群组（图 6–132），然后将群组复制一个，单击右键，将复制的椅子腿沿轴镜像，并使腿的端点对齐矩形右下角，如图 6–133 所示。

双击进入群组内部，使用铅笔工具添加线条，将椅子腿延长与坐垫连接到一起，如图 6–134、图 6–135 所示。

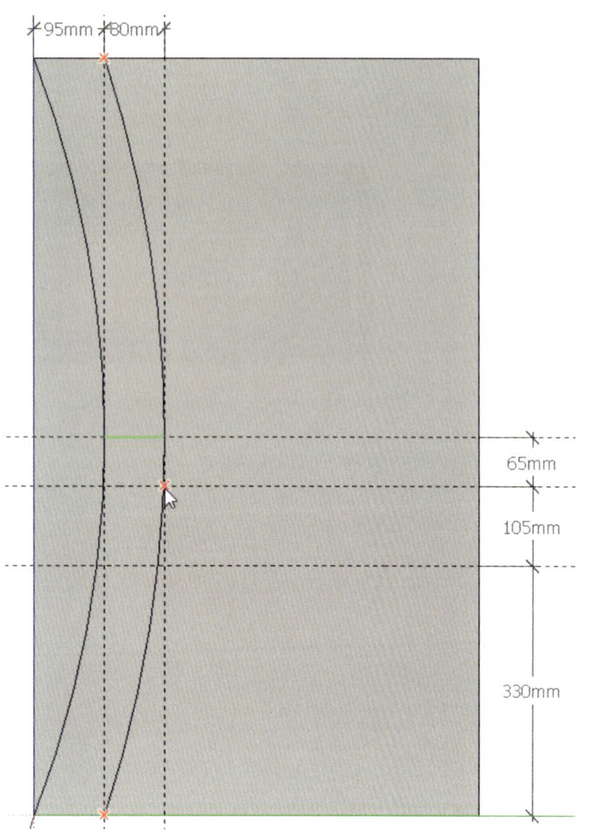

图 6-126　绘制第二条弧线

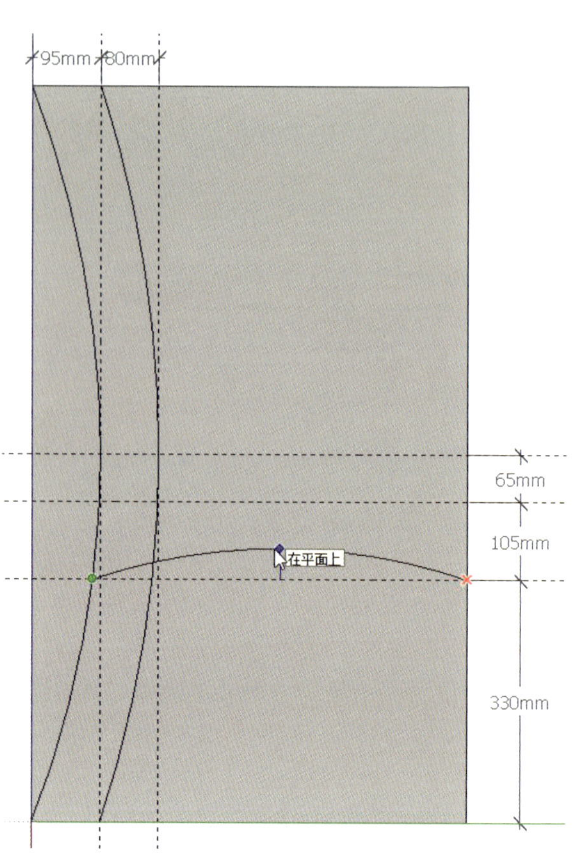

图 6-127　绘制第三条弧线

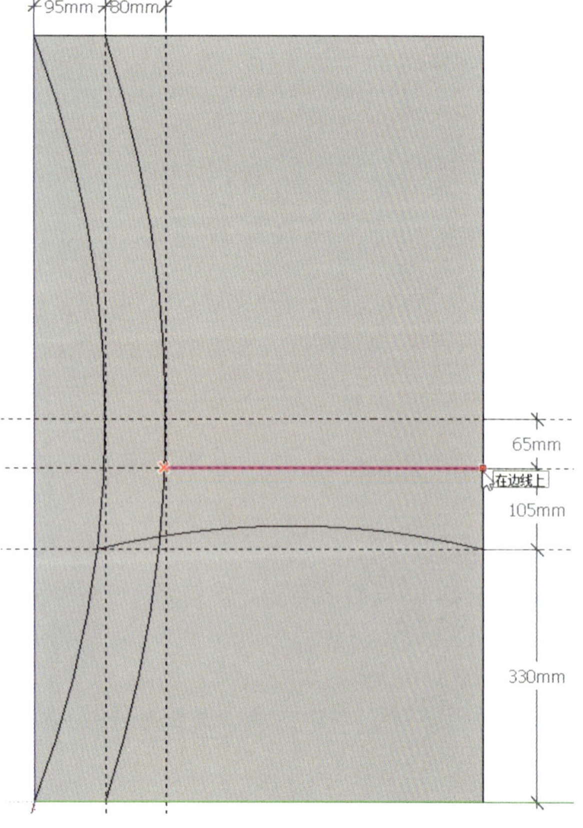

图 6-128　绘制水平直线

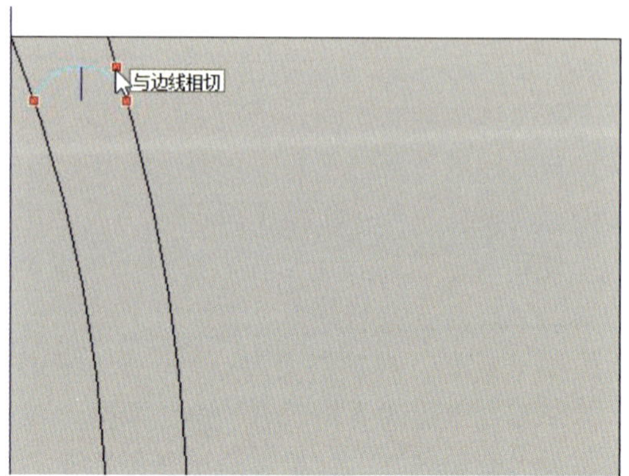

图 6-129　绘制椅背弧线

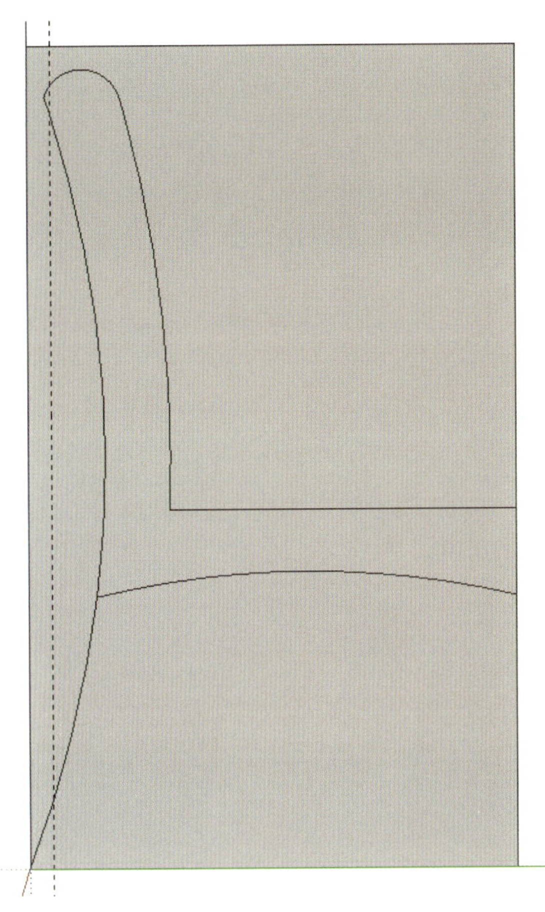
图 6-130 绘制辅助线

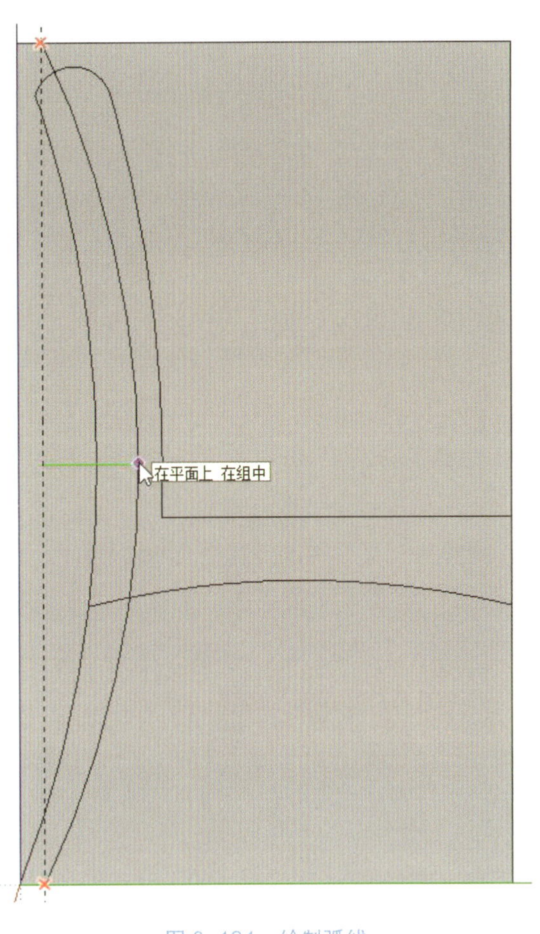

图 6-131 绘制弧线

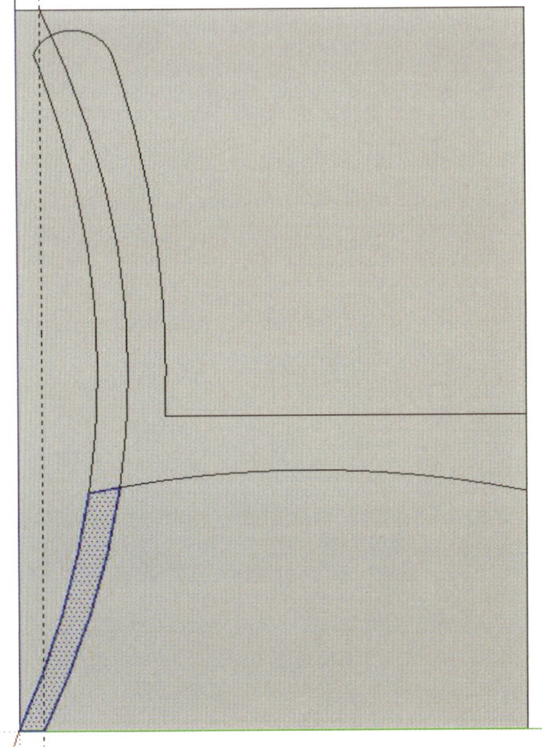
图 6-132 创建椅子腿群组

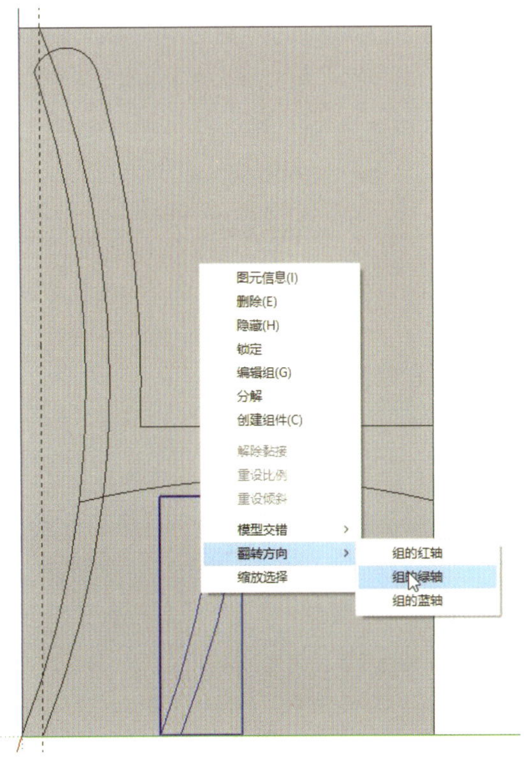

图 6-133 复制并翻转椅子腿

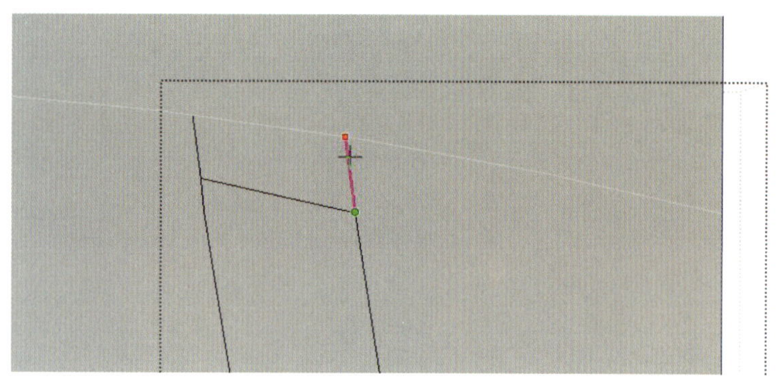

图 6-134　画线连接椅子腿和坐垫一

图 6-135　画线连接椅子腿和坐垫二

删除多余的线和面，得到椅子截面，如图 6-136 所示。

（4）双击进入椅背和坐垫群组内部，从转角处向下画一条垂直线（图 6-137），将椅背和坐垫分为两部分，并使用推拉工具将两部分都推出 400mm 的厚度（图 6-138）。

将坐垫的两个侧面分别向两边推出 30mm，如图 6-139 所示。

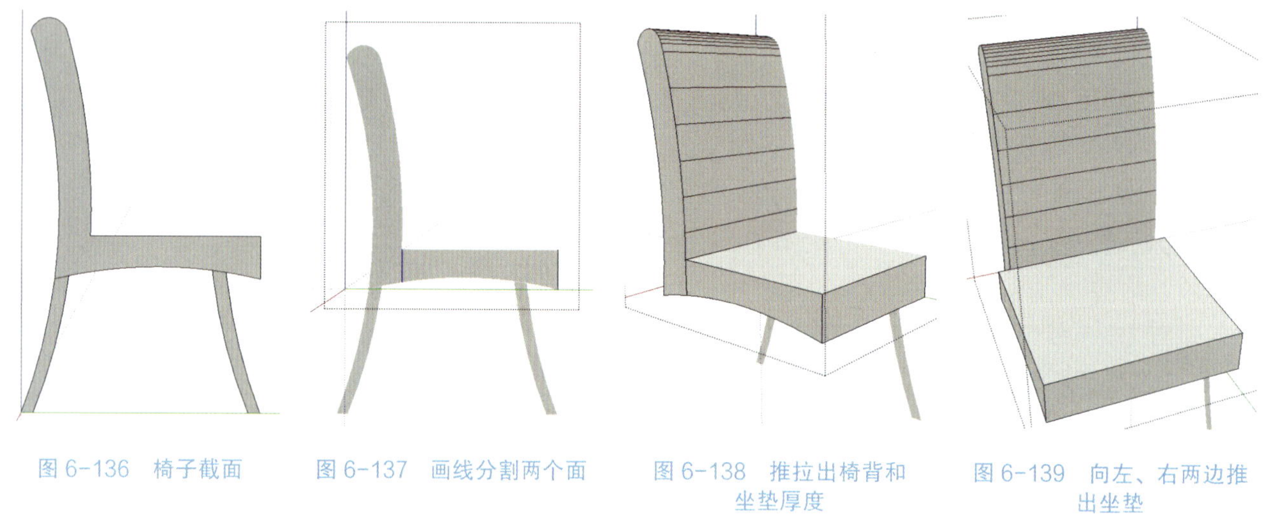

图 6-136　椅子截面　　图 6-137　画线分割两个面　　图 6-138　推拉出椅背和坐垫厚度　　图 6-139　向左、右两边推出坐垫

使用矩形工具，捕捉到图 6-140 所示两个顶点，绘制一个矩形。框选矩形和坐垫，单击鼠标右键→模型交错→模型交错（图 6-141），得到矩形与坐垫的相交面。

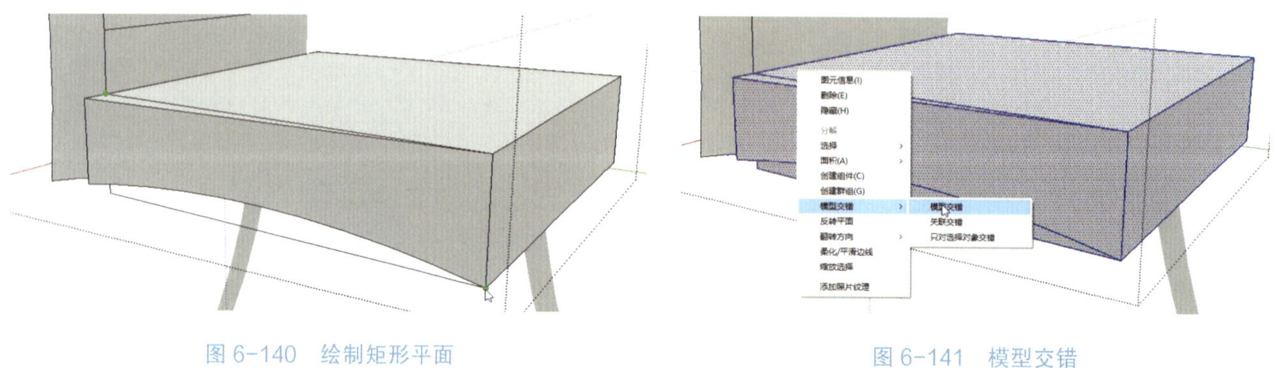

图 6-140　绘制矩形平面　　图 6-141　模型交错

删除多余的线和面（图 6-142），然后用同样的方法处理坐垫的另一个侧面（图 6-143）。

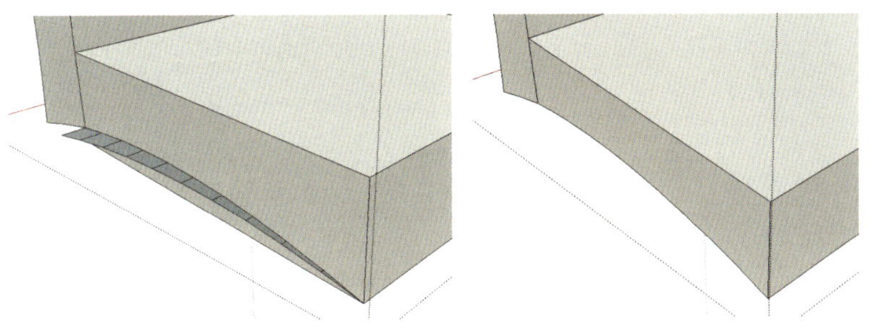

图 6-142 删除多余线和面

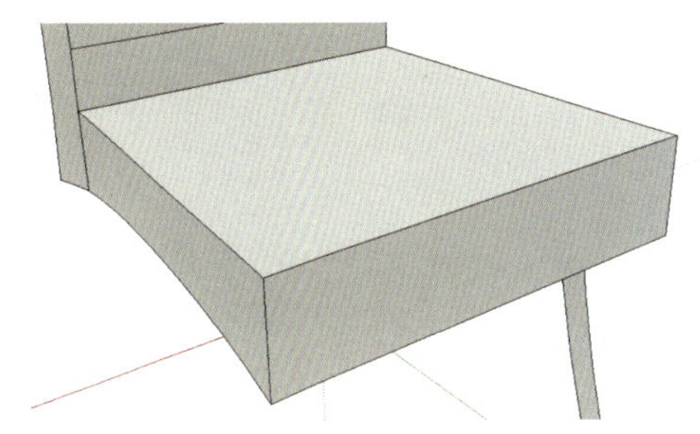

图 6-143 处理坐垫的另一个侧面

在坐垫的顶点画一条斜线，形成一个小小的三角形（图 6-144），选中坐垫顶面，单击路径跟随工具，再单击三角形，为坐垫倒角（图 6-145）。

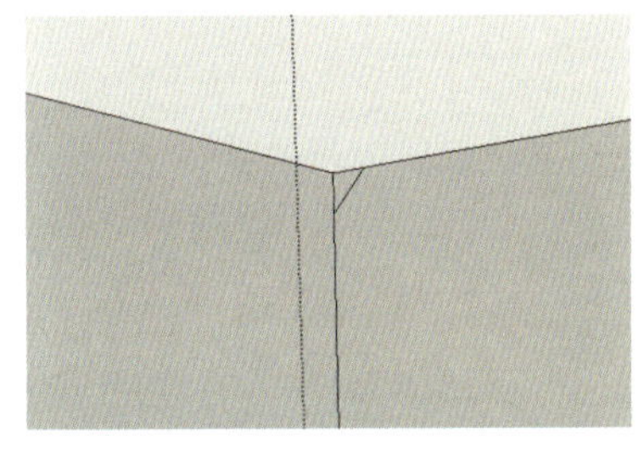

图 6-144 画线形成三角形

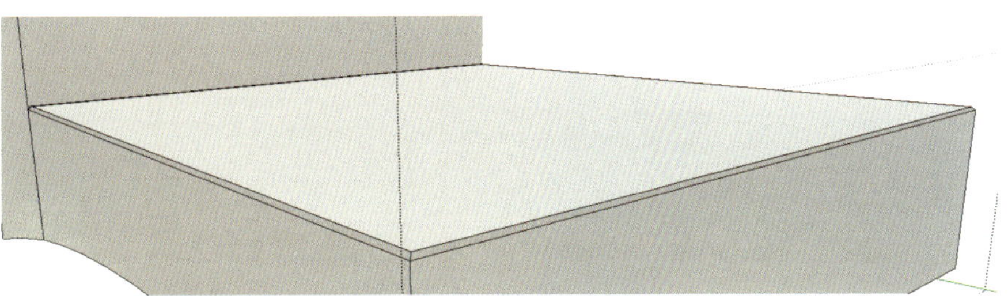

图 6-145 为坐垫倒角

三击选中椅背和坐垫，单击右键→柔化 / 平滑边线，将度数调整为 20° 左右，如图 6-146 所示。

（5）双击进入椅子腿群组内部，使用推拉工具，推出 25mm 厚度，如图 6-147 所示。

用卷尺工具，从椅子腿底部向上移动 60mm，画出一条辅助线，如图 6-148 所示。用铅笔工具沿椅子腿画一圈线条，如图 6-149 所示。

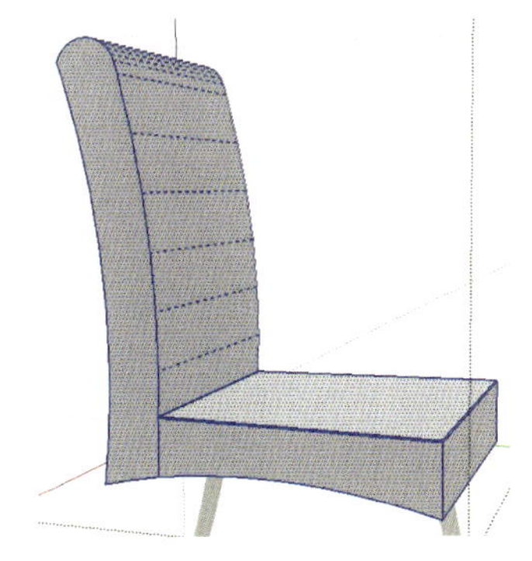

图 6-146 柔化边缘

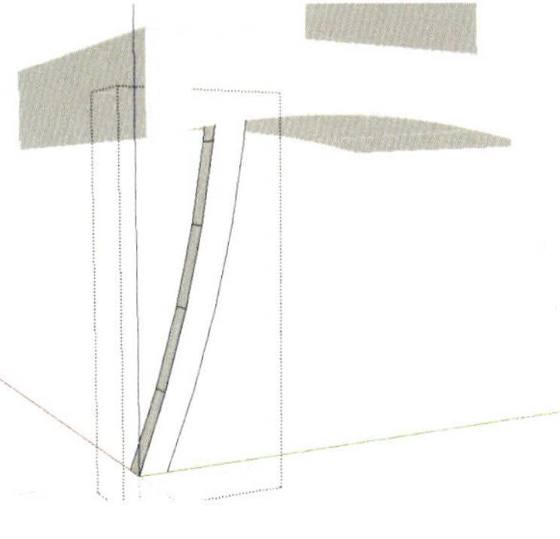

图 6-147 推出椅子腿的厚度

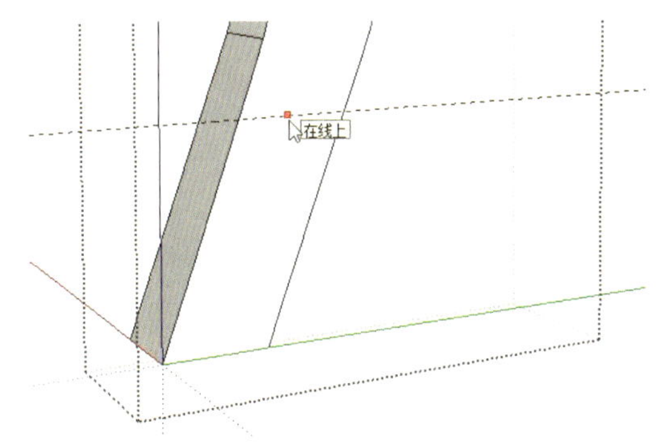

图 6-148 添加辅助线

单击椅子腿上部平面，单击右键→隐藏（图 6-150）。将显露出来的矩形平面向外偏移 2mm（图 6-151）。

同样地，将椅子腿底部平面也向外偏移 2mm（图 6-152），并将两个矩形的顶点用铅笔工具画线相连（图 6-153），再将刚才隐藏的平面显示出来。

按住 Ctrl 键，使用橡皮擦工具，单击椅子腿上的分隔横线，将其柔化，如图 6-154 所示。

另一条椅子腿的处理方法相同，在此不再赘述，完成后如图 6-155 所示。

（6）选中椅子后腿，将其向坐垫中间移动 15mm，然后将两条腿复制到另一边，使两边的腿与坐垫边缘的距离一致，如图 6-156 所示。

（7）为椅子做一个小装饰。在椅背上部用铅笔工具画一圈线条（图 6-157），将背后一条线向下移动复制一条，距离为 80mm，如图 6-158 所示。

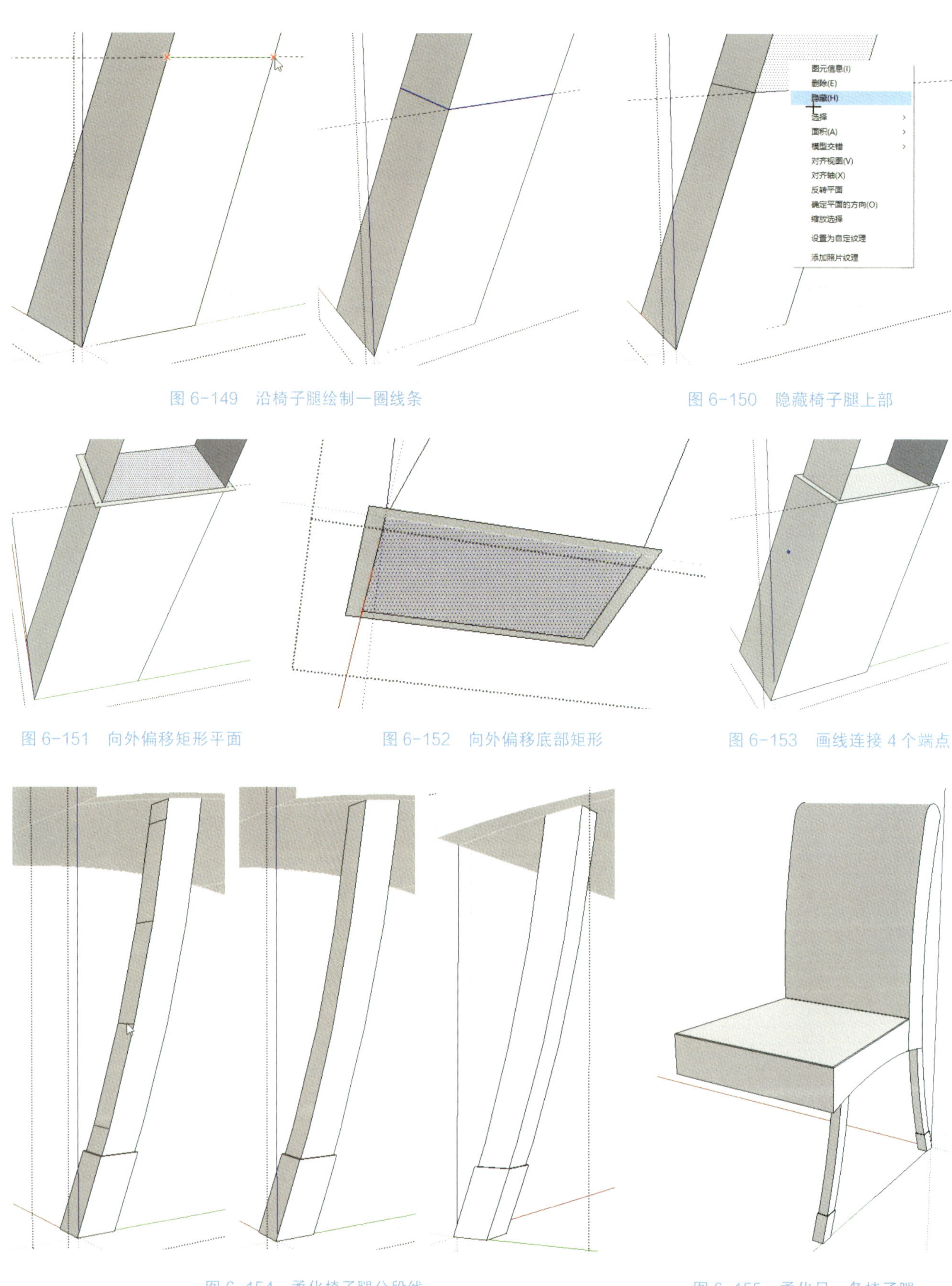

图 6-149　沿椅子腿绘制一圈线条

图 6-150　隐藏椅子腿上部

图 6-151　向外偏移矩形平面

图 6-152　向外偏移底部矩形

图 6-153　画线连接 4 个端点

图 6-154　柔化椅子腿分段线

图 6-155　柔化另一条椅子腿

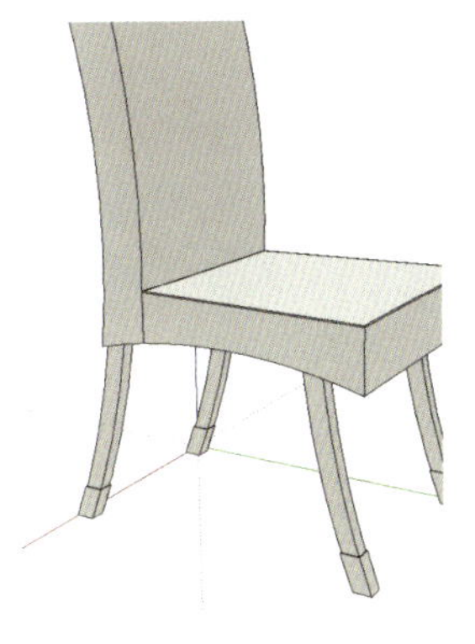
图 6-156　移动复制椅子腿

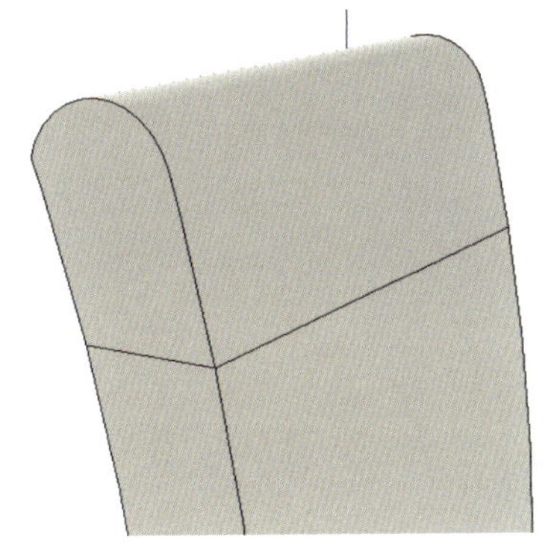
图 6-157　在椅背上部绘制一圈线条

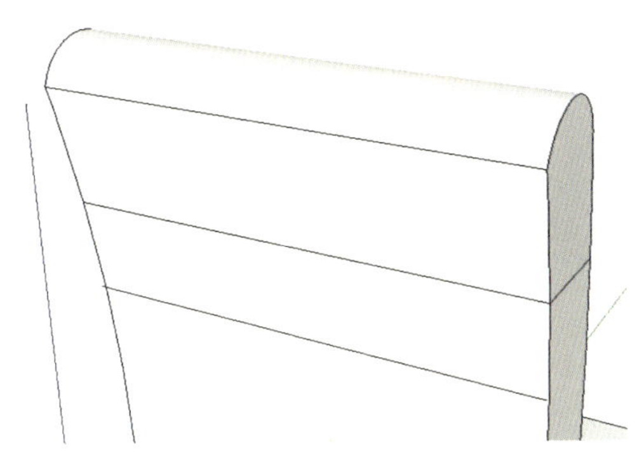
图 6-158　向下复制线条

如图 6-159 所示，连接上面线条两边的端点到下面线条的中点，删除多余的线和面。

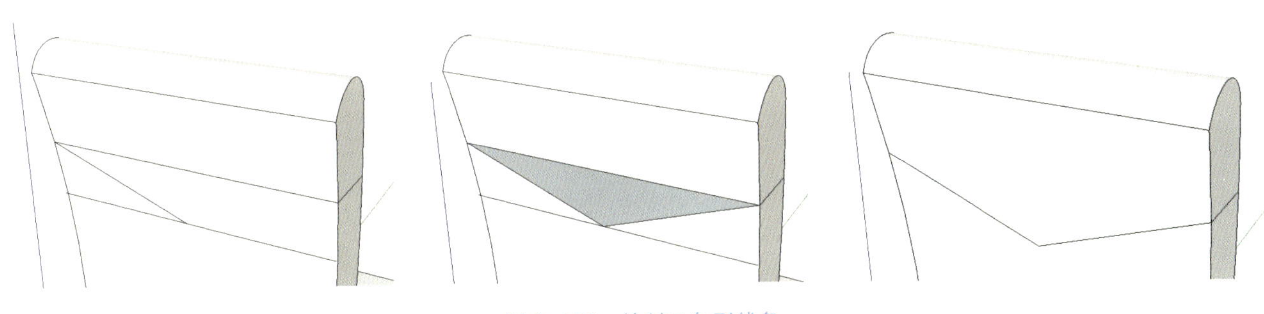
图 6-159　绘制三角形线条

在椅背的侧面绘制一个垂直于侧面平面的矩形，用圆弧工具绘制一个半圆，直径为 10mm，然后删除多余的线和面，只留下半圆，如图 6-160 所示。

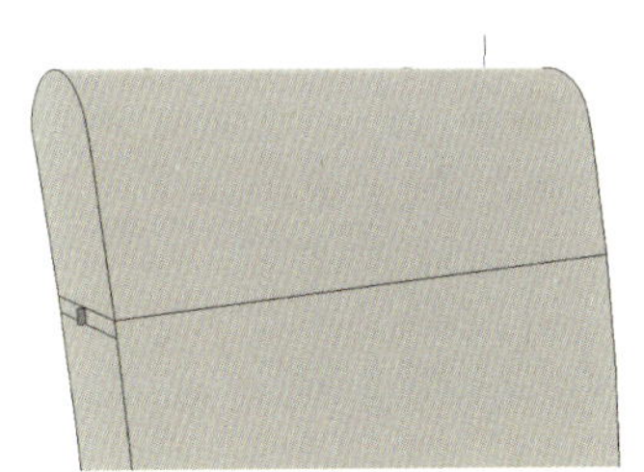
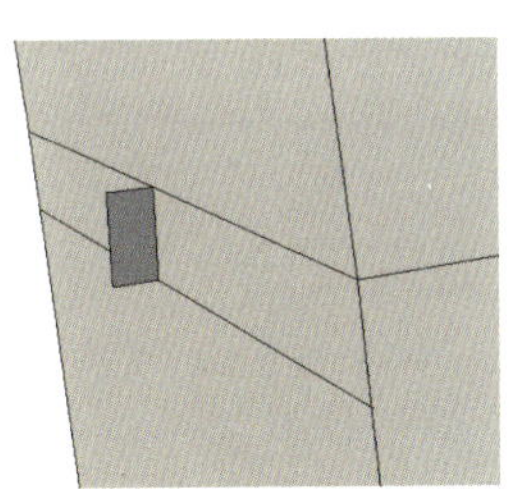
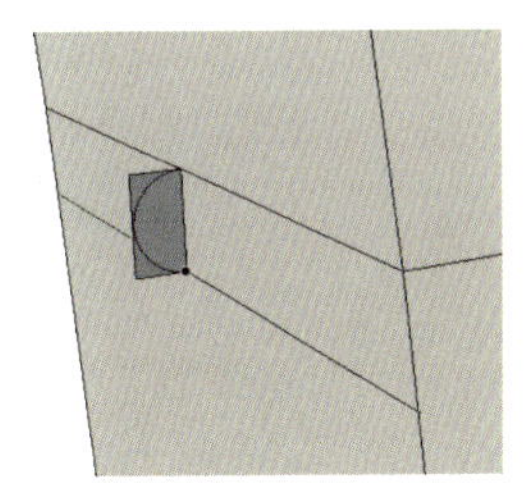
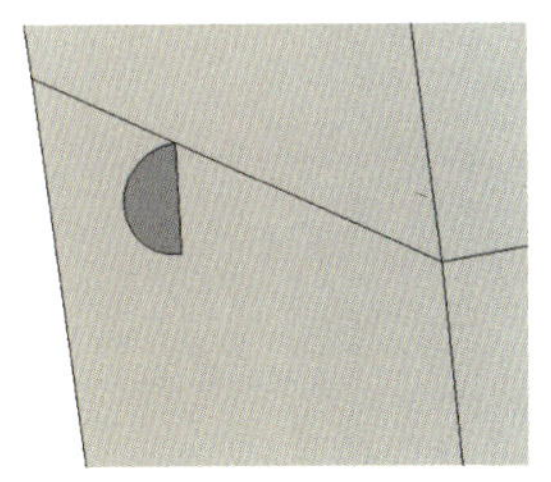
图 6-160　绘制半圆形截面

选中椅背上绘制的三角形线条，单击路径跟随工具，再单击半圆平面，生成装饰线，如图 6-161 所示。

在三角形的顶点处绘制一个半径为 2.5mm、高度为 50mm 的圆柱，如图 6-162 所示。

隐藏除圆柱外的其他部分，在其底部绘制两个垂直相交的圆，半径为 15mm（图 6-163）。然后选中一个圆形面，单击路径跟随工具，再单击另一个圆形面，形成一个圆球，如图 6-164 所示。

在圆球底部继续绘制一个半径为 10mm 的圆形平面，然后向下推出 45mm（图 6-165）。双击选中圆柱底部，使用缩放工具，按住 Ctrl 键保持中心位置不变，将底部圆形平面放大 2 倍（图 6-166）。

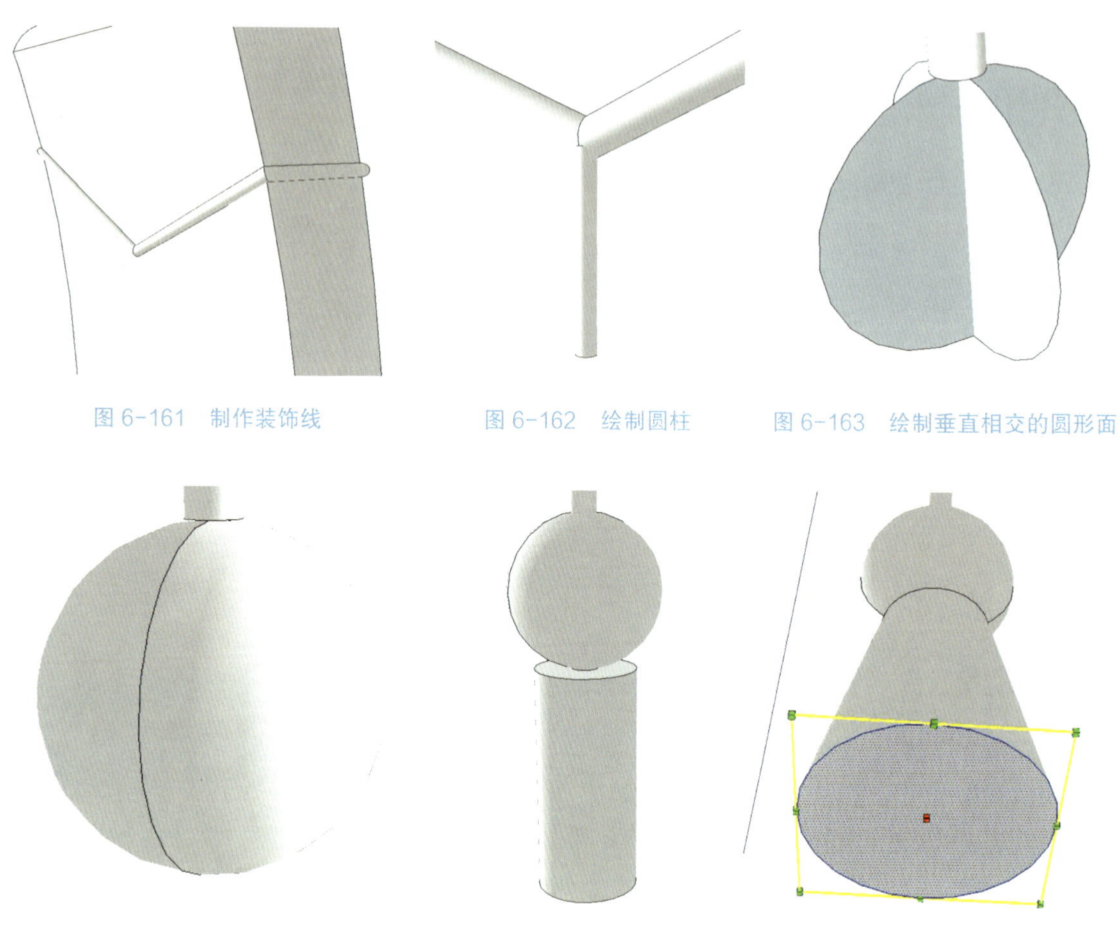

图 6-161　制作装饰线　　图 6-162　绘制圆柱　　图 6-163　绘制垂直相交的圆形面

图 6-164　使用路径跟随工具形成圆球　　图 6-165　向下推出圆柱　　图 6-166　等比放大底部圆形平面

使用偏移工具，将底部圆形平面向内偏移，距离为 10mm（图 6-167），然后向下推出 10mm（图 6-168）。

删除底部圆形平面，让其形成空心，完成装饰件模型，如图 6-169 所示。

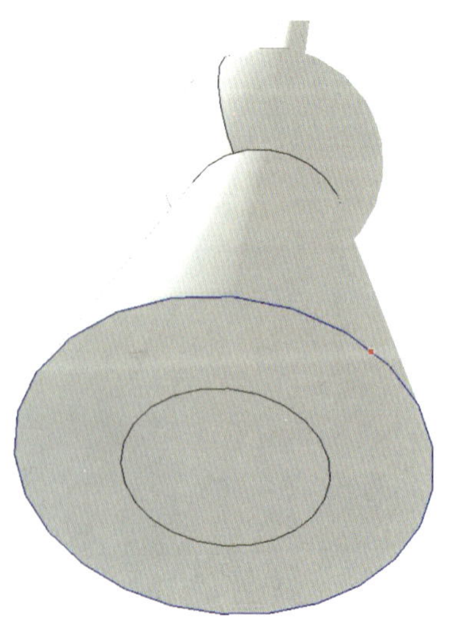

图 6-167　偏移复制圆形

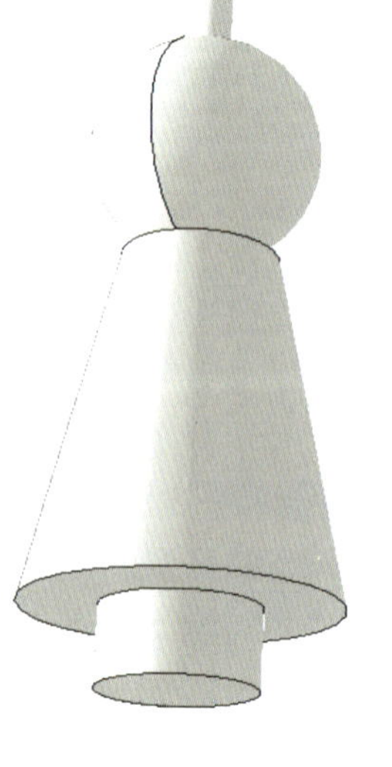

图 6-168　向下推出圆形面

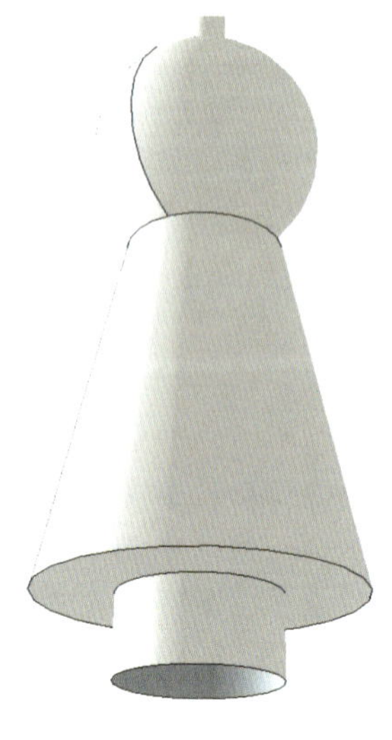

图 6-169　完成装饰件模型

（8）为椅子赋予简单的材质。选择本书配套素材第 6 章“餐桌椅贴图”→“餐椅脚”“餐椅腿木纹”“装饰吊坠”“装饰围带”“座椅面料”材质，将其群组为一个整体，如图 6–170 所示。

（9）制作餐桌。画一个半径为 315mm 的圆形平面，推拉出 630mm 的高度，如图 6–171 所示。

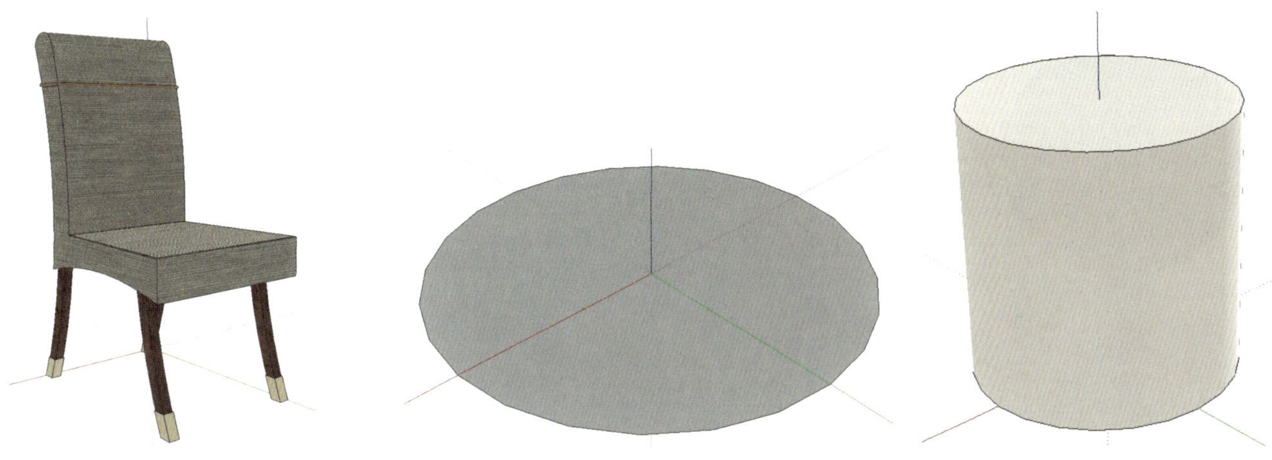

图 6–170 赋予椅子材质

图 6–171 绘制桌子圆柱体

双击顶部圆形平面，按住 Ctrl 键，使用缩放工具，将其缩小 60%。配合使用 Ctrl 键，将顶面向上推出 110mm，如图 6–172 所示。

双击选中圆柱顶面，按住 Ctrl 键，使用缩放工具，将其放大 5 倍（图 6–173），再将顶面向上推出 15mm 的厚度，如图 6–174 所示。

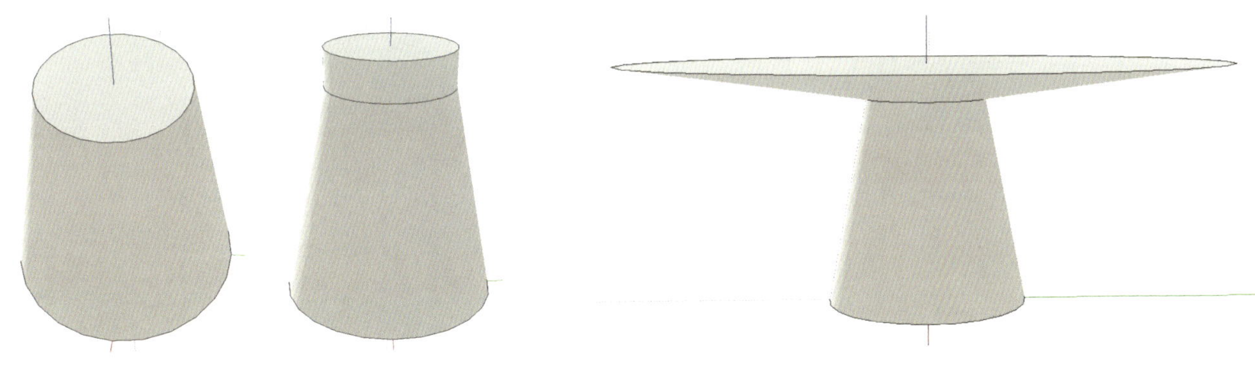

图 6–172 缩放并推高圆柱顶面

图 6–173 将桌面放大 5 倍

为餐桌贴图，即赋予其本书配套素材第 6 章“餐厅贴图”→“木纹”材质，然后将其群组为一个整体，如图 6–175 所示。

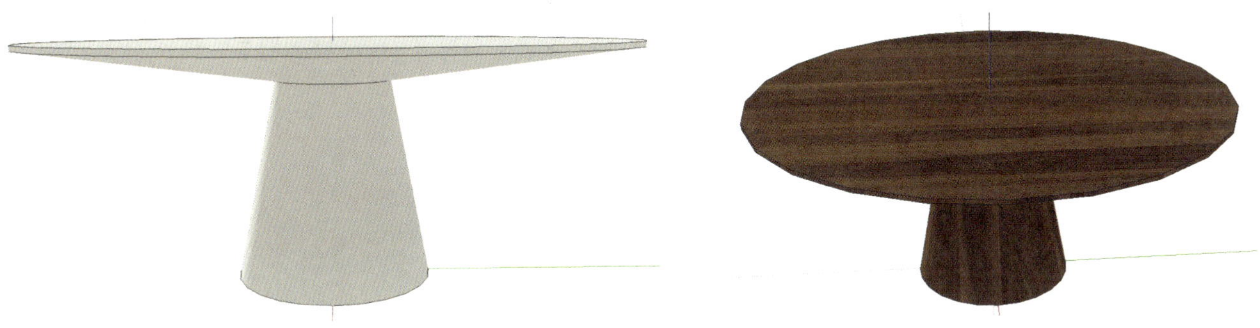

图 6–174 将桌面推出 15mm 的厚度

图 6–175 赋予餐桌木纹材质

（10）将餐椅摆放到餐桌边合适位置，然后以餐桌中心为旋转中心，将餐椅旋转复制 11 把，旋转角度为 30°，如图 6-176 所示。

将餐桌和餐椅全部群组为一个整体（图 6-177），放到房间中合适的位置（图 6-178）。

图 6-176　旋转复制餐椅　　　　图 6-177　群组餐桌和餐椅

（11）画三扇门将门洞封起来，并自行添加一些中式家具，如图 6-179、图 6-180 所示。

图 6-178　将餐桌和餐椅放置到合适位置

图 6-179　画门扇

根据个人喜好，添加挂画、绿植等装饰品模型，完成建模，如图 6-181 所示。

图 6-180　添加家具模型

图 6-181　添加室内装饰品

6.2 相机设置

6.2.1　设置剖面

在左侧的墙面使用剖切命令，如图 6-182 所示。然后往房间内部移动剖切面，刚剖切墙面即可，如图 6-183 所示。

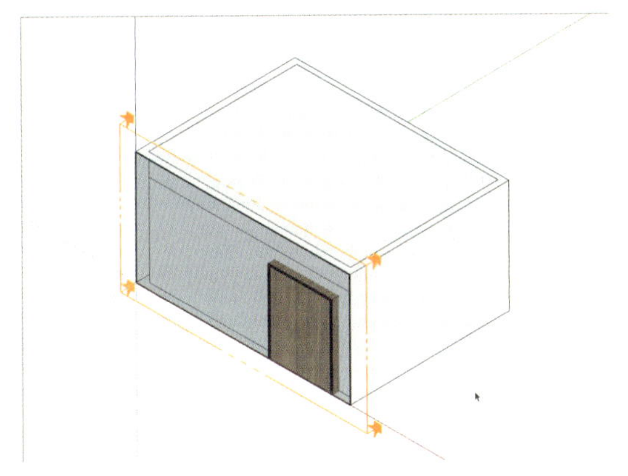

图 6-182　左侧的墙面使用剖切命令

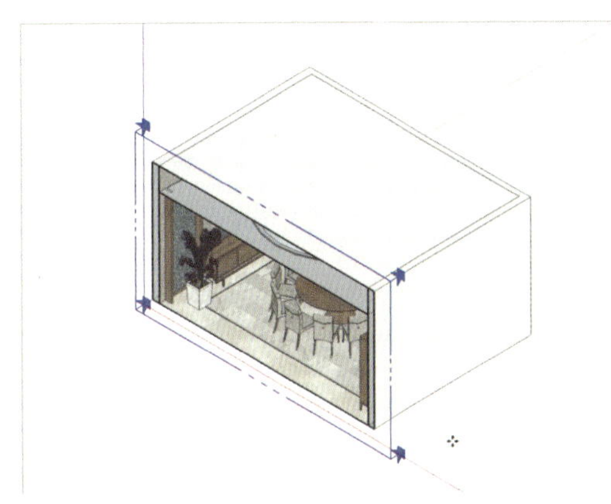

图 6-183　移动剖切面

6.2.2　定位相机

选择定位相机工具，在剖切后的地面的中点处单击鼠标，往房间内部沿着绿色轴线拖动，创建出相机观察方向，如图 6-184 所示。

然后输入数值“1250”，将视点高度定为 1250mm，接着在菜单栏“相机”中选择“透视图”打开透视，如图 6-185 所示。

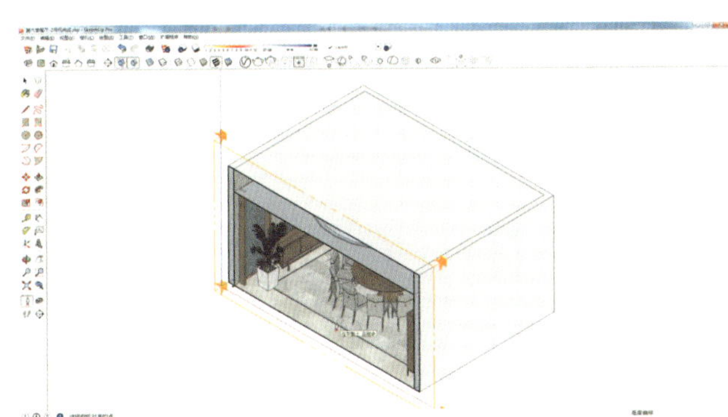

图 6-184　定位相机

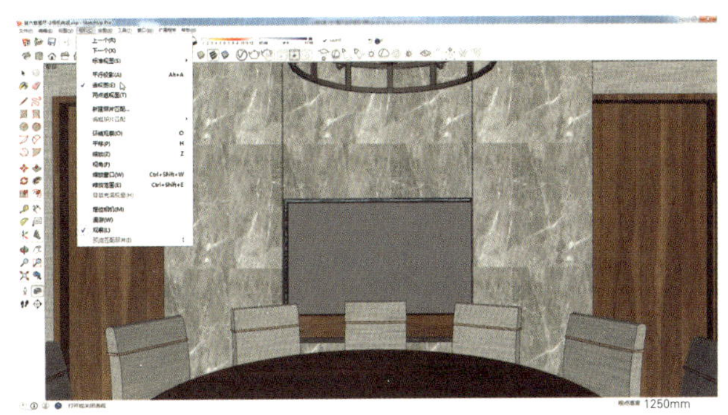

图 6-185　设置视点高度

图 6-186　调整视角大小

接着在菜单栏“相机”中选择“视角”，将视角调到 50°，然后使用视角漫游工具将视角往后拉，调整视图，如图 6-186 所示。

6.2.3　设置输出比例

接着设置渲染输出。打开 V-Ray 资源管理器，进入设置面板，打开渲染输出的安全框开关，并将长宽比设置为 16 ：9 宽屏，得到图 6-187 所示效果，只有视图区中间未被黑色覆盖的区域才是相机拍摄的范围。

现在拍摄范围的下方有空白区域出现，再次使用视角漫游工具将镜头往里推一点，直到没有空白区域，然后添加场景。本书配套素材里有相机设置完成的模型，即本书配套素材第 6 章“模型”→“第 6 章餐厅 -2 相机完成”，如图 6-188 所示。

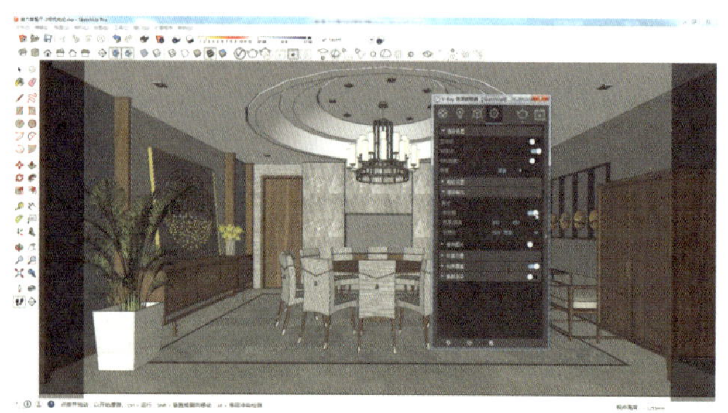

图 6-187　设置输出图片的比例

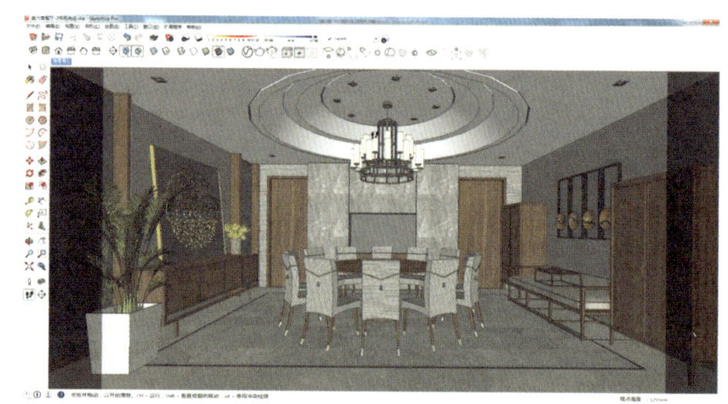

图 6-188　调整相机确定构图

6.3 材质设置

本案例我们只设置几个重要的材质，其他材质之前设置过，这里就不再赘述。

6.3.1　电视材质的设置

电视包含两个材质，一个是金属漆的边框，另一个是屏幕。

对于塑钢边框，在材质分类中选择“油漆”，然后在下方的材质库中选择“哑光黑漆”，接着指定给电视机边框，如图 6-189 所示。

对于屏幕，新建一个自发光材质，重命名为“屏幕”，然后在材质面板右侧“Emissive”下的自发光颜色通道里贴一张位图，位图选择本书配套素材里的“电视机贴图”，接着指定给电视机屏幕，如图 6-190 所示。得到图 6-191 所示效果。

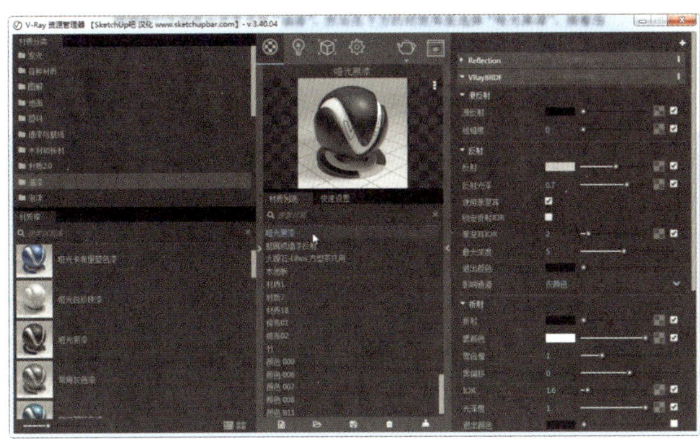

图 6-189　设置电视机边框材质

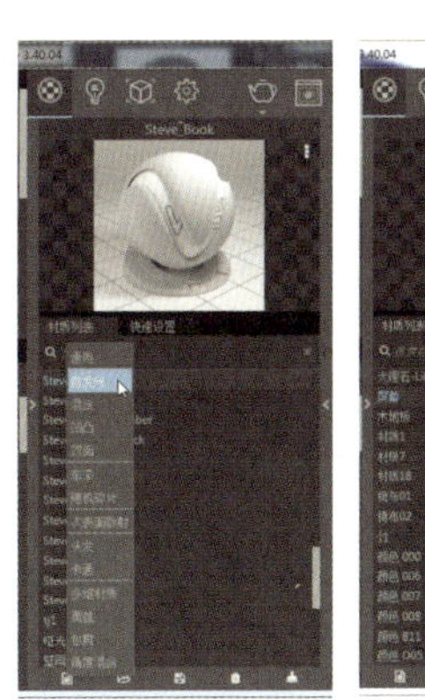

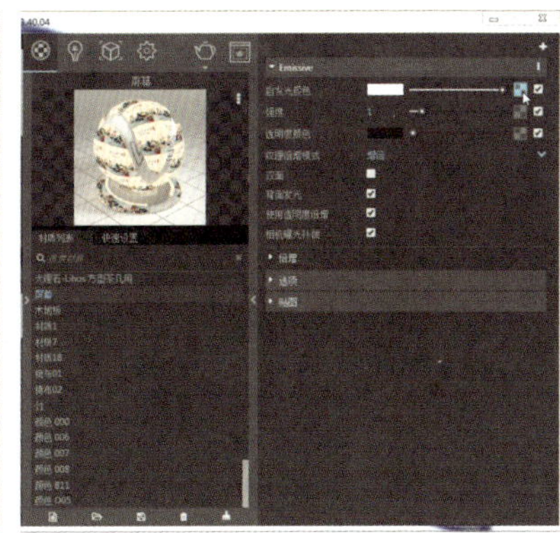

图 6-190　设置电视机屏幕材质

然后在屏幕模型上单击右键，选择“纹理”→“位置”，如图 6-192 所示。

调整图钉的位置，将图钉调到屏幕的 4 个角落，得到图 6-193 所示效果。

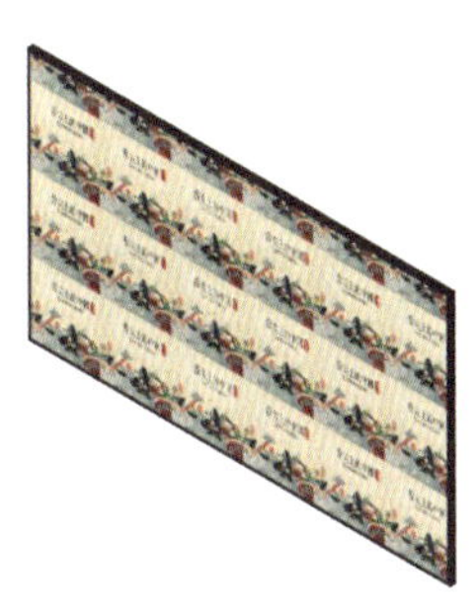

图 6-191　电视机屏幕效果

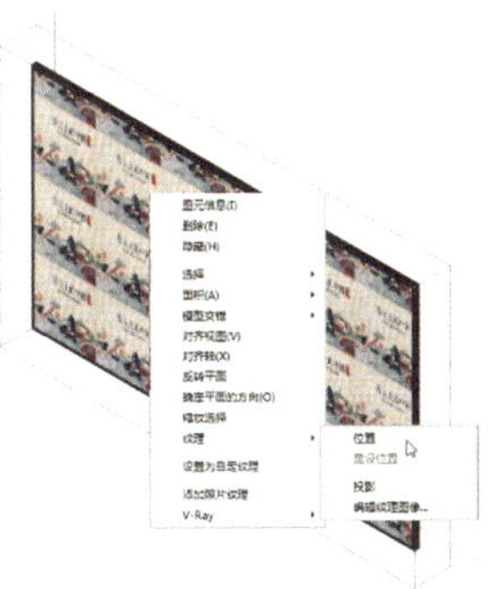

图 6-192　调整屏幕贴图

图 6-193　屏幕最终效果

6.3.2　地面材质的设置

整个地面都是大理石材质，但是需要 4 种不同的贴图。

材质库中没有大理石的材质，需新建一个大理石材质。打开 V-Ray 资源管理器，进入材质面板，在面板最下方选择“添加材质”按钮，然后更名为“大理石地面 1”。

接着在材质面板右侧的漫反射通道里贴上本书配套素材第 6 章的“石材 1”，反射的颜色 RGB 值均调整为 200；反射光泽为 0.9，取消“锁定折射 IOR”的勾选，将菲涅耳 IOR 调为 12，如图 6-194 所示。

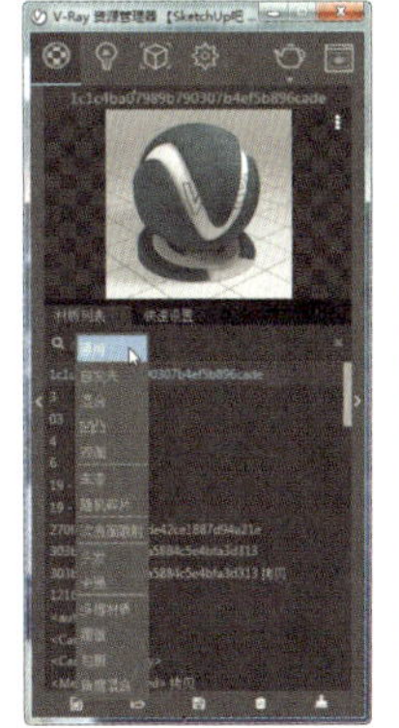

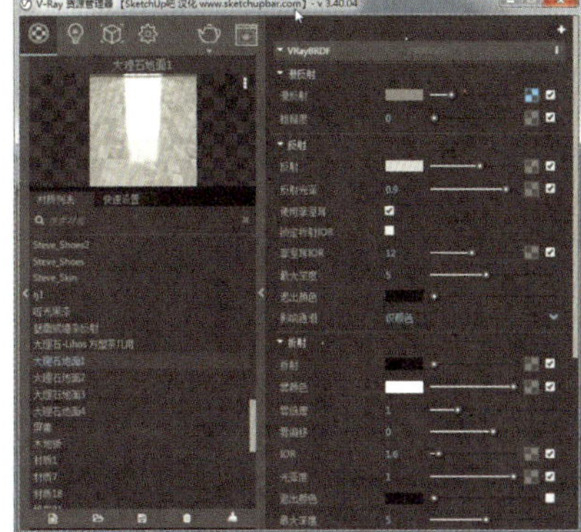

图 6-194　大理石地面材质设置

在材质面板，用鼠标右键单击“大理石地面 1”材质，选择“复制”，复制 3 次，复制出的材质分别改名为“大理石地面 2”“大理石地面 3”和“大理石地面 4”，然后分别在各自的漫反射通道中修改贴图，贴图为本书配套素材第 6 章的“石材 2”“石材 3”和“石材 4”，如图 6-195 所示。

分别将 4 个大理石材质指定给地面的 4 块区域，得到图 6-196 所示效果。

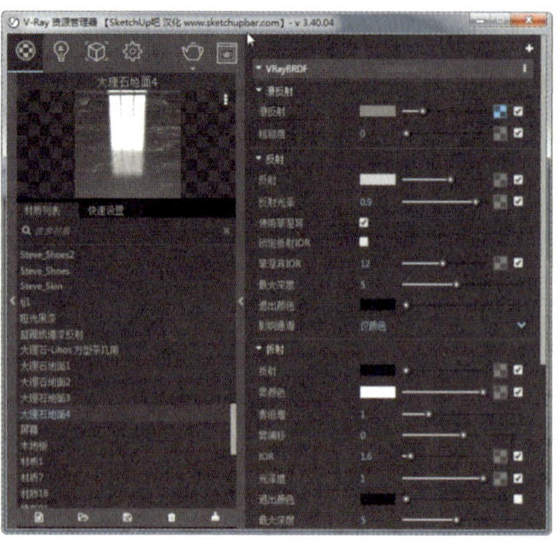

图 6-195　其他大理石地面设置

图 6-196　地面材质效果

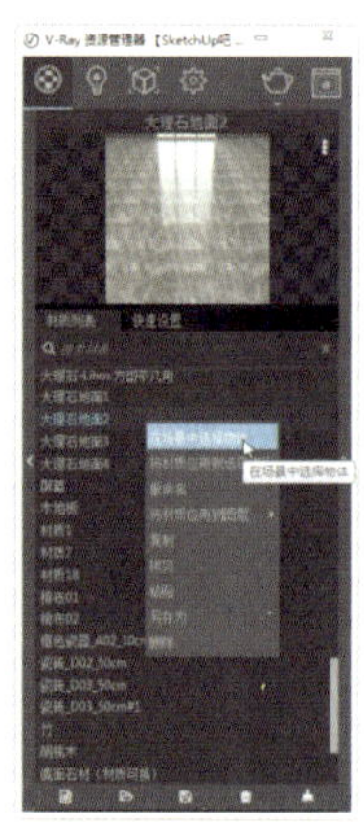

图 6-197　电视墙材质设置

6.3.3　电视墙材质的设置

在本案例中电视墙的大理石材质与“大理石地面 2”的材质一样，所以在场景中先选择电视墙部分，然后在材质面板中选择“大理石地面 2”材质直接赋予电视墙，如图 6-197 所示。

6.4 灯光渲染设置

本案例是一个完全封闭的空间，没有自然光源进入室内，所有的照明全部来自室内的人工光源。本案例中只有顶面的射灯和房间中间的吊灯两组灯光。

6.4.1　射灯设置

首先在场景中任意选择一个射灯模型，双击进入射灯组件内部，然后单击工具栏中的“IES Light”按钮，如图 6-198 所示。

在弹出的选择浏览器中选择本书配套提供的光域网文件“SD-008.ies”，然后在场景中的射灯模型中间位置单击，将灯光放在射灯下方，如图 6-199 所示。

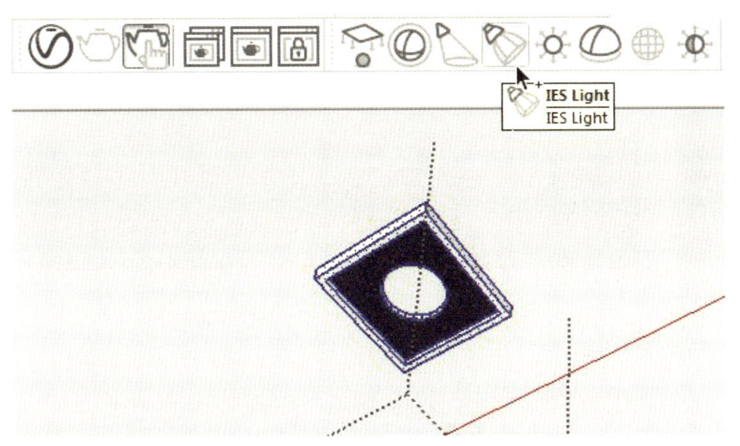

图 6-198　射灯设置

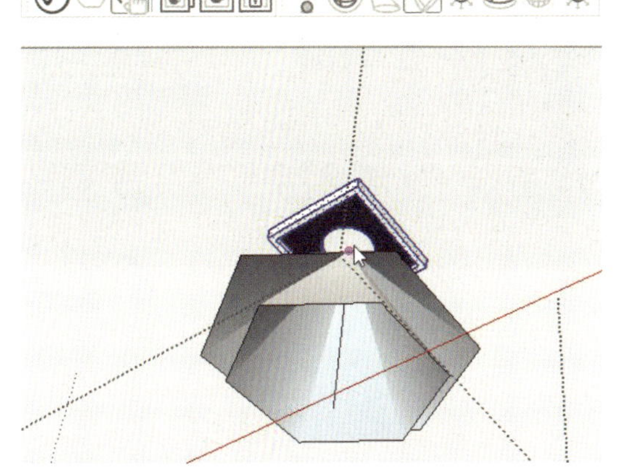

图 6-199　在射灯模型下创建“IES Light”

进入场景，因为场景中射灯是相互复制出来的，所以所有的射灯下方都有了“IES Light”，如图 6-200 所示。

打开 V-Ray 资源管理器，在设置面板的“材质覆盖”栏下，打开“材质覆盖”（图 6-201），让场景中所有物体都以同一种材质渲染，可以更快地得到初步渲染效果，提升效率。

图 6-200　每个射灯下都创建了“IES Light”

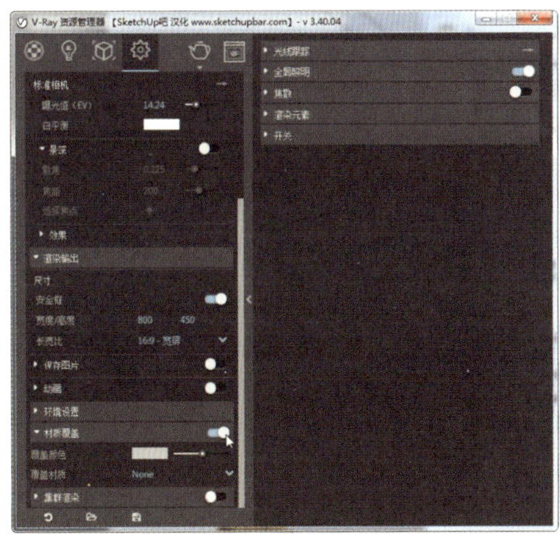

图 6-201　设置材质覆盖

单击“渲染”按钮，经过几秒钟得到图 6-202 所示测试渲染图。

6.4.2　吊灯设置

本案例中的吊灯由多个小灯组成，我们可以使用一个圆环形的平面灯来模拟整组吊灯的效果。

首先在吊顶的下方创建一个图 6-203 所示的圆环，外直径为 3200mm，内直径为 1500mm。然后将整个圆环组件，在工具栏中选择“Mesh Light”，将这个圆环转换成灯，如图 6-204 所示。得到图 6-205 所示效果，圆环转换成了一个灯具。

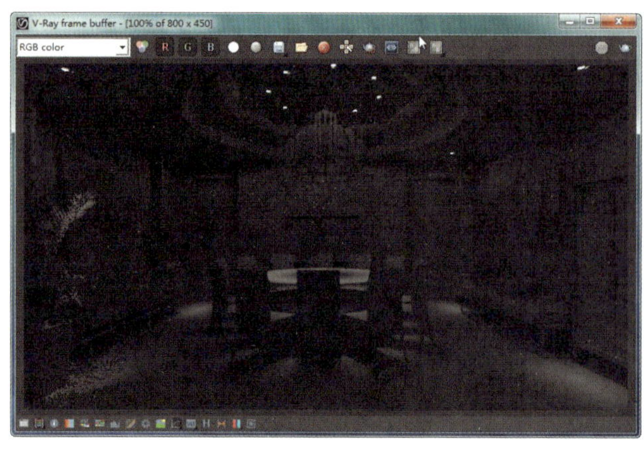

图 6-202　设置了“IES Light”之后的初步渲染效果

图 6-203　在吊顶下方创建一个圆环

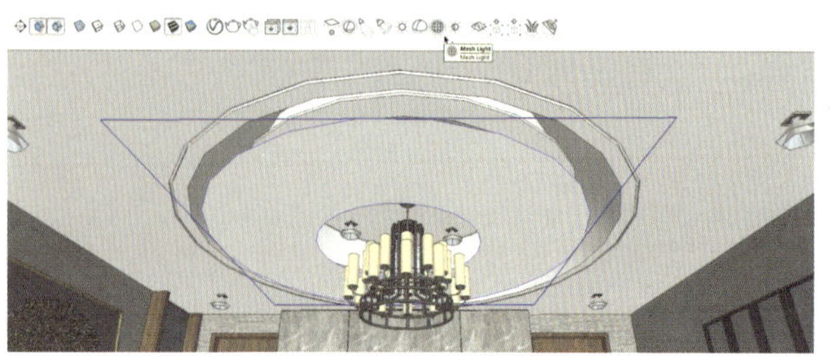

图 6-204　选择“Mesh Light”

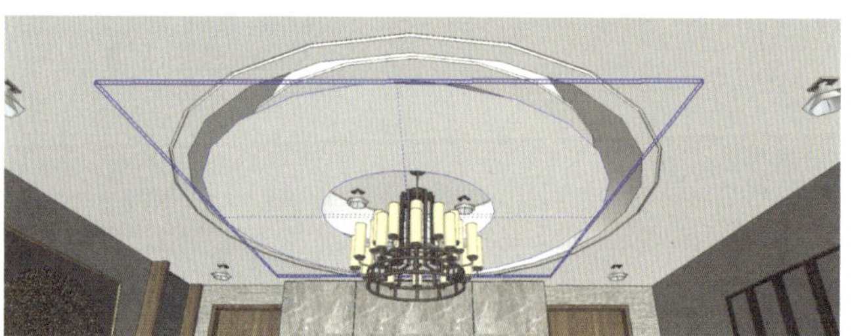

图 6-205　将圆环转换成了灯具

进入 V-Ray 资源管理器，在光源面板中选择“V-Ray Mesh Light#1”，然后在右侧的参数面板中将强度调整为 10，勾选“不可见”，如图 6-206 所示。

再次渲染，得到图 6-207 所示效果。

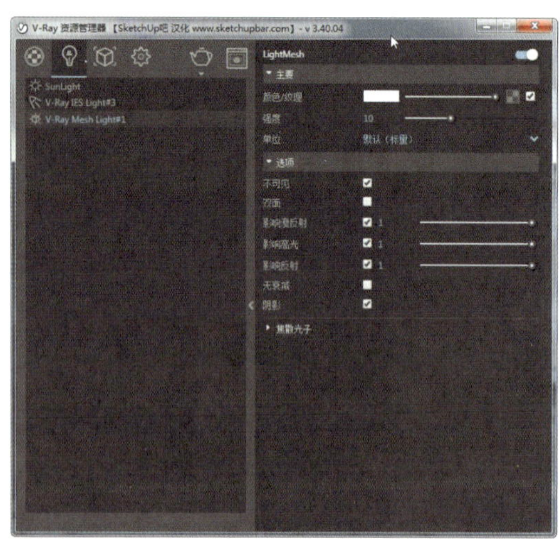

图 6-206　设置“Mesh Light”参数

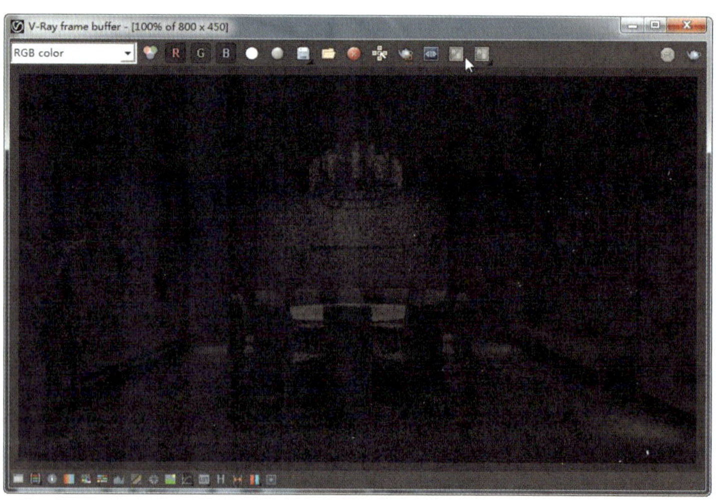

图 6-207　再次渲染效果

由渲染效果可见房间整体亮度还是不够，将标准相机的曝光值（EV）调到 10，如图 6-208 所示。

第三次渲染得到图 6-209 所示效果。

图 6-208 调整曝光值

图 6-209 第三次渲染效果

6.4.3 渲染设置

整体的灯光效果差不多了，关闭材质覆盖按钮之后再次进行渲染，如图 6-210 所示。

整体达到预期效果，布置这些光源即可，接下来进行渲染的设置。打开 V-Ray 资源管理器，进入设置面板。

如图 6-211 所示，首先在渲染设置下面关闭渐进式渲染，将质量设置为高（如果时间充裕，可以设置为非常高）；渲染输出栏将宽度 / 高度调为 1600/900；全局照明里面的“主光线”改为“发光贴图”；最后在渲染元素中添加 Denoiser（去噪点）元素。

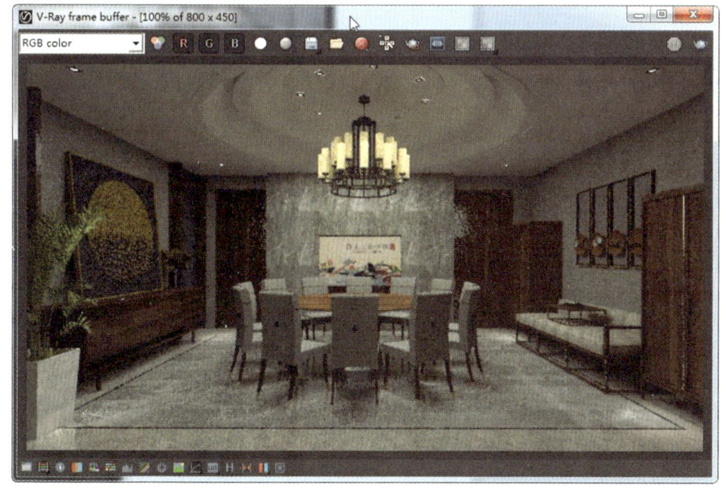

图 6-210 关闭材质覆盖后渲染效果

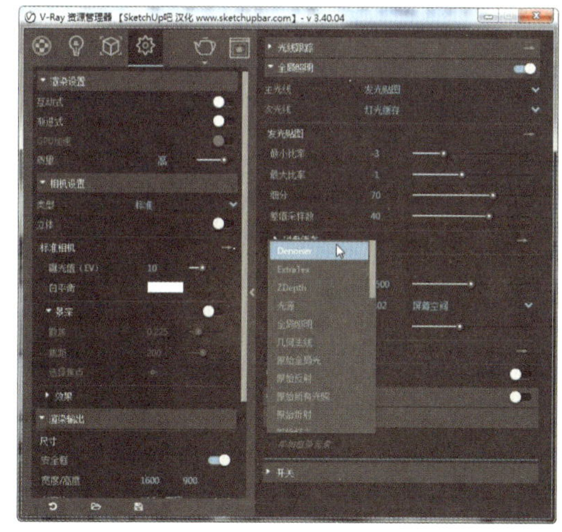

图 6-211 最终渲染参数设置

大约经过 1 个小时的渲染，得到图 6-212 所示效果。

将渲染效果保存为 jpg 格式图片后，使用 Photoshop 调亮一点，然后给一个智能锐化命令，即可得到图 6-213 所示的最终效果图。

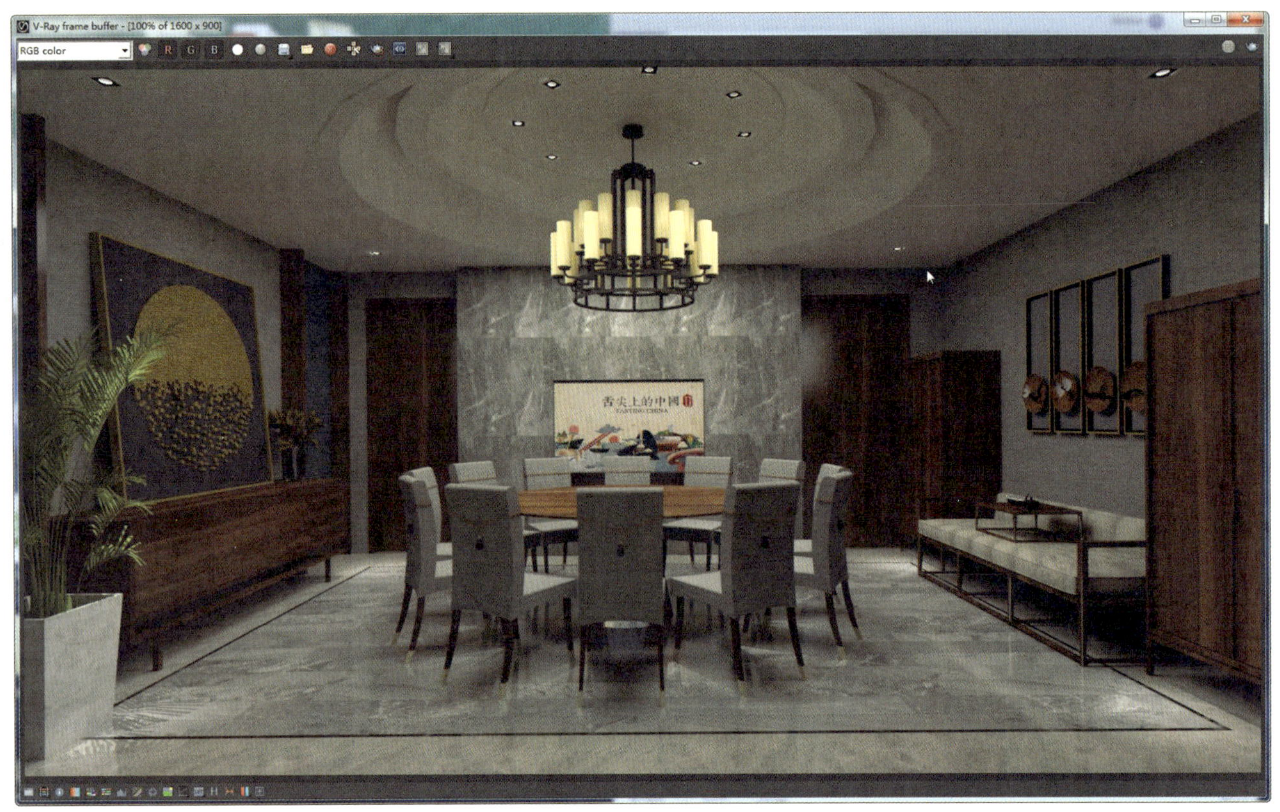

图 6-212　渲染效果

图 6-213　最终效果图

7

圆形穹顶会议室空间表现详解

7.1 建模

（1）打开 SketchUp，新建一个场景，导入“圆形穹顶会议室平面图”CAD 文件，座椅已嵌套在 CAD 中自动导入模型，如图 7-1 所示。

（2）使用圆形工具，捕捉到圆心和第一层圆，绘制一个圆形，如图 7-2、图 7-3 所示。

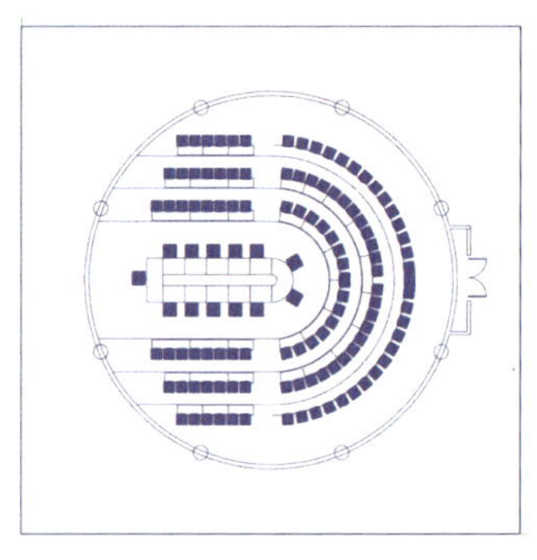

图 7-1　导入圆形穹顶会议室 CAD 图纸

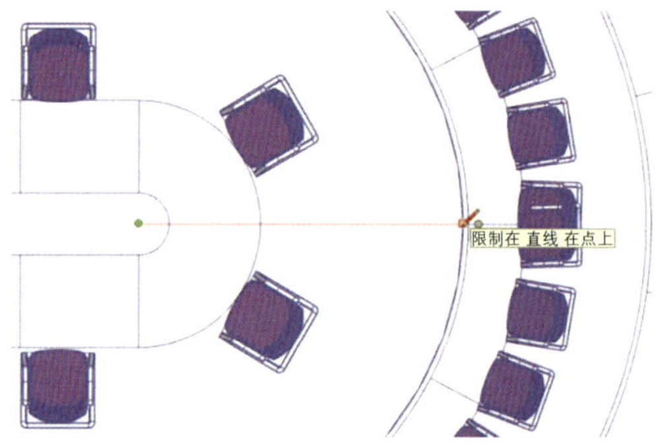

图 7-2　捕捉圆心和第一层圆

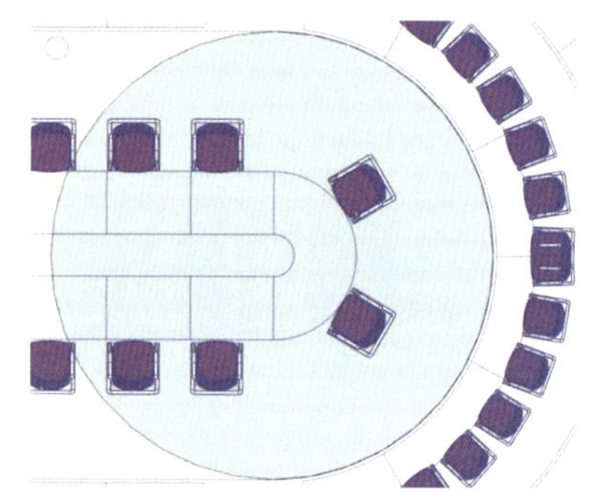

图 7-3　捕捉并绘制圆形

（3）采用同样的方法绘制第二层、第三层、第四层和第五层圆，如图 7-4 所示。

（4）使用铅笔工具，从第一层、第二层、第三层圆的顶点开始绘制切线，如图 7-5~ 图 7-7 所示。

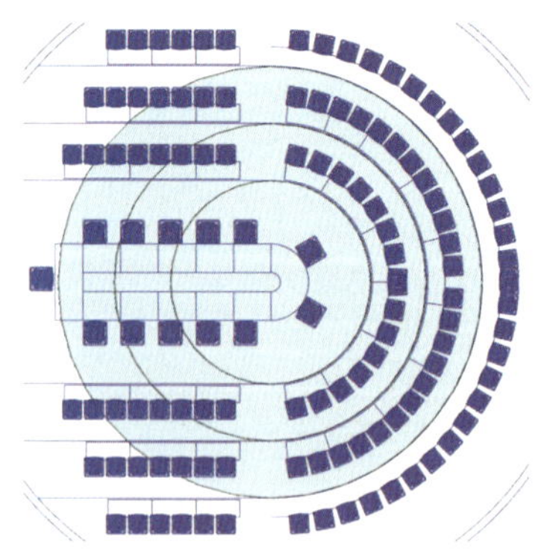

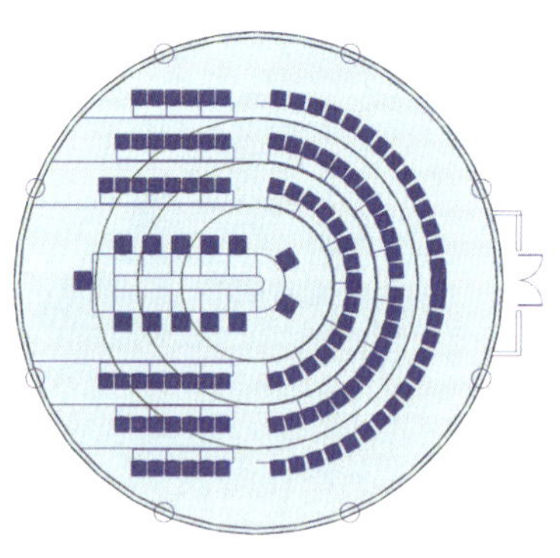

图 7-4　绘制 4 个圆形

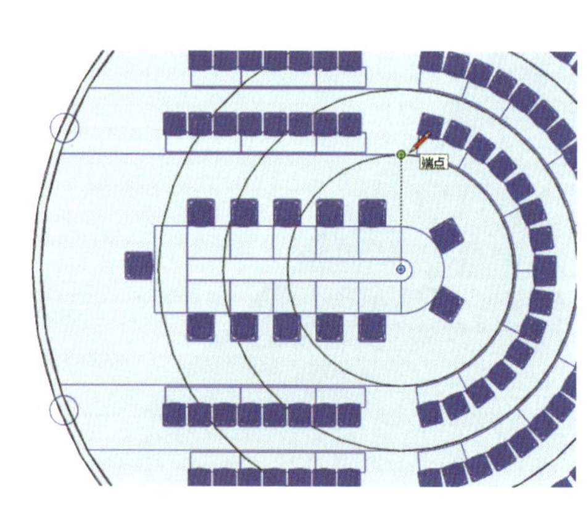

图 7-5　绘制第一层圆形切线

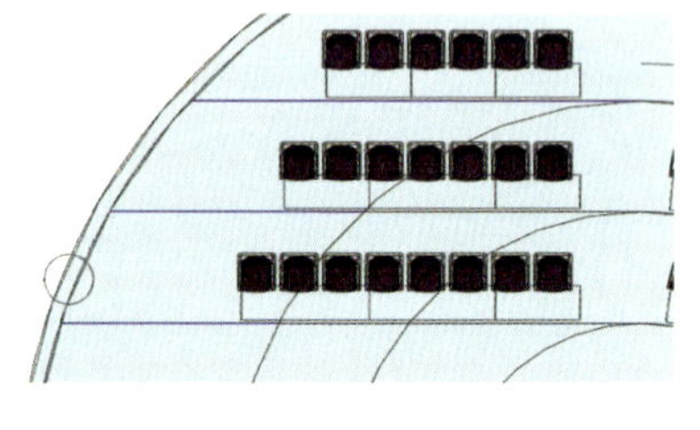

图 7-6　绘制第二层圆形切线

（5）删除多余的线条，如图 7-8 所示。

（6）双击最外层圆，创建群组（图 7-9），进入群组，将此圆推出 4500mm 的高度（图 7-10）。

（7）隐藏圆环墙体，单击画圆工具，输入“36”，按 Enter 键，将圆环边改为 36 条。捕捉圆柱的圆形底面，绘制一个圆形，双击圆形并单击鼠标右键，创建为组件，如图 7-11 所示。

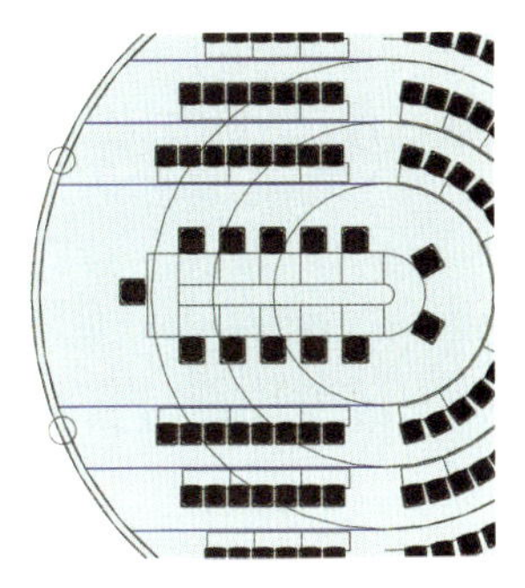

图 7-7 绘制第三层圆形切线

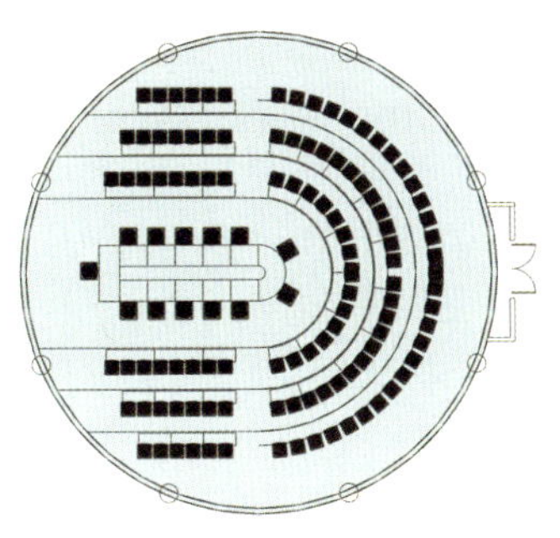

图 7-8 删除多余线条

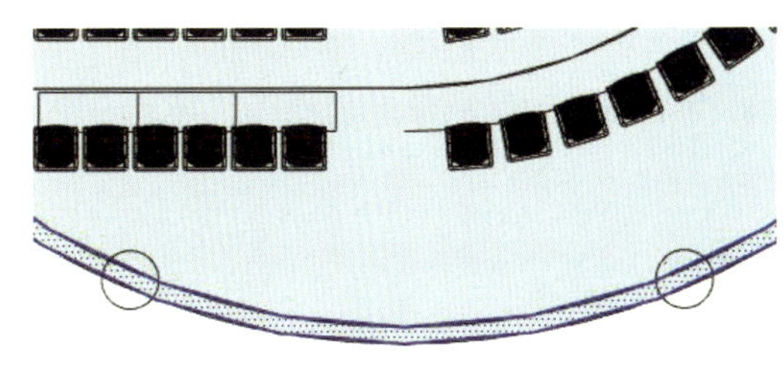

图 7-9 群组圆环截面

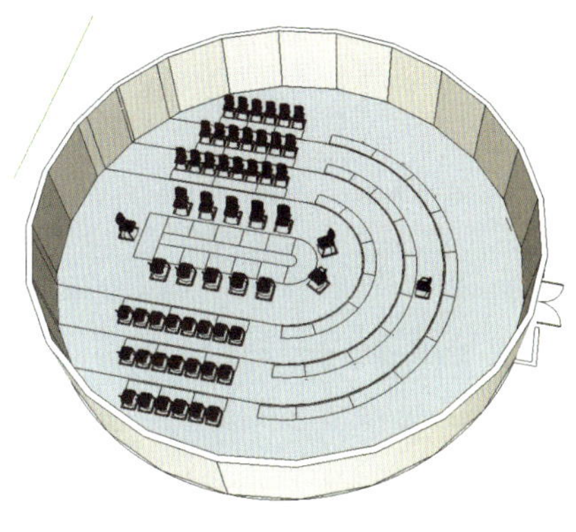

图 7-10 将外层圆环推出 4500mm 高度

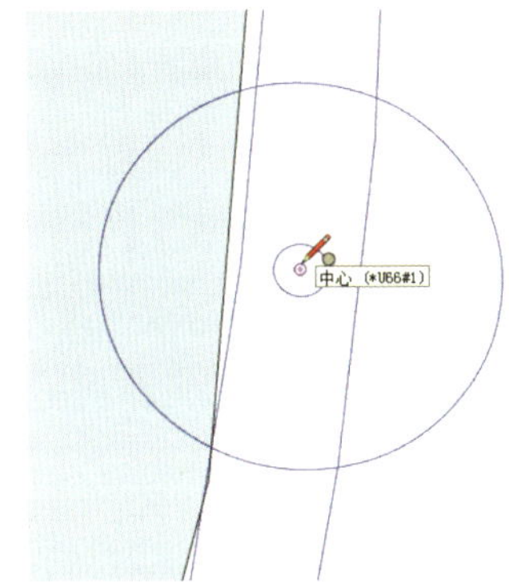

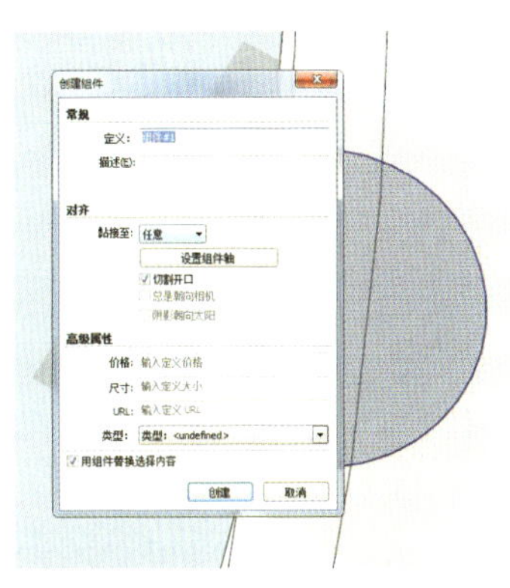

图 7-11 绘制柱子底部截面并创建组件

（8）双击进入组件内部，捕捉到圆形一条边的中点并绘制一个半径为 25mm 的圆，如图 7-12 所示。

（9）选中圆柱内的半圆环，以圆心为旋转中心（图 7-13），将此半圆环从一条边的中点复制一个到相邻边的中点（图 7-14），然后输入“35*”，按 Enter 键，复制 35 个半圆环，删除多余的线条，如图 7-15 所示。

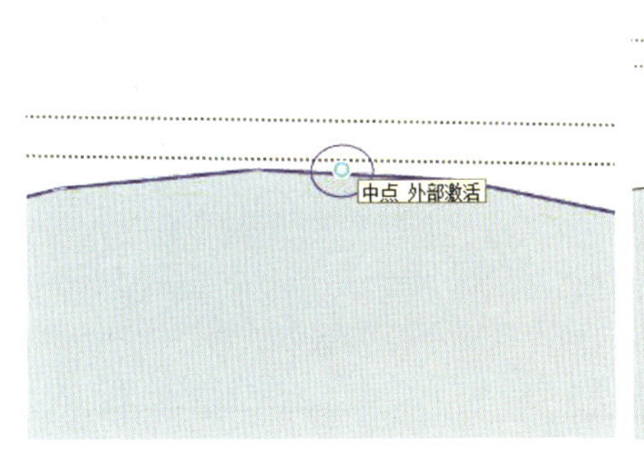

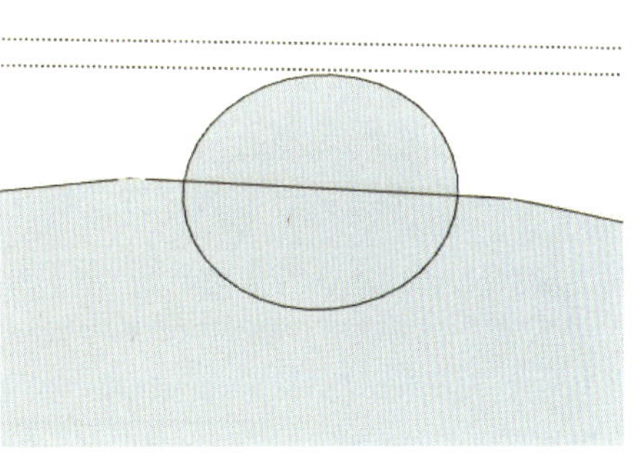

图 7-12 以边线中点为圆心画圆

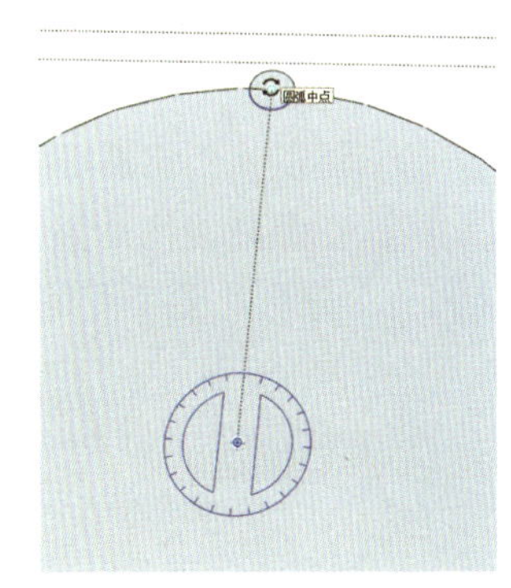

图 7-13 以圆心为旋转中心

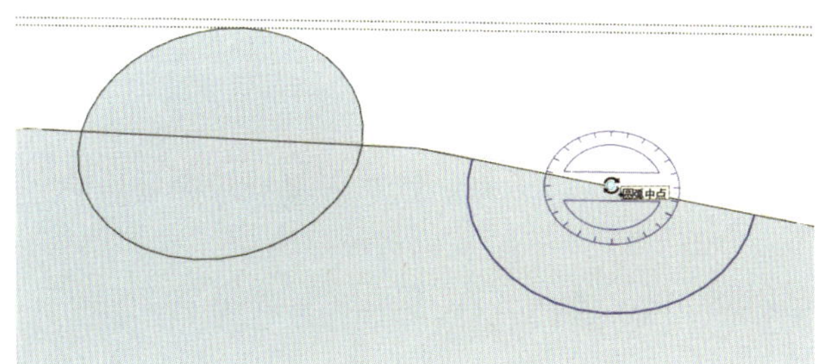

图 7-14 复制半圆环到相邻边中点

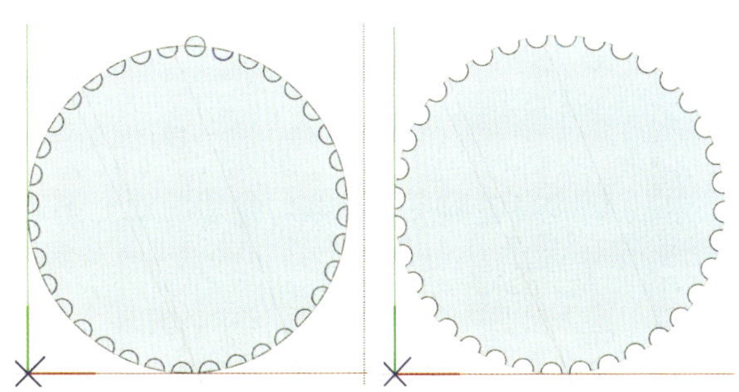

图 7-15 复制 35 个半圆环并删除多余线条

（10）将圆柱底面推出 3700mm（图 7-16），框选此圆柱，在组件内部创建次一级的群组。

（11）捕捉到圆柱顶面的圆心，绘制一个半径为 200mm 的圆，推出 150mm 的高度，如图 7-17 所示。

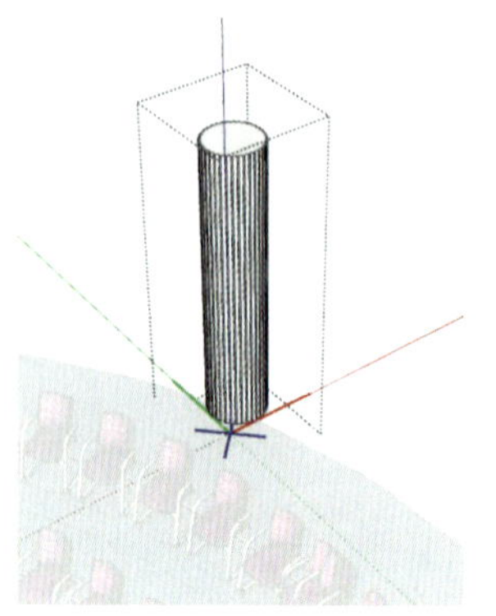

图 7-16　将柱子底面推出 3700mm 的高度

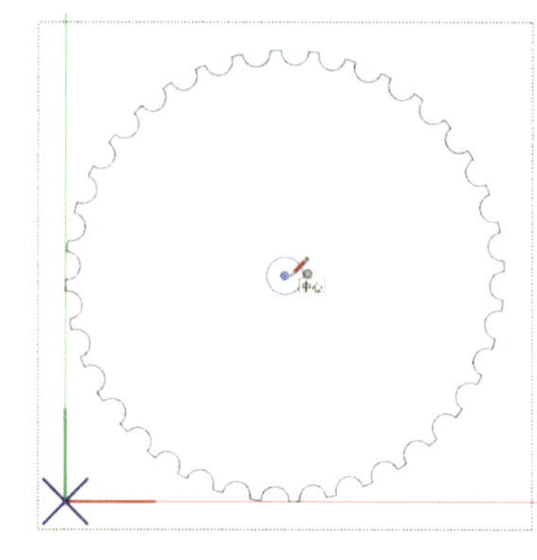

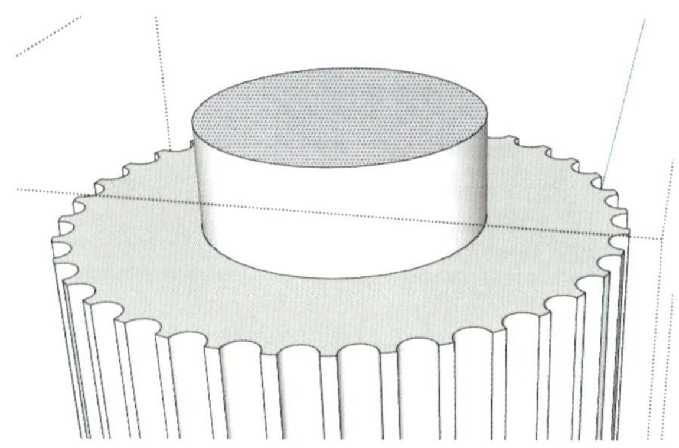

图 7-17　绘制柱子顶部的小圆柱

（12）捕捉顶面圆形，使用偏移工具向外偏移复制 40mm（图 7-18），将圆面向上推出 100mm，如图 7-19 所示。

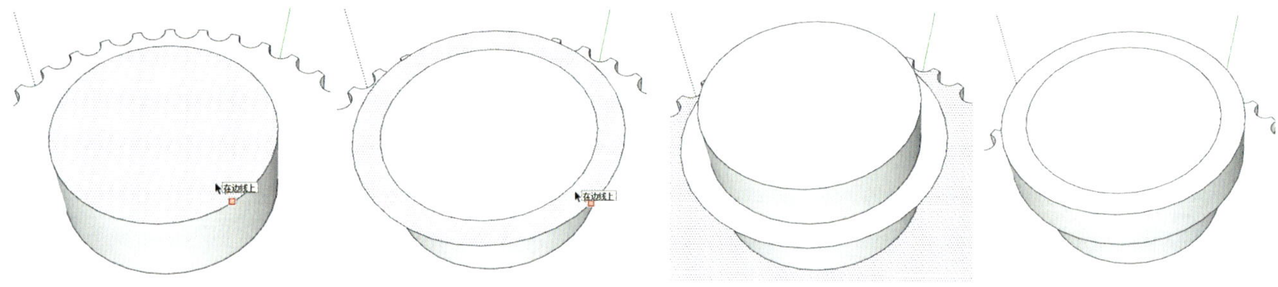

图 7-18　将圆形边线向外偏移复制

图 7-19　将圆面向上推出

（13）将前一步骤重复两次，一共得到 4 层圆柱，如图 7-20 所示。

（14）在圆柱边缘从圆心沿绿轴绘制一条长度为 370mm 的直线，再沿蓝轴向上画线，长度为 150mm，连接为一个矩形（图 7-21），并使用圆弧工具绘制一条圆弧线（图 7-22）。

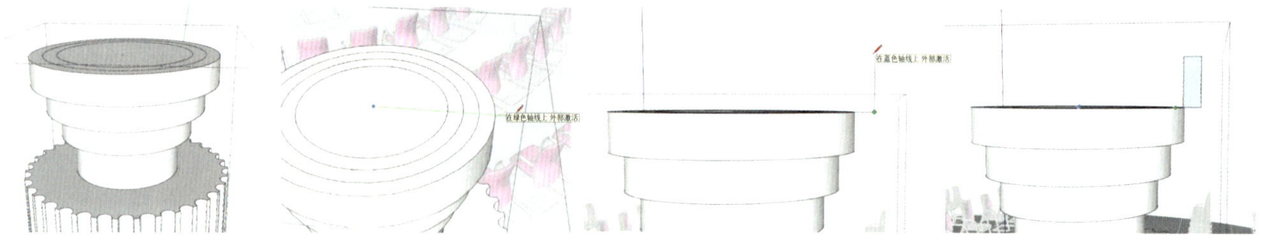

图 7-20　推出 4 层圆柱体

图 7-21　在圆柱边缘绘制一个矩形

（15）删除右边的两条直线，保留左边一半圆弧面，使用路径跟随工具，将此面沿底边圆环旋转一周，如图 7-23 所示。

（16）将下方圆柱体向上复制一个，并从上往下推短 3500mm，使高度为 200mm，如图 7-24 所示。

（17）将此立柱旋转复制 7 个，如图 7-25 所示。

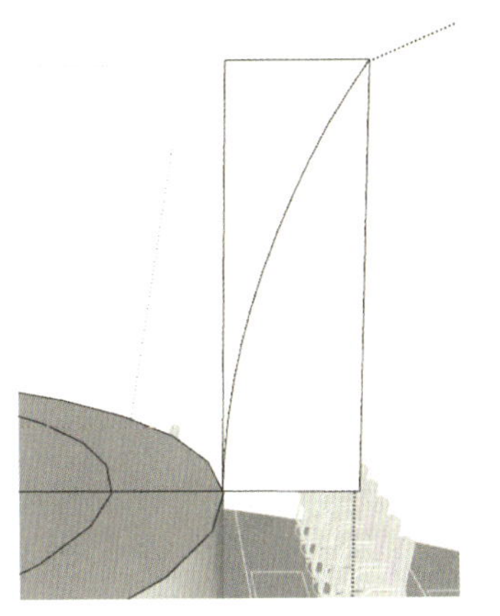

图 7-22　绘制圆弧线

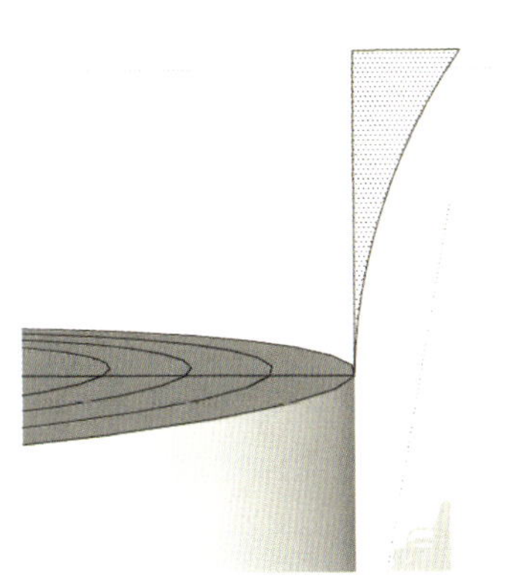

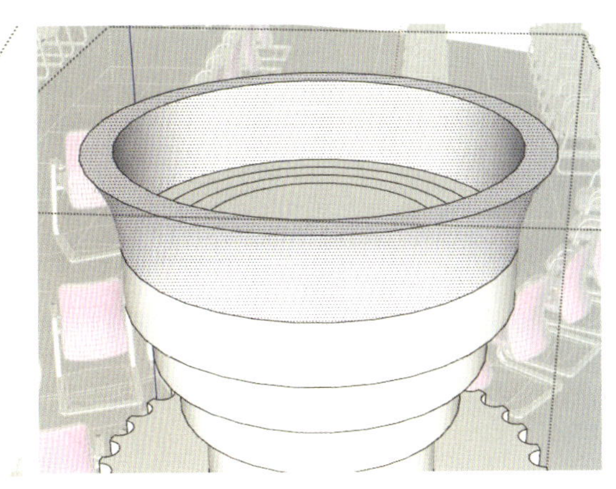

图 7-23　使用路径跟随工具生成圆弧面

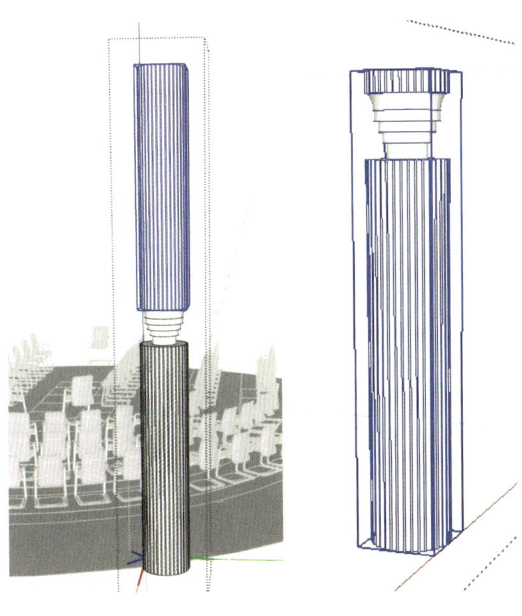

图 7-24　复制圆柱体并推短

图 7-25　旋转复制柱体

（18）隐藏除地面平面以外的所有模型（图 7-26），将地面创建为一个群组，单击右键反转平面，使地面正面朝上。依次将第二、第三、第四级台阶依次比前一步推高 150mm，如图 7-27 所示。

（19）取消座椅的隐藏，调整每一排座椅的高度，使其放置在地面上，如图 7-28、图 7-29 所示。

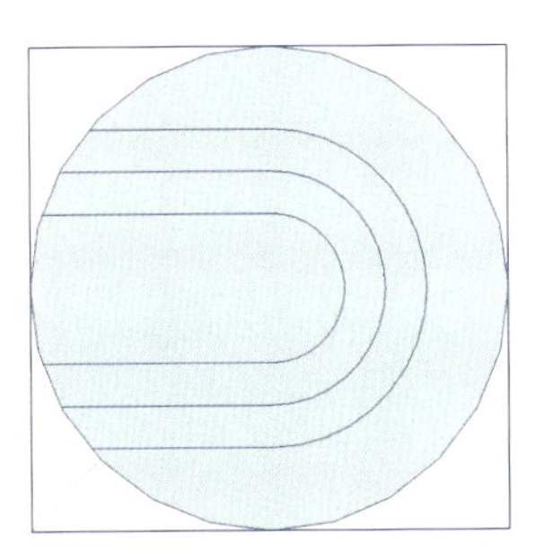

图 7-26　隐藏地面外的其他模型

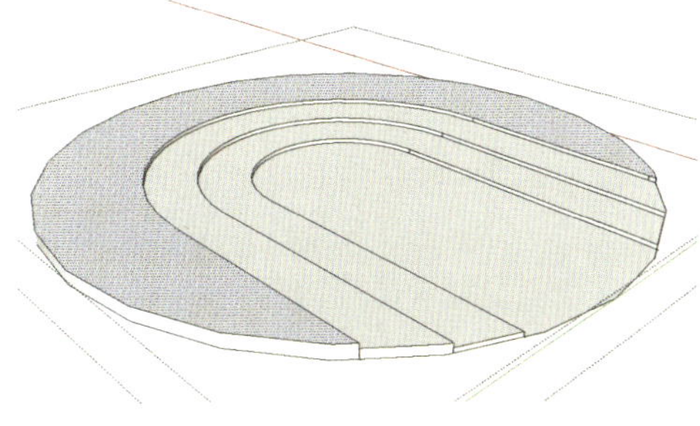

图 7-27　将台阶依次推高

图 7-28　调整座椅高度一

（20）将座椅和平面图分解，并重新组成两个独立的群组，隐藏座椅。捕捉第一层地面的会议桌绘制矩形平面，创建组件（图 7-30）。将此矩形平面推出 750mm 高度，如图 7-31 所示。

图 7-29　调整座椅高度二

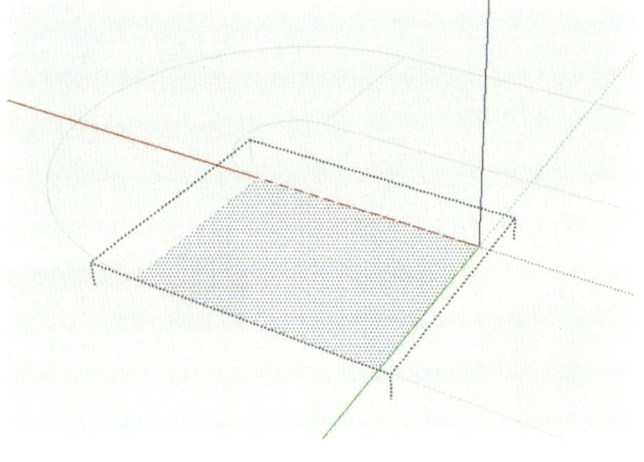

图 7-30　创建矩形组件

同时选中 3 条边（图 7-32），使用偏移工具，向内偏移 18mm，如图 7-33 所示。

图 7-31　将矩形推高 750mm

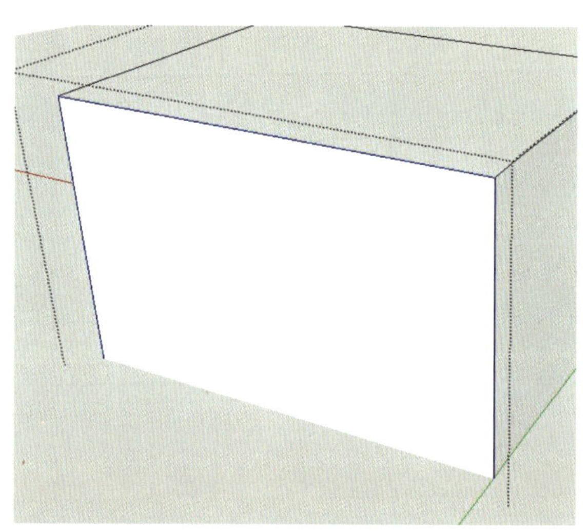

图 7-32　同时选中 3 条边线

将顶部边线向下移动复制两条，距离分别为 150mm 和 18mm，如图 7-34 所示。然后将立面上的两个矩形向内推出 880mm，如图 7-35 所示。

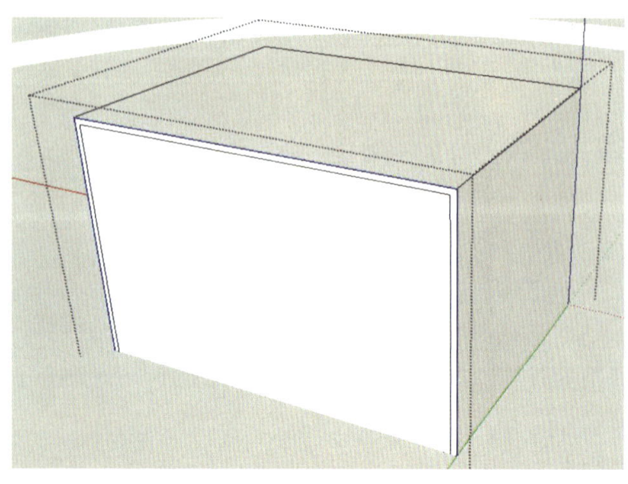

图 7-33　将 3 条边线向内偏移

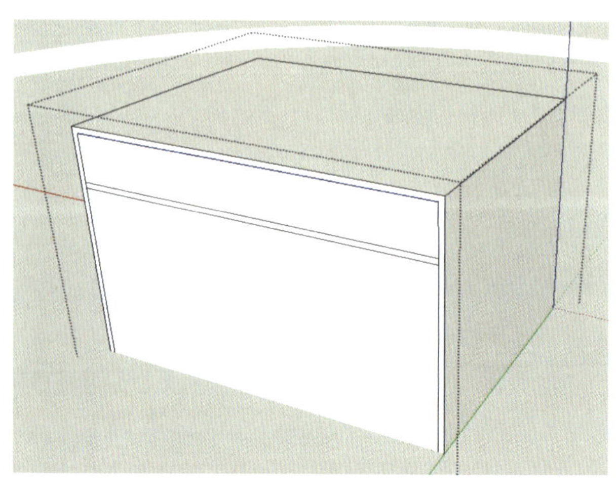

图 7-34　移动复制顶部边线

将顶面边线向内移动复制一条，距离为 18mm（图 7–36），然后推拉出 40mm 的高度（图 7–37）。
移动复制此桌子，并通过镜像布置到其他位置，如图 7–38 所示。

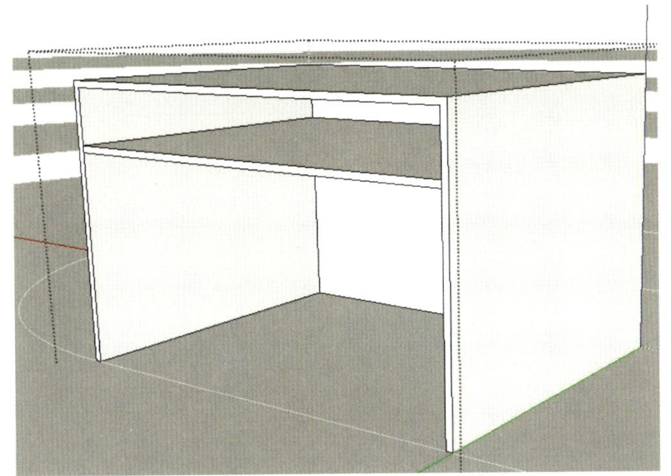

图 7–35　推出矩形面

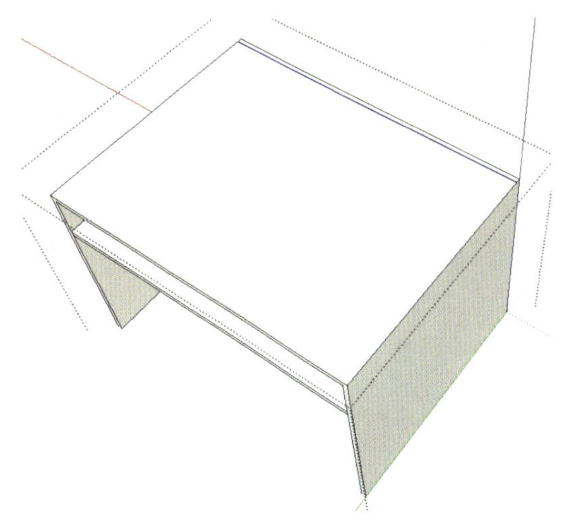

图 7–36　将顶面边线向内偏移复制

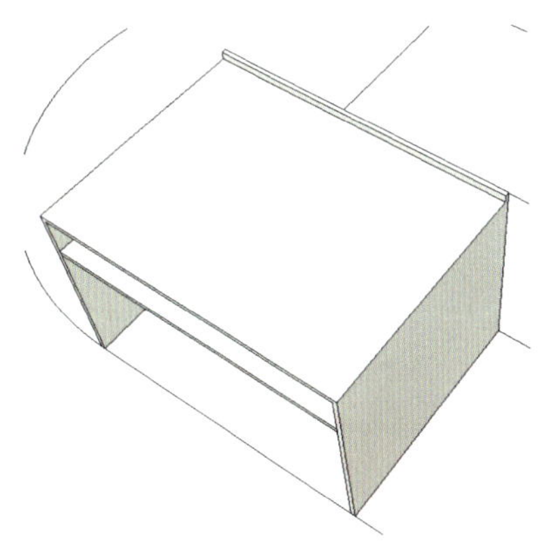

图 7–37　将矩形推高 40mm

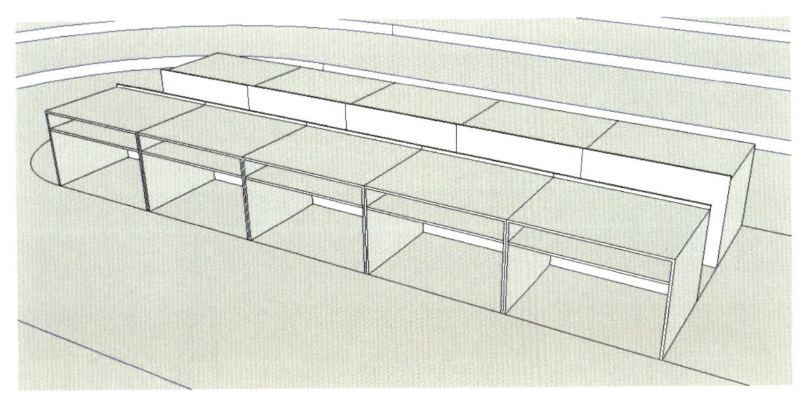

图 7–38　移动复制桌子

顶端的桌子制作方式与此相同，不再重复，如图 7–39 所示。
接下来制作圆弧形这一端的桌子。同样，先用圆形捕捉绘制底面（图 7–40）。

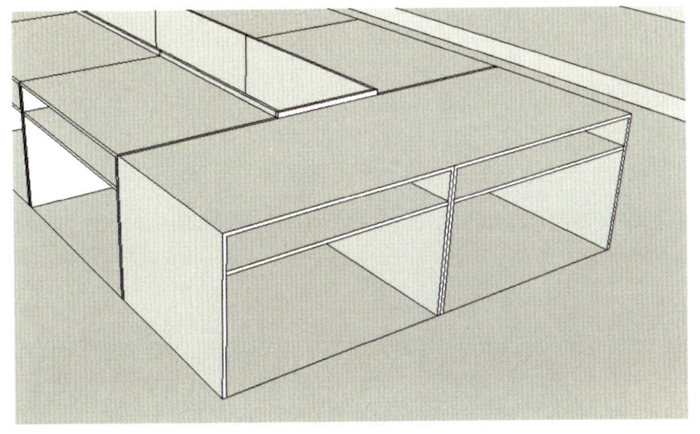

图 7–39　制作顶端的桌子

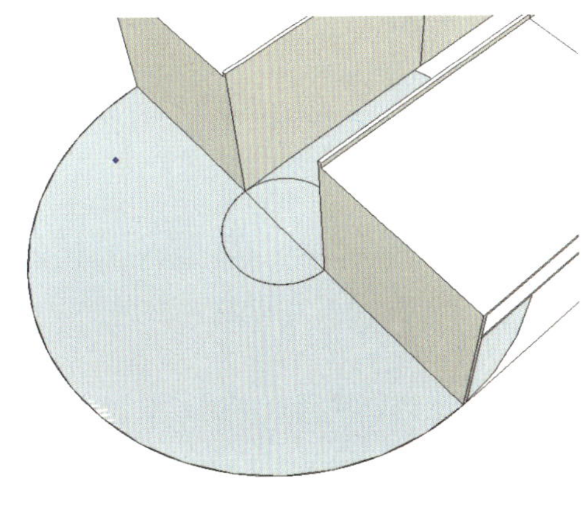

图 7–40　绘制圆形底面

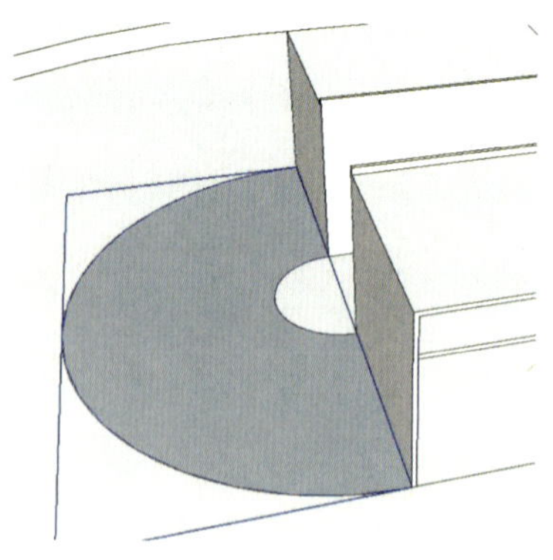

图 7-41　群组半圆环

删除多余线和面，将半圆环创建为群组（图 7-41）。

向上推拉半圆环，推出高度与其他桌子齐平（图 7-42）。

进入半圆环群组，将底面向上推出 732mm，得到桌面板（图 7-43）。

向下移动复制桌面板一个，移动距离为 150mm（图 7-44）。

使用偏移工具，将顶部圆弧线向外偏移 18mm（图 7-45），并将两端用线补充延长到半径处（图 7-46）。

推出圆环，推出高度为 40mm（图 7-47）。

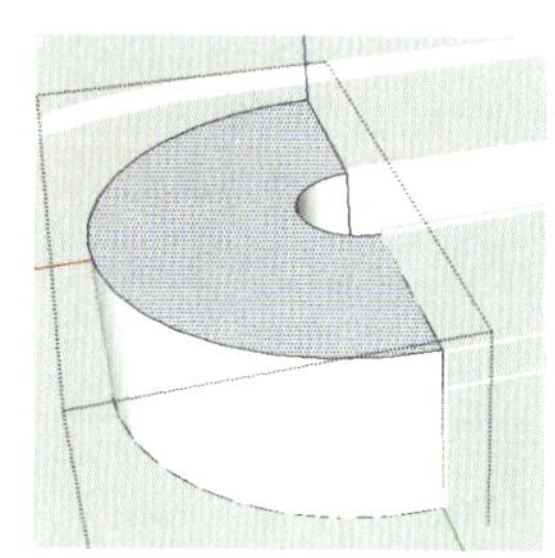

图 7-42　将半圆环推高与其他桌面相平

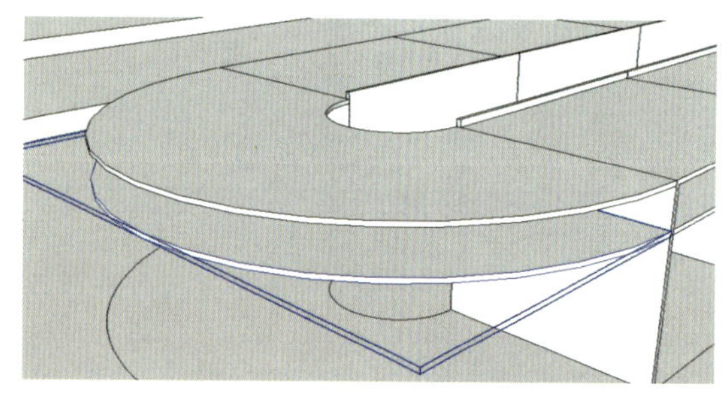

图 7-43　制作半圆环桌面板

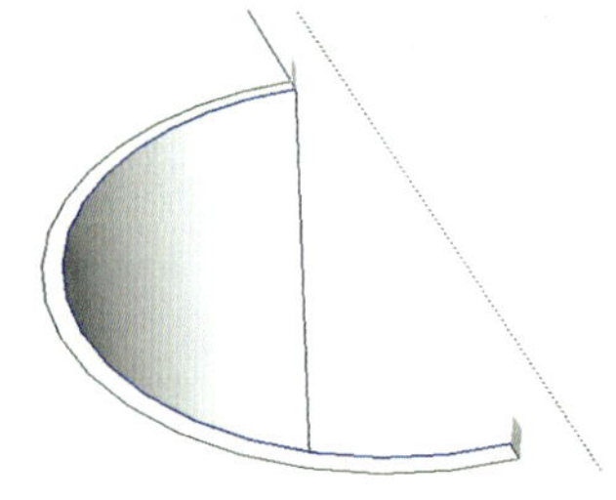

图 7-44　移动复制桌面板一个

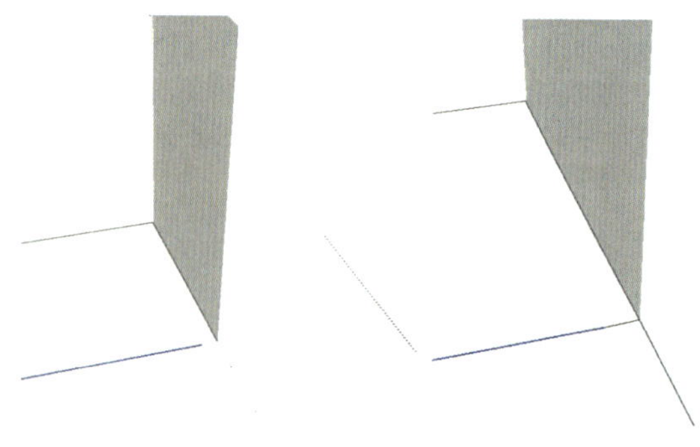

图 7-45　偏移复制半圆边线

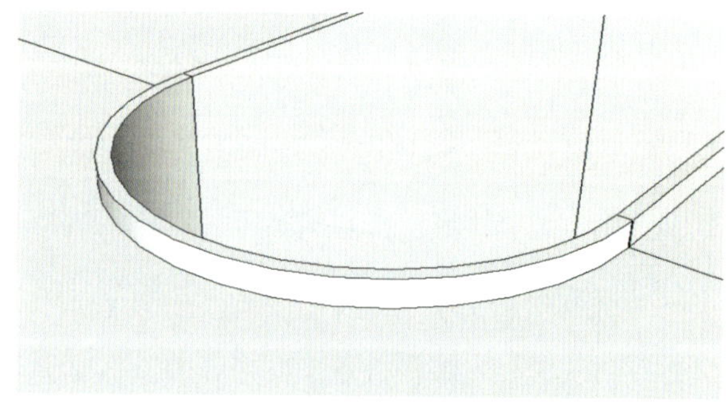

图 7-46　画线延长边线封闭圆环

图 7-47　将圆环推出 40mm 的高度

在桌子底部以半径为依据，绘制一个宽度为 18mm 的矩形（两端最好修改为圆弧），并推拉到第一层桌面板底部（图 7-48）。

将完成后的会议桌整体创建为群组。

其他三层台阶上的会议桌建模过程与此相同，这里就不再重复，完成结果如图 7-49 所示。

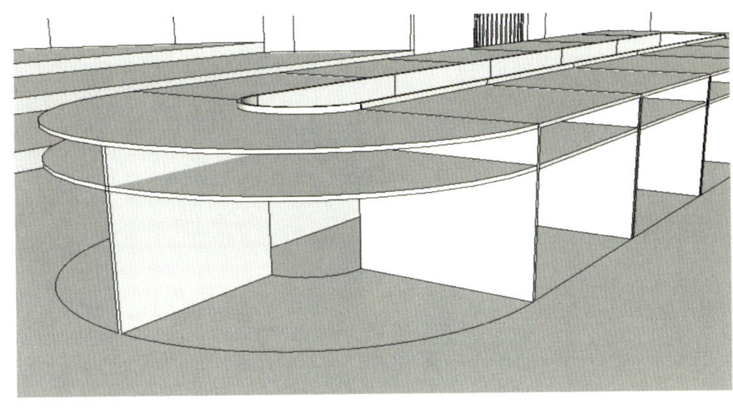

图 7-48 绘制桌子垂直隔板

图 7-49 制作其他三层台阶上的桌子

（21）进入环形墙群组内，将门的位置从墙底面分割开来（图 7-50），并向上推出 3000mm（图 7-51）。

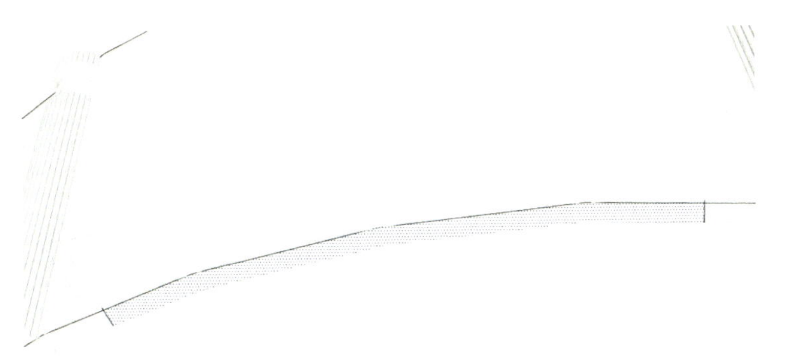

图 7-50 分割出门的位置

图 7-51 将门的位置推空

将已完成的模型创建为一个大群组，接下来就是穹顶的制作了。

（22）单击圆形工具，输入"16"，将圆形的边改为 16 条，在模型顶部画一个半径为 10100mm 的圆，双击创建群组（图 7-52）。

（23）隐藏除圆形外的所有模型，双击进入圆形内部，将边数改为 24 后画一个与水平圆形面垂直的圆，两圆中心对齐，半径相同，如图 7-53 所示。

双击选中水平面上的圆，单击路径跟随工具，再单击另一个未被选中的圆面，生成一个球体（图 7-54）。

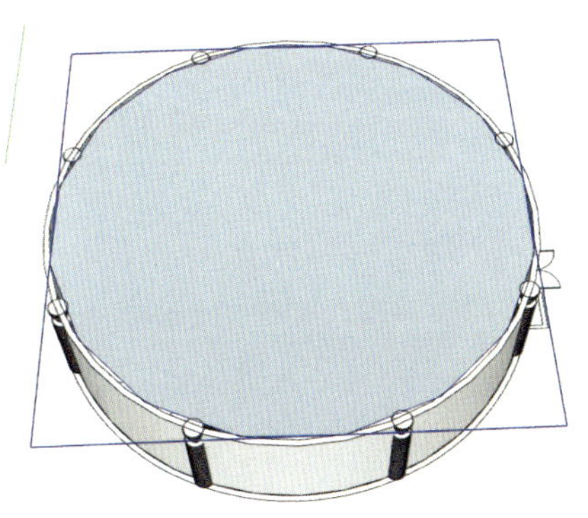

图 7-52 绘制圆形顶面并创建群组

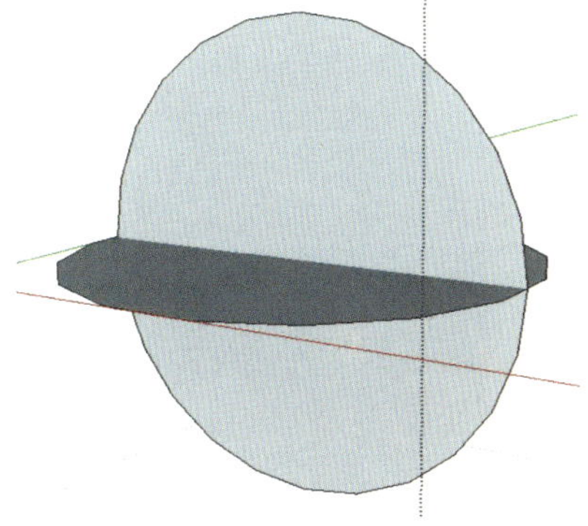

图 7-53 绘制两垂直相交的圆

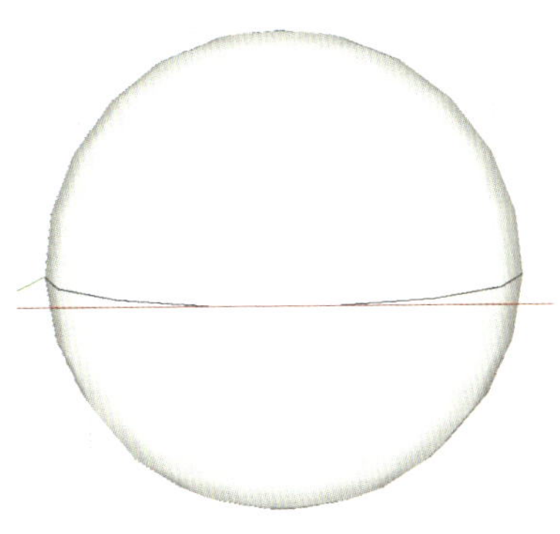

图 7-54 制作球体

删除球体的下半部曲面（图 7-55）和底面（图 7-56）。

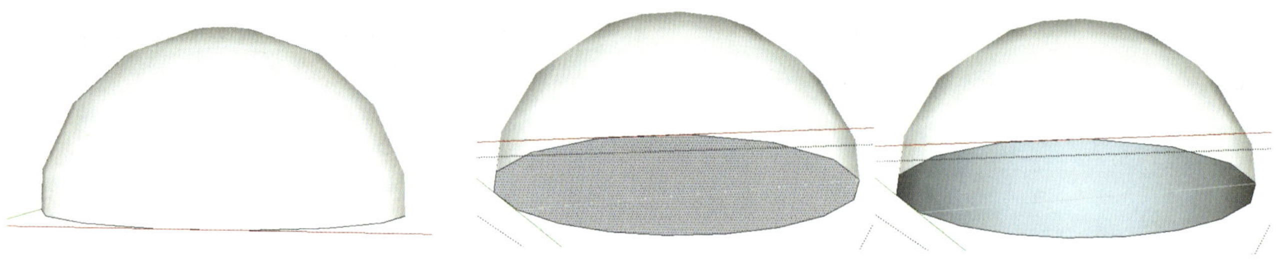

图 7-55　删除下半部球体

图 7-56　删除球体底面

三击球面，使球面上所有的边线以蓝色虚线方式显示出来（图 7-57）。

在曲面上单击右键，在弹出的对话框中选择“柔化 / 平滑边线”，将角度改为 0.0 度（图 7-58），使所有边线都显示出来。

双击第二层任意一个面，创建为组件（图 7-59）。

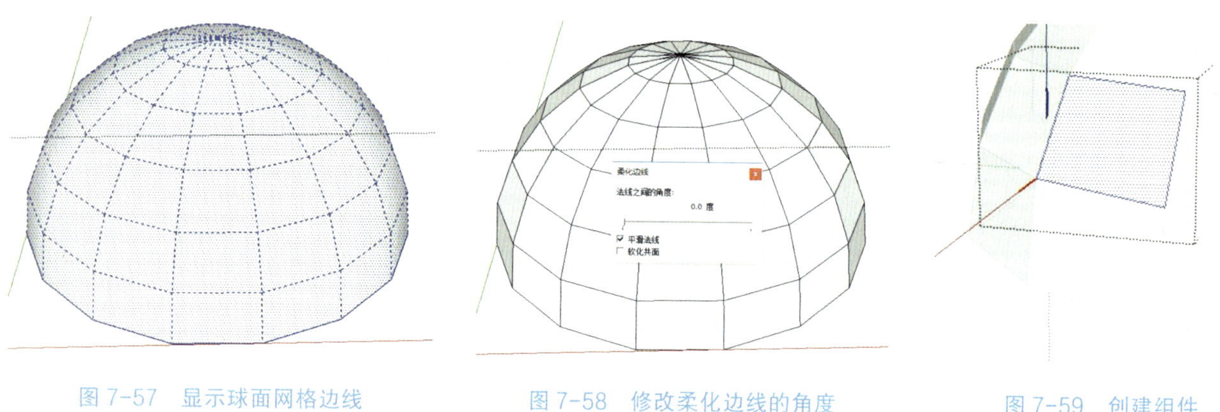

图 7-57　显示球面网格边线

图 7-58　修改柔化边线的角度

图 7-59　创建组件

使用偏移工具，将组件的边框向内偏移 4 次，第一次偏移距离为 150mm，其他三次均为 50mm，如图 7-60 所示。

从穹顶内部将偏移的边框向外推，中间最小的矩形平面推出 200mm，其后依次递减 50mm，形成阶梯状，如图 7-61 所示。

为便于观察，为矩形平面填充半透明材质，边框填充为白色，如图 7-62 所示。

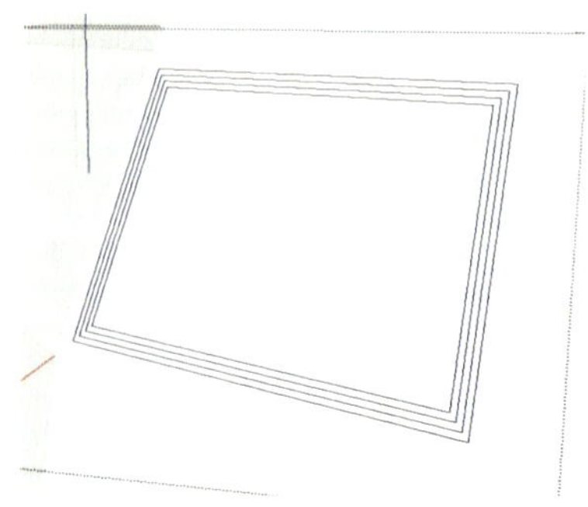

图 7-60　向内偏移复制矩形边框

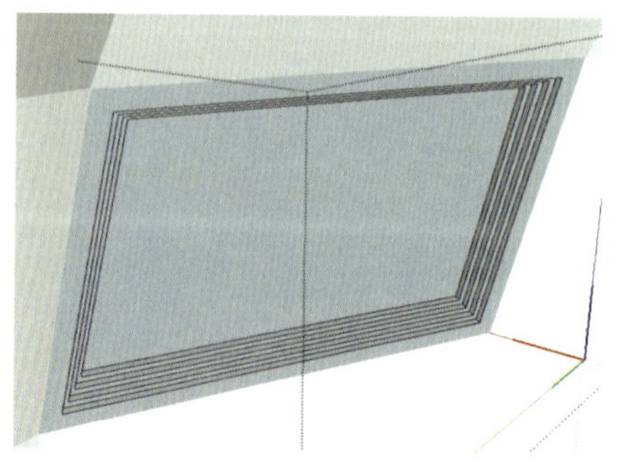

图 7-61　将矩形推出形成阶梯状

图 7-62　为矩形平面赋予材质

删除该层的其他平面，以穹顶底面中心为圆心，将组件旋转复制 15 个，如图 7-63 所示。

第三层和第四层的制作方法与第二层相同，偏移、推拉尺寸也相同，效果如图 7-64 所示。

使用卷尺工具沿第五层平面绘制一条辅助线，辅助线与边线的距离为 150mm（图 7-65），然后使用铅笔工具沿辅助线画线（图 7-66）。

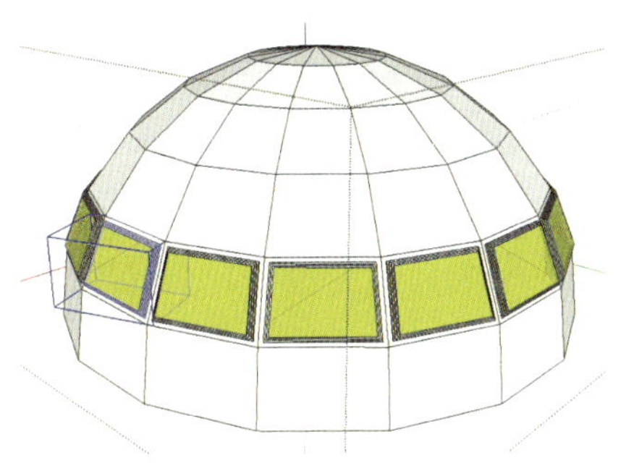

图 7-63　旋转复制组件

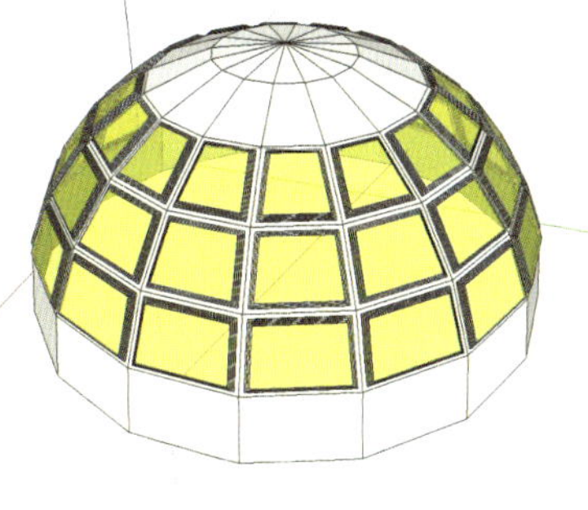

图 7-64　制作上面两层的玻璃窗

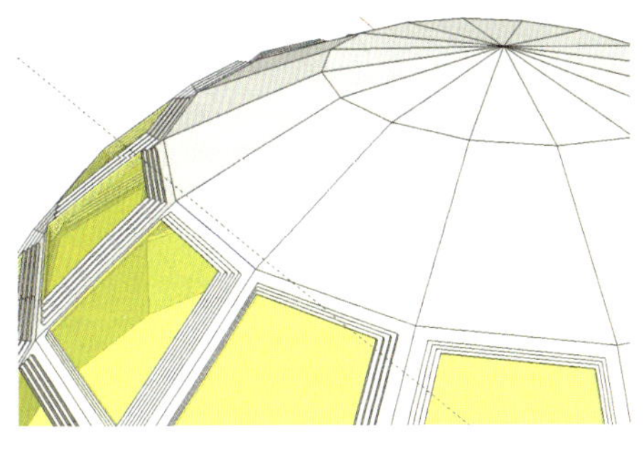

图 7-65　绘制辅助线

双击形成的小块梯形创建为组件，删除第五层所有平面（图 7-67），将梯块组件旋转复制 15 个（图 7-68）。

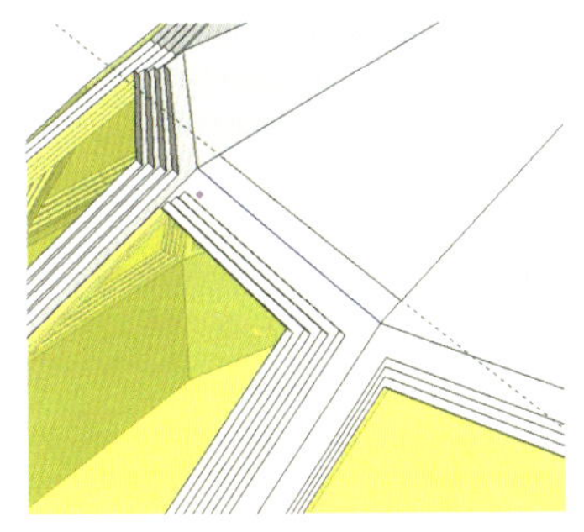

图 7-66　用铅笔工具沿辅助线画线

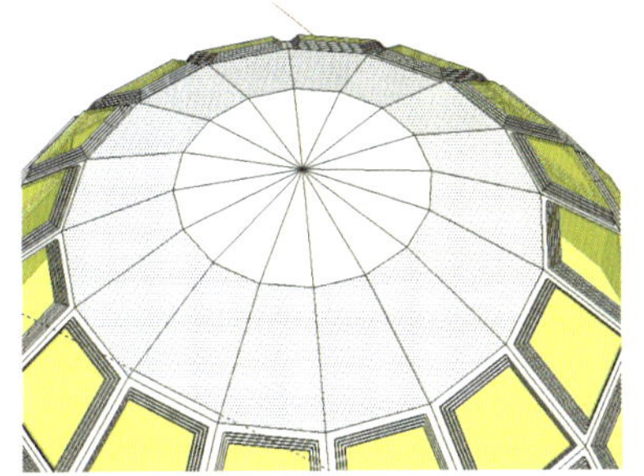

图 7-67　选中梯块并删除第五层所有平面

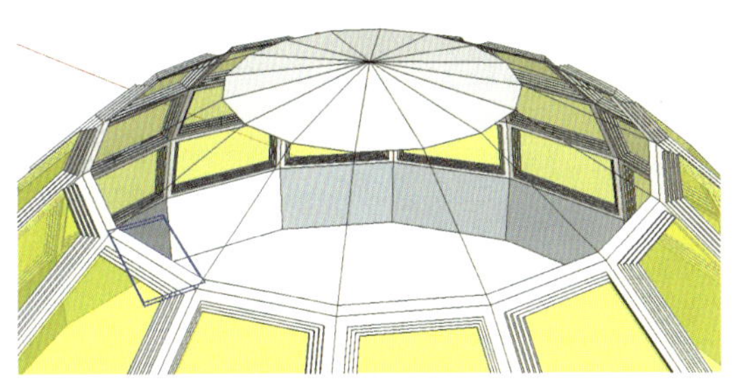

图 7-68　复制梯块组件

以组件顶点为参考，画两条直径线条，作为后面画圆形平面的参考，如图 7-69 所示。

切换到顶视图，以刚才画的两条直线为依据，绘制一个圆形平面，如图 7-70 所示。

使用偏移工具，将圆环向内偏移 1500mm（图 7-71），然后继续向内偏移 200mm（图 7-72）。

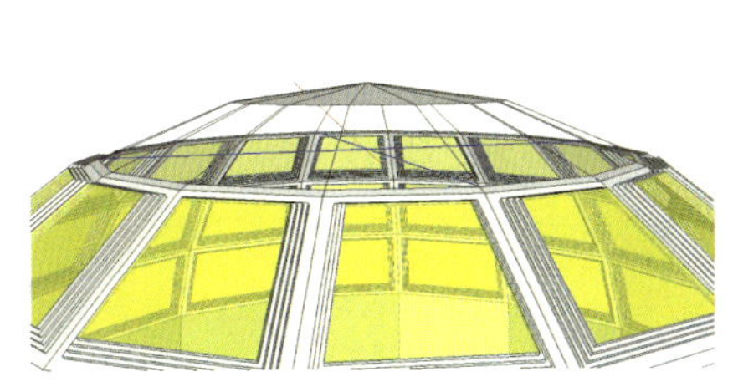

图 7-69　绘制参考线

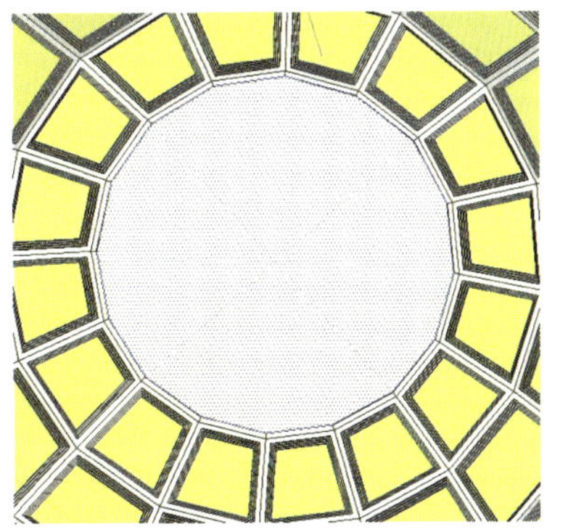

图 7-70　绘制圆形平面

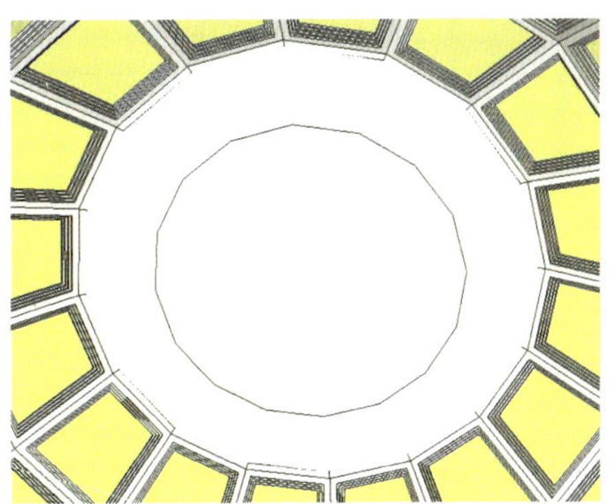

图 7-71　偏移复制圆边线

将中间的圆形向上推出 200mm（图 7-73），并删掉圆形平面（图 7-74）。将圆环向下推出 50mm（图 7-75）。

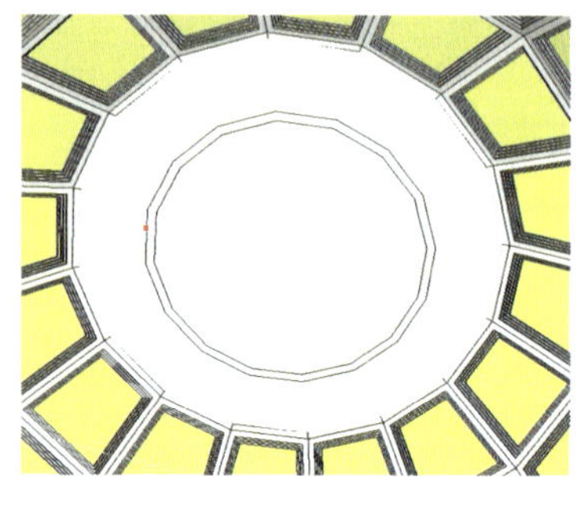
图 7-72 再次偏移复制圆边线

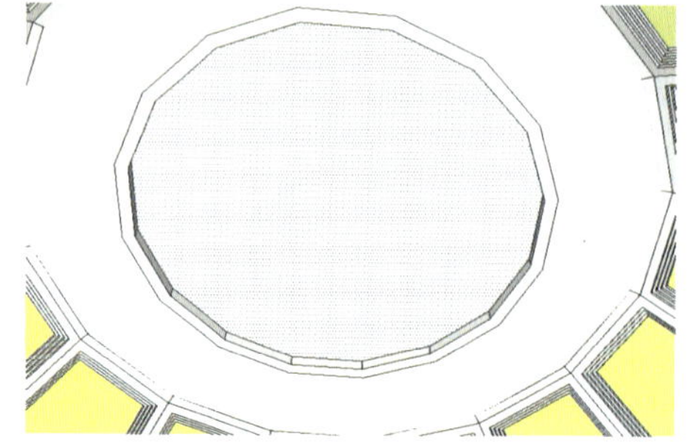
图 7-73 向上推出圆环

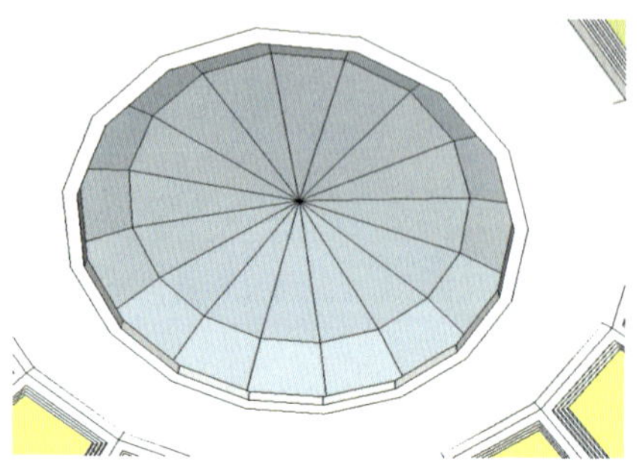
图 7-74 删除圆形平面

框选顶部两层平面，单击鼠标右键，选择“柔化 / 平滑边线”，将角度调整为 20° 左右，整个顶部变为平滑的穹顶，如图 7-76、图 7-77 所示。

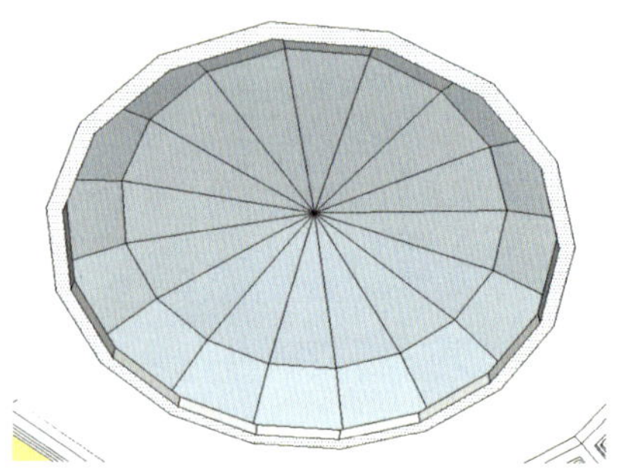

图 7-75 向下推出圆环

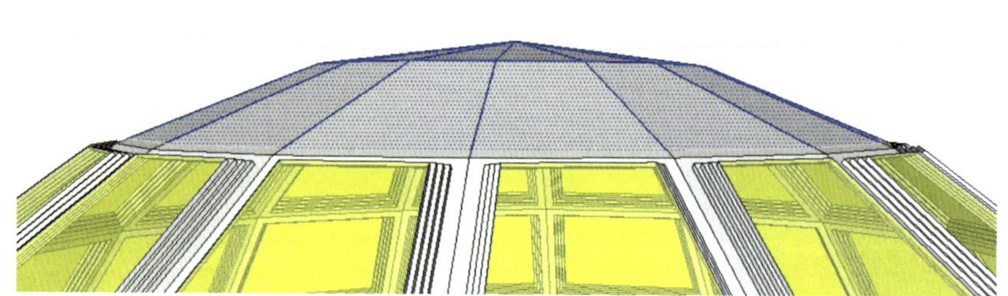
图 7-76 框选顶部两层平面

接下来制作筒灯。使用铅笔工具连接两层穹顶的 4 个顶点，形成一个矩形平面（图 7-78）。

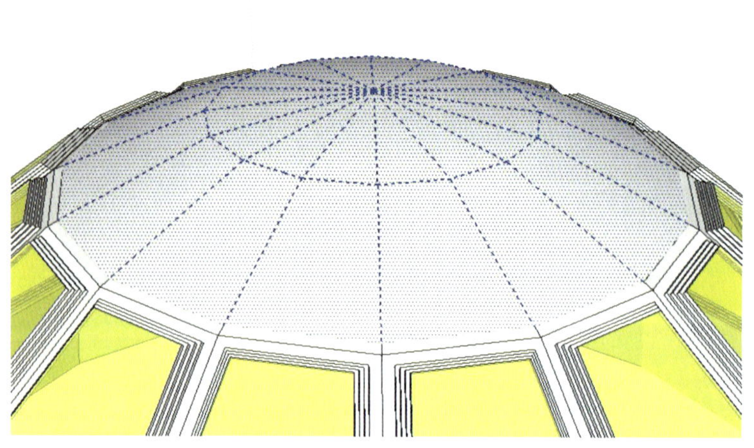
图 7-77 柔化顶部边线

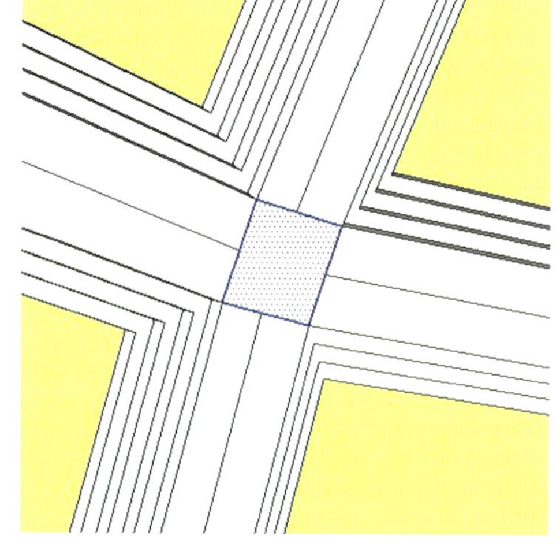
图 7-78 连接 4 个顶点形成矩形平面

将此矩形创建为组件，并在中心绘制一个半径为 75mm 的圆（图 7-79），向外偏移 25mm（图 7-80），再将圆形推出 50mm（图 7-81）。

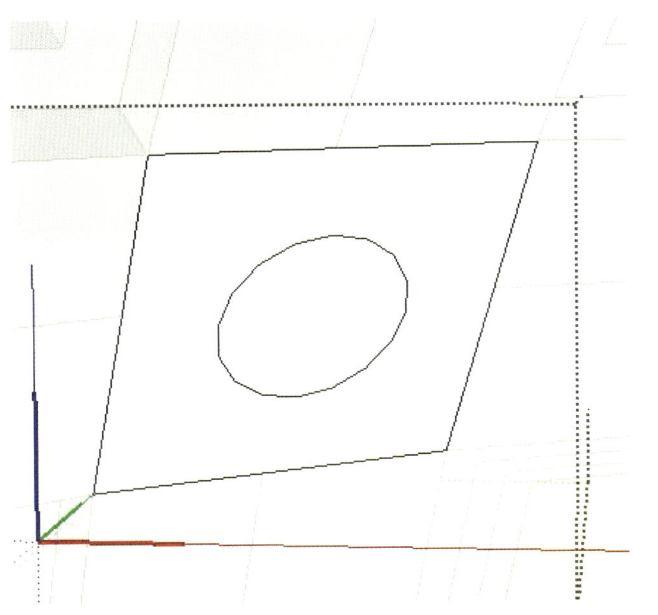

图 7-79　绘制圆形一

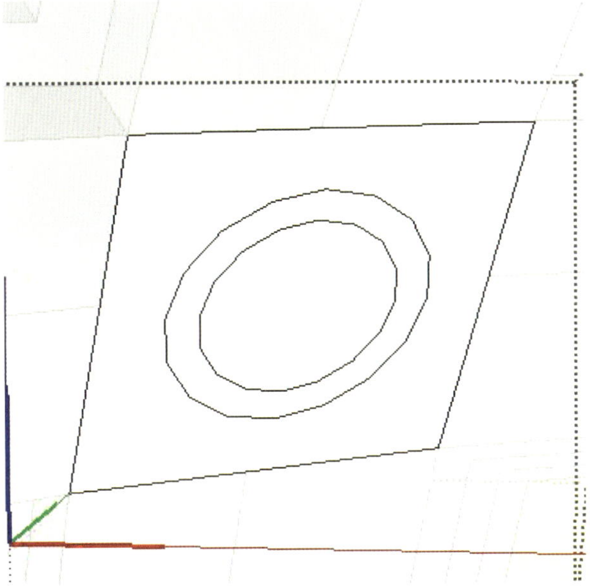

图 7-80　偏移复制圆形

将圆环向相反方向推出 10mm，中间填充半透明材质，如图 7-82 所示。

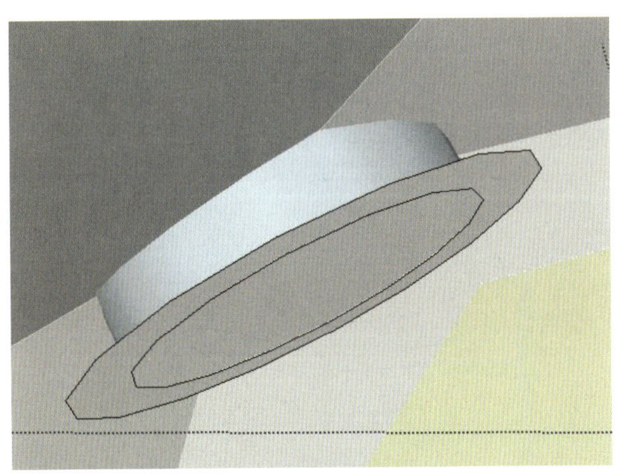

图 7-81　将圆形推出 50mm

图 7-82　完成筒灯制作

以穹顶底部中心为圆心，将此筒灯组件旋转复制 15 个，如图 7-83 所示。

其他部位的筒灯制作方法相同，效果如图 7-84 所示。

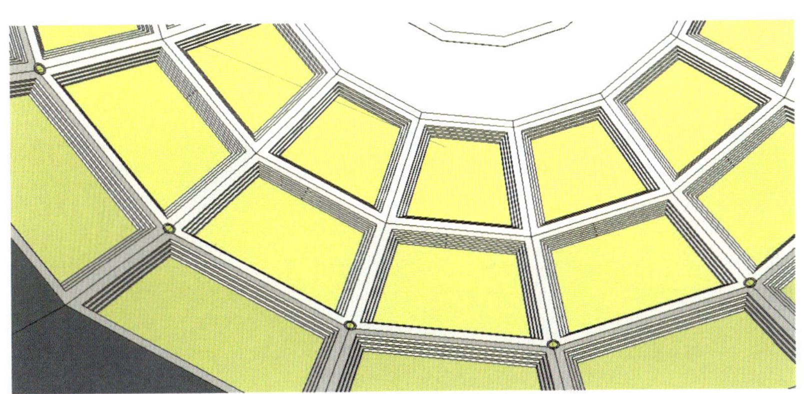

图 7-83　旋转复制 15 个筒灯

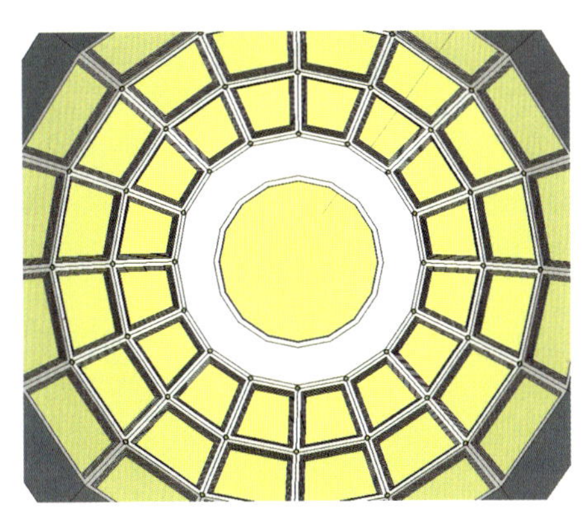

图 7-84　制作其他部位筒灯

以顶部边线中点为参照，绘制一个半径为 75mm 的圆（图 7-85），推拉出 50mm（图 7-86）。

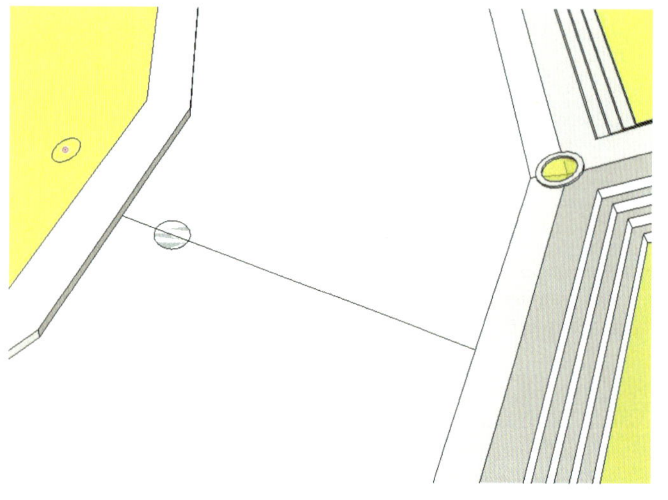

图 7-85　绘制圆形二

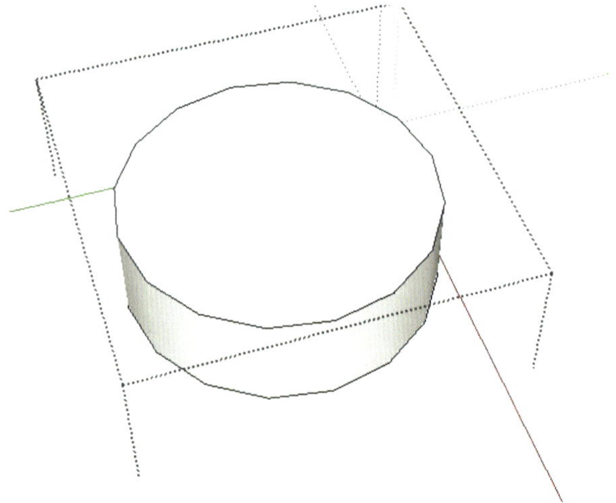

图 7-86　将圆形推拉出 50mm

将圆环向外偏移 25mm（图 7-87），并推拉出 10mm（图 7-88），填充半透明材质（图 7-89），旋转复制 31 个（图 7-90），完成最后一层筒灯制作。

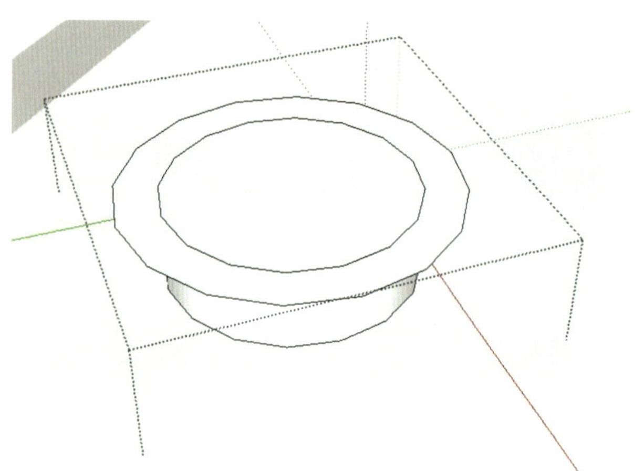

图 7-87　向外偏移复制圆形边线

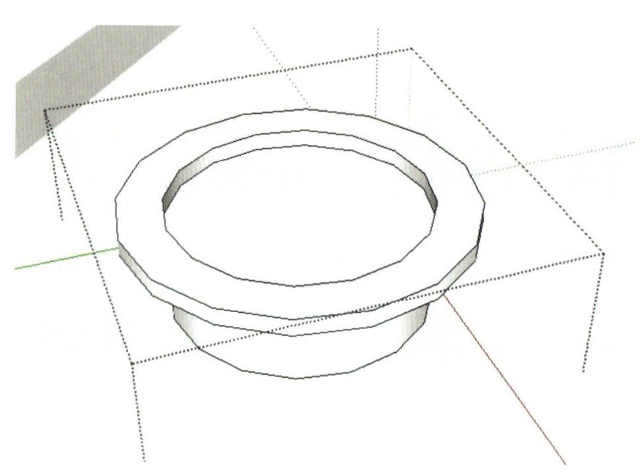

图 7-88　将圆环推出 10mm

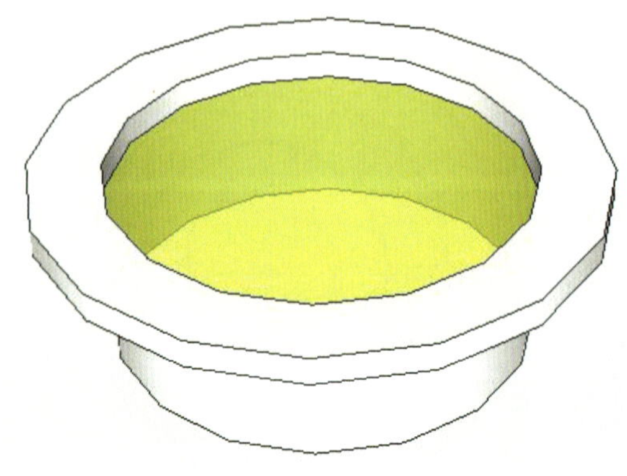

图 7-89　填充半透明材质

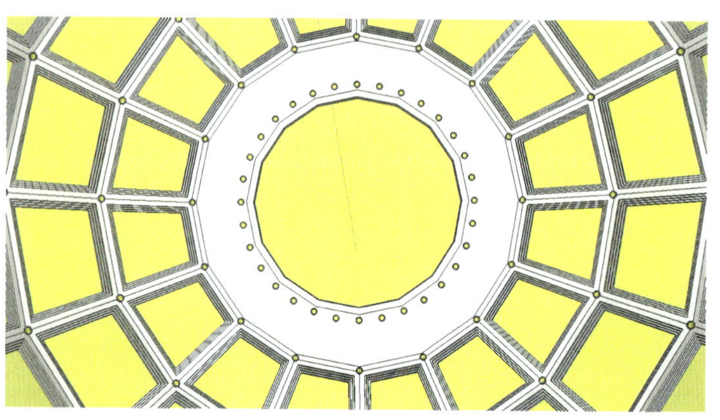

图 7-90　旋转复制 31 个筒灯

选中、删除最底下一层穹顶平面（图 7-91、图 7-92），将所有顶部部件创建为群组，取消墙体和其他部位的隐藏（图 7-93）。

接着制作穹顶与墙面的衔接部分。为了方便观察，先将穹顶、桌子和椅子隐藏，然后以弧形墙面的圆心为圆心，捕捉到弧形墙面外边线，创建一个圆（图 7-94）。

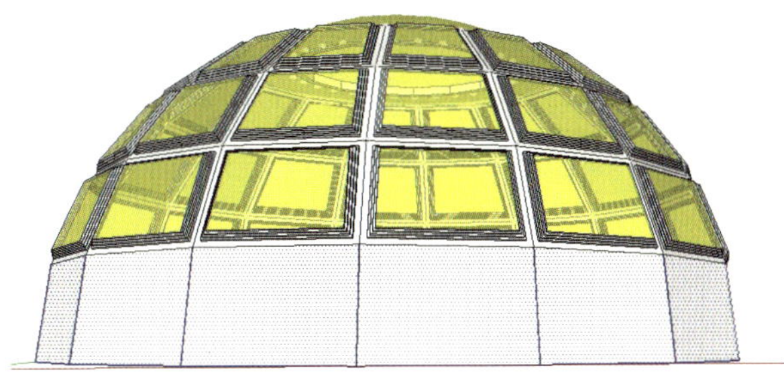

图 7-91　选中底部一层平面

图 7-92　删除选中平面

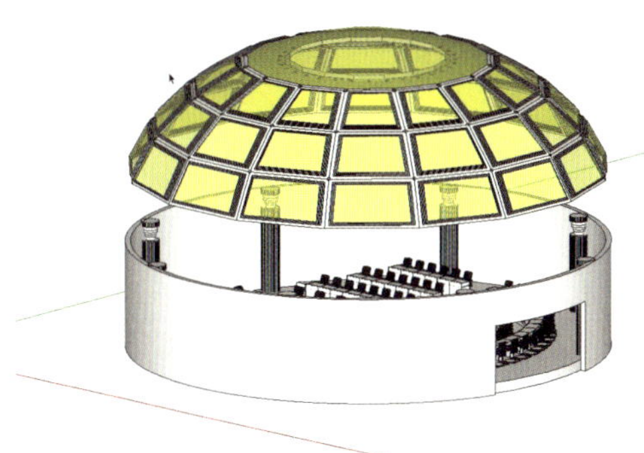

图 7-93　取消墙体和其他部位隐藏

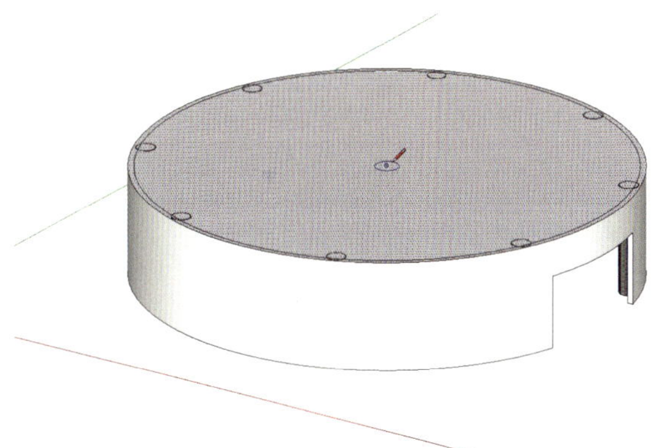

图 7-94　绘制圆形三

选择刚创建的圆形，使用偏移工具把圆往内偏移 1000mm，然后使用推拉工具把偏移出来的面往上推出 100mm，如图 7-95 所示。

继续使用偏移工具把圆往内偏移 100mm，接着使用推拉工具往上推出 100mm，再次往内偏移 100mm，接着继续往上推 400mm，继续往内偏移 300mm，最后使用推拉工具往上推 200mm，得到图 7-96 所示的跌级吊顶。

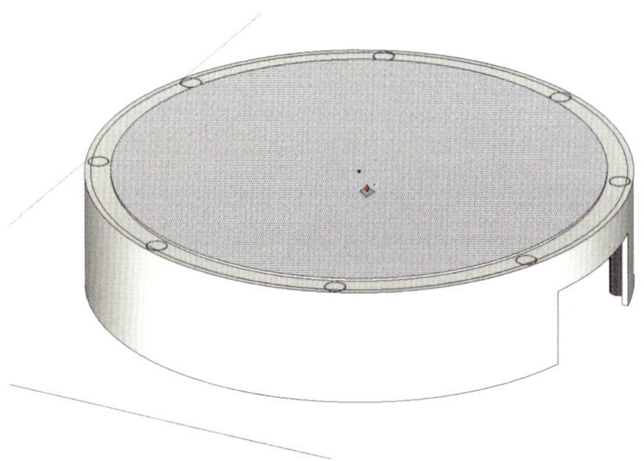

图 7-95　偏移复制圆形并推高 100mm

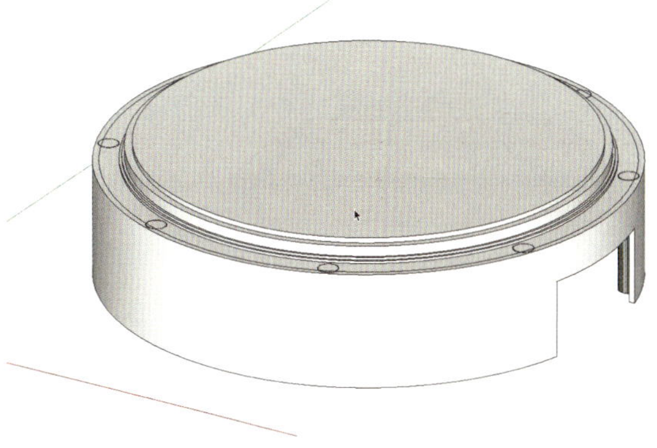

图 7-96　创建跌级吊顶

捕捉到最上面圆形的端点，画出圆的直径，以直径的中点为圆心画一个圆，圆的大小与跌级吊顶最下面的圆一致，如图 7-97 所示。然后删掉中间的圆平面（图 7-98）。

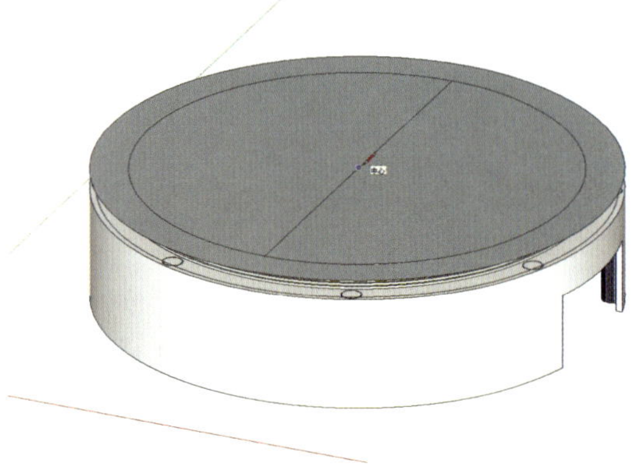

图 7-97　绘制圆形四

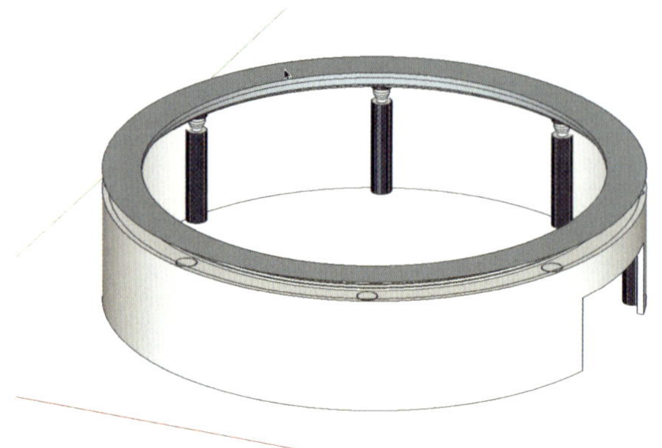

图 7-98　删掉中间的圆平面

在跌级吊顶的任意一个面上连续三击鼠标左键，将整个吊顶选中，单击鼠标右键，选择“反转平面”，然后使用快捷键 G 将整个吊顶部分创建组件，如图 7-99 所示。

使用前面同样的方法在跌级吊顶下面创建一圈射灯（图 7-100）。

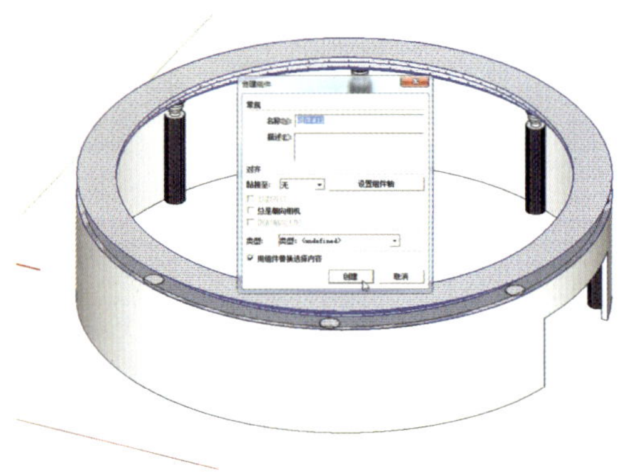

图 7-99　创建跌级吊顶组件

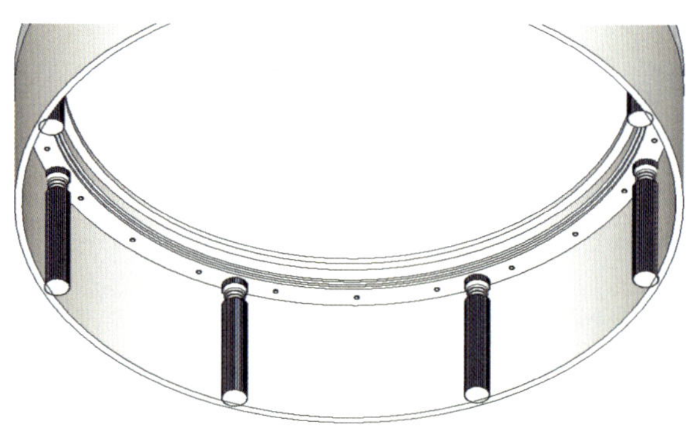

图 7-100　复制筒灯

切换到前视图，取消穹顶的隐藏（图 7-101）。

将穹顶往下移动，移至靠拢跌级吊顶，移动过程中按住 Shift 键，保证沿着蓝色轴线移动，如图 7-102 所示。

图 7-101　取消穹顶的隐藏

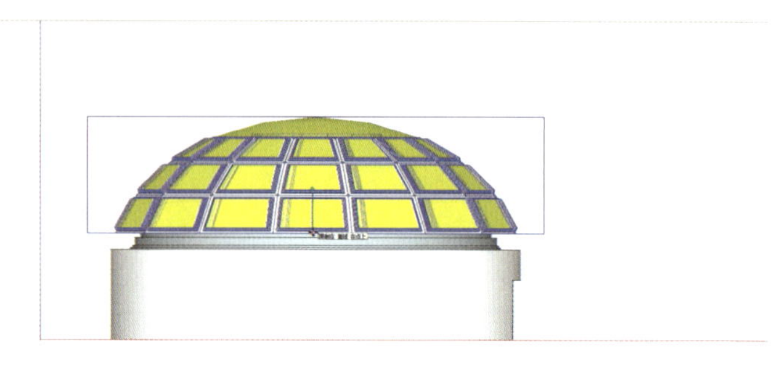

图 7-102　移动穹顶

将视图切换为等轴视图，使用缩放命令同时按住 Ctrl 键将穹顶沿中心等比缩小 90%（图 7–103）。

设置相机，取消全部隐藏，使用定位相机工具，确定大致如图 7–104 所示的相机镜头，并添加场景，单击“视图”→“动画”→“添加场景”，分别为场景一（图 7–104）和场景二（图 7–105）。

处理背景墙面，过程从略，效果如图 7–106 所示。

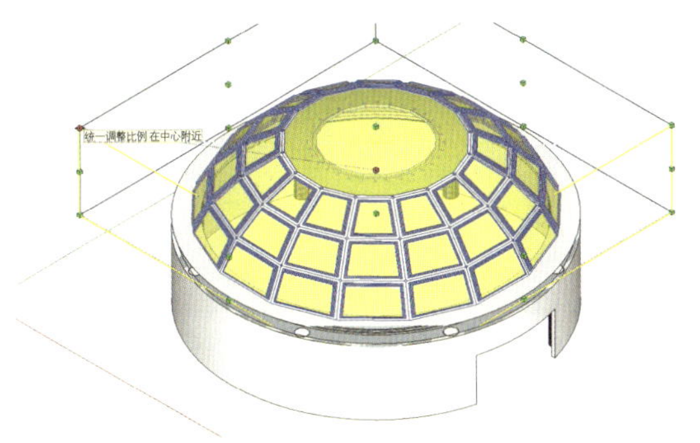

图 7–103　等比缩小穹顶

图 7–104　添加场景一

图 7–105　添加场景二

图 7–106　处理背景墙

接下来为场景做渲染前的处理，对模型进行分层。单击图层管理器，在弹出的图层管理窗口中单击“⊕”符号，新建 8 个图层，分别命名为“穹顶”“吊顶”“墙面”“柱子”“地面”“桌子”“椅子”“装饰”，如图 7–107 所示。

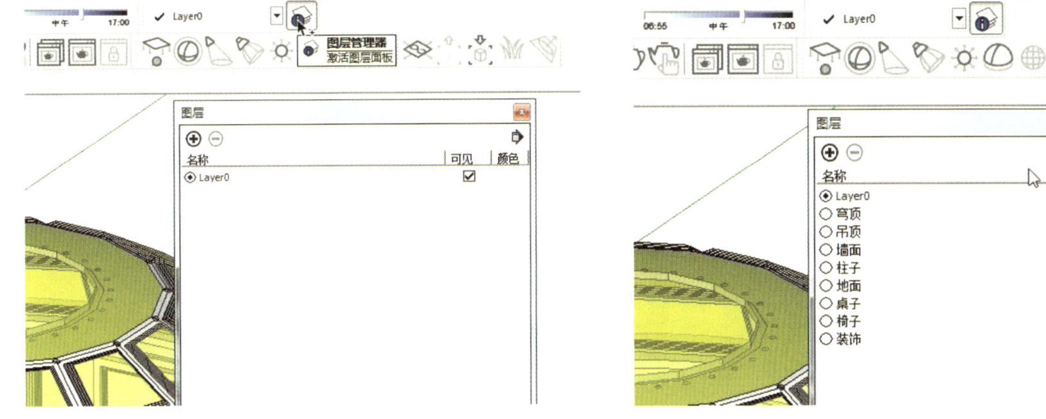

图 7–107　新建图层

在视图中选中穹顶部分，单击鼠标右键选择图元信息，在弹出的图元信息中的图层下拉菜单中选择穹顶图层，依次将各个部分放入创建好的图层中，至此模型创建完毕（图 7–108）。完成的模型可见本书配套素材第 7 章中的“圆形穹顶会议室_1 建模完成”。

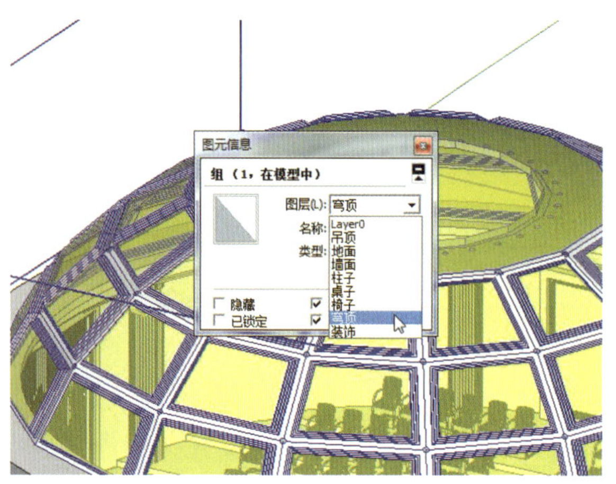

图 7-108　完成图层设置

7.2 材质设置

（1）单击图 7-109 所示的按钮，打开 V-Ray 资源管理器窗口。

（2）首先从地面开始给模型赋予材质，打开图层管理窗口，隐藏除地面之外的所有图层，如图 7-110 所示。

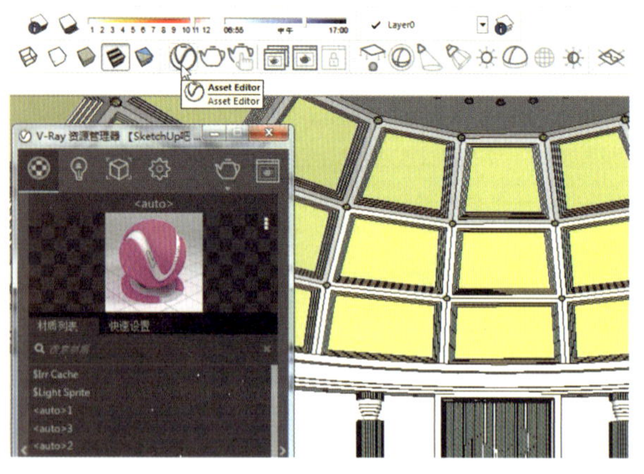

图 7-109　打开 V-Ray 资源管理器

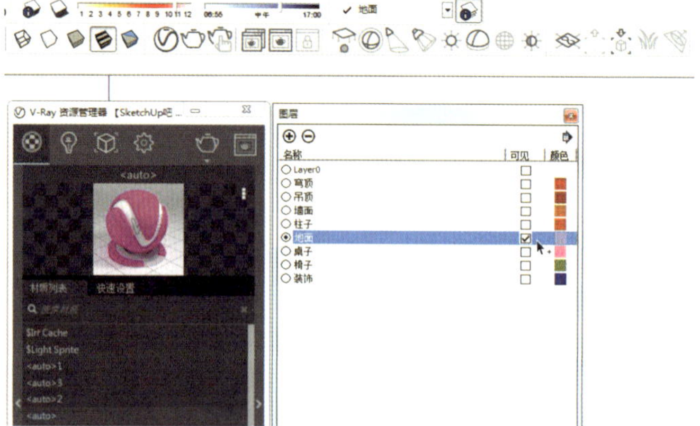

图 7-110　隐藏除地面之外的所有图层

（3）赋予地面材质。在材质栏下打开左侧材质分类，在预设“材质分类”中选择“面料”，然后在下方材质库中选择“地毯_A01_底部”，右键单击这个材质，选择“Add to scene”，将这个材质添加到材质列表（图 7-111）。

（4）在视图中选择地面，然后在右侧材质列表中右键单击刚加入的材质“地毯_A01_底部”，选择“将材质应用到选择物体”，如图 7–112 所示。

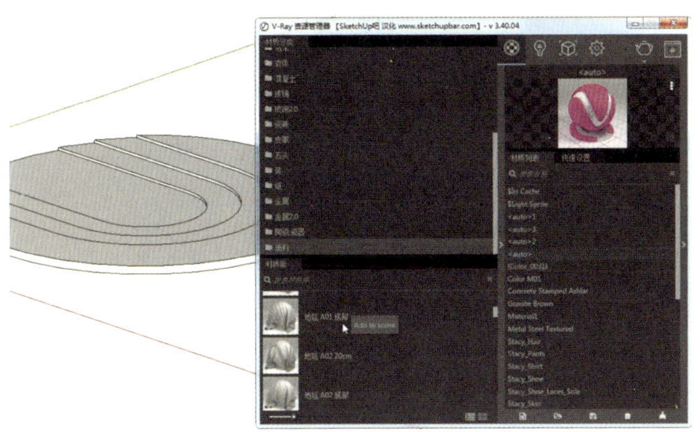

图 7–111　在预设材质中选择地毯材质

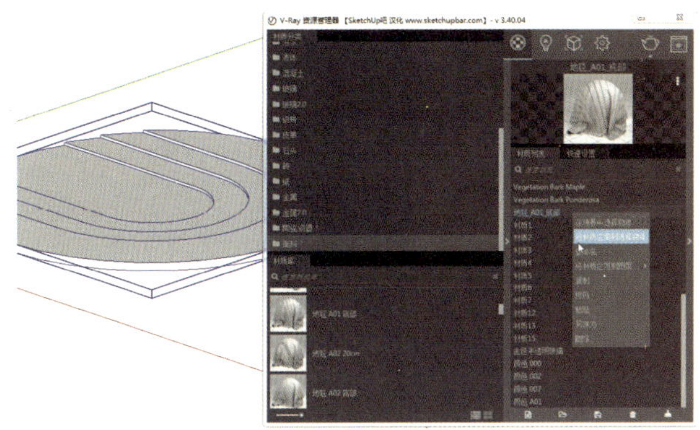

图 7–112　将地毯材质应用到选定的地面

（5）在 V–Ray 资源管理器中关闭左侧的面板，打开右侧面板，在漫反射中替换一张贴图，使用本书配套素材第 7 章贴图文件里面的“地毯 1”（图 7–113）。

（6）打开 SketchUp 自带的材质贴图工具，将纹理的宽度和高度都设置为 1500mm（图 7–114）。

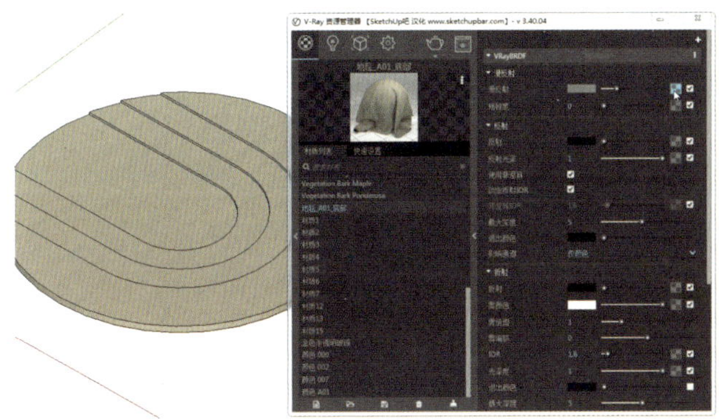

图 7–113　在材质的漫反射里贴上位图

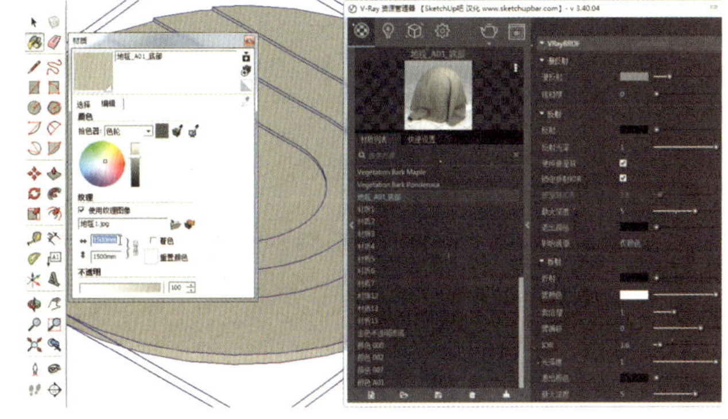

图 7–114　调整位图纹理的大小

（7）赋予墙体材质。使用图层管理工具将墙体图层显示出来，在材质分类中选择“木材和板材”，然后在材质库中选择“复合板_A01_120cm”并右键单击选择“Add to scene”，将这个材质添加到材质列表，如图 7–115 所示。

（8）打开材质右侧面板，在漫反射里替换贴图，使用“墙面”图片，并将纹理的宽度和高度都修改为 4500mm（图 7–116）。

（9）赋予柱子材质。利用图层管理工具将柱子图层显示出来，右键单击前面赋予墙面的材质，选择“复制”，将复制出来的材质改名为“柱子”，如图 7–117 所示。

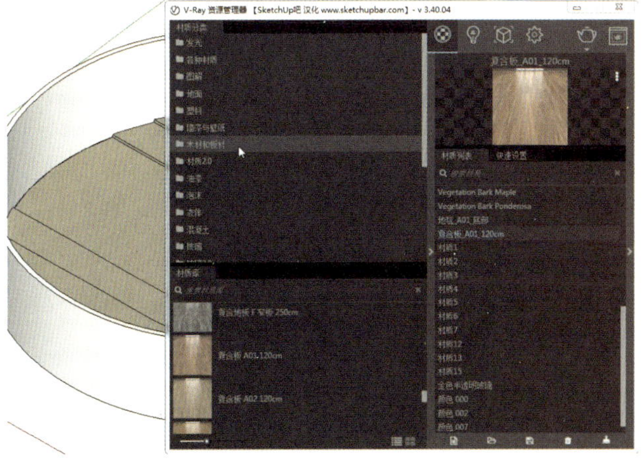

图 7–115　在预设材质中选择复合板材质

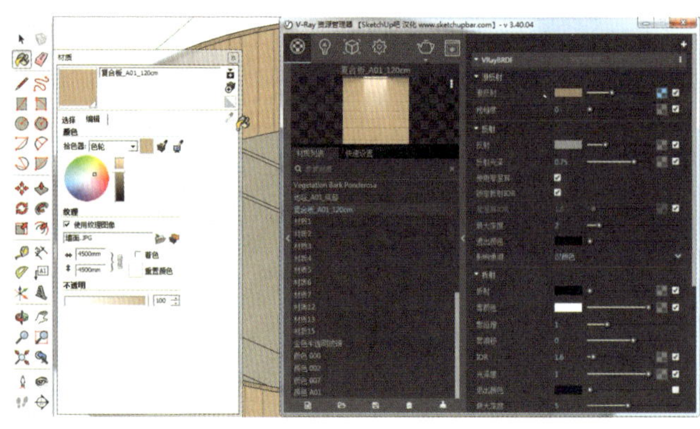

图 7-116　替换位图并修改纹理大小

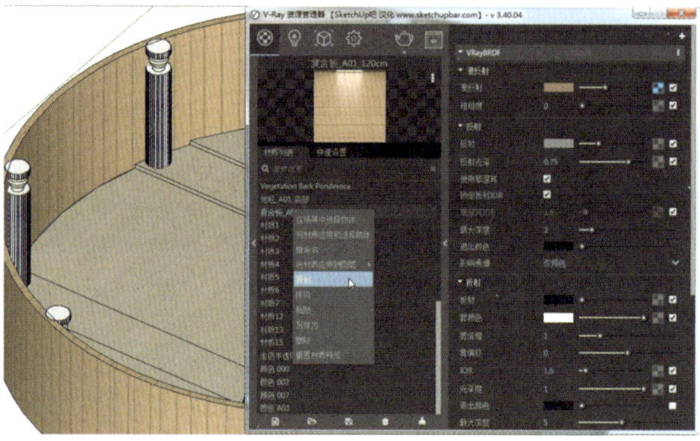

图 7-117　复制材质

（10）更换漫反射位图，更换为本书配套素材第 7 章中“木纹”图片，将纹理的宽度和高度都修改为 1000mm，并将这个材质赋给模型中的 8 根柱子，如图 7-118 所示。

（11）赋予桌子材质。将桌子图层显示出来，隐藏其他图层，在材质列表中右键单击“柱子”材质，选择“复制”，如图 7-119 所示，将复制出来的材质改名为“桌子木纹”。这里不更换漫反射贴图，桌子和柱子使用同一张贴图。

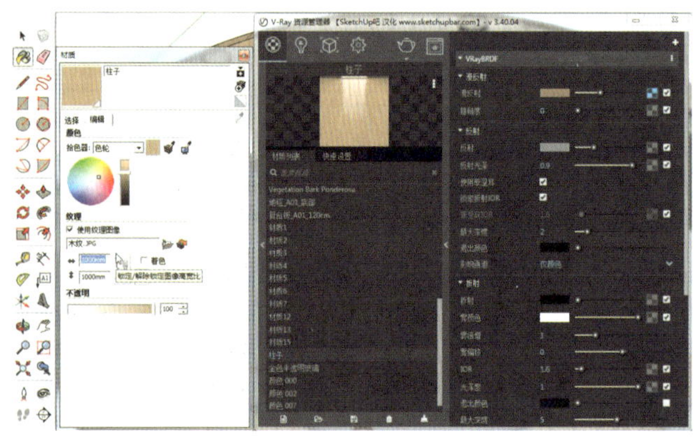

图 7-118　将木纹材质赋予柱子

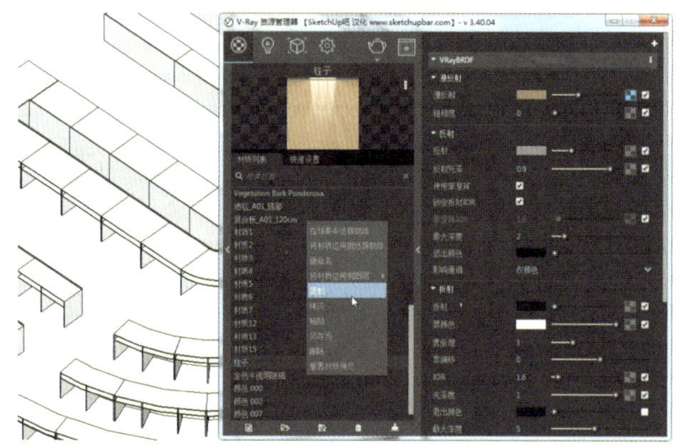

图 7-119　复制“柱子”材质

（12）右键单击“桌子木纹”，选择“将材质应用到图层”，然后选择“桌子”图层，将整个图层都附上这个材质，纹理的宽度和高度都保持 1000mm 不变，如图 7-120 所示。

（13）赋予吊顶材质。将吊顶图层显示出来，隐藏其他图层，对跌级吊顶部分赋予材质分类中的“材质 2.0”材质库里的“乳胶漆”（图 7-121）。

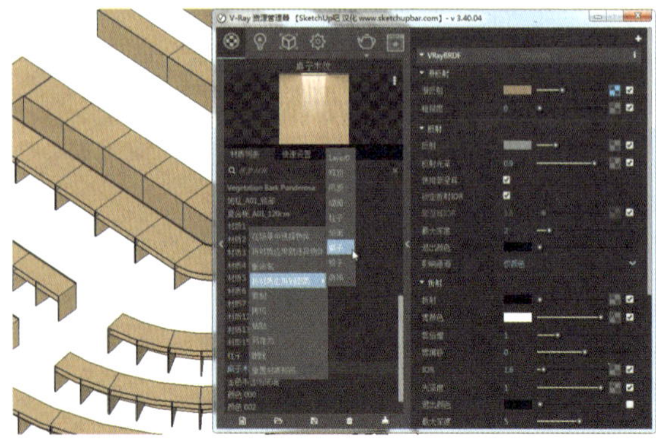

图 7-120　为桌子赋予材质

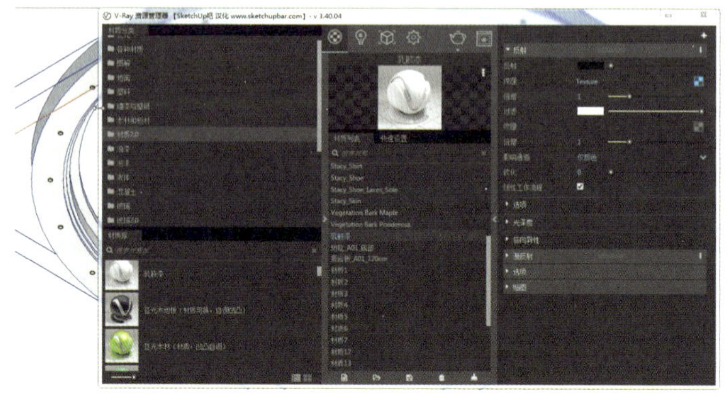

图 7-121　为吊顶赋予乳胶漆材质

（14）对吊顶中的射灯赋予材质分类中的“金属 2.0”材质库里的“亮面不锈钢”，然后对灯片部分赋予材质分类里“发光”材质库里的“LED 5500K”（图 7–122）。

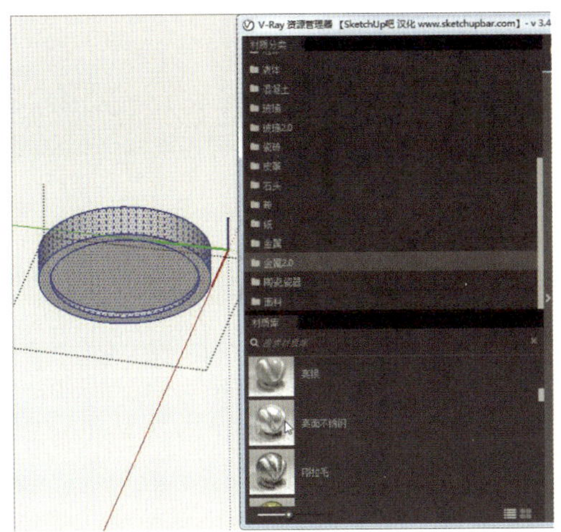

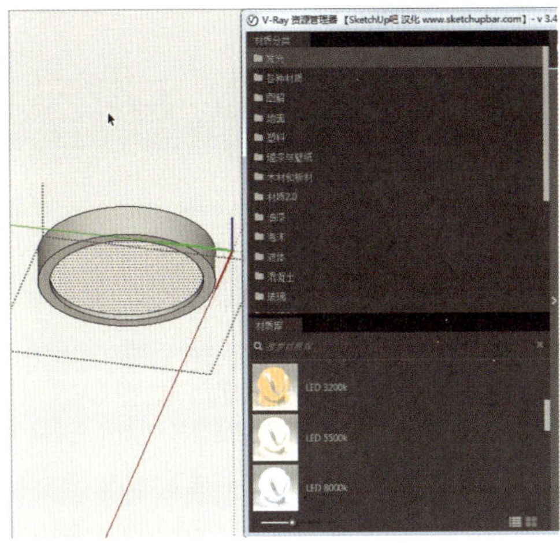

图 7–122　为射灯分别赋予亮面不锈钢和发光材质

（15）赋予椅子材质。显示椅子图层，隐藏其他图层，选择一把椅子，双击进入椅子组件，选择坐垫和靠背部分，赋予材质分类中“皮革”里面的“皮革_A01_黑色_25cm”，如图 7–123 所示；选择椅子其余部分，赋予“亮面不锈钢”材质。椅子的钢架部分由多个组件构成，需要多次选择，给一把椅子赋予材质，其他椅子会自动赋予材质。

（16）赋予装饰图层材质。先将整个图层赋予与桌子相同的材质，然后将左、右两幅画都赋予纸的材质，最后在漫反射中分别添加本书配套素材中的两张装饰画贴图，如图 7–124 所示。

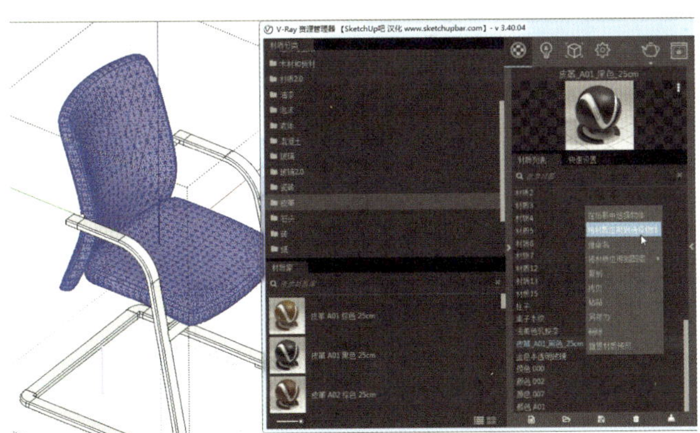

图 7–123　为椅子赋予材质

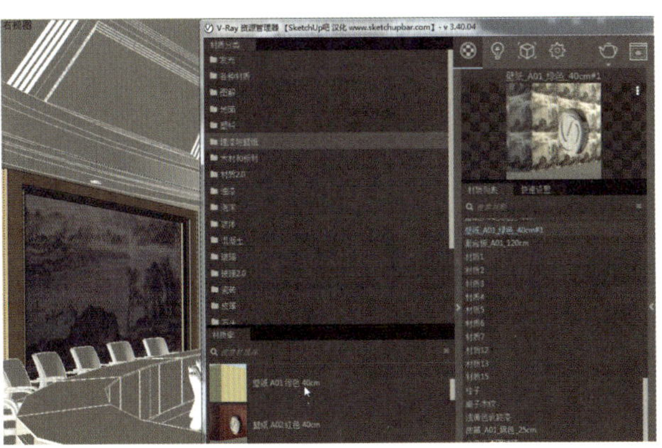

图 7–124　为装饰画赋予材质

（17）赋予穹顶材质。首先穹顶整体都赋予乳胶漆的材质，然后之前赋予“金色半透明玻璃”材质的物体改成“发光”里的“LED 5500K”，筒灯的材质与吊顶图层里的射灯材质相同。材质赋予完成后会议室的效果图如图 7–125 所示。完成模型可见本书配套素材第 7 章中的“圆形穹顶会议室 _2 材质完成”。

图 7–125　材质赋予完成后会议室的效果图

7.3 灯光渲染设置

7.3.1 渲染测试参数设置

打开 V-Ray 资源管理器，在设置面板下的渲染输出中打开安全框，将安全框显示出来，本案例调整长宽比为 8 ： 5，并将宽度 / 高度调整为 800/500，如图 7-126 所示，视图中间没有被透明黑色区域覆盖的地方即为能渲染输出的区域。

单击资源管理器中用 V-Ray 渲染按钮，在弹出的渲染帧窗口出现测试渲染的图片（图 7-127）。

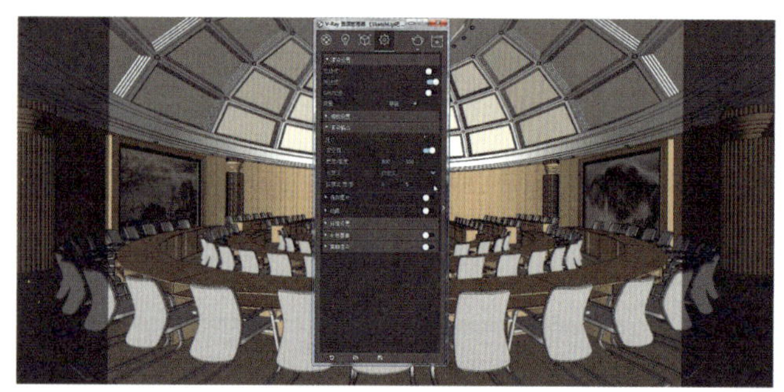

图 7-126　设置渲染输出比例

图 7-127　测试渲染效果

7.3.2 设置灯光

根据刚才测试渲染的图片，因为穹顶上有发光灯片的照明，整个房间有一定的亮度，但是整体的亮度还是不够，首先来给房间四周的射灯设置 “IES Light”。先选择房间吊顶下的一个射灯，双击进入组件内部，如图 7-128 所示。

图 7-128　选择到射灯模型

单击工具栏里 V-Ray 灯光工具集中的“IES Light”，在弹出的 IES 文件浏览对话框中双击鼠标左键，选择本书配套素材第 7 章中提供的 SD-008.ies 这个光域网文件，然后在视图中的射灯模型的下方单击一下，即在射灯下面创建了一个 IES 灯，如图 7-129 所示。因为吊顶下一圈的其他射灯模型都是复制出来的，所以每个射灯下都自动创建了一个 IES 灯。

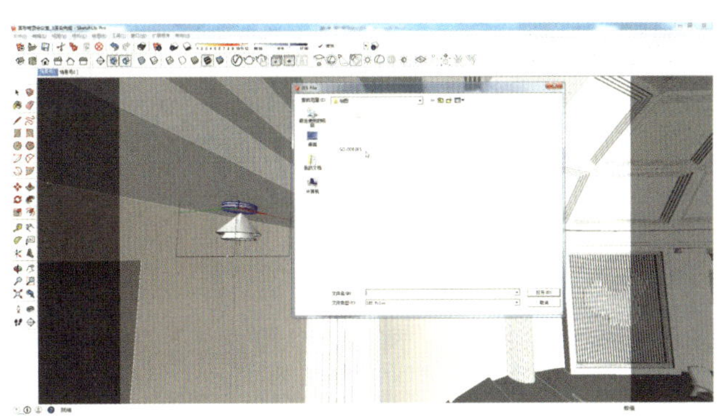

图 7-129 给射灯添加 IES Light 光源

再次单击 V-Ray 渲染按钮，渲染的图片如图 7-130 所示，可见刚才布置的 IES Light 照明不够明显，空间亮度的增加也很少。

在相机设置中，将曝光值修改为 10，再次渲染，得到图 7-131 所示的效果，IES Light 的效果已经明显得到显现，空间整体的亮度也得到了一定的增强，但是装饰画和背景墙上的灯光效果却没有体现出来。

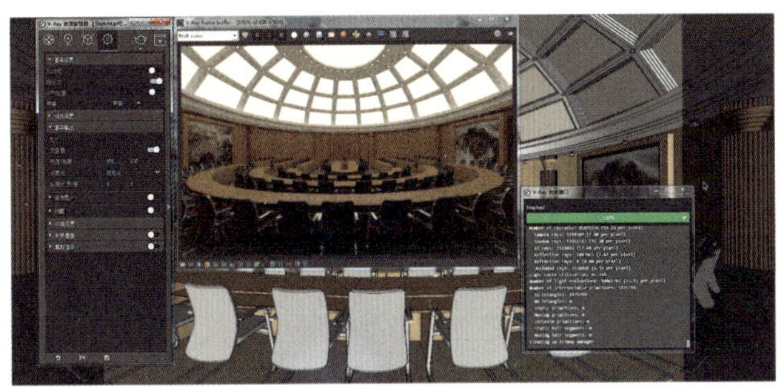

图 7-130 再次测试渲染效果

图 7-131 修改相机曝光值之后的效果

选择装饰画和背景墙后面的射灯，单击右键选择“设定为唯一”（图 7-132），然后选择这两个射灯，将其往房间内移动 1000mm。

再次进行测试渲染，得到图 7-133 所示效果，射灯照射到装饰画和背景墙上了。

图 7-132 将选择的射灯“设定为唯一”

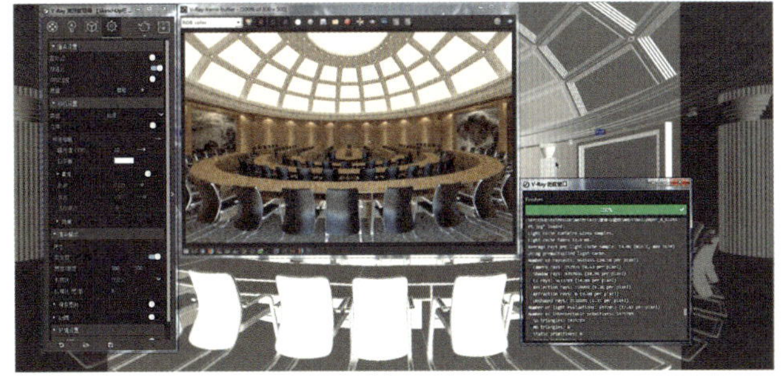

图 7-133 移动射灯之后渲染效果

观察图 7-133 的效果，中间条形桌区域不够突出，在条形桌区域创建一个 Plane Light（平面灯），如图 7-134 所示。

然后沿着蓝色轴线向上移 5000mm，这样创建的平面灯一般照射方向是向上的。我们需要对平面灯沿蓝轴翻转，选中灯光，单击右键选择“翻转方向”，然后选“组件的蓝轴”，如图 7-135 所示。

继续进行测试渲染，得到图 7-136 所示效果，条形会议桌亮起来了，但是亮度过高。

在 V-Ray 资源管理器下，选择 V-Ray 矩形灯光，在右侧的参数面板中将灯光的强度改为 10，再次测试渲染效果如图 7-137 所示，目前整体的环境照明达到了要求。

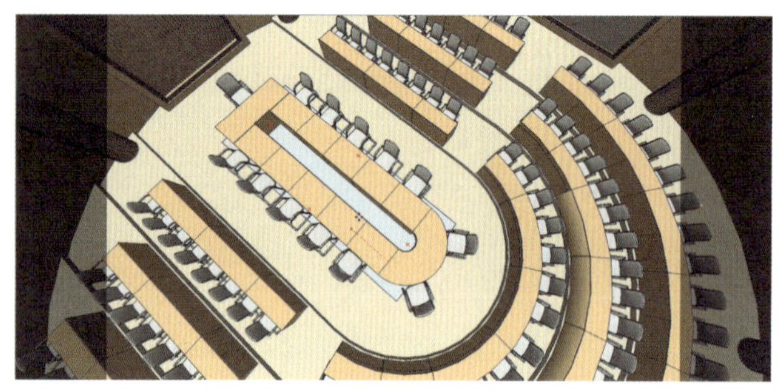

图 7-134　在中间条形桌上方创建 Plane Light

图 7-135　翻转 Plane Light 的方向，使其照射方向向下

图 7-136　增加 Plane Light 后渲染效果

图 7-137　更改灯光强度后的效果

7.3.3　渲染参数设置

在 V-Ray 资源管理器的设置里面，首先在渲染设置栏下面关掉渐进式渲染方式，将质量调到高（如果有较为充裕的时间或者电脑配置较高，可以将质量调到非常高），渲染输出栏将宽度 / 高度调整为 1600/1000，全局照明栏下面将“主光线”调整为“发光贴图”，接着在渲染元素栏下面添加 Denoiser（去噪点）元素，然后单击渲染，经过约 1 个小时渲染完成，V-Ray 缓存帧（即 V-Ray frame buffer）中就显示出完成的渲染图片，如图 7-138 所示。

接下来调整整个图片颜色。将 V-Ray 缓存帧最大化，单击其左下角的图标“Show corrections control”，打开右侧的颜色校正控制面板，如图 7-139 所示。

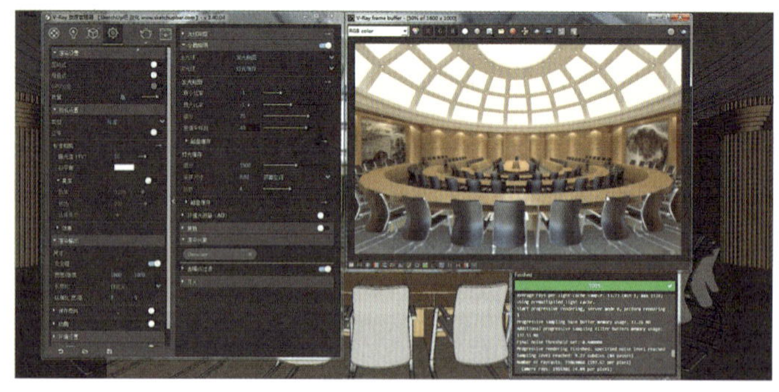

图 7-138　最终渲染完成效果

图 7-139　打开颜色校正控制面板

根据实际需要调整颜色。本案例中适当提高一下曝光值，将白平衡调到 5000，然后用曲线调整整个画面的对比度，如图 7-140 所示

然后单击保存（一般保存为 jpg 格式即可），得到图 7-141 所示最终效果图。

图 7-140　在颜色校正控制面板中调整参数

图 7-141　最终效果图

附录

SketchUp 常用快捷键

（红色部分为重要常用快捷键）

A：两点圆弧工具（*S 定义弧的段数，*R 定义弧的半径）
B：矩形工具
C：画圆工具（*S 定义圆的段数）
D：路径跟随工具
E：橡皮擦工具
F：手绘线工具
G：群组
H：隐藏选择的物体
I：隐藏其他模型单独编辑组件
J：隐掉类似组件单独编辑组件
K：锁定
L：铅笔工具（<x,y,z> 可以输入相对坐标，[x,y,z] 可以输入绝对坐标）
M：移动工具（按住 Alt 键移动可以更灵活，按住 Ctrl 键移动就是复制）
N：多边形工具（*S 定义正多边形的边数）
O：偏移工具
P：推拉工具
Q：卷尺工具
R：旋转工具
S：缩放工具（按住 Ctrl 键为中心缩放，按住 Shift 键为等比缩放）
T：文字标注工具
U：剖面工具
V：透视 / 轴测切换
W：漫游工具
X：材质工具
Y：坐标系工具
Z：缩放窗口

F1：调出帮助菜单
F2：顶视图
F3：前视图
F4：左视图

F5：右视图
F6：后视图
F7：底视图
F8：透视或轴测视点
F9：当前视图和上一个视图切换
F10：场景信息设置
F11：实体参数信息
F12：系统属性设置

Esc：关闭组 / 组件
Space：选择工具（按住 Ctrl 键为增加选择，按住 Shift 键为加减选择）
Delete：删除选择的物体
Home：页面图标显示切换
PageUp：上一个页面
PageDown：下一个页面
Middle Botton：视图旋转工具

Alt+1：线框显示
Alt+2：消隐线框显示模式
Alt+3：着色显示模式
Alt+4：贴图显示模式
Alt+5：单色显示模式
Alt+A：添加页面
Alt+B：系统设置
Alt+C：相机位置工具
Alt+D：删除页面
Alt+F：不规则线段工具（按住 Shift 键可以增加顺滑）
Alt+G：显示地面的切换命令
Alt+H：隐藏的物体以网格方式显示
Alt+I：布尔运算模型交线
Alt+K：将全部群组与组件解锁
Alt+L：环视工具
Alt+M：地形拉伸工具
Alt+O：组件浏览器
Alt+P：量角器工具
Alt+Q：隐藏辅助线
Alt+S：阴影显示切换
Alt+T：标注尺寸工具
Alt+U：更新页面
Alt+V：相机焦距
Alt+X：材质浏览器

Alt+Y：坐标系显示切换
Alt+Z：视图缩放工具
Alt+Space：播放动画
Alt+`：所有模型半透明显示

Ctrl+1：导出剖面
Ctrl+2：导出二维图形图像
Ctrl+3：导出三维模型
Ctrl+4：导出动画
Ctrl+A：全选
Ctrl+C：复制
Ctrl+F：边线变向工具
Ctrl+H：显示隐藏物体中选择的物体
Ctrl+N：新建文件
Ctrl+O：打开文件
Ctrl+P：打印
Ctrl+Q：删除辅助线
Ctrl+R：返回上次保存状态
Ctrl+S：保存
Ctrl+T：清除选区
Ctrl+V：粘贴
Ctrl+X：剪切
Ctrl+Y：恢复 / 后悔
Ctrl+Z：后悔

Shift+1：边线显示与隐藏
Shift+2：边线加粗显示
Shift+3：深度线显示
Shift+4：边线出头显示
Shift+5：结束点显示
Shift+6：边线抖动显示
Shift+0：柔化表面
Shift+A：显示所有物体
Shift+E：图层浏览器
Shift+F：翻转表面
Shift+G：组件
Shift+H：显示最后隐藏的物体
Shift+K：将选择的群组与组件解锁
Shift+O：组件管理器
Shift+P：页面属性
Shift+Q：显示所有辅助线

Shift+S：阴影参数

Shift+T：动画设置

Shift+X：材质编辑器

Shift+Y：还原坐标系

Shift+Z：视图全屏显示工具

Shift+`：显示模式及边线显示方式设置

Shift+Middle Botton：视图平移工具，平移视图进行观察

根据自己的建模习惯，熟练使用快捷键能极大地提高建模速度，但过多地改变快捷键的默认设置也会带来操作上的不便。比如，使用别人的电脑时，就不可能重新去按自己的习惯设置快捷键。建议将本书附带的“快捷键设置”文件存储在网络硬盘中，以便可以在任何计算机上下载并安装。

导入快捷键：“窗口”→“系统设置”→“快捷方式”，在弹出的对话框中单击“导入”按钮，选中本书配套素材中的“快捷键设置 .dat”文件，可以将以上快捷键设置导入。

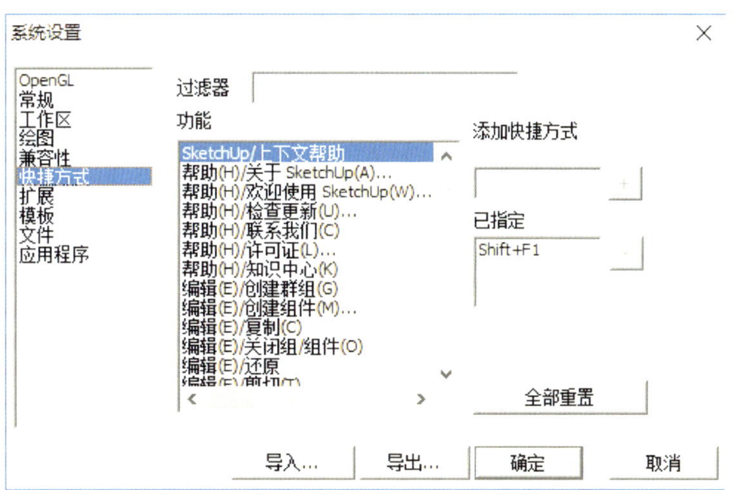

参考文献

［1］刘有良，边海．中文版 SketchUp 2014 室内设计完全自学教程．北京：人民邮电出版社，2015.

［2］王芬，马亮，边海，等．SketchUp 印象　建筑设计项目实践．2 版．北京：人民邮电出版社，2013.

［3］邸锐．SketchUp+VRay 室内设计效果图制作．北京：人民邮电出版社，2015.

［4］王芬，马亮，边海，等．SketchUp 印象　园林景观设计项目实践．北京：人民邮电出版社，2012.

［5］麓山文化．VRay 效果图渲染从入门到精通．北京：机械工业出版社，2018.

［6］吴迪．VRay 室内空间渲彩演绎．北京：清华大学出版社，2014.

［7］张莉萌．SketchUp+VRay 设计师实战．2 版．北京：清华大学出版社，2015.